Michaela Skuban

Dem Braunbären auf der Spur …

LEBENSWEISE • GESCHICHTE • MYTHEN

Stocker

Michaela Skuban

Dem Braunbären auf der Spur …

Lebensweise
Geschichte
Mythen

Leopold Stocker Verlag
Graz – Stuttgart

Andrea von Braun Stiftung

voneinander wissen

Diese Publikation wurde durch die Unterstützung der Andrea von Braun Stiftung ermöglicht. Die Andrea von Braun Stiftung hat sich dem Abbau von Grenzen zwischen Disziplinen verschrieben und fördert insbesondere die Zusammenarbeit von Gebieten, die sonst nur wenig oder gar keinen Kontakt miteinander haben. Grundgedanke ist, dass sich die Disziplinen gegenseitig befruchten und bereichern und dabei auch Unerwartetes und Überraschungen zu Tage treten lassen.

Umschlaggestaltung: DSR Werbeagentur Rypka GmbH, 8143 Dobl/Graz, Thomas Hofer, www.rypka.at
Umschlagabb. Vorderseite: Michal Kalaš / *Umschlagabb. Rückseite:* Michal Kalaš, Slavomír Finďo
Bildnachweis Innenteil: soweit nicht anders vermerkt, stammen die Aufnahmen von der Autorin
Wir haben uns bemüht, bei den hier verwendeten Bildern die Rechteinhaber ausfindig zu machen. Falls es dessen ungeachtet Bildrechte geben sollte, die wir nicht recherchieren konnten, bitten wir um Nachricht an den Verlag. Berechtigte Ansprüche werden im Rahmen der üblichen Vereinbarungen abgegolten.

Bibliografische Information der Deutschen Nationalbibliothek
Die Deutsche Nationalbibliothek verzeichnet diese Publikation in der Deutschen Nationalbibliografie; detaillierte bibliografische Daten sind im Internet unter http://dnb.d-nb.de abrufbar.

Hinweis
Dieses Buch wurde auf chlorfrei gebleichtem Papier gedruckt. Die zum Schutz vor Verschmutzung verwendete Einschweißfolie ist aus Polyethylen chlor- und schwefelfrei hergestellt. Diese umweltfreundliche Folie verhält sich grundwasserneutral, ist voll recyclingfähig und verbrennt in Müllverbrennungsanlagen völlig ungiftig.

Auf Wunsch senden wir Ihnen gerne kostenlos unser Verlagsverzeichnis zu:
Leopold Stocker Verlag GmbH
Hofgasse 5 / Postfach 438
A-8011 Graz
Tel.: +43 (0)316/82 16 36
Fax: +43 (0)316/83 56 12
E-Mail: stocker-verlag@stocker-verlag.com
www.stocker-verlag.com

ISBN 978-3-7020-1327-1

Layout und Repro: Ľuboš Frič
Druck und Bindung: Gorenjski Tisk, Kranj, Slowenien

Inhalt

Danksagung

Ich möchte an dieser Stelle einigen Leuten nochmals für die Zusammenarbeit und Hilfe danken:

Andrea-von-Braun Stiftung für die Ermöglichung dieses Projektes. Das gilt bezüglich des Stipendiums 2007/2008 für die Ausarbeitung des Buches, den Druckkostenzuschuss als auch für die freundliche Betreuung.

Herrn Slavomír Findo für die sehr gute Zusammensarbeit, die wissenschaftliche Anleitung, die Fotos und Daten, sowie die vielen, stundenlangen Diskussionen über Bären.

Herrn Eduard Tschabold vom Märchenlexikon Schweiz, für seine freundliche Hilfe und die wichtigen Hilfestellungen bei der Literaturrecherche zum Thema Bär.

Ľuboš Frič für die Kreierung eines Plakates zum Thema „Bär-Mensch-Interaktionen" und das Design des Buches.

Den Mitarbeitern des Leopold Stocker Verlages in Graz für die gute Zusammenarbeit.

Ich möchte auch Herrn Magister Wolfgang Dvorak-Stocker, Verleger und Geschäftsführer des Leopold Stocker Verlages, danken, dass er dieses Buchprojekt auch wirklich in Druck gebracht hat.

Der Frankfurter Zoologischen Gesellschaft für die Benutzung der unter dem Projekt „Brown Bear Corridors in Slovakia", in welchem ich involviert war.

Dem Forstwirtschaftlichen Institut in Zvolen/Slowakei (Národné Lesnícke Centrum Zvolen, Slovensko) möchte ich für die Zusammenarbeit und die Benutzung des Laboratoriums danken.

Beim Zoo Bojnice will ich Michal Belák, Peter Lupták und Vladimír Šrank für die Kooperation danken.

Ján Škoda und dem Forstangestellten aus Hybe an dieser Stelle herzlichen Dank für die Geschichten über die Bärenübergriffe.

Michal Kalaš nochmals Danke für die Fotos sowie die Tagebuchnotizen und Daten hinsichtlich der überfahrenen Bären.

Allen Förstern aus der Gebirgsregion in Poľana möchte ich nochmals für die Unterstützung im Freiland bei der Arbeit mit Bären danken.

Als Letztes sind all diejenigen Menschen erwähnt, welche hier nicht namentlich aufgeführt sind und die mir auf verschiedene Weise geholfen haben (Interviews, ihre eigenen Geschichten, Wissen über Bären etc.)

Vorwort

Unser Wissen über den Bären entstand durch die mehrtausendjährige gemeinsame Koexistenz. Bevor man überhaupt begann, den Bären wissenschaftlich zu erforschen, beeinflusste er viele Jahrhunderte hindurch als Symbol für Kraft, Mut, Freiheit, aber auch als Nahrungsgrundlage das menschliche Leben. Obwohl die heutige Wissenschaft zunehmend interessante Details über den Bären publiziert, geht parallel immer mehr altes Wissen verloren, das sich in Volksgebräuchen, Traditionen, Kunst und gesprochener Sprache findet. Der Braunbär (*Ursus arctos*) überlebt in Europa nur noch in den Gebieten, in denen seine Lebensbedingungen nicht zu nachhaltig verändert wurden. Aber auch dort, wo sich noch stabile und gesunde Bärenpopulationen befinden, ist es heute bereits notwendig, sich bezüglich ihres Weiterlebens Gedanken zu machen, da die rasche Entwicklung der menschlichen Zivilisation ihre Zukunft gefährdet.

Ein grundsätzliches Anliegen dieses Buches ist das Nachzeichnen der Koexistenz von Mensch und Bär in Vergangenheit und Zukunft. Als Grundlage hierfür diente die reichlich vorhandene Literatur der slawischen Länder in Mittel- und Osteuropa (Slowakei, Russland, Polen, Tschechien), aber auch der außereuropäischen Teile der ehemaligen Sowjetunion, die überall in der slawischen Literatur Spuren hinterlassen hat. Der Schwerpunkt liegt jedoch auf der einschlägigen slowakischen Literatur. Die Sprachbarriere ist der Hauptgrund, warum viele wertvolle Erkenntnisse über Bären und ihr Verhalten aus dem eurasischen Raum für die westliche Welt nicht verfügbar sind (und waren). Ein Gutteil dieser Erkenntnisse wurde von der Autorin hier zusammengetragen und mit neuesten wissenschaftlichen Ergebnissen über Bären sowie mit eigenen Ergebnissen, die sie im Rahmen ihres Forschungsaufenthaltes in den slowakischen Karpaten seit 2006 gesammelt hat, verbunden. Michaela Skuban war besonders an der Ernährung der Bären und ihrer Interaktion mit dem Menschen interessiert. Das Ergebnis dieser Arbeit ist eine interdisziplinäre Studie über die gemeinsame Koexistenz, die hier in einer allgemeinverständlichen Form, die nichtsdestoweniger wissenschaftlichen Kriterien genügt, präsentiert wird.

Die Beziehung Bär-Mensch hat einige weniger und einige sehr kritische Seiten. Wenn der Bär weder dem Menschen noch seinem Besitz, domestizierten Tieren oder ökonomischen Interessen gefährlich wird, wird er weitgehend akzeptiert. Die Beziehung kann aber eskalieren, wenn wir Menschen uns in Bezug auf die Präsenz von Bären unangemessen verhalten. Dazu gehört unter anderem das Vordringen in die verbleibenden Bärenbiotope, wodurch diese Tiere ungewollt in eine Ecke getrieben werden. Dabei kann es zu körperlichen Übergriffen auf Menschen und Beschädigungen menschlichen Eigentums kommen, was in der Vergangenheit in vielen Teilen Europas die vollkommene Ausrottung der Bären nach sich zog.

Sind Bären nur für einige wenige Jahrzehnte in bestimmten Gebieten abwesend, ist die natürliche Beziehung zwischen Mensch und Bär unterbrochen. Deshalb kommt es meistens zu unüberwindbaren Problemen, wenn Bären oder auch andere große Raubtiere nach einer Zeit der Abwesenheit ihre ehemaligen Verbreitungsgebiete wiederbesiedeln. Wir Menschen können sehr schnell die Toleranz im Hinblick auf diese Beutegreifer verlieren. Der Leser dieses Buches wird vor diesem Hintergrund sehr an den Beschreibungen von Attacken von Bären auf Menschen bzw. deren Gründen und Konsequenzen interessiert sein. Obwohl die potenzielle Gefahr einer Begegnung zwischen Mensch und Bär in freier Wildbahn nicht unterschätzt werden sollte, darf man aus den Tieren keine Bestien machen, da sie weder grundlos noch aus Blutgier angreifen.

Durch die Kenntnis von Konfliktsituationen, die dieses Buch versucht zu erklären, lassen sich viele derartige Übergriffe vermeiden. Obwohl jedes Jahr in der Slowakei zwischen zwei und sieben Bärenattacken verzeichnet werden, die in Ausnahmefällen sehr schwere Verletzungen nach sich ziehen können, endete seit über 110 Jahren kein Angriff tödlich.

Ein weiteres wichtiges Anliegen dieses Buches ist die Nachzeichnung der seit 140 Jahren währenden Bemühungen um den Bärenschutz in der Slowakei, deren Ergebnis die gesunde heutige Bärenpopulation ist. Diese Population sieht sich nun seit einiger Zeit sehr negativer Beeinträchtigungen, wie etwa Habitatzerstörung und -fragmentierung, ausgesetzt, was unter anderem durch die von der EU subventionierte, rasche Entwicklung des Straßenausbaus forciert wird. Es werden meist keine Querungshilfen geplant, die zumindest einige Migrationskorridore von Wildtieren sichern könnten.

Überdies dringt der Mensch zu Erholungszwecken immer weiter in unberührte Natur vor – etwa, um Waldbeeren und Pilze zu sammeln, beim Mountainbiking oder zu Jagdzwecken. Zudem bemerken wir hier in der Slowakei eine für die Bären sehr destruktive Propaganda, die ein verzerrtes Bild vom Bären zeichnet und nahezu rücksichtlos nur die Interessen des Menschen favorisiert.

Dieses Buch widmet sich im Weiteren den Bedingungen von Bären in menschlicher Obhut, der Rolle von Zoos und anderen Stationen; insbesondere, wenn es sich hierbei um Bären aus dem Freiland handelt, die dort problematisch waren. Hier kommen natürlich die zahlenmäßig zunehmenden „Problembären" mit ins Spiel. Es ist wichtig, sie aus der Population zu entfernen; man sollte aber auch die Gründe dieses relativ neuen Phänomens analysieren. Diese Bären haben einen negativen Einfluss auf andere Mitglieder in der Bärengemeinschaft und sind in den Augen der Menschen unerwünschte Ärgernisse. Eine solche Einstellung kann beispielsweise zu illegaler Jagd führen, da die verantwortlichen Stellen den Umgang mit „Problembären" häufig nicht oder nur sehr ineffektiv lösen.

Alle hier veröffentlichten Bären-Fotografien, soweit nicht anders vermerkt, stammen aus der slowakischen Wildbahn und dürften damit einen exklusiven Charakter haben. Nur in Ausnahmefällen wurde mit Beköderung fotografiert (Fotofalle, Wildfutterplätze).

Dr. Slavomír Finďo
Sommer 2011

Erster und Unverhoffter Telemetriekandidat

„Er hat mindestens 120 kg. Nein, eigentlich kann man eher sagen, zwischen 130 und 150 kg." So war zumindest die Information des verantwortlichen Försters am Telefon. In Windeseile fliegen wir mit dem alten Škoda-Auto über die oft nur unzureichend ausgebauten Straßen, passieren das Dorf Očová. Dann, am Dorfende, nach der Busstation, nach links auf eine kleine asphaltierte Straße und jetzt immer geradeaus, mitten in unberührte Wildnis hinein und in ein Gebiet, das von Bären gerade im Herbst aufgrund der reichlichen Bucheckern und Eicheln sowie der zahlreichen Maisfelder sehr gerne aufgesucht wird. Schon von Weitem kann ich auf dem brach liegenden Feld zu meiner Linken einen großen zusammengekrümmten Fellhaufen entdecken, dessen Kopfende unschön und hilflos in einem uralten Metallkübel feststeckt. Der ganze Körper ist in sich zusammengefaltet und der Kübel wirkt im Vergleich dazu gigantisch. Eigentlich werden solche metallenen Potte seit zwanzig Jahren nicht mehr benutzt. Irgendjemand muss sich also von diesem sehr unsachgemäß entledigt haben. Wahrscheinlich hat der Bär auf seiner Nahrungssuche nach der Winterruhe aus Neugierde oder Gier seinen Kopf in dieses Metallgefäß gesteckt, ist vielleicht irgendwie abgerutscht und dann abschließend festgesteckt, ohne Aussicht auf Befreiung.

Er sitzt auf seinen Hinterpfoten, die er mit den Vorderpfoten bedeckt und stützt seinen in dem Metalltopf festsitzenden Kopf auf dem leicht mit Schnee bedeckten Feldboden auf. Auf der vorbeiführenden Straße befindet sich eine Gruppe von ca. 10 Menschen, alle wie gebannt auf den Bären starrend. Hierbei handelt es sich um Förster, Jäger und Mitglieder des staatlichen Naturschutzes.

Ganz ruhig sitzt er da, ruhig und zusammengekauert. Nahezu bewegungsunfähig.

Ein großes Tier. Ein Tier, vor dem die meisten Menschen Angst haben, wenn sie ihm unerwartet gegenüberstehen, und jetzt ist er hilflos und aufgrund seiner eigenen Angst und Unsicherheit vermutlich wie gelähmt.

Eingesperrt und eingeklemmt mit dem Kopf voraus in einem Metallkübel. Über Stunden panische Angst in absoluter Dunkelheit, in Kombination mit nur weniger und schlechter Luft, halb vergiftet von dem Gestank der über 20 Jahre alten Reste von Pech und Teer. Woher sollte er das auch wissen, als er neugierig und hungrig seine Nase in das ungewöhnliche Gefäß hineinsteckte, an welchem er zufällig auf seinem Weg durch den Wald vorbeikam, mit einem Loch im Bauch vor Hunger, auf der Suche nach Nahrung. Ausgezehrt und unterernährt ist er nach der langen Zeit der Winterruhe. Gut, dieses Jahr war es wärmer gewesen, also hatte er immer wieder Gelegenheit gehabt, zwischenzeitlich aufzustehen, aber was lässt sich denn großartig finden? Nur spärlich war das Nahrungsangebot.

Warum nicht einen Blick hinein wagen? Warum es nicht wenigstens versuchen? Probieren geht über studieren. Es hätte ja auch erfolgreich ausgehen können, beispielsweise hätte sich auch Rapsöl darin befinden können oder Honig oder zumindest ein wenig vergammelte Milch oder etwas anderes Essbares und Verwertbares, was seinem ausgezehrten Körper gut getan hätte. Aber nein, dieses

Mal war Fortuna nicht auf seiner Seite. Nicht nur der Umstand, dass er hinsichtlich des Inhalts des Kessels keinen Erfolg verzeichnen konnte. Nein, das war nicht genug. Zusätzlich, und was noch viel schlimmer war, schob er mit einigem Kraftaufwand seinen Kopf zur endgültigen und letzten Überprüfung tief in den Pott hinein, wobei er sich mit den Vorderpfoten auf dem noch halb gefrorenen und mit glitzerndem harschen Schnee bedeckten Waldboden abstützte. Aber auf einmal ohne Aussicht, denselben wieder hinauszubekommen.

Er versucht mit seinen Vorderpfoten immer wieder, und vergeblich, den Kopf zu befreien. Er zieht und zerrt daran, er brüllt in heller Verzweiflung in die enge und dunkle Halsmanschette, aber es hat alles keinen Zweck. In wilder Wut und Panik schlägt er mit dem Kopf nach allen Seiten, in der Hoffnung, den ungewollten Helm zersplittern zu können. Schmerzhaft ist das Aufprallen an den umstehenden Bäumen. Aber er will nicht aufgeben, noch nicht. So kann es doch nicht enden. Er hat doch nur Hunger gehabt und jetzt das.

Die Spuren in der dünnen Schneedecke bezeugen, dass der Bär in mehreren, weiten Kreisen am Rand des Feldes, das sich neben der Straße und dem angrenzenden Waldrand befindet, herumgetapst ist. Offensichtlich orientierungslos, müde, erschöpft, frustriert und resigniert hat er sich dann im Endeffekt in der Mitte des Feldes niedergelassen.

Irgendwann wird er dann müde, die schlechte Luft bereitet ihm Schwierigkeiten und zu der umgebenden Dunkelheit wird ihm zusätzlich schwarz vor Augen, als die Anstrengung seine Kräfte überschreitet. Die Blutergüsse unter der Haut am Hals, an welchem der Kessel eng und unerbittlich anliegt und scheuert, schmerzen ihn und die Reste des ohnehin schon erniedrigten Blutzuckerspiegels gehen vollends in den Keller.

Also gibt er auf, er hält einfach an, lässt sich einfach auf seinen nur wenig vorhandenen Bauch fallen und bleibt liegen. Mitten auf einem Feld, nur wenige Meter entfernt von dem schützenden und wohlbekannten Wald.

Gefunden wird er von zwei Waldarbeitern, die mit einem Traktor auf dem Weg zu ihrem Arbeitsplatz waren. Sehr verwundert sind sie und können es kaum fassen, was sich da auf dem brach liegenden Feld befindet, nur etwa 2 Kilometer vom Dorf entfernt, in tapsender und unsicherer Weise über den nur leicht mit Schnee bedeckten Boden torkelnd.

Sie halten an, aber getrauen sich nicht auszusteigen. Kein Wunder, es ist ein Bär. Irgendwann dann doch, jedoch sehr vorsichtig, verlassen sie das schwere Gefährt, bleiben allerdings dicht daran stehen und starren schweigend, ohne einander anzublicken, auf das jetzt bewegungslose Tier.

Es ist für die Jahreszeit relativ mild und warm, weshalb sie den allzu schweren Winteranorak schon gegen die leichtere Arbeitsjacke ausgetauscht haben. Schließlich wird es ohnehin schnell warm bei der anstrengenden Waldarbeit. Aber so wagen sie sich erst recht nicht in die Nähe des Bären. Kurz blicken sie sich an und entscheiden wortlos „das müssen wir umgehend melden" und rufen den verantwortlichen Förster an.

Auf einmal das Geräusch eines Autos, Stimmen. Eine zugeschlagene Autotür. Menschen. Direkt in seiner Nähe. Und er kann sich nicht wehren, geschweige denn flüchten. Ohne etwas zu sehen, ohne Orientierung. Mit dem schmerzenden Hals und den schwachen Knien, mit unzureichender Sauerstoffzufuhr, halb vergiftet von dem Gestank.

Menschen, das ist das Ende. Was kann man da schon noch erwarten. Was kann man in so einer Situation überhaupt noch machen, ohne Chance, etwas gegen die drohende Gefahr ausrichten zu können. Aber nichts passiert, eine schier unendlich lange Zeit. Sein Mund ist trocken und das aus der Nase austretende Sekret verstopft Millimeter für Millimeter seine Nasenschleimhaut.

Dann ein zweites Auto. Nein, es kommen mehr. Er versucht, die verklebten Ohren so gut wie möglich einzusetzen. Aber die genaue Anzahl lässt sich einfach nicht mehr bestimmen.

Langsam nähern wir uns also dem hilflosen Tier, um uns überhaupt einmal einen Eindruck von der gesamten Situation machen zu können. Der Information am Telefon nach soll er noch am Leben sein. Aber ist er das auch jetzt noch?

Und dann Schritte, ein, nein, mindestens zwei Personen scheinen sich ihm offensichtlich zu nähern. Selbst durch den Metallkessel abgeschwächt, kann er mit zielgenauer Sicherheit orten, dass sich diese Personen genau auf ihn zubewegen müssen.

Ich gehe sehr vorsichtig und langsam. Ich hoffe, dass ich auf diese Weise das Knirschen des Schnees verhindern kann, was dem Bären, falls er noch lebt, meine Anwesenheit verrät und weshalb er sich nur noch mehr hilflos und gestresst fühlen wird. In seiner jetzigen Position hat er absolut keine Möglichkeit, irgendetwas zu unternehmen, weder Flucht nach hinten noch Angriff nach vorne.

Der harsche Schnee knirscht unter ihren Füßen. Schneller wird sein Atem in dem Pott und die mit Pech und Teer beschmierten Innenwände beginnen sich zu beschlagen.

Als ich dann auf eine Distanz von nur noch zwei Metern neben ihm stehe, kann ich mich trotzdem sowohl der Faszination als auch des Mitleides nicht erwehren. Ganz langsam bewegt sich sein Brustkorb auf und ab.

Unglaublich heiß wird es um seine Schnauze herum und die ohnehin begrenzte Luft wird stickiger und ekliger. Trotzdem versucht er so flach wie möglich zu atmen. Vielleicht lassen sie ihn dann in Ruhe, wenn sie denken, dass er tot ist.

Immer wieder streckt er seinen linken Hinterfuß etwas aus, um ihn dann einige Zeit später wieder unter den linken Vorderfuß einzuziehen. Seine Pfoten krümmen sich manchmal ein, um dann wieder in ausgestreckter Form etwas auf dem Boden zu scharren.

Er schiebt seine Hinterpfoten unter die vorderen. Immer mehr beginnt sich sein Körper einzukrümmen und zu verkrüppeln, in der verzweifelten und aussichtslosen Hoffnung, sich auf diese Weise unsichtbar machen zu können, schützen zu können, helfen zu können.

Aus dieser Zwangslage kann er nicht mehr alleine herauskommen, soviel steht fest. Der Kübel muss weg, und das so schnell wie möglich. Und dafür wird er unsere Hilfe brauchen.

Aber sie haben ihn schon erreicht, bleiben neben ihm stehen und unterhalten sich. Obwohl er ohnehin nichts sieht, schließt er die Augen und harrt der Dinge, die da wohl kommen mögen.

Offensichtlich hat er sich endgültig in sein Schicksal ergeben, als ob er wüsste, dass er jetzt ohnehin nichts mehr machen kann.

Ganz ruhig bleibt er sitzen und hält den Atem an. Aber nichts passiert. Absolut gar nichts. Die Menschen sind neben ihm zum Stehen gekommen, unterhalten sich leise, aber kein Schuss durchbricht die ihn umgebende Dunkelheit, keine Berührung streift seinen Pelz.

Man weiß ja auch nicht, wann dieser Unfall mit dem unerwünschten Helm überhaupt passiert ist. Bären passen ihren Lebensrhythmus meistens der Präsenz von Menschen an, was in unseren Breiten bedeutet, dass sie oft nachts beziehungsweise nach Einbruch der Dunkelheit aktiv werden und auf Nahrungssuche gehen. Und die Dunkelheit bricht doch noch relativ früh ein, um 18 Uhr ist es spätestens komplett finster.

Er ist verwirrt, resigniert und trotzdem noch voller Angst. Die Glieder beginnen erneut zu schmerzen. In dieser ungünstigen Position kann er es kaum lange in einer eingenommenen Haltung aushalten.

Immer wieder kontrolliere ich, ob sich sein Brustkorb oder wenigstens die langen Rückenhaare bewegen. Ich will mir sicher sein, dass er wenigstens atmet. Der Metalltopf sitzt so fest am Hals, dass ich nur hoffen kann, dass durch irgendeinen kleinen Spalt wenigstens ein bisschen Sauerstoff in das Gefäß gelangt.

Er kämpft mit sich, aber gibt auf. Es hat keinen Sinn. Sie sind da. Sie haben ihn entdeckt. Sie sind neben ihm. Was macht es also noch für einen Unterschied, ob er ruhig bleibt oder sich bewegt. So kann er wenigstens den Krampf in seinem linken, hinteren Oberschenkel ein wenig lösen.

Plötzlich überkommt mich eine unglaubliche Angst, dass er sterben könnte, und ich wage mich einen halben Meter weiter vor, um noch ein bisschen genauer zu schauen. Und exakt in diesem Moment schiebt er seine linke Hintertatze wieder unter seinem Körper hervor und ich bin beruhigt. Erst einmal ist es nötig, ihn zu narkotisieren, ansonsten hat man keine Chance, das Tier aus seiner mehr als misslichen Lage zu befreien. Und alles sollte so schnell wie möglich gehen, damit er nicht noch mehr leidet. Damit bessere Chancen bestehen, dass er das Ganze überlebt. Weil ja eben auch keiner weiß, wie lange er denn schon feststeckt. Deshalb fährt mein Kollege Dr. Slavomír Find'o, Wildbiologe am Forstwirtschaftlichen

Institut in Zvolen, zurück ins Institut, um die Armbrust und die Betäubungssubstanzen zu holen, während ich bei dem Bären bleibe und seinen Zustand überwache.

Nach einer schier unglaublich langen Zeit entfernen sich die Schritte wieder ein wenig von ihm. Er lauscht durch die Dicke des Metalls, was passiert. Er kann überhaupt nicht abschätzen, was das alles zu bedeuten haben könnte. Menschen, so nahe. Und er dabei so hilflos.

Die anderen stehen auf der ca. 30 m entfernten Straße, unterhalten sich heftigst miteinander oder telefonieren mit den Handys, um andere Personen zu informieren. Offensichtlich verbreitet sich die Nachricht über den bewegungslosen Braunbären wie ein Lauffeuer durch die Pol'ana-Bergregion. Immer mehr und mehr Autos erreichen den Platz, und mittlerweile haben sich auch hochrangige Persönlichkeiten sowohl des Forstwesens, wie beispielsweise der Vizedirektor des ansässigen Forstbetriebes, als auch der Chef der staatlichen Naturschutzbehörde eingefunden, die leider dem Bären keine Hilfe angeboten haben.

Ich kann allerdings für relativ lange Zeit meinen Platz nicht verlassen. Ich bin unglaublich fasziniert von ihm. Sein wunderbar dichtes Fell, die starken Pfoten, die riesigen Fußsohlen. Ich hoffe nur, dass es uns gelingen wird, den Bären erfolgreich zu narkotisieren, um ihn aus diesem metallenen Zwangskäfig am Kopf zu befreien.

Dann kommen sie erneut auf ihn zu, beobachten ihn offensichtlich, aber entfernen sich wieder. Aber sie sind noch da. Nicht alle Autos sind weggefahren. Und wenn ihn nicht alles täuscht, dann kommen eher noch mehr, auch werden es immer mehr und mehr Stimmen.

Jeder der Anwesenden ist von dem Anblick genauso fasziniert wie ich und versucht, zur eigenen Erinnerung ein gutes Foto von dem festsitzenden Bären zu schießen, entweder mit einer Kamera oder einer Handykamera. Aufgrund der demzufolge anwachsenden Menschenansammlung um den Bären herum, ziehe ich mich einige Meter von ihm zurück, um aus einer etwas weiteren Entfernung einen besseren Blick auf ihn zu haben und überprüfen zu können, ob sich seine Pfoten immer wieder bewegen – und sie tun es von Zeit zu Zeit.

Die Luft wird stickiger und Kondenswasser tropft von den metallenen Innenwänden des Kessels auf und neben seinen Kopf.

Plötzlich erscheint ein Hobbyfilmer und -fotograf auf der Bildfläche, ausgestattet mit vollem Equipment. Schnell ist das Stativ für die Kamera in einer Entfernung von 5 m neben dem Bären aufgebaut. Aufgrund des unerwartet einsetzenden, heftigen Schnürregens organisiert dieser es, dass einer der Anwesenden vorübergehend mit einem Schirm die Kamera schützt.

Der Auflauf um diesen Bären herum ist wirklich unglaublich. Jeder guckt und schaut, jeder ist fasziniert. Die Leute unterhalten sich entweder von Angesicht zu Angesicht miteinander oder immer noch mit Kollegen oder Freunden am Telefon. Und noch immer erreichen neue Autos das Geschehen, inklusive des Traktors mit den zwei Waldarbeitern, die den Bären am späten Morgen während ihrer Arbeit gefunden haben und welche nochmals ihren Werkzeugkasten aufgestockt haben. Ausgerüstet mit zwei Metallschneidern warten sie auf den Beginn der Rettungsaktion „Bär".

Immer weitere Autos, es müssen immer mehr Menschen sein. Und wieder diese Unglück verheißenden, knirschenden Schritte durch den Schnee direkt auf ihn zu. Klickgeräusche, die er nicht einschätzen kann.

Langsam wird es kalt und die Nässe kriecht durch die Kleidung. Ich schaue auf die Uhr und hoffe, dass Slavo uns bald wieder erreicht, um den Bären endlich befreien zu können. Allerdings ist einiges zu tun: Die Substanzen müssen aus dem Kühlschrank des Institutes geholt werden, die Armbrust befindet sich an einem anderen Ort, zusammen mit den Patronen und den weiteren Utensilien wie Nadeln und Steriliumspray. Und zu guter Letzt muss er nochmals überprüfen, wie hoch die empfohlene Dosis ist. (Kaum jemand in der Slowakei hatte 2007 Erfahrung mit dem Narkotisieren von Bären, und wenn, dann meistens nur von Zootieren.) Alle ansässigen Tierärzte haben abgelehnt, denn das Risiko war ihnen zu groß. Ein Bär kann nicht mit Kühen oder Hunden verglichen werden, wobei die meisten unsicher sind, einen großen Fehler zu machen. Und die einzige tierärztliche Fakultät befindet sich in Košice, mindestens drei Autostunden von hier entfernt. Verwendet man eine für Zootiere ausgerechnete Dosierung, ist das häufig zu gering. Deshalb kommt es immer wieder vor, dass gerade Wildtiere, die wesentlich mehr Adrenalin in ihren Adern führen, nach der entsprechenden Dosis nicht schlafen.

Aber in unserem Bärenfall stellt sich die Sache wieder anders dar: Zum einen befindet sich das Tier in dem Zustand nach der Winterruhe, so dass er wie die meisten Tiere anschließend sehr an Gewicht verloren hat und noch etwas schwach sowie ein wenig ausgelaugt ist. Auch wenn es in diesem Jahr relativ warm war und ein Teil der Braunbärpopulation zumindest teilweise immer wieder die Winterhöhle verlassen hat, ist das Nahrungsangebot trotzdem reduziert. Und der Bär auf dem Feld ist abgemagert.

Was als erschwerende Tatsache hinzukommt, ist in diesem Falle der Stressfaktor. Nicht nur die generelle Situation, dass er auf seinem Kopf einen eisernen Pott hat, wird das Tier stressen, sondern niemand weiß ja eben, wie lange er denn mit demselben schon herumgeirrt ist und wie viele aussichtslose Versuche er unternommen hat, um sich davon zu entledigen. Der Förster berichtet, dass in dem angrenzenden Waldstück auf einigen Bäumen Spuren zu finden sind, aus welchen recht eindeutig hervorgeht, dass der Bär seinen Kopf an diese geschlagen haben muss. Ob in wilder Manie oder aufgrund der Blindheit kann man daraus nicht schließen. Man kann nur hoffen, dass er sich auf diese Weise nicht allzu viele Hämatome zugezogen hat.

Aber er bewegt von Zeit zu Zeit seine Pfoten. Er ist noch am Leben und hoffentlich schaffen wir es, dass er es auch bleibt.

Und wieder verkrampft sich der linke Hinterfuß in seiner verkrüppelten Haltung unter dem vorderen und schläft bedingt durch das Gewicht des auflastenden Körpers ein. Aber er schiebt ihn jetzt ohne Abwarten einfach ein Stück aus seiner schützenden Position heraus und bewegt seine Krallen auf und ab, um wieder ein wenig Blut in die unteren Extremitäten zu pumpen.

Voller Verzweiflung gewahrt er, dass ihn noch weitere Autos zu erreichen scheinen. – Menschen, immer mehr Menschen. Es scheint gar nicht mehr aufzuhören zu wollen. –

Der Puls rast, er hört sein Blut in den Ohren rauschen und er hat Angst. – Unglaubliche Angst. – Sein ganzes Leben war er vorsichtig gewesen, diesen menschlichen Wesen nicht über den Weg zu laufen. Immer schön Abstand halten und sich im Bedarfsfalle tief in den schützenden Wald zurückziehen. – Und jetzt das. –

Offensichtlich scheint ein ganzer Haufen von denen anwesend zu sein. Ganz in seiner Nähe und manchmal nahezu direkt neben ihm, dass er vermutlich nur die Pranken ausstrecken müsste und er würde ihre Stiefel berühren können. Und dieses Etwas, was neben ihm aufgebaut wurde, scheint immer noch da zu sein, aber er kann sich nicht entsinnen, was es sein könnte.

Er war immer nur bestrebt gewesen, so weit wie möglich Distanz zwischen ihn und diese Unheil verheißenden Wesen zu bringen, die zeitweise, ausgestattet mit Gewehren und Schießeisen, den Wald bevölkern. Wenigstens scheinen dieses Mal keine Hunde mit dabei zu sein, aber ob das wirklich ein Vorteil ist? Und was kann er denn schon noch machen? Gar nichts, einfach nur noch abwarten, immer wieder den Hinterlauf entspannen und versuchen, langsam zu atmen, um in dem Topf nicht zu hyperventilieren.

Der Vizedirektor wird nervös und beginnt, mit Slavo zu telefonieren, wo er denn bleibt. Aber Slavo erreicht trotz der Distanz und der vielfältigen, zu erledigenden Dinge relativ schnell den Ort des Geschehens. Als er die medizinischen Utensilien auspackt, bannen sich gespannte Blicke auf seine Hände.

Auf einmal ist es still, mucksmäuschenstill, totenstill. Wie ausgestorben.

Aber es war doch keiner weggefahren, alle diese Menschen müssten doch noch immer in der Nähe sein. Das hätte er doch mitbekommen, falls sie wieder abgefahren wären. Aber sie haben aufgehört, sich zu unterhalten, und offensichtlich auch damit, sich ihm zu nähern.

Relativ schnell ist die Betäubungsdosis präpariert. Zur Sicherheit ist sie nur auf ein 100 kg schweres Tier ausgerechnet, um einen unerwünschten zusätzlichen Zwischenfall zu vermeiden und das Risiko für den Bären so gering wie möglich zu halten. Nachladen kann man in diesem Falle ja immer noch, der Bär kann ja wirklich nicht entwischen.

Langsam pirscht sich Slavo in hockender Stellung an den Bären heran.

Oder nicht? Plötzlich ist er sich nicht sicher, ob da jemand von hinten an ihn herankriecht. Angestrengt lauscht er in die künstliche Dunkelheit hinein, das Atmen fällt ihm immer schwerer.

Dann gibt er gezielt den ersten Schuss in die linke Hinterflanke ab.

Auf einmal ein stechender Schmerz an seiner linken hinteren Flanke, kurz, aber effektiv. Er brüllt, aufgrund des Schmerzes, aufgrund der Hilflosigkeit, aufgrund der Verzweiflung, aufgrund der Angst.

Sobald der Bär die Injektion erhalten hat, dreht er sich schnell in die entsprechende Richtung herum und brummt und grummelt in seinen Metallpott hinein. Er schlägt kurz um sich, aber bleibt im Endeffekt mit abgewandtem Hinterteil stehen.

Was passiert da um ihn herum, was machen die denn mit ihm? Was hat das alles zu bedeuten? Er versucht, um sich zu schlagen, aber der Pott ist ihm im Wege, und er weiß auch nicht, wohin er denn überhaupt ausholen soll.

Der Schmerz lässt langsam nach, aber nicht die Angst, die wächst.

Komisch taub wird es um die Einstichstelle herum. Resigniert und in lähmender Panik bleibt er auf allen Vieren stehen und stützt seinen Kopf in dem metallenen Zwangskäfig auf dem Boden auf.

Slavo zieht sich langsam zurück und alle halten den Atem an. Mindestens 20 Minuten muss nun gewartet werden, um dabei zu überprüfen, ob die Substanz auch entsprechend wirkt. Das Tier muss dabei zu Boden gegangen sein, andererseits schläft es nicht vollständig. Während dieser „Einschlafphase“ hat es absolut ruhig und still zu sein. Das entsprechende Tier darf auf keinen Fall dabei gestört werden, weder durch Geräusche, Annäherung oder sonstige Aktivitäten. Aus diesem Grunde ist es nur allzu ärgerlich, dass trotz der Bitte, eben jetzt kurzzeitig zurückzubleiben, immer wieder Leute an den Bären heranzugehen versuchen, um ein Foto zu machen. Gerade dieser Bär muss genug Ruhe haben und das Geknirsche des Schnees könnte den Prozess der beginnenden Narkose empfindlich stören.

Immer tauber wird es um die Stelle herum. In nahezu konzentrischen Kreisen zieht sich diese entwaffnende Taubheit immer mehr in seinen Körper hinein. Wackelig werden die Knie und es wird zusätzlich zu der ihn umgebenden stinkenden Dunkelheit immer schwärzer vor seinen Augen. Nur mit Mühe kann er sich auf den Beinen halten, nur mit Mühe verliert er nicht das Gleichgewicht.

Auf einmal ist wieder jemand um ihn herum, er kann das langsame Abschreiten, wenn auch etwas verschwommen, aber doch noch klar genug wahrnehmen.

Eine unglaubliche Müdigkeit zieht seinen Körper immer mehr in eine ihm unbekannte Tiefe hinab. Aber er will noch nicht aufgeben, er krallt sich in den Boden hinein und versucht, mit all seinen noch verbliebenen Kräften seinen Stand auf den vier Pfoten zu halten.

Der Bär steht auf allen Vieren auf dem Feld mit in dem Kübel abgestützten Kopf. Es ist offensichtlich, dass er zumindest langsam und buchstäblich ein bisschen schwach in den Knien wird. Und mit jeder vergangenen Minute wirkt sein Stand instabiler. Langsam beginnt sein Hinterteil abwechselnd nach links und rechts zu kippen und mehrere Male scheint es, als ob der Körper dem Zug der Narkose nach der einen oder der anderen Seite nachgeben könnte. Ich hoffe nur, dass er aufgrund des aufgestützten Kopfes und des festsitzenden Potts nicht an der unfreiwilligen engen „Manschette" um den Kopf herum ersticken oder sich beim ersehnten Prozess des Umfallens den Hals brechen könnte. Aber nein, offensichtlich war die Dosis zu gering.

Wieder diese Stille, wieder dieses Nichts um ihn herum. – Ruhe vor dem Sturm? – Er kämpft mit sich, er kämpft, um sich auf den Beinen halten zu können.

Nach 25 Minuten des Wartens und anhaltenden Wackelns entscheidet sich Slavo für das Nachlegen einer weiteren Dosis, allerdings in nochmals abgemilderter Konzentrierung als die erste. – Lieber kein Risiko eingehen. – Aufgrund des Akkumulierungseffektes kann selbst eine erniedrigte Dosis nun den gewünschten Effekt haben. Andererseits – falls die zusätzliche Dosis immer noch nicht genug ist, wäre es sehr riskant, nochmals einen Schuss zu setzen. Sämtliche Wechselwirkungen und verzögerte Effekte können nicht mehr abgeschätzt werden und die Wahrscheinlichkeit, dass das hierbei involvierte Tier nicht mehr aus der Narkose aufwacht, ist dann sehr hoch. Betäuben will gelernt sein und ist Erfahrungssache.

Slavo schleicht sich also ein zweites Mal an den Bären heran und drückt ab, wieder direkt in das Hinterteil, dieses Mal mehr rücklings.

Und dann erneut dieser stechende Schmerz, dieses Mal etwas mehr in Richtung Rücken. Ein letztes Mal schreit er auf und versucht, um sich zu schlagen, doch jetzt machen seine schweren und wackeligen Knie nicht mehr mit und die Metallbeschwerung am Kopf tut hierbei ihr Übriges: er fällt, dem Zug der bleiernen Müdigkeit und dem Gewicht des Potts nachgebend, auf die Seite und schafft es nicht einmal mehr, seine etwas ungeordneten Beine in eine einigermaßen entspannte und bequeme Lage zu bringen.

Jetzt ist es endgültig schwarz um ihn herum und er verliert das Bewusstsein.

Dieses Mal ist die Reaktion des Bären wesentlich abgeschwächter und verlangsamter, wenngleich er erneut versucht, in die Richtung des Schusses zu reagieren und nochmals in seine Kopfbedeckung hineingrummelt, jedoch ist alles sehr viel schwächer und träger. Und plötzlich geht er dann doch bei dieser Aktion zu Boden und bleibt erschöpft auf der Stelle liegen.

Ich hoffe inständig, dass er sich nicht die Halswirbelsäule verletzt hat. Sein Umfallen war sehr unbeholfen und plump, eher ein Zusammenfallen oder Plumpsen. Kein Wunder, zu all dem Unglück von den vergangenen Stunden war er auch schon sediert und hatte vermutlich seine Körperfähigkeiten und Funktionen nicht mehr so genau im Griff. Aber es scheint geklappt zu haben, er steht nicht mehr auf und liegt bewegungslos mit diesem furchtbaren Topf auf dem Kopf und allen Vieren irgendwie von sich gestreckt halb seitlich auf dem Boden.

Nach Ablauf der Zeit nähern wir uns sehr vorsichtig dem ruhenden Tier. Mit einem Stock stößt Slavo den Bären vorsichtig an, um zu kontrollieren, ob er auch wirklich schläft.

Keine Reaktion. –

Dann beginnen wir eiligst, dem Bären das Halsband mit dem Radiosender anzulegen. Alles muss so rasch wie möglich gehen, schließlich muss der Metallkübel noch aufgeschnitten werden und man kann nur schwer abschätzen, wie lange der Bär schlafen wird. Auch ein sedierter Bär kann gut mit der Tatze ausholen und das Entfernen des Kübels würde so schwierig werden. Ich ziehe die Patrone mit der Nadel aus der dicken Haut heraus und sichere beides. Es befindet sich ein wenig Blut und Haare daran, was zur weiteren Analyse dienen kann. Noch während der Sender befestigt wird, beginnen die beiden Waldarbeiter mit vereinten Kräften den Kessel aufzuschneiden, was sich als komplizierter herausstellt, als erwartet. Das Material lässt sich nur sehr schwer bearbeiten, geschweige denn schneiden. Mit beiden Händen am Griff versucht jeder der Arbeiter, Zentimeter für Zentimeter, dem Bären in seine wohlverdiente Freiheit zurück zu verhelfen. Immer wieder nehmen sie die in Arbeitshandschuhe steckenden Hände zur Hilfe, um das alte Metall auseinanderzubiegen, aber das Material ist noch immer starr.

Wie aus einem tiefen Schlaf und aus dem ungeahnten Nichts erwachend, wird ihm schlagartig bewusst, dass irgendjemand an seinem unfreiwilligen Helm herumzuschneiden beginnt. Ein kratzendes und ungemein unangenehmes Geräusch durchbricht sein Trommelfell.

Plötzlich schlägt der Bär wackelig um sich, wobei er auf die andere Seite rollt, und brummt laut in seinen Zwangshelm hinein.

Die mittlerweile erneut angekommene Menschenmasse zerstreut sich innerhalb von einem Bruchteil von Sekunden. Aber die Arbeiter lassen sich in ihrer bewundernswerten Ruhe nicht abhalten und fahren nach einer kurzen Unterbrechung mit ihrer Schneidearbeit fort.

Dieses Mal will er sich aber nicht so kampflos ergeben. Dieses Mal will er sich retten. Mit ganzer Kraft macht er seinen halbvertrockneten Lungen in der Enge Luft und, angefüllt mit unglaublicher Wut, beginnt er, mit den Vorderpfoten an dem irgendwie leicht geöffneten Metallkübel zu zerren.

Und wieder, der Bär schlägt um sich und beginnt nahezu zu kreischen, was mit einem erneuten Auseinanderrennen der Leute beantwortet wird. Daraufhin versucht der festgesteckte Kerl, sich mit den Vorderpfoten den Pott vom Kopf zu ziehen, und schnaubt dabei heftig in denselben hinein.

Irgendjemand schiebt seine Pfoten beiseite und er kann durch den Schleier auf seinen Augen menschliche Hände erkennen, die sich an „seiner“ Metallverkleidung zu schaffen machen. Erneut zieht er mit und eine menschliche Hand schiebt ihn weg. Seitlich auf dem Boden liegend, nimmt er nun auch die Hinterläufe zu Hilfe, um sie gegen den Boden des Metalltopfes zu stemmen. Der jaulende Wutausbruch ist erlösend und befreit zumindest ein wenig die eingeschlafenen Kräfte.

Die Arbeiter werden nun doch nervös und nur Slavos guter Zurede ist es zu verdanken, dass sie nicht aufgeben, sondern weiterschneiden, während wir die im Wege stehenden Pfoten wegziehen. Allerdings wird der Bär überraschend schnell munter und seine eigenen Befreiungsversuche immer intensiver. Mittlerweile haben sich die anderen Menschen, bis auf die Arbeiter, Slavo, der Filmer und mich, in eine etwas sicherere Entfernung gebracht.

Der Bär beginnt, brüllend und auf dem Boden liegend, sich mit immer wilderen Versuchen der Kopfbedeckung zu entledigen. Ich habe nur Angst, dass er sich dabei die Fußsohlen seiner Vorderpfoten aufschneiden könnte. Nicht eine einzige Sekunde lang zeigt der Bär auch nur die Spur einer Aggression gegen die anwesenden Menschen. Seine ganze und geballte, wenn auch noch leicht sedierte Wut richtet sich einzig und alleine gegen den Metalltopf. Und er ist trotz der nicht lange zurückliegenden Narkose verdammt schnell, aktiv und wild. Er tritt um sich, brüllt, brummt und kämpft.

Die Angst ist gigantisch und seine Wut auf diese Zwangslage schäumt über. Ein letztes Mal zerrt er an dem Ende des Kessels, und ist ihn los.

Die beiden Männer werden nun wirklich nervös und fahren nur mit unserem eindringlichen unterstützenden Zureden fort. Wir ziehen hektischer mit den Händen die Pfoten beiseite und die Arbeiter schieben sie mit den Stahlschneidern weg. Sie werden schneller in ihren Bemühungen, endlich das Metall aufzuschneiden, und zerren mit ganzer Kraft an den wegstehenden Metallresten. Und plötzlich ist es geschafft: Mit vereinten Kräften von Mensch und Tier gelingt es im Endeffekt, dem Bären den Eisenhelm vom Kopf zu ziehen.

Völlig unerwartet nach so langer Zeit der erfolglosen Versuche.
Heftig atmend befindet er sich mit seinem Kopf wieder in der Freiheit und starrt mitten in das Gesicht eines ganz in Orange gekleideten Menschen, dessen Hände in genau den Arbeitshandschuhen stecken, die seine Pfoten nur kurze Zeit vorher beiseite geschoben haben und die den kleinen Gegenstand halten, den er unheilvoll an seinem Kopf sich auf- und abbewegen sah.

Eine heftige Wut auf dieses seltsame Ding, dass ihn so lange Zeit auf seinem Kopf gequält und fast den Atem geraubt hat, überkommt ihn. So heftig, dass er es einfach nicht mehr aushalten kann und auf dieses Etwas einschlagen und hineinbeißen muss. Und es kümmert ihn nicht, dass er sich dabei das Zahnfleisch ein wenig aufwetzt. Jetzt hat er endgültig genug und das muss jetzt einfach sein.

Er brüllt anständig, als er nach stundenlanger Gefangenschaft endlich wieder frische Luft atmen kann. Und er scheint ziemlich wütend auf den Kübel zu sein und beißt in ihn hinein und schlägt auf ihn ein. Trotzdem keine erkennbare Aggression gegen die anwesenden Menschen. Einer der Arbeiter steht immer noch in einer Entfernung von ca. 6 m seitlich neben dem Bären und ich bin mir sicher, dass dieser ihn auch gesehen hat. Alle anderen sind weg, auf der Straße, einige bereits mit offener Autotür in der Hand oder schon im Auto sitzend. Es wäre ja auch nicht verwunderlich, wenn ein dermaßen aufgebrachter und wütender Bär nach so einer vorausgegangenen schlechten Erfahrung etwas gefährlich und vor allen Dingen unberechenbar werden würde. Deswegen haben auch wir uns ein wenig in Sicherheit gebracht und beobachten die weitere Vorgehensweise unseres Patienten und des ersten Bären, der jemals in der Geschichte der Slowakei besendert worden ist.

Aber er ist frei und der Mensch macht keine Anstalten, sich ihm zu nähern. Bei einem Blick nach rechts in Richtung schützenden Wald muss er jedoch unschön erkennen, dass sich auf der angrenzenden kleinen Straße eine ganze Menschenmenge befindet.

Für einige Sekunden sitzt der Bär erschöpft am Boden, starrt auf die ihn angaffenden Menschen und atmet heftig und in schnellen Zügen.

Und alle fixieren ihn, alle beobachten ihn. Was für eine Situation. Was hat das zu bedeuten? Einige in den Autos, andere an die Autos angelehnt, starren sie ihn alle durch die Bank ungeniert an.

Sein Kopf ist komplett mit einer schwarzen Substanz verschmiert, nur die Augen scheinen unberührt. Die Ohren sind nahezu an den Kopf gepappt und die Schnauze ist von einem schwarzen Kranz umgeben.

Plötzlich beginnt er, sich auf die Menschen zuzubewegen. Noch sehr unsicher, torkelt er doch überraschend schnell auf uns zu. – Schnell, ab in die Autos. – Jetzt könnte es eventuell gefährlich werden. Der Bär hat vielleicht genug und wirkt durch die schwarze, unabsichtliche Maske sogar ein bisschen bedrohlich. Er schwankt, wobei er fast, aber nur fast strauchelt, mit wackeligem Schritt auf uns zu und atmet mit halbgeöffnetem Maul, was seinem Antlitz einen seltsamen Anblick verleiht. Und immer noch wird fotografiert. Trotz allem ist es ein faszinierendes Tier und ich bin unglaublich beeindruckt und froh, dass er befreit werden konnte und seine Pfoten unverletzt geblieben sind.

Er fühlt sich hilflos und hat nur einen Gedanken: Weg, weg – und das so schnell wie möglich. Als er aufsteht, merkt er erst, wie seltsam müde er noch immer ist. Die Nase ist noch ein wenig verpappt, weshalb er nur durch den halbgeöffneten Maul atmen kann. Er versucht nach der langen Zeit der schlechten Sauerstoffzufuhr, so viel Luft einzusaugen, wie in das Volumen seiner Lungen überhaupt hineinpasst. Sein Körper scheint ihm nicht so recht zu gehorchen und er fällt nahezu auf die Seite, als er die ersten

Schritte wagt. Ein Blick noch auf den Menschen neben ihm, aber der scheint sich ruhig und harmlos zu verhalten. Offensichtlich keine Gefahr. Aber die anderen, von denen weiß man es nicht.

Ein sehr großes Auto parkt genau an der Stelle, die er normalerweise benutzt, um nach einem kurzen Ausflug auf das Maisfeld wieder in den Wald zu verschwinden, und der Abstand zum nächsten Auto ist auch ziemlich gering.

Aber es ist immer noch die beste Stelle, die gesamte andere Fläche ist noch dichter beparkt und voll mit Menschen. Seinen ganzen Mut nimmt er nun zusammen und die restlichen Kräfte, die ihm noch geblieben sind, um seinen Körper zu stabilisieren und mitten durch den schmalen Spalt in den Wald zu preschen.

Ich stehe am Auto und der Abstand beträgt nur etwa 7 m.

Der Bär schaut nochmals einzeln die anwesenden Personen für den Bruchteil einer Sekunde an und bricht dann über die Straße hinweg in das sofort angrenzende Waldstück ein.

Keine Spur von Aggressionen, kein einziger Angriffsversuch. Offensichtlich ist sein einziges Bestreben: Weg, und zwar so schnell, wie es auch nur gehen kann. Rasch weg aus unserer Nähe.

Geschafft, sie haben ihm nichts getan. Kein Schuss, kein Nachhetzen.

Jetzt geht fast nichts mehr, der Körper zollt Tribut.

Er schafft es gerade noch unter den nächsten tiefhängenden Ast, unter dem er sich ein wenig Sicherheit verspricht, und geht zu Boden. Müde und erschöpft schließen sich seine Lider und er fällt in einen tiefen Schlaf.

Nur wenige Meter entfernt, unter dem Schutze eines tiefgewachsenen großen Astes, bricht er dann allerdings endgültig zusammen und bleibt liegen. Durch das Fernglas ist zu erkennen, dass er regelmäßig atmet und offensichtlich jetzt in seiner wiedergewonnenen Freiheit und der wiedererreichten Frischluftzufuhr in einen tiefen Schlaf gefallen ist. Am besten ist es, ihn dort einfach liegen zu lassen und zu hoffen, dass er sich erholen kann.

Die Menschenmenge zerstreut sich und ein Auto nach dem anderen verlässt den Ort des Geschehens. Wir verweilen noch ein wenig, um das ruhige Atmen zu beobachten, und fahren dann erleichtert ab.

Nach Einbruch der Dunkelheit wacht er auf, ohne die geringste Ahnung, wie lange er an dieser Stelle geschlafen haben könnte. Ganz komisch ist ihm, alles um ihn herum scheint sich zu drehen und in seinem Kopf tobt ein Schmerz, so wie er ihn noch nie zuvor erlebt hat.

Aber er ist alleine, niemand, und vor allen Dingen kein Mensch, ist da.

Nur sehr langsam kommt die Spur einer Erinnerung an das Geschehene zurück, seine selbstverschuldete Gefangennahme und offensichtliche Befreiung durch fremde Hand.

Seine Beine schmerzen, aber sie sind nichts im Vergleich zum Hals, den hat es wirklich schlimm erwischt. Behutsam dreht er seinen Kopf. – Na gut, es ist möglich. – Aber er sollte noch vorsichtig sein und alles in Ruhe machen.

Wie in Zeitlupe kann er sich erheben und bleibt erst einmal wie angewachsen stehen. Was für ein Tag. Seine Ohren sowie auch noch weitere Teile seines Gesichtes sind mit irgendeiner Substanz verpappt. Und um die Nase herum befinden sich weitere Überreste der Substanz, die er für einige Stunden unaufhörlich eingeatmet hat, den Gestank kann er nicht vergessen. Aber genau dieser Gestank wird schon wieder von seiner Schnauze herum und von den Ohren kommend ausgedünstet. Also schiebt er seinen Kopf an den wenigen mit Schnee bedeckten Stellen entlang, um ihn endlich loszuwerden. Mit jedem Tropfen, den er verliert, fühlt er sich besser. Der Körper ist noch sehr geschwächt, alles scheint irgendwie leicht taub und etwas verkrampft zu sein. Er beginnt, sich zu strecken, und schleckt ein wenig sauberen Schnee gegen die Trockenheit in der Kehle auf.

Jetzt lieber nochmals weg, ganz weit weg von dieser unguten Stelle. Zurück in sein Winterrevier, dort, wo sich seine Höhle befindet, da würde er wenigstens etwas besseren Schutz finden als hier an dieser halboffenen Stelle am Waldesrand. Man weiß ja auch nicht, ob die Menschen nicht erneut zurückkommen und ob sie dann immer noch so friedlich sind. Er beginnt also loszugehen und will nicht eher anhalten, bis er sein schützendes Revier erreicht hat, auch wenn es sich einige Kilometer weit weg befindet…

Die Substanz in dem Kessel stellt sich als uralter Teer heraus, also eigentlich keine attraktive Nahrungsquelle für einen Bären. Aber vielleicht war er auch einfach nur neugierig und in voller Hoffnung, trotz des müffelnden Geruches etwas Essbares zu finden. Wir können nur hoffen, dass ihm das stundenlange Einatmen der Substanz nicht geschadet hat und er diesen Zwischenfall unbeschadet überleben wird. Allerdings hätte er sich alleine niemals aus dieser Zwangslage befreien können.

Wenn er den Sender behält, sind wir zukünftig in der Lage, ihn zu überwachen und zu kontrollieren, ob er die nächsten Tage übersteht und wie er sich in Zukunft bewegen wird. Alles ging etwas zu schnell, wobei keine Zeit war, das Geschlecht des Bären zu überprüfen, aber aufgrund der stattlichen Größe – was man im zusammengekauerten Zustand nicht erwartet hätte – könnte es sich durchaus um ein Männchen gehandelt haben. Mithilfe der Blut- und Haarprobe kann man dies auch analysieren.

Da erfolgreich narkotisiert und besenderte Tiere immer einen Namen erhalten und zwar oft den, der auf den entsprechenden Kalendertag fällt, schaue ich umgehend zu Hause nach und muss schmunzeln: Der Bär wird also auf den Namen Albin, den Zwergenkönig getauft, und er ist zweifelsohne männlich.

Nachtrag

Dank der Technischen Universität Zvolen konnte eindeutig bestätigt werden, dass es sich hierbei um ein männliches Tier gehandelt hatte.

Slavomír Find'o bekam durch den eigentlich anwesend gewesen Vorsitzenden der staatlichen Naturschutzorganisation CHKO Pol'ana eine Anzeige aufgrund „unsachgemäßen Hantierens mit einem geschützten Wildtier", was selbstverständlich abgelehnt wurde. Nach dieser Anklage wurde einige Tage später durch denselben Mann in einem wöchentlich erscheinenden Magazin ein Artikel zur Befreiung dieses Bären veröffentlicht, in welchem er sich selbst nicht nur in Großaufnahme, sondern auch als „Retter des Bären" zeigte. Überraschenderweise war das Interesse am wirklichen Schicksal des Bären Albin gering. Nach wenigen Tagen waren wir bei unseren telemetrischen Überwachungen ungestört.

Steckbrief des Bären (*Ursus arctos*)

Der Leib der Bären ist gedrungen oder selbst plump, der Kopf länglich rund, mäßig gestreckt, mit zugespitzter, aber gewöhnlich gerade abgeschnittener Schnauze, der Hals verhältnismäßig kurz und dick; die Ohren sind kurz und die Augen beziehentlich klein; die Beine sind mäßig lang, die Vorder- und Hinterfüße fünfzehig und mit großen, gebogenen, unbeweglichen, d. h. nicht einziehbaren, deshalb an der Spitze oft sehr stark abgenutzten Krallen bewaffnet, die Fußsohlen, welche beim Gehen den Boden ihrer vollen Länge nach berühren, fast ganz nackt. Das Gebiss besteht aus 36 bis 40 Zähnen, und zwar oben und unten mit sechs Schneidezähnen, den Eckzähnen, oben und unten mit zwei bis vier Lückzähnen oder zwei Lückzähnen oben, drei unten sowie endlich mit zwei bis drei Backenzähnen. Die Schneidezäh ne sind verhältnismäßig groß, haben oft gelappte Kronen und stehen im Einklang mit den starken, meist mit Kanten oder Leisten versehenen Eckzähnen. Die Lückzähne dagegen sind einfach kegelformig oder nur mit unbedeutenden Nebenhöckern versehen. Der Fleisch- oder Reißzahn ist dagegen sehr schwach, fehlt sogar einigen Sippen vollständig und ist bei anderen nur ein starker Lückzahn mit innerem Höcker. Die Kauzähne sind stumpf und die des Unterkiefers stets länger als breit. Am Schädel ist der Hirntheil gestreckt und durch starke Kämme ausgezeichnet; die Halswirbel sind kurz und stark, ebenso auch die 19 bis 21 Rückenwirbel, von denen 14 oder 15 Rippenpaare tragen. Das Kreuzbein besteht aus 3 bis 5 und der Schwanz aus 7 bis 34 Wirbeln. Die Zunge ist glatt, der Magen ein schlichter Schlauch, der Dünn- und Dickdarm wenig geschieden; der Blinddarm fehlt gänzlich (aus Brehms Tierleben).

Zeichnung eines slowakischen Bären als Portraitstudie von Cherry Hadley

Status:	Bären gehören zum Reich der Tiere (*Animalia*), sind Säugetiere (*Mammalia*), Raubtiere (*Carnivoren*)
Arten:	Braunbär (*Ursus arctos*), hierzu zählen auch die Grizzlybären Eisbär (*Ursus maritimus*) Nordamerikanischer Schwarzbär oder Baribal (*Ursus americanus*) Asiatischer Schwarzbär oder Kragenbär (*Ursus thibetanus*) Lippenbär (*Melursus ursinus*) Malaienbär (*Helarctos malayanus*) Brillenbär (*Tremarctos ornatus*) Großer Panda (*Ailuropoda melanoleuca*)
Lebensraum:	Überwiegend ein Waldbewohner, der große, durchgehende, bewaldete Flächen braucht, oft trifft man ihn in den Mittelgebirgslagen, er kann aber auch alpin leben, zu seinen Futterausflügen betritt er auch Büsche, Grasland, Flussläufe und sogar menschliche Felder.
Ernährung:	Omnivore (Allesfresser) mit einer überwiegend vegetarischen Lebensweise mithilfe von verschiedenen Gewächsen, Früchten, Beeren, Nüssen, Samen; tierische Bestandteile sind meist Insekten, jedoch auch Huftiere des Waldes und bei Zugang zusätzlich Fische.
Lebensweise:	Bären leben solitär und sind Einzelgänger, Ausnahmen sind die Paarungszeit und der Mutterverband; sie besetzen zwar im Erwachsenenalter ein gewisses Gebiet, sind jedoch nicht strikt territorial, weshalb sich die Streifgebiete von verschiedenen Tieren überlappen können. Bären sind in kalten Gebieten oft Winterschläfer und umgehen so die frostigen Bedingungen.
Paarung:	Oft zwischen Mai bis Juli; ein Bärenpaar bleibt zwischen einigen Stunden und mehreren Wochen zusammen; viele Bären sind promiskuit und verpaaren sich mit mehreren Partnern.

Bei Bären finden wir oft einen ausgeprägten Geschlechtsdimorphismus. Dies bedeutet, dass sich Männchen und Weibchen in ihren körperlichen Ausmaßen, wie Größe und Gewicht, sehr stark voneinander unterscheiden. Hier auf dem Bild ist das zweibeinig stehende Männchen um einiges gewichtiger als das hellere Weibchen. Ungeübte Augen verwechseln bisweilen ein Bärenpaar mit einer Bärenmutter mit Anhang. So wurde unser über 300 kg schwere Bär „Mischo" in der Abenddämmerung zusammen mit einem kleineren Weibchen gesehen, wobei der Augenzeuge überzeugt war, dass er ein Foto von einer Bärenmutter mit einem sehr kleinen Jungtier geschossen hatte. Foto: M. Kalaš

Auswachsen: Jungtiere bleiben meist bis zu 1,5 Jahre bei der Mutter, gelegentlich auch bis 2,5 Jahre; Bärenweibchen sind nach dem ersten Wurf (ab 3 Jahren) und Bärenmännchen mit etwa 5 Jahren „richtig" erwachsen.

Sterblichkeit: Jungtiere weisen hohe Mortalität auf, oft aufgrund des Infantizides (Tötung durch erwachsene Männchen), durch Krankheiten oder seltener durch Bejagung von Luchsen und Wölfen.

13. 5. 1959: In der Hohen Tatra fand man ein durch Wölfe getötetes Weibchen mit ihrem einjährigen Jungtier, wobei beide stark angefressen waren. Das Weibchen war verwundet und wurde vom Rudel angegriffen.

Feinde: In der Natur keine Feinde; ganz selten Wölfe. Vereinzelt können sie bei ihren Jagdversuchen den wehrhaften Verteidigungsversuchen von Elchen, Wildschweinen oder Hirschen erliegen.

Gewicht: Ausgewachsene männliche Bären können zwischen 150 und 350 kg wiegen, die meisten bewegen sich um die 200-kg-Werte herum.

Ausgewachsene weibliche Tiere erreichen ein Gewicht zwischen 100 und 200 kg.

Rekordgewichtsklassen:

In der slowakischen Literatur sind einige sehr schwere Bären verzeichnet:

- 2. 12. 1878 in Orava, Männchen ohne Aufbruch 356 kg (Aufbruch sind Innereien und machen etwa 15 % des Gesamtgewichtes aus; somit hatte das Tier etwa 409 kg)
- 1883 erschossenes Weibchen mit 400 kg (?)
- 1887 erlegte der serbische König Milan einen Bären mit mehr als 320 kg
- 7. 11. 1901 in Gemer: Bär mit 370 kg
- 28. 3. 1988 Männchen ohne Aufbruch mit 283 kg (ca. 325 kg)

Fettspeicher: Oft am Rücken, Fettbuckel bis zu 15 cm dick, sowie um die Organe herum; aus dem Rekordbären aus Orava von 1878 mit mehr als 400 kg Lebendgewicht wurden etwa 80 kg Fett extrahiert, was dem ansässigen Seifenhersteller verkauft wurde.

Alter: Bären können im Freiland in Ausnahmefällen bis zu 40 Jahre alt werden, in Gefangenschaft erreichte ein Bär in der Slowakei ein Alter von 49 Jahren (Zoo Bojnice).

Der „Methusalem" unter den slowakischen Bären, der jemals verzeichnet wurde, war ein Männchen mit einem Alter von 33 Jahren. Er wurde in einem unzugänglichen Tal in der Hohen Tatra gefunden und war offensichtlich an „Altersschwäche" gestorben (unpubliziert; Forstwirtschaftliches Institut Zvolen).

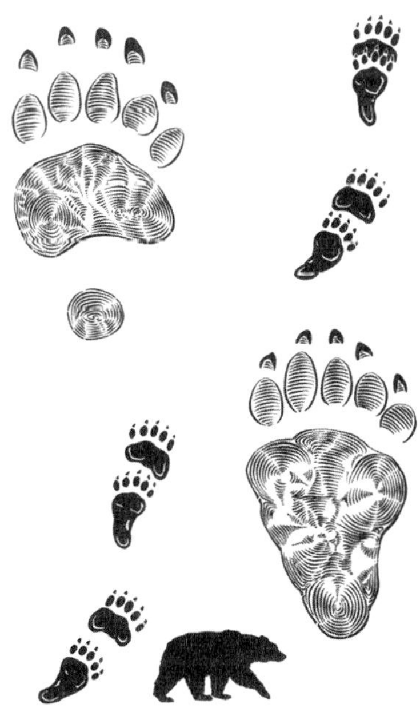

Zeichnung der Bärenpfoten von L. Kunc

Hinterfuß: erinnert an Menschen, jedoch mit größerem Daumen, Auftritt mit dem ganzen Fuß.

Vorderfuß: Bären sind Zehengeher, deshalb ist nur das erste Drittel sichtbar. Durchmesser breiter, Verhältnisse zwischen der Länge bzw. Breite der Pfoten und dem Alter der Tiere sind nur wenig verlässlich; Ähnliches gilt für ein ermitteltes Gewicht.

Gangart: Hinterfüße werden oft in die Abdrücke der Vorderfüße gesetzt, leicht auseinandergespreizter Auftritt.

Lauf: Sie können eine Geschwindigkeit von bis zu 50 km/h erreichen, was sie aber nicht lange durchhalten können. In der Poľana-Bergregion wurden einmal Werte bis 57 km/h gemessen (auf die Forststraße springender Bär, dem ein Auto hinterherfuhr).

Ein Bärengesicht gilt als ausdruckslos und unlesbar. Sicherlich ist diese Aussage teilweise wahr, auf der anderen Seite können wir Menschen die feinen Mimikzüge eines behaarten Bärengesichtes auch nur sehr schlecht dechiffrieren. Zur Aussagekraft tragen zusätzlich die Ohren sowie der gesamte Körper bei. Foto: M. Kalaš

Eckdaten der Ontogenese/Entwicklung

Tragezeit: zwischen 8 und 9 Monaten.

Geburt: In der Höhle zwischen Dezember und Februar; Jungen wiegen ein halbes Kilogramm (Mutter bis zu 400-mal schwerer), blind, taub und typische Nesthocker, völlig abhängig von der mütterlichen Fürsorge; Junge haben feines, helles Haar und eine übergroße Gehirnkapsel. Oft haben sie eine weiße Halskrause, die ihnen lange als ein Zeichen der „Jugend" bleibt.

- Ontogenese:
  - 3 Wochen: Augen öffnen sich
  - 4 Wochen: volle Sicht
  - 7 Wochen: Objekte können wahrgenommen werden
  - 8 Wochen: Ohrmuschel öffnet sich
  - Ab 3. Monat: selbstständiges Gehen
  - Bis 6. Monat: Trinken von Milch
  - Ab 7. Monat: Fähigkeit der Futtersuche
  - Zwischen 8 und10 Monaten: Selbstständigkeit erreicht
  - Ab 1,5 Jahren: Spaltung der Familie

Verbreitung des Braunbären in der Slowakei: Der Bär besiedelt vor allem Gebiete in der Mitte der Slowakei. Die Bevölkerung im Osten ist zahlenmäßig sehr gering und steht mit dem Hauptgebiet in keiner wirklichen Verbindung. Bevorzugt lebt er in den verschiedenen Gebirgsregionen, in welchen er noch Abgeschiedenheit finden kann. Die Zusammensetzung der Baumgesellschaften ist variabel aus überwiegend Tanne, Fichte, Buche und Eiche. Dreht man die Karte der Slowakei mit dem Ostteil nach oben, erinnern die Landesumrisse plötzlich an die Silhouette eines Bären (Reija Feldmann).

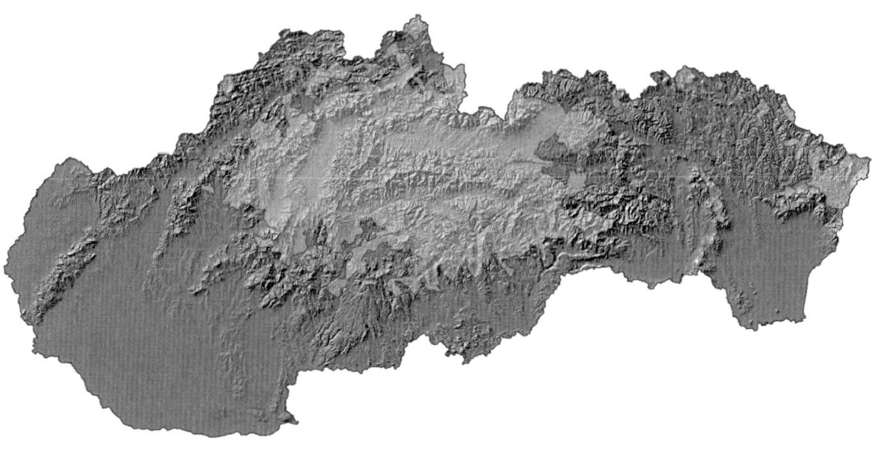

Aktuelle Verbreitung des Braunbären in der Slowakei. Quelle: „Brown Bear Corridors in Slovakia"; S. Find'o, M. Skuban, M. Koreň

Einige Dörfer, die den Bären im Wappen tragen

Bučany

Bošany

Jaklovce

Klieština

Medvedie

Liptovská Lúžna

Nižný Hrušov

Oravská Polhora

Oravský Biely Potok

Prečín

Turie

Hrochoť

Krakovany

Laskár

Runina

Záborské

Žalobín

Šemetkovce

Iliašovce

Tatranská Kotlina

„Landkreis" Žilina

Region Orava

Wappen der „Russinen"
(ostslawische Bevölkerungsgruppe)

Familienwappen

Der Beginn eines neuen Bärenlebens im einzigartigen Familienverband oder „Die Sache mit Mama Bär, Papa Bär und Kind Bär“

Das Familienleben des Braunbären ist umrankt von zahlreichen Mythen und Legenden, von denen einige den übernatürlichen Status des Bären eindeutig genährt haben. Manche dieser (Aber-)Glauben waren zeitweise sogar zoologisches Wissen. Bis heute ist nicht allen Menschen bekannt, dass eine Bärenfamilie nicht wie eine Menschenfamilie zusammengesetzt ist. Somit ist „Papa Bär“ nie mit von der Partie, da wir es bei den Bären mit einer klassischen Mutterfamilie zu tun haben. Neben den „drolligen Kleinen“ stand des Weiteren gerade die Bärenmutter in ihrer lebensspendenden oder formenden Funktion im Fokus.

Eine typische Bärenfamilie im Freiland. Die Mutter steht auf den Hinterbeinen und überprüft die Umgebung. Alles, was jetzt ihrem Nachwuchs irgendwie gefährlich werden könnte, käme in ernsthafte Schwierigkeiten. Foto: V. Vician

Weibchen bleiben im Winter 4 Monate lang in ihren Schlupfwinkeln, in welcher Zeit sie dickes weißes Fleisch ansetzen und werfen; durch Lecken geben sie den Jungen ihre Gestalt, was auch Ovid schon kannte, wenn er dichtet:

„Nicht ist vollkommen das Junge, das eben geboren die Bärin, Sondern kaum lebendes Fleisch; durch Lecken gestaltet die Mutter Glieder daraus, und die Form, die selber die Alte besitzt.“

Dem Blick entzogen, legen sie sich nieder und schlafen zunächst eng aneinandergedrängt bis zu 14 Tagen. Durch solch tiefen Schlaf werden sie fett. Sodann setzen sie sich auf und fristen ihr Leben durch Saugen an den Vorderpfoten. (aus Georg Agricola, *Lebewesen unter Tage*)

„Die Bärin wirft dreißig Tage nach der Verpaarung ein Junges, wenig größer als eine Maus. Das ist ein ungeformter Fleischklumpen, der erst durch Belecken Glieder bekommt; vorher sind nur die Klauen zu sehen.“ (Ambrosius, *Lexikon des Aberglaubens*)

Zoologisches Wissen der Vergangenheit, das im Jahre 1733 von Zedler (Deutschland) abgestritten wird, was aber gleichzeitig zeigt, dass dieser (Aber-) Glaube damals noch lebendig gewesen sein muss. Des Weiteren war man der Meinung:

Bären verpaaren sich genauso wie Menschen. Das Weibchen liegt auf dem Rücken und die Partner schauen sich in die Augen. (Zedlers Universallexikon)

Wie sieht die Biologie wirklich aus?

Die Verpaarung: Für Bären mit ihrer typischen, einzelgängerischen Lebensweise stellt die einmal pro Jahr stattfindende Paarungszeit eine besondere Zeit dar, weil sie nur dann mit einem gegengeschlechtlichen, erwachsenen Artgenossen so lange und nahe zusammen sind. Je nach geografischer Lage findet diese Zeit zwischen Anfang Mai und Ende Juli statt und dauert etwa 4 bis 6 Wochen. Aufgrund der außergewöhnlichen Situation, sich einem Artgenossen freiwillig anzunähern, bedeutet der erste Kontakt sowohl für das Weibchen als auch für das Männchen erheblichen Stress und Risiko. Deshalb kann man im Freiland oft beobachten, dass sich zwei noch unbekannte Bären nur sehr vorsichtig aneinander herantasten. Immer wieder stehen sie dabei auf den Hinterbeinen und schnuppern intensiv mit der Nase in die Luft, um den Geruch des anderen so gut wie möglich aufnehmen zu können. Somit versuchen sie zu verifizieren, um wen und was es sich auf der anderen Seite handelt. Gelegentlich kann man sie dabei sogar vor Nervosität schmatzen hören. Beieinander angekommen, fangen die Bären an, sich noch intensiver zu beschnuppern, und enden somit beim ersten Nasenkontakt, oft in Verbindung mit heftigem Grunzen. Sind einmal die beidseitigen Fronten geklärt, bleiben die beiden Partner unterschiedlich lange zusammen. In manchen Fällen handelt es sich nur um einige Stunden oder wenige Tage, andere Paare hingegen verbringen bis zu drei Wochen miteinander und streifen dann gemeinsam umher.

Aus eigenen Beobachtungen zeigte sich, dass die Männchen fortwährend um die Weibchen werben und sich darüber hinaus von diesen einiges gefallen lassen. Der besenderte Bär auf dem Foto z. B. rollte sich verspielt vor dem Weibchen auf dem Rücken, wodurch er die empfindliche Bauchpartie als Zeichen des Vertrauens freigab. An einem anderen Tag

Ein Bärenpaar im Freiland, aufgenommen mit einer Fotofalle: Mišo und eines seiner Weibchen. Vorsichtig nähert sich das große Männchen an und versucht, das um einiges kleinere Weibchen zu berühren. Dieses weicht aber zurück und reagiert auf die behutsame Geste im Folgenden relativ „unwirsch“ mit einer kräftigen Backpflaume.

Hier ist der „Bärenmann“ schon um einiges weiter. Das Weibchen duldet bereits seine Annäherungen und lässt es sich gefallen, dass er seinen Kopf auf ihren Rücken legt.

schob er ihr Futter hin, wobei er selbst nie fraß. Das häufige Schnüffeln am Hinterteil der Bärin gehört genauso dazu wie das Einstecken von Prankenhieben ihrerseits, wenn ihr das „Umschmeicheln“ gelegentlich zu viel war. Bären sind oft promiskuit und wechseln während einer Paarungsperiode mehrmals ihre Geschlechtspartner. Das hier gezeigte Männchen hatte 2009 mindestens drei Weibchen, wobei das Weibchen auf dem Bild später mit ebenfalls zwei anderen Männchen gesehen werden konnte. Gerade für den weiblichen Teil der Bärenbevölkerung ist die promiskuite Lebensweise sehr wichtig, da sie mit jedem zusätzlichen männlichen Partner das Infantizidrisiko für ihre Nachkommen mindern kann (siehe Box „Infantizid“ S. 39).

Die eigentliche Verpaarung zweier Bären sieht ähnlich aus wie bei hundeartigen Säugetieren, wobei das Männchen von hinten auf das Weibchen steigt und sie sich somit nicht in die Augen schauen. Allerdings verpaaren sich Bären während ihrer kurzen gemeinsamen Zeit sehr häufig, das kann bis zu 10-mal in einer Nacht sein. Vermutlich ist das einer der Gründe, weshalb der „Bär mit seiner Bärenkraft“ gelegentlich mit diversen sexuellen Motiven in Verbindung gebracht wird.

Ist ein Weibchen nur 30 Tage trächtig? Nach der eigentlichen Verpaarung passiert erst einmal gar nichts, da nach der Befruchtung der weiblichen Eizelle die weitere Entwicklung des Embryos gestoppt wird und erst wieder zum Ende des Sommers hin beginnt. Interessanterweise genau dann, wenn ein überdurchschnittlich hohes Nahrungsangebot herrscht und Bären mit der Herbstmast für den Winterschlaf beginnen. Somit dauert die Tragezeit der Bärin zwischen 8 und 9 Monaten, wobei sie die ersten Monate eine so genannte „versteckte Trächtigkeit“ zeigt. Der Nachwuchs wird im Winter, zwischen Ende Dezember und Ende Februar, Durchschnitt ist in der Mitte des Januars, geboren, wenn das Weibchen den Winterschlaf in einem dafür präparierten Unterschlupf vollzieht.

Die „ungeformten“, hilflosen Neugeborenen: Diese Aussage lässt sich fast in der Praxis bestätigen, da die Neugeborenen nur zwischen 470 und 560 Gramm wiegen, blind sind, ihre Augen noch geschlossen haben und sehr unfertig aussehen. Der kleine Körper ist mit feinem, hellem Haar überzogen und sie besitzen eine mehr oder weniger durchgehende weiße Halskrause, die sich im späteren Leben meist verliert. Des Weiteren haben sie herunterhängende und kleine Ohren, die noch sehr wenig zum wirklichen Hören geeignet sind, sowie eine kurze Schnauze und eine sehr weite Gehirnkapsel. Ähnlich, wie man es von Hundewelpen kennt, erinnern sie uns fast an Meerschweinchen. Sie sind hilflos und ohne die Mutter nicht lebensfähig. Außerdem besitzen sie keine Thermoregulation, was bedeutet, dass sie ihren Körper nicht alleine von innen wärmen oder kühlen können, sondern insbesondere während ihrer ersten Lebensmonate die Mutter als „äußere Wärmequelle“ brauchen. Kaum auf der Welt, können sie sich zumindest auf die Fähigkeit verlassen, sich in Richtung Wärme zu bewegen. Automatisch kriechen sie nach der Geburt am Körper der Mutter entlang zu der wärmsten Stelle des mütterlichen Körpers, was die Achselhöhlen sind. Dieser Platz ist strategisch sehr wichtig, da sich in unmittelbarer Nähe davon auch die milchführenden Zitzen der Bärin befinden. Kaum angekommen, beginnen sie auch meist mit ihrer ersten Nahrungsaufnahme in Form der kalorienreichen Muttermilch.

Die gestaltende Bärenmutter: Die Bärin kann zwar die unbeholfenen Neugeborenen nicht ausformen, dennoch leckt sie diese intensiv, was eher der Verbesserung der Entleerung und anschließend der Reinigung der Exkremente dient. Das körperliche Verhältnis von der Bärenmutter zu einem Bärenjungen ist jedoch sehr konträr und beträgt bei der Geburt etwa 400 : 1. Die Entstehung von Aussagen über das Bärenkind als „formloser Fleischklumpen, der von der Mutter noch beleckt werden muss und erst somit seine endgültige Form erhält“, kann man sich auch durch dieses extreme Größenverhältnis erklären. Der Bär wurde schon seit Urzeiten vom Menschen bejagt, sei es für Fleisch, Fell, Spaß oder aus Angst. Da Bären wehrhafte Gegner sind, war die Höhlenjagdpraxis in punkto Sicherheit nicht nur für die nur mit Speren und steinernen Faustkeilen bewaffneten Menschen von damals eine zu bevorzugende Variante. Örtlich wird bis zum heutigen Zeitpunkt diese Praxis zur Jagd gewählt. Abschließend findet man(n) dann nach mühevollem Kampf unter dem Körper des toten Bären diese hilflosen, nur spärlich behaarten Wesen …

Rolle des „Papa Bären“ – oder „brutaler Kinderfresser“? In der klassischen Mutterfamilie der Bären gibt es keinen männlichen Bären in irgendeiner Vaterfunktion. Somit hat das Weibchen die volle Verantwortung für die Pflege, Versorgung und Aufzucht der Jungen. Das Männchen verschwindet somit nach der Verpaarung vollständig aus dem Leben der Bärin. Als Erklärung für das isolierte Aufziehen galt lange Zeit der „Appetit des Bärenmännchens auf das Fleisch von Bärenjungtieren“. Heute wissen wir, dass es bei Bären den Infantizid gibt, die Tötung von Jungtieren, welcher jedoch nur von „Nicht-Vätern“ und meist nur unter spezifischen Voraussetzungen praktiziert wird.

Was ist der Infantizid? Infantizid könnte man als die „vorsätzlich ausgeführte Kindstötung“ umschreiben und tritt bei mehreren Säugetieren auf, inklusive dem Braunbären. Dieser „Tatbestand“ wurde das erste Mal von George B. Schaller bei Löwen in Afrika beschrieben. Löwen leben in Gruppen von ein bis zwei Männchen und mehreren Weibchen. Herumstreunende, nomadische Männchen versuchen zeitlebens, die Weibchengruppe des Haremsinhabers zu rauben. Ist das einmal erfolgreich gelungen, tötet der neue Herrscher als erstes alle jungen Löwennachkommen seines Vorgängers. Löwenweibchen bekommen dann einen „induzierten Eisprung“, sind also aufgrund des Verlustes ihrer Löwenwelpen rasch wieder paarungsbereit. Ähnliche Verhältnisse kennt man auch bei unseren nächsten Verwandten, wie z. B. den Schimpansen. Auch hier töten männliche Neuankömmlinge den bestehenden Nachwuchs. Sogar bei samtpfötigen Hauskatzen kann man derartige Kater beobachten.

Biologische Theorie: Den Infantizid erklärt man sich, dass jedes Tier das Bestreben hat, so viele Nachkommen wie möglich für die kommenden Generationen zu produzieren, um den Fortbestand der eigenen Gene zu sichern. Gerade bei Tierarten, die für die Aufzucht der Jungtiere sehr lange benötigen, sind die Weibchen für eine lange Zeit nicht paarungsbereit. Demzufolge fallen sie also für ein individuelles Männchen als potentielle „Austrägerinnen“ für einen entsprechenden Nachwuchs weg. Wenn der bereits geborene Nachwuchs eines anderen Vaters getötet wird, kann somit ein erneuter Oestrus (Eisprung) ausgelöst werden. Schließlich haben die Weibchen nicht nur die Jungtiere selbst verloren, sondern auch die Möglichkeit, mithilfe dieser Jungen ebenfalls ihre Gene in die kommende Generation zu tragen. Bei verschiedenen Affen konnte man schon länger erfolgreich nachweisen, dass auch die Weibchen entsprechende Gegenstrategien entwickeln, um ihre Jungen vor dem Übergriff eines Männchens zu schützen. Sie verpaaren sich „promiskuit“, einfacher gesagt, sie verpaaren sich mit mehreren Männchen, was die wahre Vaterschaft der Jungen „verschleiert“. Somit werden alle Männchen, die sich mit einem entsprechenden Weibchen verpaart haben, der Meinung sein, dass die geborenen Affenjungen ihre eigenen Sprösslinge sind, und sie demzufolge in Ruhe lassen. Hierbei macht ein erneuter Eisprung beim Weibchen keinen Sinn, da bereits Übermittler für die nächste Generation existieren. Der Infantizid wird grundsätzlich nur von fremden Männchen durchgeführt.

Im Falle der Bären wusste man lange von der Tatsache, dass Männchen gelegentlich Jungtiere töten, jedoch war der wahre Tatbestand bis vor Kurzem unklar und es gab unterschiedliche Erklärungsversuche. Auf diese Weise kam auch das Männchen zu Unrecht zu seinem schlechten Ruf als Kinderfresser. Bären lassen sich natürlich schwieriger von Angesicht zu Angesicht beobachten, wie das im Falle von (Menschen-)Affen möglich ist, und bei der Gruppenstruktur der Löwen erklärt es sich von selbst, dass ein Eindringling für das Töten der Jungtiere verantwortlich ist. Außerdem haben alle diese Tiere einen entscheidenen Vorteil gegenüber dem Bären: Sie können im dortigen warmen Klima jederzeit wieder einen Eisprung haben und sich anschließend sofort verpaaren. Bei Bären jedoch gibt es einen festgelegten Paarungs- und Oestruszeitpunkt.

Wissenschaftlicher Beweis: In einer aktuellen Studie, die auf einer Kombination von Verhaltensbeobachtungen und genetischer Vaterschaftsanalyse basierte, konnte ein Team von Wissenschaftlern in Schweden beweisen, dass es sich im Falle des Bären um Infantizid handelt, da das Töten von Jungbären sexuell selektiv ist. Alle Fälle passierten ausschließlich kurz vor oder während der Paarungszeit, so dass das Weibchen somit umgehend wieder einen Eisprung haben konnte. Die ausführenden Männchen waren nicht die Väter und begleiteten das Weibchen auch danach. Es handelt sich also nicht um Kannibalismus (Fressen der Jungtiere) oder um verhaltensgestörte Männchen (Sozial-Pathologische Hypothese). Bären töten die Jungen nicht, um mehr Futter für sich selber zu haben (Ressourcen-Hypothese). Die Jungen werden auch nicht über das ganze Jahr hindurch erlegt und oft handelt es sich nur um die diesjährigen Kleinen. Diese werden furios vom Männchen verfolgt und bisweilen sogar vom Baum geholt. Weibchen verteidigen sehr vehement ihre Brut und kämpfen auch mit dem Eindringling. In ganz seltenen Fällen werden sie dabei versehentlich getötet, obwohl sie nicht im Fokus sind. Somit konnte nachgewiesen werden, dass auch Bären Infantizid durchführen und der Bärenmann kann entlastet werden. Interessant ist, dass auch Bärenweibchen sich auf die promiskuite Gegenstrategie verlassen und sich mit mehreren Männchen verpaaren, um die wahre Vaterschaft zu verdunkeln. Offensichtlich merken sich Bärenmännchen ihre Paarungspartner und lassen demzufolge den Nachwuchs im darauffolgenden Jahr in Frieden.

Handelt es sich um ein diesjährig geborenes Jungtier, kommt es gelegentlich vor, dass die Bärin versucht, ihr noch hilfloses Junges vor einem furiosen Männchen zu verteidigen. Illustrator: J. Chovan

Der Anfang eines neuen Bärenlebens

Die Bärenmutter wirft durchschnittlich zwei bis drei Junge, seltener nur eines oder in Ausnahmefällen bis zu fünf Stück. So etwas wurde in der Slowakei bis jetzt nur einmal in Gefangenschaft, im Zoo Kosice, beobachtet. Die Familie verbleibt je nach Wetterverhältnissen bis Ende März oder sogar bis Mai in der sicheren Höhle, im Regelfall erblicken die Jungen in der ersten Aprilhälfte das Tageslicht der großen, weiten Welt. Man geht davon aus, dass sich die Mutter während der ersten Zeit in der Höhle in einem Halbwach-Halbschlaf-Zustand befindet. Von ihren Fettressourcen muss sie daher nicht nur sich selbst ernähren, sondern produziert mit deren Hilfe auch die hochkalorische Muttermilch mit einem Fettgehalt von bis zu 17 %. Die geistige und körperliche Entwicklung der Jungbären verläuft in fünf großen Stufen, die wichtige Perioden des beginnenden Bärenlebens darstellen. Diese Perioden konnten von dem russischen Bärenbiologen Pazethnov aufgestellt werden, der seit 1990 verwaiste Bären aus dem Freiland mithilfe einer eigens entwickelten Methode (Pazhetnov et al. 1999) aufzieht, ohne sie dabei an den Menschen zu gewöhnen, um sie abschließend ins Freiland zu entlassen. Somit verläuft die Ontogenese (Verhaltensentwicklung bis zum Erwachsenenleben) in den folgenden Etappen:

Postnatale Periode: von der Geburt der Jungen bis zum Verlassen der Höhle
Kinderzeit: bis zum Ausformen der Prinzipen des Verteidigungsverhalten
Jugendphase: bis zur Spaltung der Familienbindung (meist mit 1,5 Jahren)
Subadulte Phase: bis zum Erreichen der Reproduktionsfähigkeit
Erwachsenenperiode: Männchen nach der ersten Verpaarung und Weibchen nach der Aufzucht des ersten Wurfes

Der sichere Familienverband, stabilisiert durch die fürsorgliche und beschützende Mutter, ist für die neuen Mitglieder der Bärenbevölkerung eine sehr wichtige, lehrreiche und anstrengende Zeit. Mit dem Fortschreiten und Ausbilden von körperlichen Merkmalen können sich zeitgleich entscheidende Verhaltensmerkmale ausformen. Diese Zeit ist unwiederbringlich und kann niemals mehr nachgeholt werden. Geht demnach hier irgendetwas schief, hat das für das spätere Leben schwerwiegende Auswirkungen.

Einzigartige Zeitperioden: In der Verhaltensforschung spricht man bei den zeitlich begrenzten Perioden für das Ausformen einer speziellen Verhaltensweise von den so genannten sensiblen Phasen oder auch zur besseren Illustration von Fenstern. Vereinfacht gesprochen sind nur zu spezifischen Zeiten in der Jugendentwicklung die noch ungeformten Verhaltensprinzipien formbar. Mit der Schärfung der Sinnesleistungen und des Körpers öffnet sich somit ein Fenster in die Umwelt, die äußeren Einflüsse können durch das Fenster hineinkommen und vom Jungtier sehr sensibel und genau verarbeitet werden. Somit wird das Junge quasi wie eine Art Diskette für jedes Verhaltensprogramm bespielt, was abschließend gespeichert wird. Diese Diskette ist lebenslänglich verfügbar, die basalen Programme jedoch gleichzeitig auch nicht mehr lösch- oder neubespielbar. Geht das zeitlich begrenzt geöffnete Fenster wieder zu, ist die Diskette fixiert.

Da bis zum Verlassen der Höhle alles von der Mutter übernommen worden ist, beginnt mit dem Heraustreten aus der Höhle also nicht nur im übertragenen Sinne das „richtige Leben", sondern das Hinauskriechen aus dem warmen Schlupfwinkel konfrontiert die Jungbären in allen Bereichen mit der großen weiten Welt. Jetzt können die Familienbindungen zu- und untereinander gebildet werden, zur Mutter und zu den Geschwistern, was neben dem Geruch auch über das Sehen geschieht, zu welchem sie durch das Tageslicht die wirkliche Möglichkeit haben.

Entstehung der Familienbande: Beim Verlassen der Höhle passiert zuerst ein außergewöhnliches und einmaliges Ereignis: Die jungen Bären prägen sich die Mutter aufgrund ihres speziellen Aussehens ein. Durch diese „Objektprägung" wird die Mutter zum „Nachfolgeobjekt", was die „Nachfolgereaktion" auslöst. Die Mutter ist also in erster Linie ein externes, sich bewegendes Objekt, dem die Kleinen auf Schritt und Tritt nachlaufen, was für ihr Überleben von entscheidender Bedeutung ist. Auf dieser Grundlage können sich nach und nach die familiären Bindungen aufbauen, die sich dann auf die meist vorhandenen Geschwister ausweiten. Die Familienbande werden verfestigt, indem die Jungbären die breitere Palette von optischen, geruchlichen und akustischen Signalen benutzen und aufeinander übertragen. Mit dem Ausbauen der Familienbindungen können die Kleinen zukünftig ihre Familie auch über das Nachfolgen der geruchlichen Spuren wiederfinden, was recht praktisch ist, da sich Jungbären durch große Neugierde auszeichnen und bisweilen an anderen Objekten länger schnüffeln, als der Rest der Familie dort bleibt. Das Familienband der Mutter erhält sich durch den Mutterinstinkt oder „Brutpflegetrieb". Dieser „Brutpflegetrieb" wird nicht nur ausgelöst, weil es sich im Falle der kleinen Bären um ihre (eigenen geborenen) Artgenossen handelt, sondern wird auch durch spezielle geruchliche, akustische und optische Anzeichen von den Kleinen erhalten.

Was sich theoretisch anhört, können die meisten Menschen selber bestätigen. Ein „Bärenkind" wird von den meisten Menschen als niedlich beschrieben. Das runde Gesicht, die flachere Nasenpartie, die großen, blinzelnden Augen und die kleinen Ohren empfinden wir als „süß". Diese Merkmalspalette bezeichnen wir als Kindchenschema. Wenn ein solches Wesen dann noch zusätzlich in hohen Tönen quietscht, wird fast ohne unser Zutun der Reflex ausgelöst, dieses Jungtier beschützen zu wollen.

Die kleinen Bären beginnen nach dem Verlassen der Höhle, ihre Umgebung intensiv zu untersuchen und sich dort so schnell wie möglich zurecht zu finden. Fremde Gerüche werden unterschiedlich lange untersucht und können unterschiedliche Reaktionen zur Folge haben, was wohl teilweise angeboren ist, da sich die entsprechenden Reaktionen von Anfang an zeigen, auch ohne eine vorangegangene Erfahrung. Somit untersuchen sie den Geruch eines Menschen, eines anderen Bären, eines Wolfes, eines Wildschweines oder eines Elches sehr lange und reagieren oft ängstlich darauf. Hase und Fuchs werden nur kurz geschnüffelt und nur wenig beantwortet, während der Geruch einer (giftigen) Viper ein sofortiges Wegspringen auslöst. Diese automatisch angelegten Reaktionen nennt man Reflexe und sind für ihr Überleben sehr wichtig.

Das Ernährungsverhalten

In der Höhle ernähren sich die Kleinen nur von Muttermilch, die praktisch immer verfügbar ist. Die jungen Bären werden zwar noch bis Ende Juli gesäugt, müssen jedoch einen Teil ihrer Nahrung bereits selber bestreiten bzw. finden. Sie müssen zusätzlich dazu lernen, ihr Futter zu verspeisen, also zu kauen, zu beißen und in kleinen Teilen zu schlucken, was bei der leicht verwertbaren Muttermilch noch nicht nötig war. Für ihren kleinen Körper bedeutet das eine große Umstellung vor allem für die Verdauung, die sich auf feste Bestandteile einstellen muss und die die Bären zukünftig selber zu erledigen haben. Des Weiteren lernen sie die Nahrungsbeschaffung und die dafür notwendigen Bewegungen. Sie müssen ihre Pfoten einsetzen, um Wurzeln aus- oder einen Ameisenhügel aufzugraben. Baumstümpfe werden aufgebrochen und die Rinde entfernt, um an die darunter lebenden und schmackhaften Larven, Puppen und Ameisen zu gelangen. Komplizierte Manipulationen sind notwendig, um die essbaren Pflanzenteile zu fressen, wie Umknicken von Zweigen, Einsetzen der Zähne, um die dort befindlichen Blätter zu fressen, das Grasen oder das Abziehen von Beeren an zarten Blaubeersträuchern mithilfe der Zähne usw.

Die anfängliche Speisekarte: Die Bärenernährung setzt sich aus verschiedenen Bestandteilen zusammen, hauptsächlich pflanzlicher Herkunft, jedoch auch tierischer (siehe „Futtertabellen"). Man konnte beobachten, dass die Jungbären bereits 40 verschiedene Nahrungsbestandteile, hauptsächlich Kräuter und Gräser, alleine konsumieren, ohne dass es ihnen von der Mutter gezeigt werden muss. Außerdem vermeiden sie ebenfalls automatisch sehr giftige Pflanzen, Reptilien oder Amphibien.

Die weitere Futterpalette erlernen sie entweder durch Nachahmung, was die Mutter frisst, oder durch die Methode „Versuch und Irrtum", wobei sie positive oder negative Erfahrungen nur ein einziges Mal machen müssen, um sich diese lebenslang zu merken. Mit einem Alter von 5 bis 6 Monaten beginnen die kleinen Bären verstärkt mit der Suche nach Insektenlarven, Insektenpuppen, wie Ameisen, Wespen und sogar verschiedenen Käfern. Diese kleinen Kreaturen werden ihnen auch in Zukunft einen Teil ihres benötigten Eiweißes sichern. Im Alter von 7 Monaten beginnen sie mit den zuerst noch hilflosen und skurrilen Versuchen, Mäuse zu fangen, indem sie so lange die Erde auf die Seite scharren, bis sie an das Nest mit den Jungmäusen gelangen, um diejenigen zu erwischen, die nicht schnell genug

Diese drei Jungbären sind bereits 5 Monate alt und bezüglich ihrer „Futterbeschaffungsversuche" schon routinierter. Hier hat es ihnen ein alter Ameisenhaufen angetan. Foto: V. Vician

weglaufen können. Ähnliche Versuche wagen sie gelegentlich mit Wespennestern im Boden oder an Bäumen, was sie jedoch schmerzhaft bezahlen müssen, da ihr Haarkleid gegen die wütenden Attacken der Insekten noch nicht ausreichend Schutz bietet.

Die mütterliche Brust: Bärenmütter haben die Zitzen sehr hoch am Körper angelegt, was den Menschen schon lange Zeit aufgefallen ist.

Die Zitzen des Bären sitzen wie bei einer Menschenfrau an der Brust und nicht am Bauch. (Region Smolensk in Russland)

Ein gehäuteter Bär ähnelt einer Menschenfrau, besonders an Brust, Hüften und Beinen, was einem Mädchen gleicht. (Estland)

Andere Tiere liegen beim Säugen ihres Nachwuchses oft auf der Seite ihres Körpers und die Kleinen saugen in Bauchlage daran oder stehen aber auf allen Vieren, wobei die Kleinen von unten gegen die Gesäugeleiste stoßen, um an die nahrhafte Muttermilch zu kommen. Bärinnen liegen beim Säugen ihrer Jungen oft auf dem Rücken und die Jungbären liegen dabei auf dem Bauch der Mutter. Gelegentlich sitzt die Bärin auch mit aufrechtem Rücken und hält ihre Nachkommen manchmal sogar im Arm. Diese Vorgehensweise ist nicht nur anders als bei anderen Tieren, sondern erinnert den Menschen an eine Menschenfrau.

Obwohl die kleinen Bären typische Nesthocker sind, müssen sie schnell lernen, selbstständig zu werden, wobei die Mutter „unterstützend" mithilft. Beobachtungen aus dem Freiland zeigen, dass die Jungtiere während dem Saugen abrupt von der Mutter unterbrochen werden und danach nicht mehr weitertrinken dürfen. Somit entsteht eine essentielle Notwendigkeit, zukünftig selbst nach Futter zu suchen.

Mutterinstinkt in der Praxis: Bärenmütter werden als außergewöhnlich gute Mütter bezeichnet, die ihren Nachwuchs furios gegen sämtliche potentielle Feinde, inklusive dem Menschen, verteidigen. Interessant ist, dass dieser starke Beschützertrieb proportional zum Wachstum der Kleinen ist. Befindet sich die Familie noch dauerhaft in der Höhle und treten Störungen um die Höhle herum auf, wie Waldarbeiten, Jagdaktivitäten oder auch Wanderungen und Sprechen von Menschen, kann es passieren, dass die Mutter in Panik die Höhle verlässt, flüchtet und die Kleinen alleine zurücklässt. Später jedoch lässt sie sich mit

Die Bärin konnte leicht zur verwunschenen Frau oder Muttergöttin werden. Manchmal wurden ihr lebensschenkende Fähigkeiten unterstellt, die bis zur Schöpfung des Menschen selbst reichten. Außerdem erhielt sie den Status einer Fruchtbarkeitsgöttin. (M. Skuban, siehe auch: Von [Bären]märchen und Menschen S. 253)

allen Gegnern, wie anderen Raubtieren und dem normalerweise gefürchteten Menschen, ein, um ihren Nachwuchs zu verteidigen. In einer Ausnahmesituation tötete eine Bärin einen Luchs, in dem sie auf ihn so heftig einschlug, dass er meterweit durch die Luft flog und sich beim Aufprall an einem Baum den Hals brach.

Eine biologische und ökonomische Erklärung hierfür ist, dass ein Muttertier jeden Tag eine große Menge Energie und Zeit in ein Jungtier investiert, was sich mit der Zeit anhäuft und somit stetig mehr wird. Demzufolge wird ein Jungtier rechnerisch betrachtet täglich wertvoller. Des Weiteren trägt eine Reproduktion, also Vermehrung, auch dazu bei, die eigenen Gene in die nächste Generation fortzutragen. Ein Verlust eines Nachkommens ist demzufolge gleichbedeutend mit einer sinnlosen Investition an Energie und Zeit in einen potentiellen Träger der eigenen Erbinformation. Darüber hinaus gibt es natürlich die familiäre Bindung.

Auswachsen des Bärenfells: Mit dem Hinauskriechen in die Freiheit beginnt auch das Haarkleid der kleinen Bären sich zu verändern, um sich auf die zukünftige Selbstständigkeit einzustellen. Somit wird das weiche flaumige Babyfell gegen das raue und wetterbeständige Erwachsenenfell ausgetauscht. Dieser Prozess ist schrittweise und beginnt Ende März oder Anfang April. Er startet am Rücken, geht dann weiter zu den Hinter- und Vorderbeinen. Anfang Mai verlieren sie den Babyflaum an der Schulter, am Kopf sowie am Nacken und Ende Mai sind die Flanken, die Brust und der restliche Körper an der Reihe. Zur selben Zeit wächst schon Ende April das lange typische Bärendeckhaar am Rücken und an der Schulter. Mitte Mai beginnt das Haarwachstum um die Schnauze herum, an den Beinen und im Beckenbereich. Im Juni werden Flanken, Bauch und Nacken und am Schluss werden Ohren und der Stummelschwanz mit neuem Haar bedeckt.

Das besondere Spielverhalten

Bärenjungen spielen intensiv und haben augenscheinlich Freude an dieser Tätigkeit. Zum Ausformen und Präzisieren des Spielens brauchen sie neben dem Sehen und Hören vor allen Dingen einen guten Gleichgewichtssinn und einen ausgeformten lokomotorischen Funktionskomplex, was der Gesamtheit des Bewegungssystems entspricht. Die Komponenten des Spielverhaltens sind so eindeutig, dass man sie nicht mit anderen Verhaltensweisen verwechseln kann. Mit den verfestigten Familienverhältnissen werden die Geschwister als solche erkannt und demzufolge auch als Spielpartner benutzt. Immer wieder konnte man im Freiland beobachten, dass Bärenmütter ihren Nachwuchs bei diesen wilden Spielen nicht aus den Augen ließen und sie im Bedarfsfalle auch durch Pfotenhiebe zurückhielten oder von ihrer wilden Entdeckungstouren zurückholten. Gelegentlich fliegen die Jungtiere zur Strafe erneut durch die Luft. Bald beginnen sie, auch andere Objekte immer mehr in diese Spiele mit einzubeziehen. Sie manipulieren an Zweigen, rollen Felsen über offene Waldlichtungen, trommeln auf umgefallene Baumstümpfe und untersuchen auf spielerische Weise sämtliche neuartige Formen und Dinge, die ihnen über den Weg laufen.

Biologische Wichtigkeit des Spiels: Das Spielen bewirkt Training, Verbesserung und Perfektion des Reaktionsvermögens sowie der Motorik und des Gleichgewichtssinnes. Mithilfe der vielfältigen Bewegungsabläufe benutzen die Jungbären ihr gesamtes motorisches System inklusive der entsprechenden Gehirnareale. Außerdem verbessern sie ihre Schnelligkeit, auf Stimuli zu reagieren, wenn sie miteinander spielen. Auf ungezwungene Weise werden hier lebenswichtige „Reflexbögen" geknüpft, die ihnen beim Auftreten einer wirklichen Gefahr nicht nur in der Kinderzeit, sondern auch im Erwachsenenalter das Leben retten können. Nicht nur die Muskeln müssen hierbei in guter Kondition sein, sondern insbesondere die daran beteiligten Gehirnareale „merken sich diese Erfahrung". Wenn die Jungbären andere Objekte, wie herumliegende Äste oder Steine, munter bearbeiten oder durch die Gegend

Zwei spielende Bärenjunge im Zoo Bojnice. Foto: M. Belák

ziehen und schleifen, können sie somit ohne Notwendigkeit erfahren, was man prinzipiell damit machen kann. Diese Erkenntnis speichern sie als erlebtes Wissen in ihrem Gehirn und können es später jederzeit abrufen.

Durch das Spielen erproben sie auch ihre Kräfte an- und untereinander. Sie lernen somit, ihren Gegner abzuschätzen, sowie Komponenten des Sozialverhaltens, das Bären trotz ihrer überwiegend solitären Lebensweise gelegentlich brauchen. Sie trainieren die „Ritualkämpfe", also Auseinandersetzungen, ohne den Gegner zu verletzen, und können später die Kraft in ihren Pfoten bei einem mehr oder weniger stark ausgeführten Hieb besser abschätzen.

Außergewöhnlich ist, dass nicht nur Polarbären, sondern auch Braunbären offensichtlich Freude daran haben, an Berghügeln und Abhängen entlang „Schlitten zu fahren", gelegentlich auch ohne Schnee. Dieses lustige Schauspiel wurde auch in der Slowakei schon mehrmals beobachtet und wird sogar in lehrreichen Kinderbüchern gerne dargestellt.

Bären können auch schwimmen. Leben sie unter Bedingungen im Zoo, zeigen sie das Spielverhalten bis ins hohe Alter. Einer der beiden „Akteure" auf dem Foto ist bereits 20 Jahre alt.

Territorialverhalten

Obwohl zur Vollendung des Territorialverhalten bisweilen mehrere Jahre nötig sind, werden gewisse Prinzipien, die zur Besetzung und dem permanenten Existieren auf einem gewissen Gebiet notwendig sind, bereits in der Kinderphase angelegt. Bären sind nicht strikt territorial. Sie besetzen zwar im Erwachsenenalter einen bestimmten Lebensraum, den sie jedoch nicht konstant gegen sämtliche arteigene Eindringlinge verteidigen. Die Streifgebiete von Bären, die in derselben Region leben, überlappen sich gegenseitig und nur zu bestimmten Zeiten im Jahr, wie etwa zur Paarung, dulden erwachsene und stärkere Männchen keine jüngeren Artgenossen. Im Falle von Weibchen konnte man während der Jungenaufzucht bereits das Gegenteil beobachten. Somit aggregierten mehrere Weibchen relativ nahe zueinander. Dennoch ist unbekannt, ob diese speziellen Bärinnen eventuell miteinander verwandt waren.

Im Falle der Männchen geht man davon aus, dass sich eine Art von Hierarchie und Dominanzverhältnissen ausbildet. Oft stehen hierbei die älteren und größeren Tiere an der Spitze (siehe auch: „Warum wandert der Bär?", S. 63).

Drei wichtige Faktoren bestimmen auf jeden Fall das Territorialverhalten: Präsenz und Verfügbarkeit von Futter, Schutzmöglichkeiten und soziale Verhältnisse mit anderen Bären.

Die spärlichen Anfänge: Für die Jungbären sind nach dem Verlassen der Höhle zwei Fragen wichtig: „Wo bin ich?" und „Wie kann und muss ich mich orientieren?" Mit dem ersten Schritt in die Welt hinaus machen sich die jungen Bären täglich mit den umgebenden Objekten bekannt. Dieser Prozess wird durch die ständige Suche nach Futter und dem Erlernen der futtererhaltenden Verhaltensweisen erleichtert. Somit kommen die jungen Bären automatisch mit ihrer Umwelt in Kontakt. Sämtliche Objekte werden kennengelernt, ihr Platz gespeichert und dann wieder erinnert. Auf diese Weise kreieren sie eine Landkarte, in der diese Objekte eingezeichnet werden. Stetig vergrößert sich dieser Radius, was wiederum beschleunigt wird, wenn sich die Bärenfamilie langsam von Platz zu Platz weiterbewegt. Unter dem Schutzmantel der Mutter erkunden die kleinen Bären ihren momentanen Lebensort und dringen zu immer neuen, unbekannten Stellen vor.

Ausgewachsene Bären haben eine relativ ortstreue Lebensweise. Sie erinnern sich an die spezifische Landschaftszusammensetzung und die Verteilung der Objekte in ihrem Raum. Die entscheidenden Komponenten hierfür erlernen sie allerdings bereits im frühem Alter. Beim ersten Kennenlernen merkt sich ein Bär jeden einzelnen Grashalm, dann den Grashalm im Zusammenhang mit anderen Büschen sowie Steinen und dieses Bild wird schrittweise größer, wobei die Kleinigkeiten wieder verwischen. Dieses spezifische Vergessen schafft wieder mehr Raum für weitere neue Details. Mit der Vergrößerung des Lebensraumes und der Bildung der Vorstellung des gesamten Territoriums können die kleinen Details komplett vergessen werden. Der Bär orientiert sich an spezifischen Landmarken, ohne jeden einzelnen Stein zu kennen.

Nach der Spaltung des Familienverbandes werden die Jungen das bereits erlernte Streifgebiet schrittweise vergrößern und die entsprechenden Grenzen ausweiten. Sie wandern von ihrem Heimatort weg und besetzen an anderer Stelle ihr eigenes Gebiet, was entweder nahe der Mutter gelegen oder auch viele Kilometer entfernt sein kann. Wenn sie im Erwachsenenalter permanent an einem Ort leben und sich auch an der Paarung beteiligen, haben sie nicht nur ein Wissen über ihr eigenes Revier, sondern kennen auch die Bären in der Nachbarschaft, was bedeutet, dass sie das weiträumige Gebiet über ihre eigenen Reviergrenzen hinaus kennen.

Sozialverhalten

Bären leben solitär und verständigen sich meist über geruchliche Signale. Der Familienverband ist somit ein einzigartiger Abschnitt im Leben eines Bären, vor allen Dingen für die Männchen, die später nie mehr wieder so viele Wochen mit Artgenossen zusammen sind wie die weiblichen Tiere, die im Normalfall später die neuen Jungtiere führen. Mithilfe des intensiven Spielverhaltens mit den Geschwistern erforschen und erlernen sie ihre körperlichen Möglichkeiten und Grenzen. Das kann bei den wenigen direkten Zusammentreffen mit Artgenossen sehr hilfreich sein.

Das Kommunikationssystem der Bärenbäume: Das spärliche, innerartliche Verständigungssystem, das konkret an einen anderen Bären adressiert ist, funktioniert meistens über die so genannten Markierungs- oder Bärenbäume. Bären ritzen mit den Krallen der Vorderpfoten tiefe Risse in die Rinde, aus welchen dann das Harz austreten kann. Anschließend reiben sie sich mit dem Rücken an dem frischen Harz und hinterlassen so einige Haare am Stamm. Zusätzlich scharren sie auch am Boden und können damit das Wurzelwerk in Mitleidenschaft ziehen. Diese Markierungsbäume sind oft auffällig große Individuen und/oder markant am Wegesrand gelegen, somit relativ leicht ersichtlich. Vermutlich haben sie weniger die Funktion, die Grenzen des Streifgebietes abzustecken, als eher die Präsenz eines in-

Markierungsbäume stellen ein wichtiges Mittel zur Kommunikation dar. Bären beißen Stücke der Rinde heraus und kratzen tiefe Rillen in dieselbe hinein. An dem austretenden Harz reiben sie sich mit dem ganzen Körper, wodurch Haare an der klebrigen Substanz zurückbleiben und somit auch die Nachricht über die eigene Präsenz für andere Artgenossen. Foto: M. Kalaš

Ein Bär, aufgenommen bei seiner Markierungstätigkeit. Dieser Baum ist bereits abgestorben und nur noch als Stumpf vorhanden. Ob dieses Mal die Bären eine Mitschuld tragen, kann man nicht mehr feststellen. Foto: M. Kalaš

dividuellen Bären eindeutig kundzutun. Deshalb findet man die frisch beschädigten Bäume vermehrt von Mai bis Juli, also zur Paarungszeit. Gerade dann hinterlassen die Männchen für die Weibchen eindeutige Hinweise auf ihren Standort, um sie so geschickt in ihre Richtung zu lotsen.

Das Verteidigungsverhalten

Falls sich ein Individuum in einer gefährlichen Situation befindet und dieses Verhalten, in wirklicher Gefahr auch die Verteidigungsreaktion selbst, an den Tag legen muss, werden alle anderen Verhaltensweisen unterbrochen, geblockt, unterdrückt und beendet, vom Fressen angefangen bis hin zur Paarung. Das Wichtigste ist nur der Schutz des eigenen Lebens. Das defensive Verhalten ist in mehreren Reaktionskaskaden aufgebaut, die sich aneinander anschließen. Je nach der individuellen Bewertung einer andersartigen Situation kann der vollständige Ablauf der gesamten Kaskaden jedoch auch abgebrochen werden.

Wir können beim defensiven Verhalten zwei prinzipielle Kategorien unterscheiden: Schutz im Sinne von Vermeidung schwieriger Umweltbedingungen, so genannten abiotischen (nicht lebendigen) Faktoren. Beispiele sind das Verstecken bei Gewitter und Sturm oder auch der Bau einer Winterhöhle für das Umgehen des harschen und beschwerlichen Winters.

Die zweite Kategorie ist der „typische Selbstschutz“ im Sinne von Ausweichen von Stimuli, welche der Gesundheit oder dem Leben eines Individuums im Hier und Jetzt aktiv gefährlich werden können. Diese werden als biotische (lebendige) Faktoren bezeichnet. Beispiele sind hierbei der Rückzug von einer aufgebrachten Wildschweinmutter, die furios ihre Frischlinge verteidigt, das Aus-dem-Weg-Gehen den größeren und stärkeren Bären oder auch die Flucht vor dem Menschen.

Funktionelle Elemente: Die Verteidigung ist ein Komplex aus verschiedenen Elementen, die zur Vereinfachung aufgegliedert werden können. Um diesen Komplex auszulösen, braucht es als Erstes einen äußeren Schlüsselreiz, eine externe Irritation. Irgendetwas um den Bären herum ist anders als normalerweise, was ihn demzufolge irritiert und verunsichert. Er weiß nicht, was um ihn herum los ist. Deshalb wird die „Orientierungsreaktion“ ausgelöst. Der Bär vergewissert sich, aus welcher Richtung der eventuell gefährliche Stimulus herkommt. Er versucht demnach, das WO herauszufinden. Oft stehen Bären dabei auf den Hinterbeinen, weniger, um besser zu sehen, sondern eher, um die Gerüche besser und eindeutiger erschnuppern zu können. Somit wird die Position „auf den Hinterfüßen stehen“ auch als eine Komponente des Verteidigungskomplexes eingestuft.

Diese erste Phase wird dann von der „aufklärenden Phase“ schrittweise abgelöst. Wenn der Bär weiß, von WO der verunsichernde Reiz herkommt, muss er anschließend herausfinden, um WAS es sich dabei handelt, das ihn da so durcheinanderbringt. Bären setzen daher verstärkt ihren Hör-, Seh- und Geruchssinn ein, um zu klären, was sie gerade jetzt irritiert. Wenn beide Fragen geklärt sind, schließt sich der Bogen des Verteidigungverhaltens. Sie können die Störung mit ihrem gelernten Wissen überlappen und somit entscheiden, wie gefährlich dieses WAS ist.

Wenn ein Bär beispielsweise gerade Himbeeren frisst und plötzlich ein Rascheln am nahen Waldrande vernimmt, wird er anhalten, sich meistens auf die Hinterbeine stellen, in die entsprechende Richtung starren und intensiv schnuppern. Ist dem Bären klar, dass es sich lediglich um einen heruntergefallenen Ast gehandelt hat oder ein Eichhörnchen über das trockene Laubwerk gehuscht ist, wird er nach kurzer Zeit wieder seiner vorherigen Tätigkeit nachgehen. Er weiß dann, dass ihm dabei nichts passieren kann, der Ast ist nur ein totes Objekt und das Eichhörnchen ist definitiv zu klein für einen ernst zu nehmenden Angriff. Handelt es sich aber um einen größeren Bären oder gar um einen Menschen, zieht sich der Bär meist sofort durch Flucht zurück. Größere Bären vertreiben nämlich bisweilen recht unsanft kleinere Artgenossen von interessanten Futterplätzen und der Mensch wird prinzipiell als ein sehr gefährliches Raubtier eingestuft.

Orientierung und die aufklärende Phase werden als die passiven Elemente der Verteidigung bezeichnet, da der Bär noch nicht in wirkliche Aktion tritt. Aber er hat damit bereits trotzdem begonnen, sich selber zu beschützen. Die Verteidigungsreaktion stellt das aktive Element dar, der Bär handelt. In den meisten Fällen verteidigen sich Bären auf zurückziehende Art und Weise, sprich mit Flucht. Gelegentlich beschützen sie sich (oder ihren Nachwuchs im Falle einer Bärenmutter) aber auch durch auseinandersetzendes aggressives Verhalten wie Angriff oder Kampf.

Im Notfall …: Die beiden ersten Phasen vermeiden unnötigen energetischen Verlust. Die Klärung der Lage – keine Gefahr – mögliche Gefahr – eindeutige Gefahr – verhindert ein überstürztes Flüchten oder Kämpfen, was Kalorien spart und Stress reduziert. Ist allerdings eine Störung überproportional groß, wie ein Schuss oder ein Menschenkopf am Eingang der Höhle, reagiert der Bär sofort. Panikartige Flucht oder ein reflexartig ausgeführter Schlag in das Gesicht des unerwünschten Besuchers reduzieren einen möglichen Zeitverlust, damit nicht „alles zu spät“ ist. Oft beschreiben Menschen bei unangenehmen Begegnungen mit Bären, „dass der Bär ohne Vorwarnung auf sie zugeschossen sei“. Meist war die Begegnung nicht nur für den Menschen, sondern auch für den Bären mit einem erhöhten Stress und Gefahrengrad verbunden, so dass er die Phasen „Orientierung“ und „aufklärende Phase“ so schnell ausgeführt hat, dass wir sie nicht wahrnehmen konnten.

Menschenscheu – eine graduelle Entwicklung? Die Ausformung des Fluchtmechanismus hinsichtlich uns Menschen ist für Bären, die mit dem Menschen mehr oder weniger koexistieren müssen, der kritischste Faktor, der entscheidend ihr Überleben bestimmt. Weichen Bären vor dem Menschen nicht mehr zurück oder, mehr noch, suchen sie gegebenenfalls menschliche Siedlungen auf, bedeutet das auf kurz oder lang ihr Todesurteil. Obwohl auch in menschlicher Obhut, wie im Zoo, die bärigen Insassen

Der Stand auf den Hinterbeinen dient dem Bären zur besseren Orientierung, da er Gerüche besser wahrnehmen kann und darüber hinaus auch besser sieht. Oft verwechselt es der Mensch mit einer Angriffsgeste, was jedoch nicht stimmt. Wirklich gefährlich wird es dann, wenn der Bär auf allen Vieren steht, mit dem Kopf langsam hin und her wackelt und sein Gegenüber von unten herauf fixiert. Foto: M. Kalaš viele wichtige Überlebensmechanismen sichtbar zeigen, ist der Verlust von Scheu gegenüber dem Menschen der entscheidende Grund, warum diese Bären nicht ausgewildert werden können. Ein Bär, der neutrale oder positive Erfahrungen mit dem Menschen gemacht hat, hat sich so daran gewöhnt, dass er sich uns nähern, eventuell gefährlich werden kann, dass er demnach keine Chance auf ein normales Leben in Freiheit hat.

Bemerkenswert in diesem Zusammenhang ist die Beobachtung, dass sich die Angst des Bären vor dem Menschen angeblich erst später entwickelt und nicht von der Geburt an angeboren ist. Bären sind verwandt mit der Familie der *Mustalidae*, dessen Nachkommen eine Angst vor dem Menschen erst ab einem Alter von mindestens 40 Tagen ausformen (Pazhetnov 1987). Davor reagieren die Jungtiere gar nicht auf menschliche Präsenz oder sogar erfreut und zutraulich. Diese Außergewöhnlichkeit konnte auch bei Bären bestätigt werden, die sich vermutlich noch länger dem Menschen neugierig nähern. Die zwei Bärenwissenschaftler Bromlej und Pazhetnov beschreiben beide unabhängig voneinander, dass sich Jungbären, ob in seminatürlichen Bedingungen oder im Freiland, sehr häufig und bereitwillig an den Menschen heranpirschen und dabei keine Anzeichen von Furcht zeigen. Ihre Annäherung ist vertrauensselig und wirkt eher neugierig und gespannt, wer denn dieser Zweibeiner im Wald ist. Des Weiteren untersuchten die beiden Forscher den Zeitpunkt der Übergriffe von führenden Bärinnen auf den Menschen und bestätigten auch hierbei einen Höhepunkt zwischen Mitte bis Ende April. Die kleinen Bären sind zu diesem Zeitpunkt ungefähr 3,5 Monate alt und eventuell dem Menschen gegenüber noch sehr aufgeschlossen. Die Schlussfolgerung ist daraus, dass Attacken durch Bärenmütter gelegentlich von neugierigen Bärenjungen ausgelöst werden, die sich unerlaubt von der Mutter entfernen und sich ohne Scheu einem Menschen nähern. Für die Mutter ist die Situation dann eindeutig, ihr „hilfloses Jungtier“ befindet sich in der Nähe eines „gefährlichen Menschen“, welches sofort befreit werden muss. Die weitere Erforschung von Bärenübergriffen wird zeigen, ob diese außergewöhnlichen Beobachtungen auch an anderer Stelle bestätigt werden kann.

Frisch nach dem Auftauchen aus der Höhle sind die Kleinen ganz besonders wehrlos, weshalb dieser Reflex sehr sinnvoll ist: „Bei möglicher Gefahr erst mal weg. Rauf auf den Baum.“ Die Jungbären verbringen am Anfang lange Zeit auf dem Baum, oft bis zu mehreren Stunden, wenn sie sich erschreckt haben. Diese Zeit wird mit dem Kennenlernen und Untersuchen der verunsichernden Objekte oder Geräusche modifiziert.

Gradueller Verlauf der verbesserten Defensive: Die Anlagen des Verteidigungsverhaltens, inklusive der zurückziehenden *Flucht*- und auch der herangehenden *Kampf*-Reaktion, sind meist im Alter von

Für die Jungbären ist zu Beginn ihre wichtigste und einzige Verteidigungsreaktion die Flucht, zumeist auf einen Baum. Die Fluchtreaktion ist angeboren und kann anfangs durch alle unbekannten Objekte oder Geräusche ausgelöst werden. Ein so kleines Wesen kann theoretisch leicht mit einem Waldschrat verwechselt werden (siehe: Bärenmärchen und Menschen, S. 253). Foto: V. Vician

sie sich in das Bett des mittelgroßen Bären, aber da war ihr das Keilkissen zu niedrig. Zuletzt legte sie sich in das Bett des kleinwinzigen Bären, da waren ihr weder die Kopfkissen zu hoch noch das Keilkissen zu niedrig, sondern es war ihr gerade recht. Sie deckte sich also recht warm zu und war bald fest eingeschlafen.

Um diese Zeit glaubten die Bären, dass ihre Suppe schon ausgekühlt sein würde; sie gingen also nach Hause, um zu frühstücken. Nun hatte aber das alte Weiblein den Löffel in der Suppe des Riesenbären stecken lassen, und dieser sagte in seiner rauhen Bassstimme:

„Jemand hat von meiner Suppe gegessen!"

Als der mittelgroße Bär auf seine Suppe blickte, sah er auch darin den Löffel stecken. Wären es silberne Löffel gewesen, so hätte die böse alte Frau sie sicherlich eingesteckt.

„Jemand hat von meiner Suppe gegessen!" sagte der mittelgroße Bär in seiner mittelstarken Stimme.

Dann sah der kleinwinzige Bär auf seinen Suppennapf; auch da steckte der Löffel drin, aber die Suppe war verschwunden.

„Jemand hat von meiner Suppe gegessen!" sagte der kleinwinzige Bär in seiner dünnen Fistelstimme.

Als nun die Bären sahen, dass jemand in ihr Haus gekommen war und das Frühstück des kleinwinzigen Bären aufgegessen hatte, begannen sie alle drei sich umzuschauen.

Nun hatte aber das alte Weiblein das harte Kissen auf dem Stuhle des Riesenbären nicht wieder zurechtgerückt, als sie sich daraus erhoben hatte.

„Jemand hat auf meinem Stuhl gesessen!" sagte der Riesenbär in seiner rauhen Bassstimme.

Das alte Weiblein hatte das weiche Kissen des mittelgroßen Bären plattgedrückt.

„Jemand hat auf meinem Stuhl gesessen!" sagte der mittelgroße Bär in seiner mittelstarken Stimme.

Nun wisst ihr alle, was das alte Weiblein dem dritten Stuhl gethan hat.

„Jemand hat auf meinem Stuhl gesessen und den Sitz durchgebrochen!" sagte der kleinwinzige Bär in seiner dünnen Fistelstimme.

Da hielten es die drei Bären für angezeigt, weiter Umschau zu halten, und sie giengen alle drei die Treppe hinauf in ihr Schlafzimmer.

Nun hatte aber das alte Weiblein das Kopfkissen des Riesenbären verschoben.

„Jemand hat in meinem Bett gelegen!" sagte der Riesenbär in seiner rauhen Bassstimme!

Das alte Weiblein hatte aber auch das Keilkissen des mittelgroßen Bären verschoben.

„Jemand hat in meinem Bett gelegen!" sagte der mittelgroße Bär in seiner mittelstarken Stimme.

Als der kleinwinzige Bär auf sein Bett hinblickte, da lag das Keilkissen auf seinem Platz, und auf dem Keilkissen lag das Kissen und auf dem Kissen der schmutzige, hässliche Kopf des alten Weibleins – aber nicht auf seinem Platz, denn er hatte dort nichts zu suchen.

„Jemand hat in meinem Bett gelegen – und da ist sie!" sagte der kleinwinzige Bär in seiner dünnen Fistelstimme.

Das alte Weiblein hatte im Schlafe die rauhe Bassstimme des Riesenbären gehört; aber sie schlief so fest, dass es ihr vorkam wie das Heulen des Windes oder das Rollen des Donners. Sie hatte auch die mittelstarke Stimme des mittelgroßen Bären gehört, aber da war ihr, als ob sie jemand im Traume sprechen hörte.

Aber die dünne Fistelstimme des kleinwinzigen Bären war so schrill und durchdringend, dass sie sofort aufwachte. Sie fuhr in die Höhe, und als sie drei Bären an der einen Seite des Bettes stehen sah, wälzte sie sich auf der anderen Seite hinunter und rannte ans Fenster. Das Fenster war offen, weil die Bären wie alle guten ordentlichen Bären immer das Fenster ihres Schlafzimmers öffneten, sobald sie des Morgens aufstanden. Das alte Weiblein sprang aus dem Fenster. Ob sie nun bei dem

viele wichtige Überlebensmechanismen sichtbar zeigen, ist der Verlust von Scheu gegenüber dem Menschen der entscheidende Grund, warum diese Bären nicht ausgewildert werden können. Ein Bär, der neutrale oder positive Erfahrungen mit dem Menschen gemacht hat, hat sich so daran gewöhnt, dass er sich uns nähern, eventuell gefährlich werden kann, dass er demnach keine Chance auf ein normales Leben in Freiheit hat.

Bemerkenswert in diesem Zusammenhang ist die Beobachtung, dass sich die Angst des Bären vor dem Menschen angeblich erst später entwickelt und nicht von der Geburt an angeboren ist. Bären sind verwandt mit der Familie der *Mustalidae*, dessen Nachkommen eine Angst vor dem Menschen erst ab einem Alter von mindestens 40 Tagen ausformen (Pazhetnov 1987). Davor reagieren die Jungtiere gar nicht auf menschliche Präsenz oder sogar erfreut und zutraulich. Diese Außergewöhnlichkeit konnte auch bei Bären bestätigt werden, die sich vermutlich noch länger dem Menschen neugierig nähern. Die zwei Bärenwissenschaftler Bromlej und Pazhetnov beschreiben beide unabhängig voneinander, dass sich Jungbären, ob in seminatürlichen Bedingungen oder im Freiland, sehr häufig und bereitwillig an den Menschen heranpirschen und dabei keine Anzeichen von Furcht zeigen. Ihre Annäherung ist vertrauensselig und wirkt eher neugierig und gespannt, wer denn dieser Zweibeiner im Wald ist. Des Weiteren untersuchten die beiden Forscher den Zeitpunkt der Übergriffe von führenden Bärinnen auf den Menschen und bestätigten auch hierbei einen Höhepunkt zwischen Mitte bis Ende April. Die kleinen Bären sind zu diesem Zeitpunkt ungefähr 3,5 Monate alt und eventuell dem Menschen gegenüber noch sehr aufgeschlossen. Die Schlussfolgerung ist daraus, dass Attacken durch Bärenmütter gelegentlich von neugierigen Bärenjungen ausgelöst werden, die sich unerlaubt von der Mutter entfernen und sich ohne Scheu einem Menschen nähern. Für die Mutter ist die Situation dann eindeutig, ihr „hilfloses Jungtier“ befindet sich in der Nähe eines „gefährlichen Menschen“, welches sofort befreit werden muss. Die weitere Erforschung von Bärenübergriffen wird zeigen, ob diese außergewöhnlichen Beobachtungen auch an anderer Stelle bestätigt werden kann.

Frisch nach dem Auftauchen aus der Höhle sind die Kleinen ganz besonders wehrlos, weshalb dieser Reflex sehr sinnvoll ist: „Bei möglicher Gefahr erst mal weg. Rauf auf den Baum.“ Die Jungbären verbringen am Anfang lange Zeit auf dem Baum, oft bis zu mehreren Stunden, wenn sie sich erschreckt haben. Diese Zeit wird mit dem Kennenlernen und Untersuchen der verunsichernden Objekte oder Geräusche modifiziert.

Gradueller Verlauf der verbesserten Defensive: Die Anlagen des Verteidigungsverhaltens, inklusive der zurückziehenden *Flucht-* und auch der herangehenden *Kampf*-Reaktion, sind meist im Alter von

Für die Jungbären ist zu Beginn ihre wichtigste und einzige Verteidigungsreaktion die Flucht, zumeist auf einen Baum. Die Fluchtreaktion ist angeboren und kann anfangs durch alle unbekannten Objekte oder Geräusche ausgelöst werden. Ein so kleines Wesen kann theoretisch leicht mit einem Waldschrat verwechselt werden (siehe: Bärenmärchen und Menschen, S. 253). Foto: V. Vician

4,5 bis 5 Monaten vollständig sichtbar. Das defensive Verhalten durchläuft bei den jungen Bären verschiedene Intensitätsstadien hinsichtlich der ausgeführten Verteidigungsreaktion und wird dann Schritt für Schritt verbessert und verfeinert. Darüber hinaus formen die Jungbären auf verschiedene Stimuli entsprechende beantwortende Reaktionen, die entweder positiv (Bienenstock mit Honig), neutral (Gesang kleiner Singvögel) oder negativ (Schuss, Waldarbeitermaschinen) sind. Die jungen Bären gewöhnen sich an eine gewisse Geräuschpalette und eine Abfolge von Objekten, auf die sie zukünftig ignorierend (neutral) oder sogar positiv reagieren können. Die so kennengelernte Umwelt ist der (ungefährliche) „Normalzustand" und neue, fremdartige Geräusche oder Dinge werden gegen diesen Normalzustand abgeglichen, möglicherweise in die „Normal-Schublade" verpackt. Diesen Prozess bezeichnet man als „Habituation", die Gewöhnung und demzufolge Ignorierung von anfangs irritierenden Reizen. Nur wenn Stimuli stärker oder fremder sind als der Normalzustand, wird das Verteidigungverhalten aus Orientierung, aufklärender Phase und möglicher Verteidigungsreaktion ausgelöst. Es erklärt sich von selbst, dass dieser Prozess lebenslang andauert und der Bär lebenslang dabei lernt. Mit einem Alter zwischen 6 und 7 Monaten sind prinzipielle Umweltelemente bereits eingeteilt und man beobachtete, dass danach eine Umordnung der erlernten störenden Reize nicht mehr passiert.

Der konservative Bär: Im Prinzip ähnelt das System vom Normalzustand einem Schachbrett, auf das schrittweise Figuren dazugestellt werden, die zum Spiel gehören. Separat daneben befindet sich links der Haufen mit theoretisch gefährlichen Figuren und rechts, halb auf dem Brett liegend, der mit positiven. Neue Figuren durchlaufen bei ihrem Ankommen einen Ausleseprozess, ob sie auf das Schachbrett platziert werden oder auf den beiden seitlichen Haufen landen, bei denen es prinzipiell zu reagieren gilt. Ist die Auslese einmal abgeschlossen und somit die Platzierung in die drei potentiellen Orte erfolgt, sind Bären bezüglich Änderungen von neutralen und positiven Figuren sehr konservativ und festgefahren. Neutral bleibt neutral, positiv bleibt positiv. Kritisch wird es für Bären, wenn sie sich an den Menschen „habituieren" und auf ihn ignorierend oder positiv reagieren, was sich meist nicht mehr umdrehen lässt, und sie somit in absehbarer Zeit nicht mehr im Freiland leben können.

Die Mutterbärin ruft ihr Jungtier, das auf dem vordersten Baum sitzt, mit speziellen Lauten, um es vor dem plötzlich auftauchenden Auto zu schützen.

Nach kurzer Zeit krabbelt das Junge vom Baum und folgt „weinend" der Mutter ins schützende Dickicht. Fotos: J. Vladovič

Aufgrund der engen Familienbindungen beobachten sich Bärengeschwister gegenseitig und reagieren simultan. Wenn eines der Jungen auf den Hinterbeinen steht, bedeutet es für den Rest der Truppe „Gefahr im Verzug." Meist klettern die anderen zur Sicherheit ohne Umschweife auf den nächsten Baum, selbst wenn der Bruder oder die Schwester noch relativ ruhig in aufrechter Position verharrt. Wenn sie zu Anfang vom Baum vorsichtig und langsam herunterklettern müssen, können sie ab 6 bis 7 Monaten schon sehr schnell herunterrutschen. Bis jetzt konnte noch niemand bestätigen, dass ein Bärenjunges vom Baum gefallen ist. Auch die Mutter kann in einer Gefahrensituation durch ihr Verhalten oder sogar durch spezifische Laute diesen Fluchtmechanismus auslösen. Ihre Kleinen sind somit verstaut und sie kann sich entweder selbst in Sicherheit bringen oder sich aber mit dem entsprechenden Gegner auf einen möglichen Zweikampf einlassen. Musste sie selbst flüchten, kommt sie im Regelfall wieder an die Ausgangsstelle zurück, um die Kleinen abzuholen.

Aus eigenen Beobachtungen ging hervor, dass Jungtiere in Gefahrensituationen eindeutig nach der Mutter rufen. Diese Laute sind kreischend und quietschend und erinnern an das Bellen eines kleinen Hundes. Parallel zur sich entwickelnden Defensive zeigen die Jungbären im Spiel eine erhöhte kämpferische Komponente und ringen hinsichtlich ihrer Futterplätze miteinander. Somit verteidigen sie sich und ihren Besitz auf eine zunehmend auseinandersetzende Weise.

Exkurs: Komponenten „Kopf Heben" und „auf den Hinterbeinen Stehen"

Im Bärenleben werden sämtliche Verhaltensweisen mit der Verteidigung verknüpft. Sie gehört zum Leben dazu, vom Fressen angefangen, bei Wanderungen bis zu den rituellen Annäherungen von Männchen und Weibchen in der Paarungszeit. Je nach Situation zeigt sich die Defensive mehr oder weniger stark. Wildtiere müssen in ihrer Umwelt vorsichtig sein, um gesund zu bleiben und erfolgreich überleben zu können. Jederzeit können Gefahren lauern. Das „Kopf Heben" ist ein Element der Orientierung und wird auf verschiedenen Flächen verschieden häufig durchgeführt. Somit heben Bären auf einer kleinen Waldlichtung durchschnittlich 2-mal pro 3 Minuten den Kopf, auf einer offenen Berglichtung oder großen Wiese 6-mal pro 3 Minuten, bei den ersten Gängen auf ein Haferfeld (unbekanntes Gebiet) bis zu 24-mal pro 3 Minuten, was sich bei regelmäßigen Besuchen auf 7–8-mal pro 3 Minuten reduziert (Pazhetnov 1987). Auch wenn der Bär wandert, bleibt er immer wieder stehen, hebt den Kopf und orientiert sich hinsichtlich lauernder Gefahren. Beim Durchschreiten eines unbekannten Gebietes stellen alle Landschaftselemente eine neue Situation dar, die er aufklären muss, und er hält häufiger an, schnuppert und lauscht, um so die Umgebung besser beurteilen zu können.

Die Komponente „auf den Hinterbeinen Stehen", wenn von Artgenossen ausgeführt, ist im Gehirn des Bären generell als Alarmsignal eingespeichert, worauf alle mit erhöhter Alarmbereitschaft reagieren. Dieses Alarmsystem funktioniert sogar noch im Erwachsenenalter, wenn es von anderen Artgenossen ausgeführt wird. Wenn eine Gruppe von Bären in gebührendem Abstand zusammen auf einem Haferfeld frisst, und einer von ihnen auf die Hinterbeine geht, hören die anderen mit dem Fressen auf und beobachten, was passiert.

Jugendphase der Braunbären

Diese Phase endet mit der Spaltung des Familienverbandes. Für die Jungbären kann diese Periode als eine Zeit charakterisiert werden, die geprägt ist von „Nuancierung und Perfektion" der bereits über das Lernen angelegten biologischen Verhaltensweisen. Dieses Ausfeilen ist erst im 4. Lebensjahr endgültig abgeschlossen, was dem Zeitpunkt entspricht, wenn sich die Männchen das erste Mal verpaaren und die Weibchen zum ersten Male Mutter werden.

Im darauffolgenden ersten Herbst überwintert die Familie zusammen in derselben Höhle. Obwohl es für die Jungbären eigentlich der zweite gemeinsame Winter ist, wirken sie dieses Mal erstmals aktiv an den Vorbereitungen mit. Lange Zeit glaubte man, dass die jungen Bären das Höhlenbauen von der Mutter durch Beobachten erlernen. Offensichtlich ist dieses Verhalten, was man der Defensive im Sinne von Vermeidung harscher Umweltbedingungen zuordnen kann, angeboren und muss demzufolge nicht abgekuckt werden. Pazethnov beobachtete bei seiner Aufzucht von verwaisten Bärenjungen, dass diese selbstständig und ohne Anleitung bei Einbruch des Winters in einem Alter von ca. 9 Monaten ihr Quartier errichten und dort erfolgreich überwintern können. Die Höhle unterscheidet sich hierbei nicht von den errichteten Höhlen der Bären, die bereits ein Jahr älter sind und den zweiten Winter mit ihrer Mutter verbringen. Auch wir konnten in der Slowakei einen solchen eindeutigen Fall aus dem Freiland bestätigen. Hierbei überwinterten zwei weibliche Bärenjungen erfolgreich (siehe Fallbeispiel Lilli/Problembären, S. 161).

Nach dem Verlassen der Höhle im zweiten Jahr sind die Jungbären wesentlich selbstständiger und unabhängiger. Die verwaisten Bärenjungen zeigten, dass sie ab einem Alter von 7 bis 8 Monaten alleine in der Wildnis überleben können, wenngleich sie noch vertrauensseliger sind und somit gerade Vorsicht lernen müssen. Die wiedererscheinenden einjährigen „Halbstarken" sind eigentlich nicht mehr auf die mütterliche Fürsorge angewiesen und das Zusammensein basiert schon eher auf den intensiven Familienverhältnissen. Durch ihre unbedarfte und schon selbstständige Lebensweise bereiten sie der Mutter gelegentlich eher Sorge als Freude, was ein persönliches Erlebnis im Februar 2008 zeigt, Slavomír Find'o, Slowakei:

Ich saß im Februar auf einem Hochsitz und wollte einen Rothirsch narkotisieren, um ihn anschließend zu besendern. Deswegen hatte ich in einem Abstand von 12 m zu dem Stand ca. 50 kg Maisschrot ausgelegt. Es war erst 6 Uhr abends, aber bereits dunkel, als ich im Mondlicht am Waldrand plötzlich keine ersehnte Rothirschherde, sondern eine Bärenfamilie auftauchen sah. Es handelte sich um eine Mutter und drei Jungbären vom vergangenen Jahr. Die drei Kleinen hatten den Geruch des verlockenden Maises sofort in der Nase und sprangen voller Freude auf den ausgelegten Köder. Einer von ihnen war so aufgeregt, dass er in dem weichen Schrot auf- und abhüpfte und den Mais um sich warf. Die Mutter blieb wie angewurzelt am Waldrand auf den Hinterfüßen stehen und witterte intensiv. Es dauerte nicht lange, da hatte sie auch schon meinen Geruch in der Nase und begann aufgeregt, wuffende Geräusche zu machen, um die Kleinen wieder zu sich zu locken. Der Kleinste der drei rannte umgehend zu ihr zurück, aber der Rest der Truppe schien sich um die aufgebrachte Mutter nur wenig zu kümmern. Sie fraßen begeistert das besondere Futter und achteten überhaupt nicht darauf, was um sie herum passierte. Die Mutter schlich mit dem Kleinsten im Schlepptau am Waldrand entlang und wuffte immer intensiver. Fast schon meinte ich, dass sie leicht hüpfen würde. Nach etwa 10 Minuten trollten sich die gierigen Jungbären vom Platz und trabten langsam auf die Mutter zu. Nachdem sie ihnen mit der Vorderpfote einen Hieb verpasst hatte, flohen die vier Bären zurück in den dunklen Wald.

Trotz sämtlicher Alleingänge haben die Bärenjungen eine starke Bindung zur Mutter. Bei einer in Rumänien durchgeführten Narkotisierung einer Bärenmutter kam das einjährige Jungtier winselnd auf die Mutter zu und blieb an den bewegungslosen Körper angelehnt liegen.

Die Auflösung der Familie: Die Familienspaltung passiert ohne aggressives Verhalten seitens der Mutter wie etwa Verjagen oder Wegstoßen. Vielmehr löst sich die Familie automatisch auf, wenn sich im zweiten Jahr des Zusammenlebens die Paarungszeit nähert, die zwischen Mai und Juli liegt. Hat das Weibchen frischgeborenen Nachwuchs, ist sie an einer Paarung in diesem Jahr nicht interessiert und geht sämtlichen Männchen zum Schutz ihrer Kleinen vor Infantizid aus dem Weg. Bereits vor der Oestrusperiode (Zeit des Eisprunges) folgen Weibchen somit im zweiten Jahr der Jungenaufzucht intensiv den Spuren und anderen Anzeichen eines Männchens. Dieses Verhalten verstärkt sich während des Oestrus. Zusätzlich bewegen sich auch die potentiellen Männchen weiträumiger und kontaminieren somit geruchlich den Aufenthaltsort der Bärenfamilie.

Jungbären haben eine angeborene Angst vor dem Geruch eines Männchens, was immer mit Flucht beantwortet wird. Diese reflexhafte Panikreaktion ist für die jugendlichen Bären aufgrund des Infantizides überlebenswichtig, weshalb es das Allerbeste ist, den männlichen Bären gar nicht erst zu begegnen. Wenn die Mutter intensiv nach Anzeichen von Männchen sucht und diese findet, sind ihre Nachkommen mit diesem Geruch unmittelbar konfrontiert und flüchten umgehend weite Strecken in die entgegengesetzte Richtung. Das Gleiche passiert, wenn sie ein Männchen in ihrem eigenen Umkreis wittern. Die erschrockenen Jungbären flüchten bis zu mehreren Kilometern weit weg und klettern sehr hoch auf einen Baum, auf dem sie oft mehrere Stunden verharren können. Offensichtlich dient das nicht nur der Verlängerung des eigenen Schutzes. Vielmehr verspüren die fliehenden Kleinen eine sehr

Überraschenderweise gelang es uns mit einer Fotofalle, im Herbst 2009 diese drei Jungtiere zu fotografieren, denen die ausgelegten Maiskolben sehr gelegen kamen. Sie waren alleine und wurden somit im Frühjahr desselben Jahres entwöhnt

hohe Erregung, ausgelöst durch die heftige Angst, dass sie sich durch den verlängerten Aufenthalt auch selber beruhigen. Das Weibchen bleibt am Ausgangsort und mehrere Beobachtungen zeigten, dass sie beim Zusammentreffen mit dem Männchen eine deutlich andere Wanderungsrichtung einschlägt, als ihre Jungen gelaufen waren.

Der Geschwisterverband bleibt einige Zeit in einem sehr kleinen Umkreis und bewegt sich nur sehr bedächtig und vorsichtig weiter. Sie achten noch intensiver aufeinander und das Auftauchen von jeglichen Tieren oder die leisesten Anzeichen von verdächtigen Geräuschen löst erneut ein panikartiges Flüchten aus. Nach einigen Tagen brechen sie dann auf, um weiterzuwandern. Man kann davon ausgehen, dass ein Wiedertreffen von Bärenmutter und der Bärengeschwistergruppe relativ selten ist, da die familiären Bindungen durch das Nichtvorhandensein der Mutter abgeschwächt werden und sich nur noch auf die anderen Geschwister beziehen. Dieser Prozess ist parallel zur vergehenden Zeit. Es ist eher auszuschließen, dass die Mutter nach der Paarung die verschollenen Jungtiere intensiv sucht. Jedoch kommt es gelegentlich zu einer erneuten Zusammenführung der Familie, wenn die Bärin sich nach der Verpaarung im gleichen Gebiet aufhält und nach einiger Zeit oder durch Regen den Geruch des Männchens verloren hat. Die Jungbären können dann ihren Spuren folgen und es kommt zu einer Wiedervereinigung. Falls die Bärin nur ein einziges Junges hatte, wird auch das sehr weit fliehen, ist aber am neuen Ort noch vorsichtiger und bewegt sich manchmal tagelang überhaupt nicht vom Fleck. Wenn dieses Jungtier den frischen Spuren der Mutter über den Weg läuft, ist es schneller bereit, ihnen umgehend zu folgen, als ein Geschwisterverband das tut. In seltenen Fällen verbringt also der Nachwuchs noch ein zweites Jahr mit der Mutter und trennt sich dann im dritten Jahr endgültig. Diese Tiere nennt man in der Slowakei „Pestún", was eigentlich „Pflegevater" bedeutet. Bis jetzt konnte man im Freiland allerdings nicht nachweisen, dass sich diese längeren Nesthocker auch wirklich an der Pflege ihrer jüngeren Geschwister aktiv beteiligen.

Wenn man im Freiland auf eine Mutter-Kind(er)-Gruppe trifft, lässt sich gerade im zweiten, gemeinsam verbrachten Frühjahr ohne direkten Größenvergleich mit ganz frisch geborenen Kleinen nur schwer feststellen, ob es sich um einjährige (im Jahr zuvor geboren, nach dem ersten Winter) oder bereits zweijährige Nachkommen handelt. Die jungen Bären sind mit ihren etwa 1,5 Jahren bereits voll entwickelt und erreichen stattliche Größen. Ist kein jüngeres Geschwisterchen vorhanden, bleibt es immer zweifelhaft, ihr Alter zu beurteilen, wenn man die entsprechenden Bären nicht „persönlich" kennt. Die „Pestúne" überwintern mit der Mutter an derselben Stelle, aber oft in einer benachbarten, separaten Höhle und trennen sich dann endgültig im darauffolgenden Jahr.

Die auf sich alleine gestellten Jungbären: Die Bärengeschwister ohne Mutter verbringen ebenfalls den kommenden Winter gemeinsam in einer Höhle und trennen sich dann im darauffolgenden Jahr. Nach dem erneuten Auftauchen aus der Höhle werden ihre geschwisterlichen Konflikte schärfer und stärker, was zu einer Trennung führt. Somit beginnt für die Bären ab dem 2. bzw 3. Jahr die wirkliche Selbstständigkeit und sie werden fortan ihr eigenes Leben alleine bestreiten. Haben die Bären die kritische Kinder- und Jugendphase sowie den zweiten Winter überstanden, kommt es in der Regel nicht mehr zu erniedrigten innerartlichen tödlichen Auseinandersetzungen. Da die Familie spätestens dann auseinanderbricht, wenn die jungen Bären ein Alter von etwa 2,5 Jahren haben, würde ihre Tötung wenig Sinn machen, da sie ohnehin von der Mutter bereits getrennt sind. Somit werden sie ab diesem Alter meist von den erwachsenen Männchen toleriert und müssen nicht mehr um ihr Leben fürchten.

Somit werden wir im Freiland friedlich zusammenlebende Bärengeschwister, die von einem habgierigen Menschen heimgesucht werden, wie in „Die drei Bären“ wohl niemals finden.

⚘ Zwei sich versteckende Bärenjungtiere. Beide stehen zur besseren Orientierung auf den Hinterbeinen und zeigen somit die erste Etappe des Verteidigungskomplexes. Der Geschwisterverband ist im Leben des Braunbären eine wirkliche Ausnahme. M. Skuban

Es waren einmal drei Bären, die lebten zusammen in ihrem eigenen Hause mitten im Walde. Einer von ihnen war kleinwinzig, der andere war mittelgroß und der dritte war ein ungeheuer großer Riesenbär. Sie hatten jeder einen Napf für ihre Suppe, der kleinwinzige einen kleinwinzigen, der mittelgroße einen mittelgroßen und der Riesenbär einen sehr großen. Sie hatten auch jeder einen Stuhl, der kleinwinzige einen kleinwinzigen, der mittelgroße einen mittelgroßen und der Riesenbär einen sehr großen. Und sie hatten ferner jeder ein Bett, der kleinwinzige ein kleinwinziges, der mittelgroße ein mittelgroßes und der Riesenbär ein sehr großes.

Eines Tages kochten sie ihre Frühstückssuppe und schütteten sie in ihre Näpfe, und während die Suppe auskühlte, gingen sie in den Wald, um nicht zu frühe zu essen und sich so den Mund zu verbrennen. Und während sie so im Walde spazieren gingen, kam ein altes Weiblein herbei. Es konnte unmöglich ein ehrliches altes Weiblein sein, denn zuerst guckte es durch das Fenster und dann durch das Schlüsselloch hinein; und als es niemand drin sah, drückte es an der Thürklinke. Die Thür war nicht verschlossen, denn die Bären waren gute Bären, die niemandem etwas zuleide thaten und auch niemals fürchteten, dass jemand ihnen etwas zuleide thun könnte. Das alte Weiblein öffnete also die Thür und war hocherfreut, als sie die Suppe auf dem Tische sah. Wäre sie ein gutes altes Weiblein gewesen, so hätte sie gewartet, bis die Bären heimkehrten, die hätten sie dann vielleicht zum Frühstück eingeladen, denn es waren gute Bären – ein wenig bärbeißig vielleicht, wie es schon die Art der Bären ist, aber sonst sehr gutherzig und gastfreundlich. Sie war aber eine böse, unverschämte alte Frau und griff uneingeladen zu.

Zuerst kostete sie die Suppe des Riesenbären, die war ihr zu heiß und sie fluchte darüber. Dann kostete sie die Suppe des mittelgroßen Bären. Die war ihr zu kalt und sie fluchte auch darüber. Zuletzt kostete sie die Suppe des kleinwinzigen Bären. Die war ihr weder zu heiß noch zu kalt, sondern gerade recht und schmeckte ihr so gut, dass sie die ganze Suppe auslöffelte. Aber auch über den kleinwinzigen Napf fluchte die böse alte Frau, denn es war ihr nicht genug Suppe drin.

Dann setzte sich das alte Weiblein auf den Stuhl des Riesenbären, aber der war ihr zu hart. Sie setzte sich nun auf den Stuhl des mittelgroßen Bären, aber der war ihr zu weich. Zuletzt setzte sie sich auf den Stuhl des kleinwinzigen Bären, der war ihr weder zu hart noch zu weich, sondern gerade recht. So saß sie denn auf dem Stuhl des kleinwinzigen Bären, bis der Sitz durchbrach und sie plumps! auf den Boden fiel. Da fluchte die alte Frau auch darüber.

Dann ging das alte Weiblein die Treppe hinauf in das Schlafzimmer der drei Bären. Zuerst legte sie sich in das Bett des Riesenbären, aber da waren ihr die Kopfkissen zu hoch. Dann legte

sie sich in das Bett des mittelgroßen Bären, aber da war ihr das Keilkissen zu niedrig. Zuletzt legte sie sich in das Bett des kleinwinzigen Bären, da waren ihr weder die Kopfkissen zu hoch noch das Keilkissen zu niedrig, sondern es war ihr gerade recht. Sie deckte sich also recht warm zu und war bald fest eingeschlafen.

Um diese Zeit glaubten die Bären, dass ihre Suppe schon ausgekühlt sein würde; sie gingen also nach Hause, um zu frühstücken. Nun hatte aber das alte Weiblein den Löffel in der Suppe des Riesenbären stecken lassen, und dieser sagte in seiner rauhen Bassstimme:

„Jemand hat von meiner Suppe gegessen!"

Als der mittelgroße Bär auf seine Suppe blickte, sah er auch darin den Löffel stecken. Wären es silberne Löffel gewesen, so hätte die böse alte Frau sie sicherlich eingesteckt.

„Jemand hat von meiner Suppe gegessen!" sagte der mittelgroße Bär in seiner mittelstarken Stimme.

Dann sah der kleinwinzige Bär auf seinen Suppennapf; auch da steckte der Löffel drin, aber die Suppe war verschwunden.

„Jemand hat von meiner Suppe gegessen!" sagte der kleinwinzige Bär in seiner dünnen Fistelstimme.

Als nun die Bären sahen, dass jemand in ihr Haus gekommen war und das Frühstück des kleinwinzigen Bären aufgegessen hatte, begannen sie alle drei sich umzuschauen.

Nun hatte aber das alte Weiblein das harte Kissen auf dem Stuhle des Riesenbären nicht wieder zurechtgerückt, als sie sich daraus erhoben hatte.

„Jemand hat auf meinem Stuhl gesessen!" sagte der Riesenbär in seiner rauhen Bassstimme.

Das alte Weiblein hatte das weiche Kissen des mittelgroßen Bären plattgedrückt.

„Jemand hat auf meinem Stuhl gesessen!" sagte der mittelgroße Bär in seiner mittelstarken Stimme.

Nun wisst ihr alle, was das alte Weiblein dem dritten Stuhl gethan hat.

„Jemand hat auf meinem Stuhl gesessen und den Sitz durchgebrochen!" sagte der kleinwinzige Bär in seiner dünnen Fistelstimme.

Da hielten es die drei Bären für angezeigt, weiter Umschau zu halten, und sie giengen alle drei die Treppe hinauf in ihr Schlafzimmer.

Nun hatte aber das alte Weiblein das Kopfkissen des Riesenbären verschoben.

„Jemand hat in meinem Bett gelegen!" sagte der Riesenbär in seiner rauhen Bassstimme!

Das alte Weiblein hatte aber auch das Keilkissen des mittelgroßen Bären verschoben.

„Jemand hat in meinem Bett gelegen!" sagte der mittelgroße Bär in seiner mittelstarken Stimme.

Als der kleinwinzige Bär auf sein Bett hinblickte, da lag das Keilkissen auf seinem Platz, und auf dem Keilkissen lag das Kissen und auf dem Kissen der schmutzige, hässliche Kopf des alten Weibleins – aber nicht auf seinem Platz, denn er hatte dort nichts zu suchen.

„Jemand hat in meinem Bett gelegen – und da ist sie!" sagte der kleinwinzige Bär in seiner dünnen Fistelstimme.

Das alte Weiblein hatte im Schlafe die rauhe Bassstimme des Riesenbären gehört; aber sie schlief so fest, dass es ihr vorkam wie das Heulen des Windes oder das Rollen des Donners. Sie hatte auch die mittelstarke Stimme des mittelgroßen Bären gehört, aber da war ihr, als ob sie jemand im Traume sprechen hörte.

Aber die dünne Fistelstimme des kleinwinzigen Bären war so schrill und durchdringend, dass sie sofort aufwachte. Sie fuhr in die Höhe, und als sie drei Bären an der einen Seite des Bettes stehen sah, wälzte sie sich auf der anderen Seite hinunter und rannte ans Fenster. Das Fenster war offen, weil die Bären wie alle guten ordentlichen Bären immer das Fenster ihres Schlafzimmers öffneten, sobald sie des Morgens aufstanden. Das alte Weiblein sprang aus dem Fenster. Ob sie nun bei dem

Falle ihr Genick brach, oder ob sie in den Wald rannte und sich dort verirrte, oder ob sie den Weg aus dem Walde fand und vom Polizeimann festgenommen und als Landstreicherin in die Besserungsanstalt geschickt wurde, das ist mir nicht bekannt.

Die drei Bären aber haben sie nie wieder zu sehen bekommen. (aus: Anna Kellner: *Europäische Märchen und Sagen*)

Kann eine Bärin wirklich menschliche Kinder aufziehen?

Aus antiker Literatur, was man heute eher als eine Erfindung klassifiziert, finden sich immer wieder Fälle von Menschenkindern, welche von einer Tiermutter aufgezogen worden sind. Sehr berühmt sind hierbei Romulus und Remus, deren Ersatzmutter eine Wölfin war und aus ihnen kräftige und entscheidungsträchtige Menschen gemacht hatte. Des Weiteren kennt man den berühmten Mogli aus dem Dschungelbuch, der definitiv erfunden worden ist.

Den Glauben von „europäischen Bärenmoglis“ findet man bei unterschiedlichen slawischen Volksgruppen, wobei er selbst heute noch bei einigen sibirischen Völkern, wie etwa Wotjaken und Giljaken, fest verwurzelt ist. Somit kann eine Bärin prinzipiell verwaiste oder

Die drei Bärenjungen. Foto: M. Kalaš

einsame Menschenkinder aufziehen. In der Slowakei finden sich einige historische Fälle, die in den entsprechenden Chroniken als wirkliches Ereignis festgehalten sind. Der Wahrheitsgehalt kann in keinem der Fälle wirklich ermittelt werden, allerdings gibt es detaillierte Aufzeichnungen über die entsprechenden Fälle.

Ein besonders gut dokumentierter Fall stammt aus dem Jahre 1661 aus den Wäldern der Region Liptov. Einige Männer nahmen im Wald einen etwa 9 Jahre alten Jungen gefangen, der „unter Bären gelebt hatte". Er verhielt sich sehr wild und somit „ähnlich zu seinen artfremden Verwandten". Daher war es sehr schwer, ihn überhaupt zu fangen und mit einem Seil zu fixieren. Er biss, kratzte und verteidigte sich dabei sehr vehement. Im Endeffekt wurde er in das Dorf abtransportiert.

Ein weiterer Fall stammt von der Jahrhundertwende vom 19. in das 20. Jahrhundert. Hierbei handelte es sich um die Region Spišská Magura. In mehreren Dörfern bestätigten verschiedene Leute, dass in den angrenzenden Wäldern eine Bärin mit einem ca. 3-jährigen Kind herumstreifen würde. Offensichtlich bewertete man diese Situation nicht als so gefährlich, um dem Bären nachzustellen und das Kind zu befreien. Dieses Weibchen wurde mehrmals und an verschiedenen Stellen beobachtet.

Ľudovít Holuby (1836–1933) beschreibt einen weiteren Fall in einem seiner Werke. Er erwähnt die durch Jäger mündlich übermittelte Geschichte einer angeblich wirklich stattgefundenen Bärenjagd. Hierbei wurde ein sehr altes Weibchen in seiner Höhle erschossen. Als man das tote Tier abtransportieren wollte, fand man in der Höhle ein geistig und körperlich beeinträchtigtes Mädchen, das nur unverständliche Laute produzieren konnte. Offensichtlich hatte sie mit der Bärin zusammengelebt. Ob es sich um das oben erwähnte Kind handelte, kann allerdings nicht mehr festgestellt werden, obwohl es sich um die gleiche Region gehandelt hat. Die Spur verliert sich so weit, dass über das weitere Schicksal des angeblich gefundenen Mädchens zwei Varianten auftauchen. Entweder hat sie in dem slowakischen kleinen Dorf Hybe unter spezieller Pflege weitergelebt, deren Kosten sogar von der Gemeinde selbst übernommen worden sein sollten. Oder sie war nicht lebensfähig, weshalb sie nur wenig später in einem Krankenhaus in Nitra gestorben sein soll.

In der Literatur gibt es noch einen weiteren Fall, wobei hier während des Ersten Weltkrieges in Liptovská Lúžna ein wildes Mädchen gefunden worden ist, das unter Bären aufgewachsen war. In der Verwirrung der damaligen schwierigen Umstände verliert sich erneut jede weitere Spur, weshalb man auch hier ein Fragezeichen setzen muss.

Was an diesen Geschichten nun wirklich wahr oder erfunden ist, kann man leider nicht mehr ermitteln. Jedoch zeigt sich an ihnen, dass dem Bären oder der Bärin außergewöhnliche Fähigkeiten und Mitleid mit einem hilflosen Menschenkind unterstellt wurden. Dieser Glauben zeigt sich, außer beim Wolf, bei keinem anderen europäischen Wildtier.

Die Wanderung des Bären: Dimensionen – Gründe – Hindernisse

Das Wandern ist des Bären Lust? Bären benötigen große, bewaldete, ununterbrochene Streifgebiete, wo sie neben Futter auch Schutz- und Schlafplätze sowie im besten Falle Geschlechtspartner finden. Eine der größten Gefahren (oder vielleicht Herausforderungen) in der heutigen Zeit wird es sein, die noch unberührteren Naturflächen in Ländern, in denen der Bär noch immer in stabilen Populationen vorhanden ist, neben sämtlichen wirtschaftlichen Interessen genügend permeabel und „bärengeeignet" zu halten. Man kann nur hoffen, dass solche Überlegungen vor dem Ausbau etwaiger Infrastruktur angestellt werden. Viele im Nachhinein erbaute Querungshilfen erfüllen nicht immer ihre heroische Aufgabe, sind sehr teuer und können zerstörte Flächen nicht mehr reparieren. (Teller aus dem Gitsch-Museum in Kremnica, dargestellt ist ein slawisches Märchen. Ein Bär verlobte sich mit der schönsten Tochter eines Haushaltes, nahm sie zu sich und das Mädchen gelangte durch eine List zurück nach Hause. Im Endeffekt befreit sie einen hochattraktiven Jüngling aus der Bärenhaut und vermählt sich mit ihm.)

Im normalen Leben eines Bären gibt es drei entscheidende Beweggründe, warum er sich auf eine Migration oder Wanderschaft begibt: Suche nach Futterressourcen und Winterquartieren, Suche nach Geschlechtspartnern, Suche nach einem neuen Habitat.
Die beiden zuerst genannten Punkte kann der Bär hauptsächlich in dem von ihm besetzen Streifgebiet vollziehen. Aus seinen Ernährungsgewohnheiten und der Lebensstrategie geht hervor, dass er sich zur Beschaffung der einzelnen Bestandteile automatisch bewegen muss. Von der Höhle wandert er zu den Flüssen und Wiesen, dann zu den Beerenplätzen, den Feldern, den Eichen- und Buchenwäldern und wieder zurück zur Höhle. Heute weiß man, dass der Bär somit mindestens ein Gebiet von etwa 8.000 ha besiedelt.

Der unverhofft gefangene Bär Albin konnte während seiner im Vergleich zu einem Bärenleben kurzen Überwachungsphase bereits zeigen, dass er sich auf mindestens 7.180 ha aufhalten muss. Mit dem Fortschreiten des Jahres hat der Bär seine Herbstfutterstellen und Winterplätze aufgesucht, welche in dieser Auswertung nicht mehr mit eingeflossen sind. Viele Bären brauchen jedoch um einiges mehr an Platz. Unser männliche Bär Adriano lebte auf insgesamt 24.000 ha (240 km^2), jedoch weiß man auch von Bärinnen mit 64.000 ha (640 km^2) [persönliches Gespräch mit H. Okarma] oder gar einem Männchen mit einem rekordhaften Streifgebiet von 150.000 ha (1.500 km^2) [persönliches Gespräch mit Filip Zejba].

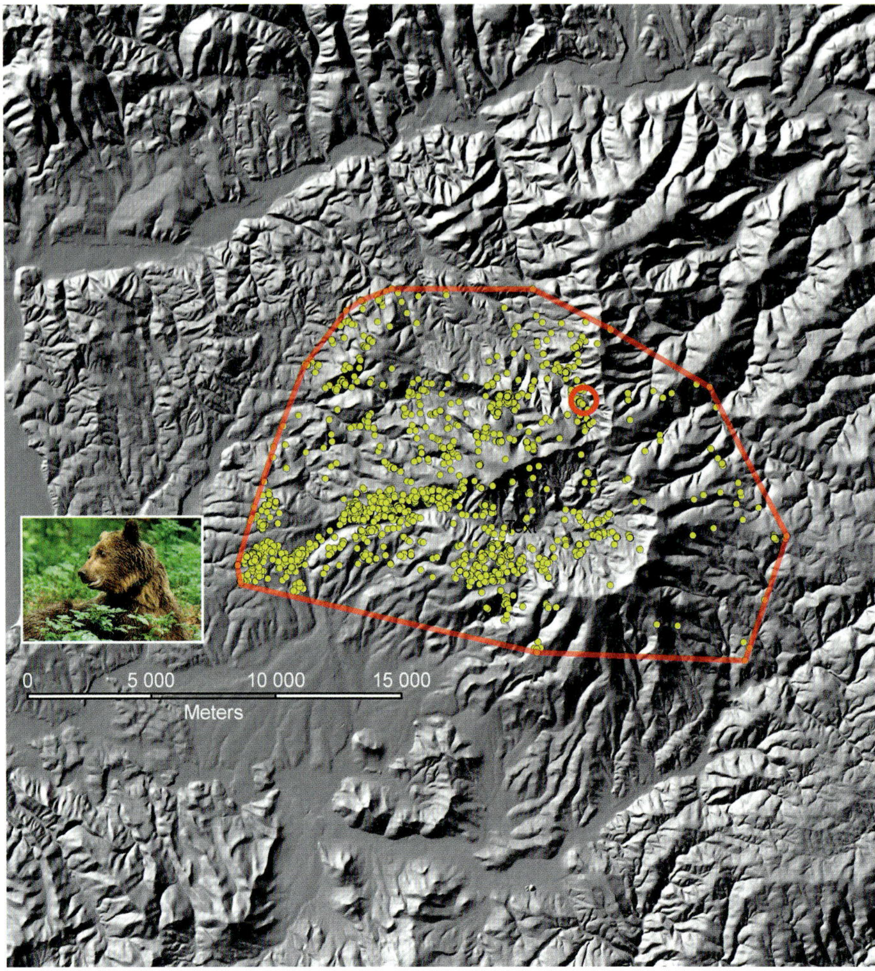

Ergebnis des besenderten Bären „Adriano" mit einem Streifgebiet von 24.000 ha. Links sieht man eine Portraitaufnahme des etwa 10-jährigen Männchens. Man kann gut erkennen, dass er die Hälfte des ehemaligen Vulkangebirges (mit dem Namen Pol'ana) sowie die angrenzenden Randbereiche benutzt. Die eingekreiste Fläche war sein Quartier für den Winterschlaf.

Das Streifgebiet eines einzelnen Bären hängt von der Verfügbarkeit des Futters und der Rastplätze ab, was man als Habitateignung bezeichnet. Somit benötigt der Bär in seinem Streifgebiet beides: Alle Futterpflanzen und Ruherefugien, hauptsächlich für das Winterquartier.

Mithilfe der Analyse der Habitateignung können in Zukunft bessere Voraussagen hinsichtlich der Eignung eines Gebietes gemacht werden. Für den Bären weiß man jedoch bereits heute, dass er in einem reinen Tannen- oder Fichtenwald nicht glücklich werden kann. Dieser Wald ist zu dicht, um beerentragende Sträucher zu beherbergen, und fettreiche Samen von Eiche und Buche fehlen ihm völlig. In diesem Wald stellt sich dem Bären sehr rasch die Frage, was er überhaupt fressen soll.

An der russischen Ostküste findet man das gegenteilige Extrem: die Küstengebiete sind so fischreich und reich an Gebüsch, dass sich die Bären nur in kleinen Abschnitten ganzjährig aufhalten, welche zwischen 1.000 und 2.000 ha liegen. Zu den Winterrefugien wandern die Tiere jedoch bis zu 200 – im Extremfall bis zu 400 km –, was eine genaue Angabe des Streifgebietes in Zahlen unmöglich macht. Bären in der Slowakei haben größere, ganzjährige Gebiete, welche relativ ungestört sein sollten. Ihre Wanderstrecken liegen zu ihren Wintergebieten zwischen 10 und 20 km, welche meist ein Teil ihres eigentlich besetzten Gebietes sind und somit nicht außerhalb liegen. Dieser Platzbedarf macht sie jedoch anfällig hinsichtlich menschlicher Aktivität und menschlichem Eindringen. Neubauten von Häusern, Ausweitungen von Siedlungen und Gründungen von Hotels schmälern somit ihr potentielles Gebiet.

Heutzutage leben Bären in Europa gefährlich. Oft versuchen sie, die menschlichen Verkehrswege zur Beschaffung von Nahrung zu überqueren. Die eingetrocknete Bärenspur zeigt dies deutlich. Befindet sich auf der anderen Seite ein Hafer-, Weizen- oder gar Maisfeld, überwinden neben den Bären auch viele andere Tiere ihre Scheu und versuchen, auf die andere Seite zu kommen. Durch angepasstes Management in der Landwirtschaft, wie etwa beidseitiges Ernten von Feldern zum gleichen Zeitpunkt, könnten solche Ausflüge verringert und somit auch der Gefahrengrad und das Risiko von Kollisionen von Mensch und Tier verringert werden. Foto: M. Kalaš

Suche nach Sexualpartnern: Diese Suche wird ebenfalls in den meisten Fällen im eigenen Wohngebiet vollzogen. Jedoch weiß man, dass Bären aufgrund sexueller Aktivitäten, was auch die Jungenaufzucht mit einschließt, gelegentlich in die am Rand ihres Gebietes gelegenen Gegenden wandern oder eine Zeitlang dort bleiben. Somit können sich junge Männchen zur Paarungszeit aufgrund der drohenden Konfliktsituation mit dem dominanten Männchen vollständig aus ihrem Frühlingsstreifraum zurückziehen (Pazhetnov 1999). Ist die Paarungszeit vorbei, kehren sie langsam wieder zurück. Auch führende Weibchen mit Jungtieren desselben Jahres halten sich oft an Orten auf, die nur wenig von Männchen besucht werden, um den Nachwuchs zu schützen. Werden neue Straßen durch Bergregionen gebaut, kann das die Wohngebiete von Einzeltieren nachhaltig treffen. Die Tiere ziehen sich entweder auf kleinere Territorien zurück oder sind der Gefahr einer Kollision mit einem Auto ausgesetzt.

Suche nach neuem Habitat: Verlassen die Jungtiere die Mutter, müssen sie für sich ein eigenes Streifgebiet suchen. Bären sind zwar solitäre Tiere, aber nicht strikt territorial, was eine vehemente Verteidigung der Grenzen verlangen würde. Somit überlappen sich die einzelnen Bärengebiete.

Einige Bären können so in ihrem Geburtswald- bzw. -gebirge auch ihren zukünftigen Lebensraum anlegen. Andere hingegen wandern lange Strecken weg und somit ab. Diese Langstreckenwanderungen sind jedoch nicht nur durch ein Zuviel an Bären im betreffenden Wald ausgelöst, sondern einige Bären wandern einfach ab, auch wenn es noch so viel Platz im Wald geben würde. Nur so funktioniert eine Ausbreitung der Populationen, was man in der Slowakei gerade seit dem Schutz von 1932 feststellen konnte. Langsam eroberte der Bär sich seine Gebiete zurück, obwohl in den schon besetzten noch genügend Platz war. Diese Langstreckenwanderungen werden durch den Ausbau von breiten Autobahnen sehr behindert oder gar unmöglich gemacht. Gerade die Bären fürchten sich so stark vor der Lärm- und Lichtverschmutzung, dass sie diese Barriere meistens in weitem Abstand meiden.

Es ist aus der Grafik klar ersichtlich, dass viele der Schnellstraßen oder Autobahnen das Verbreitungsgebiet der Braunbären nachhaltig zerschneiden. Das Bewusstsein dafür ist leider mehr als gering. Gelder werden aus anderen Töpfen bereits abgezogen, um alles in den

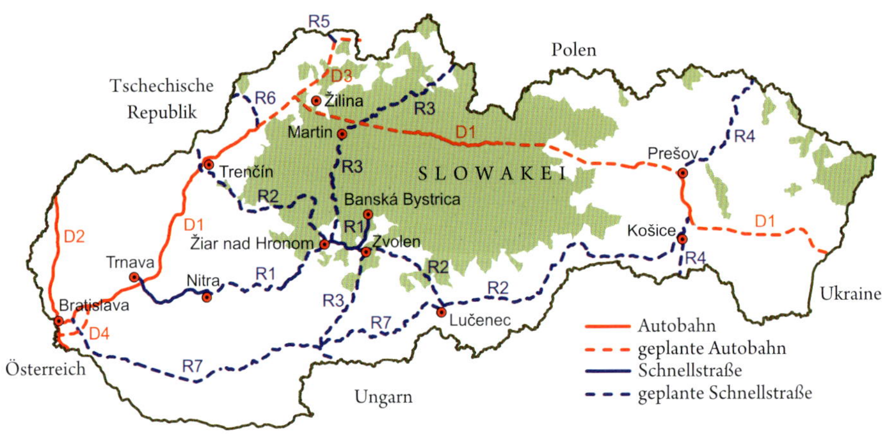

Quelle: Brown Bear Corridors in Slovakia; S. Findo, M. Skuban, M. Koreň

Straßenbau zu investieren, ohne auf die Bedürfnisse der großen Säugetiere Rücksicht zu nehmen. Die Vorort-Identifizierung ist das sicherste und beste Mittel, um die Migrationskorridore eindeutig zu kartieren. Großflächige Identifizierungsversuche via GIS-Methode auf nationaler oder internationaler Ebene stellen sich in der Praxis draußen im Feld als viel zu grob dar. Europaweite Kartierungen, mit den Wanderrouten als Pfeile eingezeichnet, verbergen darunter kilometerweite Landstriche inklusive Dörfer und Städte. Wir konnten in der Studie zeigen, dass die Tiere nicht nur sehr „konservativ" hinsichtlich der Migrationswege sind und diese somit jahrzehntelang benutzen, sondern dass es sich um sehr schmale Routen handelt (zwischen 200 bis max. 1.500 m).

Die Grafik zeigt, wie stark das geplante, noch nicht ganz vollständig ausgebaute Transportnetz der Straßen in das Gebiet der Braunbären einschneiden wird. Einige Bergregionen werden in diesem Zuge vollständig voneinander abgeschnitten sein. Somit wird es den Bären um Vieles erschwert, sich genetisch auszutauschen, was dann auch für viele andere Tierarten gelten wird.

Das von der Frankfurter Zoologischen Gesellschaft geförderte Projekt „Brown Bear Corridors in Slovakia“ versucht, die Migrationsrouten von allen großen Säugetieren zu ermitteln und anschließend zu analysieren. Nur ein exaktes Wissen, welche Abschnitte die Tiere wirklich zur Überquerung benutzen, ermöglicht eine sinnvolle Platzierung von vorbeugenden Maßnahmen. Diese Hilfestellungen sind zudem sehr teuer und werden nur an ausgewählten Stellen eingesetzt. Somit sind unzureichend gewählte Plätze nicht nur ein sinnloser finanzieller Verlust, sondern zudem sind sie für die ansässige Tierwelt des entsprechenden Gebietes verloren.

Ein weiterer wichtiger Punkt ist die Sicherheit im Straßenverkehr, was insbesondere auch für den Menschen gilt, der bei einer Kollision mit einem Wildtier in ernstzunehmende Schwierigkeiten geraten kann. Ein normaler PKW hält einem Aufprall mit Wildschweinen oder gar Bären nicht stand. Auch größere Gefährte, wie Busse oder Lastwagen, werden die Wucht einer Bärenkollision nur schwer abfedern können.

Bären sterben gehäuft auf den Schienen. Als sehr empfindliche Tiere vermeiden sie oft die lärmende Straße. Eine Eisenbahn ist nicht ständig befahren, somit ruhig und wird von den Bären gekreuzt. Kommt unverhofft der Zug mit Licht und Lärm angerast, sind die Bären, wie viele andere Wildtiere auch, im ersten Moment so verwirrt, dass sie an Ort und Stelle stehenbleiben und mitten in das heranschnellende Gefährt starren. Bis sie realisieren, dass es nötig wäre, zu flüchten, ist es in vielen Fällen bereits zu spät.

Der traurige Ausgang einer erfolglosen Überquerung von Bahnschienen. Der junge Bär wurde nahezu in zwei Hälften zerteilt. Immer öfter werden auch Bären Opfer von Verkehrsunfällen, sei es auf der Schiene oder der Straße. Leider müssen wir feststellen, dass die EU zwar rapide den Ausbau des Infrastrukturnetzes an Autobahnen und zweispurigen Schnellstraßen subventioniert, aber auf Wildtierquerungshilfen nur wenig Wert legt. Ehemalige Ostblockländer stehen im Hinblick auf den raschen Ausbau heutzutage unter erheblichem Druck, ohne externe Forderung und zusätzliche Mittel von Seiten der EU können und werden diese Länder aus finanziellen Gründen kaum Wildtierkorridore beachten und somit dort auch nicht Grünbrücken, Viadukte etc. einplanen. Viele Wildbiologen sind von dem Vorgehen in Brüssel enttäuscht, die Integration von Querungshilfen stellt sich zunehmend als ein Kampf gegen die berühmten „Windmühlen“ des Straßenbauwesens dar. Foto: M. Kalaš

In der Slowakei ist diesem Punkt bis jetzt nicht viel Beachtung entgegengebracht worden. Es gibt kaum Abgrenzungen oder Konstruktionen wie Grünbrücken. Somit fordern die Straßen jährlich viele Opfer, Menschen, tausende Tiere und riesige Summen an Blechschäden. Der Mensch baut die Straßen aus, will den Handel beschleunigen, will einfacher und schneller vorwärtskommen und übersieht dabei Konsequenzen, die nach Fertigstellung eines Betonproduktes unwiederbringlich verloren sind.

M. Kalaš überwachte jahrelang in seinem Gebiet Malá Fatra die Mortalität auf den Straßen. Während seiner 10-jährigen Überwachung registrierte er neben dutzenden Rothirschen, Rehen, Wildschweinen, Luchsen, Füchsen, Wildkatzen, Kleinsäugetieren, Greifvögeln usw. insgesamt 16 getötete Bären. Gerade sein Gebiet wird nach Fertigstellung des geplanten Straßennetzes von Autobahnen wie umzingelt sein. Er vermutet deshalb, dass es zu einer noch höheren Mortalität kommen wird und Zu- wie Abwanderungen fast unmöglich sein werden.

Der Winterschlaf des Bären

Der Winter ist für den Braunbären die ruhigste Zeit im Jahr: Er schläft und umgeht so die schwierigen und harschen Bedingungen der kalten Jahreszeit. Er ist das größte Landsäugetier in Europa, das sich während der kalten Tage unter Tage begibt.

Bären begeben sich zur Winterzeit in Schlupfwinkel, die ihnen die Gegend darbietet. Wenn sie keine vorfinden, stellen sie sich, indem sie die Vorderpfoten wie Hände gebrauchen, aus Zweigen und Sträuchern solche her und kriechen, um nicht vom Regen nass zu werden, schnell in solche Unterschlupfe. Sie fürchten sich, im Boden eingedrückte Spuren zu hinterlassen, die sie den Jägern verraten. Die Männchen verbergen sich 40 Tage, die Weibchen 4 Monate lang in ihren Schlupfwinkeln, in welcher Zeit sie dickes weißes Fleisch ansetzen und werfen; durch Lecken geben sie den Jungen ihre Gestalt, was auch Ovid schon kannte [siehe „Familienleben", S. 35 ff.].

Im Frühling kommen sie aus ihren Schlupfwinkeln hervor; die Männchen ziemlich fett, die Weibchen etwas weniger, da sie inzwischen geworfen haben, und füllen den zusammengefallenen Leib mit Kräutern, die sie von den Feldern abreißen. (Aus: Georg Agricola, *De Re Metallica Libri XII*, Basel 1556)

Der Schlaf – eine erfolgreiche Strategie: Der Bär, ein Allesfresser, der einen hohen Prozentsatz seiner Ernährung mit pflanzlicher Nahrung abdeckt, hat zur Winterszeit erhebliche Schwierigkeiten, genügend Futter zu finden. Keine Pflanzen wachsen und der Boden ist gefroren, was das Ausgraben von Wurzeln sehr schwierig macht. Gleichzeitig muss aber der große Körper von innen gewärmt werden, ein zusätzlicher Energieverlust, der mehr Brennstoff erfordert als zu anderen Zeiten des Jahres. Vermutlich ist die Kombination aus kalter Witterung plus Mangel an Futter ausschlaggebend, dass sich der Bär zurückzieht. Von Zentralasien und Kasachstan weiß man, dass in sehr warmen Gebieten, wenn zusätzlich ein ausreichendes Spektrum an Futter gegeben ist, einige Bären überhaupt nicht schlafen, sondern sich von verschiedenen Samen und Nüssen, wie etwa Walnüssen, und durch Bejagung anderer Waldtiere und Fische ernähren.

Auch in der Slowakei kann bestätigt werden, dass die Tiere selbst in kalten Wintern bei ausreichendem Nahrungsangebot die Schlafphase auslassen. Da man den Braunbär in den 1920er-Jahren in der Vysoké Tatry, auch Hohe Tatra, als „Sanitätsgehilfen der Natur" bezeichnete, der „durch das Schlagen von kranken Rothirschindividuen für die Genesung der Rothirschpopulation einen unschätzbaren Wert hat", wurde er künstlich wach gehalten, um ihn „in der Ausführung dieser wichtigen Arbeit nicht zu unterbrechen". Mehrere Jahre lang opferte man den Braunbären jeden Winter ca. 120 Pferde, mit welchen sie an ausgewählten Plätzen täglich gefüttert wurden. Somit konnte ein Bestand von bis zu 30 Tieren den ganzen Winter lang wach gehalten werden, „damit sie ihrer Hygieneaufgabe" nachgehen konnten.

Ein neuer Trend oder die Ausnahme? Heutzutage können wir in der Slowakei manchmal sehr warme und milde Winter mit gemäßigteren Temperaturen und vermindertem Schneefall verzeichnen, wie beispielsweise in den Jahren 2006/2007 und 2007/2008. Dies hatte zur Folge, dass zumindest einige Individuen gelegentlich aktiv waren und man somit ihre Pfotenabdrücke auf der leichten Schneedecke oder dem feuchten Waldboden finden konnte. In vielen Bergregionen wird das Rotwild während der kalten Zeit an bekannten Stellen zugefüttert, zu welchem Zweck auch Getreide verwendet wird (siehe Kapitel „Futtertabellen"). Dieses prachtvolle Kraftfutter unterstützt ungewollt einen unverhofft wachen Braunbären. Wir können bis dato nicht genau feststellen, ob die Bären nur ab und zu aufstehen, um sich dann wieder zur Ruhe zu begeben, oder ob ausgewählte Tiere den ganzen Winter wach verbringen. Dennoch ist diese Entwicklung auffällig, da sich im Verhalten der Tiere zumindest kurzzeitig entscheidende Veränderungen abgezeichnet haben. Den folgenden Winter 2008/2009 können wir im klassischen Sinn als „normal" und somit kalt, streng und schneereich bezeichnen. Ebenso gab es in den Jahren 2009 bis 2011 sehr starke Kälteeinbrüche. Konsequenterweise konnte in vielen Gebieten kaum oder gar keine Bärenaktivität verzeichnet werden. Nur die Zukunft wird zeigen, ob sich mit den vorhergesagten wärmeren Wintern auch die Braunbären verändern werden.

Der Bär – ein nicht-klassischer Winterschläfer: Klassische Winterschläfer, wie Schlangen, fallen in eine regelrechte Winterstarre und ihr Körper kühlt bis auf wenige Grad Celsius ab. Mit den warmen Sonnenstrahlen des beginnenden Frühjahrs tauen diese Tiere langsam wieder auf, um ins aktive Leben zurückzukehren. Der Winterschlaf des Bären entspricht dagegen eher einer Winterruhe, da die Körpertemperatur nur um wenige Grad abfällt und Werte zwischen 32 und 33 Grad Celsius erreicht. Diese Werte folgen einer Tagesrhythmik mit einem erkennbaren Tiefpunkt frühmorgens und einem Höhepunkt am Nachmittag. Der Pulsschlag reduziert sich von 40 bis 50 Schlägen pro Minute auf nur 8 bis 10 Schlägen pro Minute. Während der gesamten Zeit entleeren sich die Tiere nicht und scheiden demnach weder Kot noch Urin aus. Laut Herrero stützen sich sogar einige Diätprogramme in den USA für Menschen mit Niereninsuffizienz teilweise auf die gewonnenen Erkenntnisse hinsichtlich des Bärenstoffwechsels. Warum der Bär nur in eine Winterruhe verfällt, erklärt man sich vom physiologischen Standpunkt so, dass der große Bärenkörper eine überdurchschnittlich lange Aufwachzeit hätte, falls er in eine regelrechte Winterstarre verfallen würde.

Für diese Ruheperiode muss sich der Bär entsprechend vorbereiten. Nachdem er im Herbst reichlich Nahrung in Form von ölhaltigen und zuckerreichen Pflanzen oder zusätzlichem tierischen Eiweiß aufgenommen hat, beginnt er einige Tage zu fasten und nur Gras zu fressen. Der Darm wird weitestgehend entleert, da Bären während des Schlafens nichts ausscheiden. Dieses Fasten stimmt den Körper auf die vor ihm liegende Zeit ohne jegliche Nahrungsaufnahme ein. Mehr noch, ohne einige Tage gefastet zu haben, ist der Körper nicht genug ruhiggestellt und der Bär kann nicht schlafen.

Vorbereitungen für das Schlafen – der Bär als Baumeister

Das Höhlenbauverhalten kann als eine Komponente des Verteidigungsverhaltens klassifiziert werden, da es ein Schutzverhalten im Sinne von „Vermeidung von schwierigen Umweltbedingungen" darstellt. In der Arbeit mit verwaisten Bärenjungen konnte gezeigt werden, dass dieses Verhalten instinktiv fixiert ist, da es automatisch ausgeführt wird. Neigt sich das Jahr dem Ende zu, zeigen die jungen Bären bereits im ersten Lebensjahr, wenn ihre wilden, gleichaltrigen Artgenossen noch mit der Mutter zusammen sind, alle prinzipiellen Elemente des Bauverhaltens und können somit schon erfolgreich überwintern.

Wenn die ersten frostigen Nächte einsetzen und der Schnee langsam zu fallen beginnt, begibt sich der Bär auf die Suche nach einem entsprechenden Platz, wo er es im Winter gut aushalten kann. Meist sind die Winterschlafplätze, wohin sich der Bär zur Ruhe begibt, im entsprechenden Streifgebiet eines Individuums platziert. In einigen Teilen Russlands wandern Bären jedoch so weite Strecken bis zum Winterquartier, dass dieses als „außerhalb des Territoriums" bezeichnet wird. Diese Bären verbringen ihre aktive Zeit oft nahe der Küste und ernähren sich größtenteils vom Fischfang. Im ausgehenden Herbst wandern sie zwischen 300 und 400 km in entsprechende Gebirgsregionen, in denen es so genannte Höhlengebiete gibt.

Auch slowakische Bären wandern zu ihren Refugien, wenn auch in nicht so extremen Ausmaßen wie die Bären in der früheren Sowjetunion. Viele ansässige Förster in der Slowakei berichten über klassische Winterwanderwege und beschreiben Wanderungen der Bären im Herbst von Norden nach Süden. Wanderstrecken zu den Höhlengebieten sind häufig zwischen 10 und 20 km lang, können jedoch auch Werte zwischen 40 und 75 km annehmen. Häufig ziehen sie sich in ungestörte Gebiete zurück, die, fern von menschlicher Aktivität, ruhig und verlassen sind. Gelegentlich findet man ihren Unterschlupf jedoch auch nur 200 bis 400 m entfernt von Forststraßen. Adrianos Platz war zwar auf einem sehr steilen und unzugänglichen Hang platziert, dessen Abstand zur Forststraße betrug jedoch nur 240 m. Allerdings ist dieses Gebiet im Winter sehr verlassen, während die Straße im Sommer recht häufig benutzt wird.

Der Bär schläft am besten im Wald, meist im dichten Tannen- oder Fichtenwald, seltener in anderen Waldgemeinschaften. Leben die Tiere in Sumpfgebieten, sind ihre Winterrefugien auch in den dort verteilten Waldinseln situiert. Obwohl keine Bärenhöhle der anderen gleicht, sondern sich aufgrund der Kreativität ihres Baumeisters individuell stark unterscheidet, kann man drei große Gruppen aufstellen: bedeckte, halboffene und offene Unterschlüpfe.

Das bedeckte Winterrefugium

Eine Höhle in den abfallenden Hang gegraben. Platzierung unter dem Wurzelwerk eines Baumes.

Höhle am Boden einer Vertiefung oder einer Schneise im Wald gegraben. Wieder wird der abfallende Hang genutzt.

Handelt es sich um einen bedeckten Ruheplatz, ist dieser rundherum geschlossen und oft im Boden angelegt. Er hat somit eine sehr gute Wärmedämmung und wird von den Bären meistens bevorzugt. Insgesamt lassen sich nach Danilov 6 verschiedene Typen klassifizieren (Danilov 1991):

Die klassische Untergrundhöhle: Höhlen dieser Art werden aktiv ausgegraben. Der Bär nutzt hierbei immer den abfallenden Hang, was ihm das Graben wesentlich erleichtert, als es auf gerader Fläche der Fall wäre. Zusätzlich wird durch die Platzierung im Hang verhindert, dass zu viel Schnee hineinfällt. Beim Bauen setzt er intensiv die Vorderfüße ein, um die Erde wegzuschaufeln, und beißt freistehende Äste oder Wurzeln mit den Zähnen ab. Hat der Bär einmal begonnen, eine Höhle zu graben, geht er von diesem Platz nicht mehr weg und kann sein Winterquartier innerhalb von 1 bis 4 Tagen fertigstellen. Falls er jedoch durch menschliche Aktivität gestört wird und somit das Gefühl bekommt, dass der ausgewählte Platz nicht sicher genug ist, verlässt er den Ort und beginnt an anderer Stelle mit einem neuen Versuch.

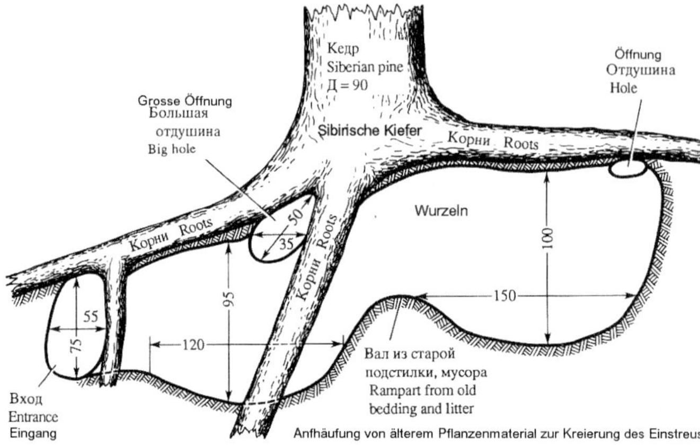

Detailansicht einer gegrabenen Höhle unter dem Wurzelwerk eines Baumes (Sobajanskij, Zavatskij 1993)

Zur eigentlichen Schlafstelle führt ein 40 bis 100 cm langer Vorgang mit nur geringer Höhe und einem nur sehr schmalen Eingang. Die Höhe beträgt oft nicht mehr als 30 cm und der Durchmesser dieses Eingangs erreicht Werte zwischen 50 bis maximal 90 cm. Manchmal ist es nur schwer vorstellbar, dass ein so großes Tier wie der Bär es schafft, durch eine so kleine Öffnung zu seinem Nest zu gelangen. Der Körper ist also wesentlich flexibler, als man es von dem „behäbigen Bären“ gemeinhin annehmen würde. Man konnte beobachten, dass der Bär mit dem Hinterteil zuerst in seine Höhle hineinkriecht. Hat er das Loch erfolgreich ausgehoben, beginnt er seine Schlafstelle mit einer dicken Schicht an Einstreu auszupolstern. Dafür sammelt er verschiedene Äste und Zweige aus der näheren Umgebung und trägt sie rückwärts, mit dem Hinterteil voraus, in den Schlafraum. Manchmal wird das Bett noch durch Blätter, trockene Nadeln oder Moos verbessert. Die eigentliche Höhle variiert in ihren Dimensionen: Höhe zwischen 40 und 160 cm, Länge zwischen 90 und 250 cm, Weite zwischen 75 und 180 cm.

Ein Tiefenrekord stammt aus Russland: Nach dem Vorgang ging es steil bergab und die Höhle wurde somit 4 m unter Tage angelegt.

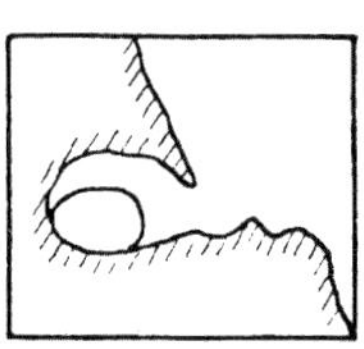

Dieser Unterschlupf befindet sich in natürlich vorhandenen höhlenartigen Gebilden oder Höhlen. Vor allen Dingen im Gebirge ist dieser Typ bei der Bärenbevölkerung sehr verbreitet.

Die Felsenhöhle: Form und Dimensionen variieren in Abhängigkeit von den natürlichen Gegebenheiten des höhlenartigen Gebildes. Vorteil ist neben den soliden Wänden auch, dass die Höhle nicht extra gebaut werden muss und somit der Bär keine zusätzlichen

Eine klassische Höhle in einem Felsen. Es ist kaum vorstellbar, dass ein so großes Tier wie der Bär durch eine so kleine Öffnung schlüpfen kann. Foto: M. Kalaš

Mühen hat. Lediglich für die Einstreu hat er Sorge zu tragen. Allerdings sind geeignete felsige Plätze auch im Gebirge nicht überall verfügbar und nur an bestimmten Orten verteilt. Deshalb müssen die Bären zu diesen verteilten Plätzen wandern. Es ist bekannt, dass oft mehrere Bären an derartigen Stellen in relativer Nähe zueinander überwintern können, weshalb man oft von „Bärenfelsen" spricht. Einmal wurde sogar beobachtet, dass in einer einzigen Höhle, die mit zwei separaten Zugängen und einer leichten Mitteltrennwand ausgestattet war, zwei verschiedene Bären gemeinsam den Winter verbracht haben.

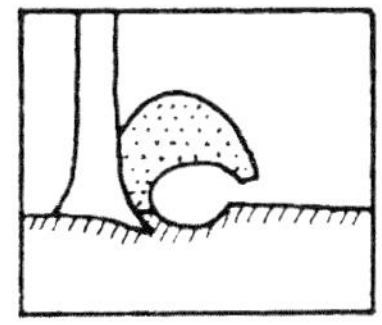

Bärenhöhle unter einem großen Ameisenhügel. Hierbei bevölkern die eigentlichen Baumeister oberhalb des Bären weiterhin ihr Refugium. Wie der Ameisenstaat auf den ungewollten Kuckuck im Erdgeschoss reagiert, ist allerdings nicht bekannt.

Die Ameise als Helfer: Bären fressen mitunter nicht nur diese kleinen 6-beinigen Wesen, sondern zweckentfremden gelegentlich den Bau des Ameisenstaates. Die vom Bären ausgehobenen Gewölbe im bereits bestehenden Hügel der Kriechtiere ähneln in Form und Dimension stark den klassischen Untergrundhöhlen.

Bärenhöhlen finden sich auch oft direkt in einem verlassenen Ameisenbau. Ohne die kriechenden Insekten kann der Bär sicher und warm im rundum geschützten Haus aus Nadeln, Ästchen und Erde den Winter gut verbringen.

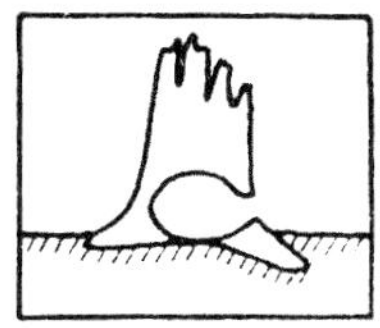

Bärenhöhle, die in einem ausgehöhlten Baumstamm angelegt ist. Der Unterschlupf wird meist in Bodennähe ausgehoben.

Das Baumhaus: Nur selten trifft man auf Bären, die in ausgehöhlten Baumstümpfen oder Baumstämmen den Winter überdauern. Die nötige Bauaktivität beinhaltet hierbei Modifizierungsarbeiten. Der Eingang muss gelegentlich durch Aufbeißen vergrößert und das morsche Holz im Inneren durch Wegbeißen entfernt werden. Die anfallenden Holzspäne können in manchen Fällen den Schlafkomfort des eigentlichen Liegeplatzes zusätzlich anheben.

Eine sehr seltene Aufnahme einer Überwinterungsstelle in einem ausgehöhlten Baum. Foto: M. Kalaš

Durch menschliche Hand: Falls sich der Bär sicher ist, dass ein verlassenes Gebäude oder eine andere menschliche Konstruktion im bevorstehenden Winter von den zweibeinigen Erbauern mit hoher

Ein seltener Fall, jedoch bei entsprechenden Bedingungen eine willkommene Ersatzmöglichkeit. Wichtig ist, dass der Durchmesser stimmt und dass sich das im Stamm befindliche Holz leicht entfernen lässt, wenn es nicht durch den Bruch ohnehin schon fehlt.

Höhlen im „Neststil“: Zur Errichtung eines solchen Nestes gräbt der Bär nicht, sondern er baut und manipuliert mit Zweigen von Tannen und anderen Bäumen eine halbgeschützte Kuhle. Man findet diese Bärennester immer im jungen und dichten (Fichten-)Wald, der die Ruhestätte durch die nahe beieinanderstehenden Bäume ausreichend umwuchert.
Dimensionen des Nestes sind:

- Höhe der Matratze liegt zwischen 30 und 90 cm
- Äußerer Durchmesser zwischen 1,7 und 2,5 m
- Innerer Durchmesser zwischen 0,6 und 1,7 m

Wenn der junge Wald sehr dicht bewachsen ist, kann dieses Nest auch in kälteren Gebieten benutzt werden, da der raue Winterwind kaum einbrechen kann und dort somit eine gute Wärmedämmung herrscht.

Mit Zweigen der Bäume oder sogar durch eigenhändiges Abknicken der Bäume selbst zimmert sich Ursus arctos sein Dach. Die Matratze entsteht durch Aufhäufen von Erde, Zweigen und anderen Pflanzenteilen. Die Schlafmulde liegt innerhalb eines 30 bis 70 cm hohen Erdwalles.

Die offenen Winterplätze

Diese „Höhlen“ sind sehr einfach gestaltet und der Bär muss nur wenig vor dem Niederlegen baulich verändern. Was bereits für halboffene Schlafstellen gilt, ist im Falle der offenen Plätze noch offensichtlicher: Die angefressenen Fettressourcen zum Halten der Körpertemperatur werden rasch verbraucht sein. Deswegen finden sich derartige Stellen ausschließlich in Gebieten, in denen mildere Winterbedingungen herrschen und somit die Schlafenszeit des Bären verkürzt ist. Ist die Schneebedeckung und der Temperaturabfall gering, so dass die Bären weit weniger als 160 Tage schlafen, können Bären auch in weniger soliden Höhlen über den Winter kommen. Die offenen Höhlen halten allerdings nur einem sehr kurzen Schlaf statt, beispielsweise in Gebieten, in welchen Bären nur zwischen 45 und 85 Tagen schlafen.

Sehr selten wurde beobachtet, dass Bären ohne jegliche Bedeckung von oben oder der Seite ihren Winterschlaf halten. Meist ruhen

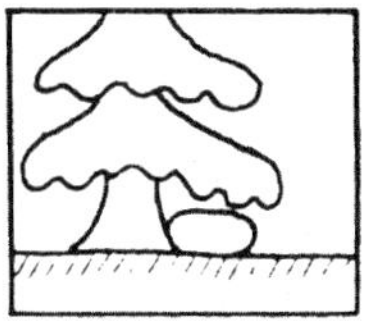

Am Baum gelegen: Manche Schlafplätze sind nahe einem großen Baum (meist Fichte) platziert. Der dicke Stamm puffert den Wind und die weit herunterreichenden Äste schützen das schlafende Tier vor dem Schnee.

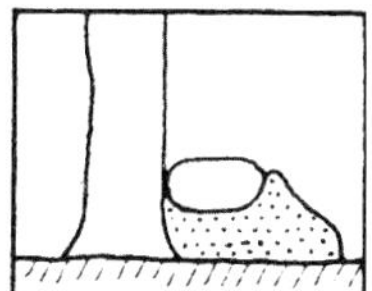

Eine andere „Ameisenvariante“: Diese Ameisenbauten sind bereits verlassen. Der Bär gräbt sie ein wenig aus und legt sich auf ihnen direkt zur Ruhe. Durch die aufgehäuften Ränder erlangt er ein wenig Schutz vor dem Durchzug des Windes.

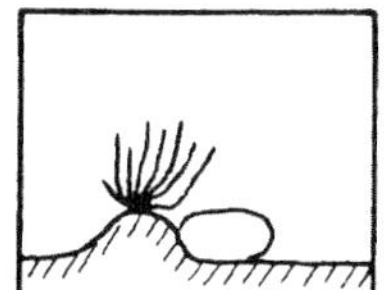

Unter freiem Himmel: Ein seltener Fall eines vollständig offenen Schlafplatzes

Nicht unter den Linden, aber unter den Fichten: Im dichten und jungen Fichtenwald wird durch die nahe beieinanderstehenden Stämme und ineinandergreifenden Äste die Kälte natürlich geblockt. Ist der Winter kurz, kann dieser Platz ohne weiteren Ausbau benutzt werden. Manchmal schläft der Bär sogar nur auf dem Schnee, ohne sich eine Einstreu anzuhäufen.

sie nahe einer kleinen Erdaufhäufung oder von Büschen. Dort kühlt das Tier sehr schnell aus, weshalb dies eine sehr zweifelhafte Alternative ist.

Die aufgestellten Höhlentypen stammen aus der früheren UDSSR, wobei 37 verschiedene Regionen untersucht wurden. Halboffene und offene Stellen fanden sich nur in acht davon. Slowakische Bären bevorzugen meist die geschlossenen Höhlen, jedoch ist bis dato nicht bekannt, ob ein Bär im Heuschober überwintert hat. Gelegentlich findet sich die halboffene Variante im „Neststil", unter Felsenanhäufungen oder unter reich verflochtenen umgefallenen Wurzeln. Bären, die offen unter dem Sternenzelt überwintern, sind leider noch nicht bekannt. Die Entscheidung für einen bestimmten Platz hat weitreichende Konsequenzen und beeinflusst nachhaltig den erfolgreichen Verlauf des Winterschlafes. Eine falsche Einschätzung zugunsten einer leichteren und weniger soliden Variante kann für die Tiere schwerwiegende Konsequenzen haben.

Gerade im slowakischen Gebirge sind allerdings „Bärenfelsen" und „Bärenhöhlen" bekannt. Die Tiere benutzen über Jahre ähnliche Plätze, wenn auch nicht jedes Individuum Jahr für Jahr immer die gleiche Höhle verwendet. M. Kalaš weiß von einigen Höhlen, welche durch die jahrelange Benutzung am Boden richtig eingetretene Fußabdrücke aufweisen. Die Felsen um den Eingang herum sind wie abgeschliffen und somit ganz glatt.

Der Winterschlaf im Volksmund

Warum schläft der Bär?

Der Bär ist das größte europäische Landsäugetier, das den Winter über schläft. Während andere Tiere auf dem Schnee und in den harschen Winterbedingungen ums Überleben kämpfen und diesen manchmal nicht überstehen, ruht der Bär sanft und sicher im warmen Nest. Dafür findet man im finnischen Lappland, an der Grenze zu Russland, nur eine einzige Erklarung:

Als Gott einmal auf Erden war, wollte er einen Fluss überqueren und fragte das Pferd am Ufer, ob es ihn hinübertragen könnte. Das Pferd verneinte und verweigerte die Bitte Gottes. Als er den Bären fragte, war dieser umgehend bereit, mit Gott auf dem Rücken durch den Fluss zu schwimmen.

Darauf war Gott sehr dankbar und sprach zum Bären: „Weil Du mir geholfen hast, musst Du nicht das ganze Jahr arbeiten. Du darfst im Winter ruhen und schlafen."

Auf das Pferd aber war er sehr wütend und sprach: „Weil du mir nicht geholfen hast, verfluche ich Dich. Ich gebe Dich dem Menschen als Diener und Du wirst Dein ganzes Leben lang schwer arbeiten."

Eine ähnliche Erklärung finden wir auch aus Amerika:

Als Gott die Arbeit der Tiere beim Ausheben der Flussläufe besichtigte, sah er, dass der Bär sehr tüchtig arbeitete. Gott sagte zum Bär: „Du brauchst nicht mehr als ein halbes Jahr zu arbeiten, das andere halbe Jahr kannst Du ruhen." Darum ruht der Bär auch im Winter und hält seinen Winterschlaf.

Durch seine fleißige Arbeit oder umgehende Hilfe wird der Bär zum Günstling Gottes. Man weiß, dass der Winterschlaf des Bären die Menschen schon lange fasziniert hat. Diese wussten sich dieses lange Schlafen des Bären nicht zu erklären und versuchten, dafür ihre eigene Erklärung zu finden.

Vom winterlichen Sterben und dem Schlafkraut: Im Volksglauben genoss der Bär dadurch oft hohes Ansehen. Man achtete ihn als ein Wesen, das nach einem kurzen Sterben im kalten Winter wiedergeboren wird. Wie im vorherigen Kapitel bereits beschrieben, wurde der Bärin aufgrund ihres Gebärens in der Höhle unterstellt, dass die gottähnliche Bärenmutter zusätzlich Leben schenkt, und somit konnte sie zum Lebenssymbol und Fruchtbarkeitssymbol werden.

Ganz einfach und pragmatisch ist die Lösung des Winterschlafrätsels mithilfe eines „Schlafkrautes". Der kräuterkundige Bär soll sich demzufolge zu Beginn des Winters absichtlich auf die Suche nach einem Kraut machen, was ihn in der kalten Jahreszeit hindurch in süße Träume entführt. Offensichtlich haben Menschen den Bären im Spätherbst dabei beobachtet, wie er seine letzten Vorbereitungen für das Überwintern durchführt und zur Darmreinigung einige Tage nur noch das wenig vorhandene Grünzeug frisst. Der Mythos „Schlafkraut" galt nicht nur im Volksmund als sinnige Erklärung, sondern war auch die Auffassung der Gelehrten. Aus diesem Grund gibt es auch in der Schweiz diese (wahre) Geschichte:

Mitten in den Alpen lebte ein Schweizer Senner, abgeschieden vom Rest der Welt. Eines Tages konnte er auf einer Almwiese am Waldrand einen Bären beobachten, wie dieser ein ganz bestimmtes Kraut fraß. Von Wißbegierigkeit getrieben, wollte der Senner wissen, wie die Pflanze wohl schmecken würde, und kostete einige Teile davon, als der Bär sich zurückgezogen hatte. Kurze Zeit später wurde er plötzlich sehr müde und konnte kaum mehr die Augenlider offenhalten. Nur mit Mühe schaffte er es zu einem großen Käsekessel, der umgedreht auf der Weide stand, und kroch darunter, um für eine kurze Zeit einzunicken. Als er wieder erwachte, wunderte er sich nicht schlecht. Es war bereits Frühling und die wärmenden Sonnenstrahlen begrüßten ihn beim Herauskriechen. Er hatte also den ganzen Winter trotz der heftigen Minustemperaturen unter seinem Kessel verschlafen, wobei ihm nichts passiert war.

Leider hat der Senner niemandem das entsprechende Kraut gezeigt.

Eine andere schweizerische Geschichte erzählt von einer armen, alten Witwe, die alleine im Wald lebte.

Auch sie konnte einen Bären beobachten, der zufrieden ein ganz bestimmtes Kraut fraß und dabei befriedigt brummte. Offensichtlich war er so glücklich darüber, dass er sogar eine kurze Zeit auf der Wiese herumtanzte. Als er wieder im Wald verschwunden war, wollte das gebrechliche Mütterchen natürlich auch etwas von der Pflanze kosten. Nach dem Genuss der Pflanze wurde sie so müde, dass sie es kaum noch auf ihr ärmliches Strohlager schaffte und in einen tiefen Schlaf fiel. Wunderbare Träume wurden ihr beschert und sie fand sich selbst in einem sonnigen Land, in dem fröhliche Menschen sangen, tanzten und lachten. Zu Füßen einer sehr schönen und erhabenen Frau, die auf einem Felsen saß und von der sie nicht wusste, ob es sich um die Mutter Gottes selber handeln würde, lag der ihr bekannte Bär, ließ sich kraulen und brummte erneut zufrieden. Plötzlich wachte sie auf und konnte kaum glauben, dass sie von warmen Sonnenstrahlen in ihrer bescheidenen Hütte begrüßt wurde. Es war bereits Frühling und sie wollte sich mit Wasser ein wenig den Schlaf aus dem Gesicht reiben. Als sie aber ihr Spiegelbild im Wasserkrug erblickte, erschrak sie: Ein junges und schönes Frauengesicht schaute ihr entgegen, das Antlitz ihrer Jugend. Also hatte sie das entsprechende Kraut nicht nur in süße Träume versetzt, sondern zusätzlich auch noch verjüngt.

Somit wird die Kraft eines Schönheitsschlafes bestätigt…

Bedauerlicherweise findet man in beiden Erzählungen keine Angabe, um welche Pflanze es sich denn genau handelt. Noch heute wäre sie sicherlich sehr beliebt.

Der verschlafene Bär: Leider kann man die verschönernde Wirkung im Falle des Bären nicht bestätigen. Diese sind nach dem Schlafen nicht nur ein wenig abgemagert, sondern sehen, salopp gesprochen, „schäbig und schlampig" aus (Danilov 1991). Durch das lange Liegen ist das Fell oft an verschiedenen Stellen eingedrückt und steht an anderen Stellen in alle Himmelsrichtungen ab. Oft kommt es vor, dass durch die Feuchtigkeit Haarsträhnen zusammengeklebt sind, was ein wenig sein stolzes Aussehen abschwächt. Selbst die Ohren will man in seltenen Situationen fast schon als hängend gesehen haben, wodurch der Bär nicht nur schmuddlig, sondern fast schon erbärmlich wirkt. Aber keine Sorge, nach dem slawischen Volksglauben begibt sich der Bär umgehend nach dem Auftauchen aus der Höhle auf die Suche nach einem „pflanzlichen Gegenmittel". Ganz gezielt sucht er eine Pflanze, welche die schwere Müdigkeit vertreiben soll und wieder Leben in die müden Glieder bringen wird. Auch diese Pflanze gilt bis dato als vermisst und es bedarf mehr Forschung, um sie zu ergründen.

Ein „schäbig aussehender" Bär nach dem Winterschlaf, der sich bereits im Fellwechsel befindet. Sein ständiges Kratzen verrät uns, dass diese Prozedur juckend und unangenehm ist.

Hungerkünstler oder Hungerstreik?

Mehrere Monate zu schlafen ohne Essen, geht nicht. Es ist unmöglich, dass der Bär den kalten, langen Winter in einer Höhle zubringt, ohne dabei auch nur einen Bissen aufzunehmen.

Aber der Bär war verschwunden und ward nicht mehr gesehen. Den ganzen Winter über konnte man kein einziges Anzeichen wie einen Pfotenabdruck, geschweige denn das Tier selber sehen. So gelangte der Bär zu seinem selbsternährenden Status und seinen Pfoten wurden magische Kräfte unterstellt.

Während des Winterschlafes ernährt sich der Bär durch Pfotensaugen: Man entwickelte die Vorstellung von den „Hungerpfoten", an welchen der Bär saugen und somit daraus Nahrung aufnehmen würde. Diese Meinung ist nicht nur bei den slawischen Völkern weit verbreitet, sondern sie galt sogar als zoologisches Wissen. Irgendwie sollten die Pfoten dazu in der Lage sein, etwas Flüssiges zu produzieren, was der Bär saugt, um nicht zu verhungern. Dieses selbsterhaltende Element im Winterschlaf und die Ansicht, dass der Bär Nahrung produzieren könnte, trug dazu bei, dass er als göttliches, halbgöttliches oder zumindest gottähnliches Wesen verstanden wurde. In einigen russischen und slawischen Märchen wird genau diese Thematik aufgegriffen und in verschiedenen Varianten verarbeitet: Das nährende Wesen spendet durch seine Pfoten auch Menschen Hilfe zum Überleben, wenn man ihm nichts Böses tut:

Ein Bär wird im Wald von einem Jäger geschont. Dieser Bär gibt später dem verirrtem und in einer Bärenhöhle übernachtenden (oder überwinternden) und hungrigen (manchmal auch kranken) Jäger seine Tatzen zum Saugen, wie er es selbst tut, um Hunger und Durst zu stillen.

Pfotensaugen als Muttterersatz? Interessanterweise beschrieb Ludvík Kunc, der viele Jahre Zoologe im Ostrava Zoo in der Tschechischen Republik war, in einem völlig anderen Zusammenhang das Phänomen des „Pfotensaugens". Dort wurde gelegentlich der Nachwuchs bereits vor der Paarungszeit der Bären den Bärenweibchen weggenommen. Man erhoffte sich dadurch, dass sich das weibliche Tier erneut mit einem Männchen verpaaren würde, so dass es somit einen gesteigerten Reproduktionserfolg geben würde. Er beschrieb die Rolle der Mutter als *extrem wichtig*. Des Weiteren beobachtete er den *unbefriedigten Saugreflex*, den die jungen Bären mit anderen Alternativen versuchten zu stillen. Waren zwei Jungtiere zusammen untergebracht, so saugten sie oft stundenlang an dem Ohr ihres Kameraden. Dieses Verhalten war so intensiv und ausdauernd, dass oft der Knorpel des „besaugten" Ohres dauerhaft beschädigt wurde. Dadurch kippte das Öhrchen so markant, dass dies bis ins Erwachsenenalter sichtbar war und man somit diese „bezutzelten" Individuen eindeutig erkennen konnte. Kunc klassifizierte das Ohr des anderen Bären als Alternative für die weibliche Zitze der Mutter. Manchmal konnte er jedoch verzeichnen, dass die Bären begannen, an ihren eigenen Pfoten zu saugen, vor allem dann, wenn sie alleine untergebracht waren. Zudem versuchten sie, diesen Reflex auch an den Fingern ihrer menschlichen Betreuer auszuüben. Bären sind schon sehr lange in menschlicher Obhut gehalten worden und stammten als Jungbären, deren Mutter zuvor erschossen wurde, oft aus dem Freiland. Eine solche Beobachtung kann diesen Mythos vielleicht untermauert haben.

Die gebackenen Überreste: Kein Wunder also, dass Bärenpfoten als Glücksbringer galten. Noch heute finden wir selbst im deutschsprachigen Raum das Gebäck „Bärentatzen", was man bis nach Russland kennt: feines Mürbeteiggebäck mit annähernd bärentatzenähnlicher Form, überzogen mit einer dezent dünnen Schicht aus leichtherber dunkler Kuvertüre. Ursprünglich galt dieses Gebäck als Glücksbringer und sollte dem verzehrenden Menschen Kraft und Gesundheit schenken. Weil es so etwas Besonderes war, wurde es auch nur zu bestimmten Zeiten im Jahr gebacken und angeboten. Beispiele sind hierbei zur Weihnachtszeit (oder Wintersonnenwende um den 20. Dezember herum), bei Frühlingsfesten und bei Erntedankritualen. Schenkte ein junger Mann seiner Außerwählten diese Tatzen, galt das als eindeutiges Zeichen hinsichtlich des Brautwerberituales.

Auch gibt es eindeutige Hinweise, dass es einen ähnlichen Zusammenhang bei den schweizerischen „Berner Mutzen“ gibt, die ebenfalls schmackhaftes Gebäck sind. Diese Mutzen sollen auch ein symbolisches Stück vom Bären darstellen. Verschwommene Hinweise wollen auch in „Lebkuchen“ ein zusammengesetzes Wort aus Leben und Kuchen erkennen. Und das alte Werberitual hat bis in unsere heutige moderne Gesellschaft noch Bestand. Ansonsten hätten die zahlreichen Honigkuchenherzen auf diversen Volksfesten mit der Aufschrift: „Ich hab' dich lieb“ schon lange keinen Bestand mehr.

Wie lange schläft denn der Bär?

Die Schlafdauer des Bären ist im slawischen Volksglauben genauestens bekannt und bis auf den einzelnen Tag festgelegt: Er schläft vom St. Martinstag am 11. November bis zu Mariä Verkündigung am 25. März des kommenden Jahres. Warum er genau zu dieser Zeit und zwischen diesen Stichtagen schläft, ist nach Meinung der Estländer eigentlich die Schuld eines ganz normalen Bauern. Die genauen Daten des Winterschlafes wurden nämlich im Falle des Bären von einem ganz gewöhnlichen Menschen festgesetzt:

Im Herbst am St. Martinstage wollte eine Bauersfrau zum Abend Kohlsuppe kochen. Sie holte aus dem Garten mehrere große Kohlköpfe. Da kein Holz mehr im Hause war, ging der Mann in den Wald, um etliches zu holen. Während er das Reisig sammelte, hatte er sich immer weiter vom Hause entfernt und schließlich verirrt. Er suchte den Weg, bis er müde wurde, und da er eine Bärenhöhle sah, ging er hinein, um sich auszuruhen und am Morgen weiterzusuchen. Er schlief ein, und als er endlich erwachte, war es noch Nacht; da kehrte er sich auf die andere Seite und schlief weiter.

Am Morgen erwachte er und fand den Weg nach Hause. Die Frau aber wollte ihn nicht wiedererkennen, nur die Stimme allein war ihr bekannt. Der Mann war sehr hungrig und fragte, ob sie von der gestrigen Suppe noch etwas übrig hätte. Verwundert blickte das Weib ihn an. „Hast Du die Suppe gestern Abend gar nicht gekocht?“, fragte der Mann. Da stellte sich heraus, dass der Mann den ganzen Winter fortgewesen war und dass sie schon Frühling und Mariä Verkündigung (25. März) hatten.

Seit der Zeit geht nun der Bär immer am Michaelistage in seine Höhle und hält seinen Winterschlaf. Am Lichtmesstage (2. Februar) kehrt er sich auf die andere Seite und zu Mariä Verkündigung kommt er heraus und wird denen das Maul belecken, die nicht vor Sonnenaufgang aufzustehen vermögen.

Auch in der Slowakei weiß man aus „jahrhundertelanger Erfahrung“, dass der Bär von St. Martin (11. November) bis zu Verkündigung des Herren (25. März) schläft.

Auch dieser Bär hier im Zoo Košice befindet sich im Fellwechsel. In Flusen löst sich langsam die Unterwolle aus dem Haar.

hatte der Bär nur kurz im Lauf zugeschnappt und konnte demzufolge mit den Zähnen nicht so weit eindringen.

Diese Geschichte lehrt uns allerdings, altbekannte Bärenschlafplätze zur Winterszeit lieber zu meiden, zum einen für den Selbstschutz und zum anderen aus Rücksicht auf die haarigen, großen Waldbewohner. Der aufgescheuchte Bär hatte nach seiner überstürzten Reaktion umgehend das Weite gesucht, wobei man vermuten kann, dass er (oder sie) den ursprünglichen Ort für seine Winterruhe zumindest für diesen Winter nicht mehr aufgesucht hat.

Das anfänglich nur oberflächliche Schlafen hat eine ganz wichtige Sicherheitsfunktion für die Bären. In ihrer Höhle, nahezu eingekesselt auf kleinem Raum, ist der Bär prinzipiell sehr wehr- und schutzlos. Bei eventueller Gefahr kann er sich nicht durch Flucht retten, sondern ist sämtlichen Dingen, die eventuell kommen und ihm gefährlich werden könnten, machtlos ausgeliefert. Aus diesem Grunde bezeichnen manche Menschen das oben beschriebene heftige und aufbrausende Verhalten fälschlicherweise als aggressiv. Dabei haben wir eigentlich einen Bären vor uns, der aus Angst um sein Leben als letzte Rettung einen kurzen Angriff sah, um sich dann rasch in die Büsche zu schlagen. Der Bär weiß, dass er verletzlich ist, und mithilfe des anfänglich noch oberflächlichen Schlafens hat er immer noch die Möglichkeit, einen eventuell unsicheren Platz rechtzeitig zu verlassen, bevor der tiefe Winter kommt. Denn noch besteht die Gelegenheit, sich auf die Suche nach einem alternativen Schlafplatz zu begeben, und jetzt hat er aufgrund der milderen Wetterbedingungen auch noch solche Bedingungen vor sich, seinen Schlafplatz entsprechend auszubauen. Ist

Unbedachte Freizeitaktivitäten, bei welchen der Mensch versehentlich die Ruhe eines schlafenden Bären stört, können ein Aufwachen des Winterschläfers bewirken. Dazu zählen die winterlichen Treibjagden auf Wildschweine, das Wandern in Felsengebieten und das Verlassen von ausgeschriebenen Wanderwegen. Der illustrierte Bär verschreckte in der Kindergeschichte „Ein Bärenjahr – Vom Frühjahr bis zum Herbst" seinerseits die menschlichen Skisportler. Auch wenn bis dato keine negativen Meldungen vorliegen, sollten in Bärengebieten sämtliche Wintersportaktivitäten nur auf ausgeschilderten Pisten durchgeführt werden, um unerwünschte Zusammentreffen zwischen Mensch und Bär auf Eis und Schnee zu vermeiden. Illustrator: J. Chovan

Auch gibt es eindeutige Hinweise, dass es einen ähnlichen Zusammenhang bei den schweizerischen „Berner Mutzen“ gibt, die ebenfalls schmackhaftes Gebäck sind. Diese Mutzen sollen auch ein symbolisches Stück vom Bären darstellen. Verschwommene Hinweise wollen auch in „Lebkuchen“ ein zusammengesetzes Wort aus Leben und Kuchen erkennen. Und das alte Werberitual hat bis in unsere heutige moderne Gesellschaft noch Bestand. Ansonsten hätten die zahlreichen Honigkuchenherzen auf diversen Volksfesten mit der Aufschrift: „Ich hab' dich lieb“ schon lange keinen Bestand mehr.

Wie lange schläft denn der Bär?

Die Schlafdauer des Bären ist im slawischen Volksglauben genauestens bekannt und bis auf den einzelnen Tag festgelegt: Er schläft vom St. Martinstag am 11. November bis zu Mariä Verkündigung am 25. März des kommenden Jahres. Warum er genau zu dieser Zeit und zwischen diesen Stichtagen schläft, ist nach Meinung der Estländer eigentlich die Schuld eines ganz normalen Bauern. Die genauen Daten des Winterschlafes wurden nämlich im Falle des Bären von einem ganz gewöhnlichen Menschen festgesetzt:

Im Herbst am St. Martinstage wollte eine Bauersfrau zum Abend Kohlsuppe kochen. Sie holte aus dem Garten mehrere große Kohlköpfe. Da kein Holz mehr im Hause war, ging der Mann in den Wald, um etliches zu holen. Während er das Reisig sammelte, hatte er sich immer weiter vom Hause entfernt und schließlich verirrt. Er suchte den Weg, bis er müde wurde, und da er eine Bärenhöhle sah, ging er hinein, um sich auszuruhen und am Morgen weiterzusuchen. Er schlief ein, und als er endlich erwachte, war es noch Nacht; da kehrte er sich auf die andere Seite und schlief weiter.

Am Morgen erwachte er und fand den Weg nach Hause. Die Frau aber wollte ihn nicht wiedererkennen, nur die Stimme allein war ihr bekannt. Der Mann war sehr hungrig und fragte, ob sie von der gestrigen Suppe noch etwas übrig hätte. Verwundert blickte das Weib ihn an. „Hast Du die Suppe gestern Abend gar nicht gekocht?“, fragte der Mann. Da stellte sich heraus, dass der Mann den ganzen Winter fortgewesen war und dass sie schon Frühling und Mariä Verkündigung (25. März) hatten.

Seit der Zeit geht nun der Bär immer am Michaelistage in seine Höhle und hält seinen Winterschlaf. Am Lichtmesstage (2. Februar) kehrt er sich auf die andere Seite und zu Mariä Verkündigung kommt er heraus und wird denen das Maul belecken, die nicht vor Sonnenaufgang aufzustehen vermögen.

Auch in der Slowakei weiß man aus „jahrhundertelanger Erfahrung“, dass der Bär von St. Martin (11. November) bis zu Verkündigung des Herren (25. März) schläft.

Auch dieser Bär hier im Zoo Košice befindet sich im Fellwechsel. In Flusen löst sich langsam die Unterwolle aus dem Haar.

Der Bär als Wetterfrosch – Rituale während der Schlafenszeit

Nach alter Meinung vieler osteuropäischer Völker weiß der Bär über das zukünftige Wetter des kommenden Jahres Bescheid. Deshalb ist Mariä Lichtmess am 2. Februar sein Lostag. Offensichtlich prüft der Bär an diesem Tage das momentane Wetter und kann die Ankunft des Frühlings abschätzen. Manchmal verlässt er seine Höhle auch und wagt einen Blick nach draußen, in anderen Dokumenten dreht sich der Bär an diesem Tag auf die andere Seite, um noch bis zum Frühling weiterzuschlafen:

Regnet's oder schneit's, so ist der Frühling nahe und der Bär reißt seine Hütte ein. (Schlesien/Tschechien)

Sieht der Bär an Lichtmess seinen Schatten, kriecht er noch tiefer in die Höhle und legt sich auf die andere Seite. (Ungarn)

Ist das Wetter an Lichtmess schön und trocken, gilt das als negatives Omen, dass der Frühling noch auf sich warten lässt und der Mensch kalte Tage zu erwarten hat. Ist der Tag kalt und hässlich, ist die warme Jahreszeit dagegen schon nah. Alte Bauernregeln aus dem deutschsprachigen Raum unterstützen ebenfalls die wetterweisende Bedeutung von Lichtmess. Bis 1912 war dieser Tag sogar offizieller Feiertag, denn danach begann für die Bauern nach der Winterruhe wieder das Arbeiten. Interessant ist, dass (deutschsprachige) Bauern auch an diesem Tage das Wetter nachhaltig bewerten und zu ähnlichen Schlüssen gelangen, wie es der Bär auf osteuropäischem Grund in seiner Höhle tut:

- Lichtmess Sonnenschein, bringt großen Schnee herein.
- Scheint zu Lichtmess die Sonne heiß, gibt es sehr viel Schnee und Eis.
- Wenn's an Lichtmess stürmt und schneit, ist der Frühling nicht mehr weit.
Ist es aber klar und hell, kommt der Lenz wohl nicht so schnell.
- Lichtmess trüb ist dem Bauern lieb.
- Lichtmess im Klee, Ostern im Schnee.

Nach Meinung der slowakischen Dörfer aus der Spišregion (sprich: Spischregion) dreht sich der Bär zur Umkehrung des Paulus am 25. Januar in seiner Höhle um, was wiederum den Bauern als Alarmsignal gilt. Bis heute gehen einige Rinderbauern immer noch in ihre Heuschober, um zu überprüfen, wie viel Viehfutter ihnen noch bis zum prophezeiten Winterende zur Verfügung steht. Aus alten Aufzeichnungen geht hervor, dass es an diesem Tage ein Fest gab, wobei eine Person als Bär verkleidet durch das Dorf geführt wurde. Oft war die Person in einen Schafspelz gehüllt und rollte sich in diesem auf dem Boden von einer Seite auf die andere (meist dreimal), was einen Bären imitieren soll, der sich nach alter slowakischer Volkssage an diesem Tage in seiner Höhle auf die andere Seite rollte. Dieser Brauch stellte ein Fruchtbarkeitsritual dar und sollte für das kommende Jahr eine gute Ernte erbitten.

In einigen Spišsdörfern gab es an diesem Tag sogar den Brauch, dass sich der Bauer und die Bäuerin an diesem Tage gemeinsam durch das Stroh rollten. Wahrscheinlich handelte es sich ebenfalls um ein Fruchtbarkeitsritual hinsichtlich der Ernte, weniger für das Ehepaar selbst. Die Spišsregion wurde vor mehreren Hunderten von Jahren von deutschen Aussiedlern besiedelt, weshalb heute nicht klar ist, ob der Brauch des „Rollens im Stroh", welchen es ausschließlich nur dort gibt, eventuell auch altgermanische Wurzeln hat.

Weitere Rituale oder „Der Bär als Begleiter des Jesuskindes“: Um die Weihnachtszeit, oft am 21. Dezember, gibt es in vielen slowakischen und russischen Dörfern den Brauch, ein Krippenspiel zu inszenieren oder einen Bethlehemzug durch das Dorf zu organisieren. Hierbei ist immer ein Bär mit im Gefolge, der von einem oder mehreren jungen Männern dargestellt wird. Diese verkleideten „Bären“ rollen sich daher auf dem Boden hin und her. Bei einer Variante tragen die Männer einen Pelzmantel mit dem Fell nach innen und sind zusätzlich mit Leinen und Hanfstricken umwickelt. Eine andere Möglichkeit ist, dass die Männer einen Pelzmantel mit Fell nach außen tragen, einen Strohriemen um die Hüfte haben und den Kopf mit einer hohen Pelzmütze bedecken, an welcher lange Strohhalme angenäht sind, die Haare imitieren sollen. Sie werden dann „Starý“ (der Alte) genannt.

Ethnografen gehen davon aus, dass dieser Brauch auf eine altslawische Tradition zurückgeht. Der 21. Dezember wurde nämlich bereits vor Jahrhunderten rituell als „Wintersonnenwende“ gefeiert, da von diesem Tag an die Tage wieder länger werden. Auch damals wurde ein verkleideter Bär durch das Dorf geführt, was als Ritual für eine gute Ernte gedacht war. Wahrscheinlich wurde dieses Ritual des „Bären, der sich auf dem Boden rollt“, von dem slawischen Winterfest vom 25. Januar (im christlichen Glauben ist am 25. Januar heute der Feiertag zur Bekehrung des Paulus) in das Krippenspiel oder den Bethlehemzug übernommen. So fand sich der einst heidnische Bär des Slawentums plötzlich wieder im christlichen Weihnachtsspiel in der Gefolgschaft der Heiligen Familie. Seine erntefördernde Wirkung behielt er jedoch auch hier bei.

Schlafdynamik und das beschwerliche Aufwachen

Das Aufwachen und anschließende Aufstehen sowie Herauskriechen aus der Höhle ist für die Mitglieder der Bärenfamilie die erste schwere Aufgabe des neu beginnenden Jahres.

Nach Versicherung russischer Bärenjäger soll er vor dem Schlafengehen die Umgebung seines Lagers genau untersuchen und dasselbe mit einem anderen vertauschen, wenn er nach verschiedenen Seiten hin auf menschliche Spuren stößt. (Brehms Tierleben)

Graduelles Einschlafen: Zu Beginn der Winterruhe ist der Schlaf des Bären in den ersten Tage noch nicht ganz so tief und er kann entsprechend rasch aufwachen und aktiv sein, was im Dezember 2007 von slowakischen Förstern in der Poľanaregion mit eigenen Augen bestätigt werden konnte. Diese machten einen Spaziergang in eine höher gelegene Felsregion, die als Bärenschlafplatz schon lange bekannt war. Die beiden Männer unterhielten sich laut und wanderten auf einem Felsenkamm entlang. Plötzlich schoss ein Bär aus einer nahe am Grad befindlichen Öffnung im Stein heraus und versuchte, die ungebetenen Störenfriede zu vertreiben. Er (oder sie) rannte mit voller Geschwindigkeit auf die beiden Männer zu und griff den ersten der beiden Menschen, auf die er traf, unvermittelt an. Als er diesen kurz ins Bein gebissen hatte, drehte er sich um und lief weit und schnell in die entgegengesetzte Richtung. Die Schwere der Verletzung hielt sich zum Glück in annehmbaren Grenzen. Zum einen hatte der dicke Stoff der Winterhose die Beißkraft des Bären gut abgepuffert, zum anderen hatte der Bär nur kurz im Lauf zugeschnappt und konnte demzufolge mit den Zähnen nicht so weit eindringen.

Diese Geschichte lehrt uns allerdings, altbekannte Bärenschlafplätze zur Winterszeit lieber zu meiden, zum einen für den Selbstschutz und zum anderen aus Rücksicht auf die haarigen, großen Waldbewohner. Der aufgescheuchte Bär hatte nach seiner überstürzten Reaktion umgehend das Weite gesucht, wobei man vermuten kann, dass er (oder sie) den ursprünglichen Ort für seine Winterruhe zumindest für diesen Winter nicht mehr aufgesucht hat.

Das anfänglich nur oberflächliche Schlafen hat eine ganz wichtige Sicherheitsfunktion für die Bären. In ihrer Höhle, nahezu eingekesselt auf kleinem Raum, ist der Bär prinzipiell sehr wehr- und schutzlos. Bei eventueller Gefahr kann er sich nicht durch Flucht retten, sondern ist sämtlichen Dingen, die eventuell kommen und ihm gefährlich werden könnten, machtlos ausgeliefert. Aus diesem Grunde bezeichnen manche Menschen das oben beschriebene heftige und aufbrausende Verhalten fälschlicherweise als aggressiv. Dabei haben wir eigentlich einen Bären vor uns, der aus Angst um sein Leben als letzte Rettung einen kurzen Angriff sah, um sich dann rasch in die Büsche zu schlagen. Der Bär weiß, dass er verletzlich ist, und mithilfe des anfänglich noch oberflächlichen Schlafens hat er immer noch die Möglichkeit, einen eventuell unsicheren Platz rechtzeitig zu verlassen, bevor der tiefe Winter kommt. Denn noch besteht die Gelegenheit, sich auf die Suche nach einem alternativen Schlafplatz zu begeben, und jetzt hat er aufgrund der milderen Wetterbedingungen auch noch solche Bedingungen vor sich, seinen Schlafplatz entsprechend auszubauen. Ist

Unbedachte Freizeitaktivitäten, bei welchen der Mensch versehentlich die Ruhe eines schlafenden Bären stört, können ein Aufwachen des Winterschläfers bewirken. Dazu zählen die winterlichen Treibjagden auf Wildschweine, das Wandern in Felsengebieten und das Verlassen von ausgeschriebenen Wanderwegen. Der illustrierte Bär verschreckte in der Kindergeschichte „Ein Bärenjahr – Vom Frühjahr bis zum Herbst" seinerseits die menschlichen Skisportler. Auch wenn bis dato keine negativen Meldungen vorliegen, sollten in Bärengebieten sämtliche Wintersportaktivitäten nur auf ausgeschilderten Pisten durchgeführt werden, um unerwünschte Zusammentreffen zwischen Mensch und Bär auf Eis und Schnee zu vermeiden. Illustrator: J. Chovan

der Boden einmal gefroren, sind sämtliche Bauaktivitäten naturgemäß sehr eingeschränkt. Vor allem trächtige Bärenweibchen benötigen einen absolut sicheren Platz, da diese in ihrer Höhle den Nachwuchs gebären und dann dort auch eine Zeitlang aufziehen. Gelegentlich kann man im Zoo Bärenmütter beobachten, die den Platz des Wurfbettes wechseln und dabei ihren Nachwuchs, ähnlich wie Katzenmütter, im Maul am Nacken tragend umsiedeln. Solche Situationen sind jedoch im Freiland sehr beschwerlich, stressig und mit dem Risiko verknüpft, dass der Nachwuchs den entsprechenden Umzug nicht überstehen könnte. Zusätzlich geht man davon aus, dass in freier Natur die Bärenmutter selbst nur in einem Halbwachzustand ist und vermutlich eine Umsiedlung gar nicht bewältigen könnte.

Schlafabfolgen und Jagd: Bärenmütter mit Jungen oder trächtige Weibchen legen sich zuallererst schlafen, dann folgen die subadulten Männchen und die alleinstehenden Bärenweibchen und als Letztes begeben sich die großen, starken Männchen in ihr Nest. Offensichtlich kann es vorkommen, dass diese großen Tiere auch subadulte Männchen aus ihren Höhlen vertreiben, um bequem und ohne Aufwand einen bereits schön präparierten Unterschlupf zu besetzen. Die Vertriebenen haben jedoch bis zum richtigen Frost noch eine Weile Zeit, um ein neues Winterlager finden bzw. bauen zu können. Tragende Weibchen oder Mütter mit Jungen sind lange Zeit noch unterbewusst besonders aufmerksam, da sie zusätzlich zu sich selbst auch ihren Nachwuchs schützen müssen und leichter bereit sind, bei geringen Störungen den ersten ausgehobenen Bau zu verlassen.

Bären sind beim Aufwachen aus ihrer Tiefschlafphase sehr langsam und behäbig. Der russische Autor Bobyr wagte am 4. Januar 1978 ein riskantes Experiment und weckte einen schlafenden Bären in seiner Höhle auf, um zu messen, wie viel Zeit das Tier benötigen würde, um wieder ein wenig aktiv zu sein. Er schaute tief in die Höhle hinein und nach ca. 2 Sekunden hob der Bär zum ersten Mal den Kopf. Es dauerte einige Sekunden, bis der Bär fähig war, sich wenigstens ein bisschen zu rühren. Insgesamt benötigte der Bär jedoch 3,5 Minuten, bis er endgültig dazu fähig war, sich langsam wieder aus seiner Höhle herauszubewegen.

Schläft der Bär einmal richtig tief, so wacht er im Normalfall bis zum Frühjahr bzw. bis zu wärmeren Temperaturen nicht so schnell auf. Diesen Umstand machten sich auch viele Jägervölker der Vergangenheit zunutze, weshalb der Bär oft im Winter in seiner Höhle gejagt wurde. Diese Praxis ist in einigen Teilen der Welt noch heute an der Tagesordnung. Laut einem Leipziger Handbuch für Jäger muss der Waidmann bei dieser eventuell zu erwartenden Flucht etwas Besonderes erwarten: Ein aus dem Lager aufgescheuchter Bär feuert a posteriori „wie ein Bombadierkäfer, wenn er sich durch Flucht zu retten sucht".

Beschwerlichkeit des „Auferstehens": Im Gegensatz zum Bombadieren einer eventuell erscheinenden Jägerschaft ist eingeplant, dass der Bär zu Beginn des Frühjahrs normal aufwacht und wieder zurück ins Leben muss. Obwohl der Bär kein klassischer Winterschläfer ist, benötigt er frisch nach dem Auftauchen aus der Höhle eine gewisse Zeit, um wieder vollends aktiv zu sein und am Leben teilhaben zu können. Hierbei ist er nicht „grantig wie ein Bär" (bayrisch, österreichisch), sondern eher sehr langsam und behäbig. Somit stellen diese wenigen Tage die einzige Zeit im Jahr dar, in denen der Bär seinem sprichwörtlichen Image vom faulen und gemächlichen Zeitgenossen entspricht. Bären sind in dieser Zeit sehr langsam, bewegen sich nicht viel und liegen meist für mehrere Stunden direkt am Eingang vor ihrer Höhle herum, wobei sie das erste Mal nach vielen Wochen frische Luft atmen. Durch das lange Schlafen ist ihr Kreislauf noch schwach und der Blutdruck erniedrigt. Die Muskeln wollen noch nicht richtig arbeiten und auch die Knochen fordern nach dem langen, eingeigelten Liegen um etwas Geduld. Entgegen einem heroischen Aufstehen leidet auch ihr Aussehen nach der langen Liegeperiode, indem das Fell an vielen Stellen eingedrückt und platt ist.

Ein Beispiel aus dem Feld (aus G. J. Bobyr: *Verhaltensbesonderheiten des Braunbären in Bezug auf die Nutzung von tierischer Nahrung* 1991):

Am 19. 3. 1983 wurde an einem warmen, sonnigen Tag, an welchem der Schnee langsam begann zu schmelzen, um die Mittagszeit ein Bär beobachtet, der nach der mehrmonatigen Wintersruhe zum ersten Male aus seiner Höhle wieder auftauchte. Die russischen Wissenschaftler hatten sich hierfür abwechselnd viele Tage um den Eingang auf Bäumen platziert und, in Schichten arbeitend, den Felsspalt nicht aus den Augen gelassen.

Der Bär tapste langsam heraus und blinzelte in die Sonne. Nur etwa 60 m weiter legte er sich erneut hin und verbrachte dort ca. 1 Stunde. Dann stemmte er sich behäbig wieder auf alle Viere und wanderte ca. 200 m bergab auf eine dort befindliche Schotterfläche, legte sich wieder hin und verbrachte so eine weitere Stunde. Erneut erhob er sich, blieb unsicher stehen und schritt sehr langsam und immer wieder in den Schnee einsinkend am Hang entlang weitere 200 m zu einer Stelle, an welcher erst kürzlich eine Lawine abgegangen war. Dort waren auch die Reste eines Steinbockkadavers, welcher in der Lawine umgekommen war und an welchem bereits ein anderer Bär gefressen hatte. Durch das Fernglas hindurch konnte man sehen, dass sein Fell durch das Liegen vor allem an den Flanken an den Körper gedrückt war. Im Stehen sah er sehr dünn und nahezu „hochbeinig" aus. Er drehte den Kadaver mit den Vorderpfoten einige Male hin und her, trampelte dann mit den Vordertatzen etwas darauf herum und ging letztendlich weg. Neben dem Kadaver war sogar ein frisches Stück Haut mit viel Fleisch, was ihn ebenfalls nicht interessiert hatte. Er ging einfach zurück zu seiner Höhle, legte sich dort hinter einen großen Stein und blieb unbeweglich bis zum Einbruch der Dunkelheit.

Das „Pfropfproblem": Sicherlich würde einigen Leuten nach dieser Beobachtung berechtigterweise die Frage auf den Lippen liegen: Ist er in dieser Zeit sogar so „faul", dass ihm sogar das Fressen zu viel Mühe bereitet?

Der Bär braucht nicht nur einige Zeit, bis sich sein Kreislauf wieder etwas stabilisiert hat, sondern auch, bis der Metabolismus wieder in die Gänge kommt. Nach der langen Zeit, in welcher er weder gegessen noch getrunken und demzufolge auch nichts ausgeschieden hat, ist auch der Verdauungstrakt in einem Schlafzustand. Folglich fehlt ihm auch der Appetit, welcher sich langsam mit dem Einsetzen der peristaltischen Bewegung des Darmes wieder entwickelt. Was sich für uns lustig anhört, ist für den Bären ein ernst zu nehmendes Problem, da der Darm mit einer Art Pfropf verstopft ist, welchen es als Erstes gilt loszuwerden. Nachdem er sich dessen entledigt hat, kann er auch vorsichtig wieder fressen. Manchmal helfen sich Bären in solchen Fällen mit dem Genuss von Gras und Kräutern. Interessanterweise konnte man einigen früh erscheinenden Kräutern des Frühlings eine verdauungsfördernde und entgiftende Wirkung nachweisen, das gilt zumindest für den menschlichen Organismus. Andere Bären fressen bis zur Aktivierung der Darmaktivität gar nichts und können maximal trinken. Förster und Biologen, welche einen Bären bei der Ausscheidung dieses Pfropfens beobachten konnten, beschrieben teilweise, dass Bären dann auch Geräusche von sich geben, die darauf schließen lassen, dass dieser Vorgang für den Bären anstrengend oder sogar schmerzhaft sein muss. Diese „Pfropfentledigung" hat aufgrund ihres Aufsehens auch ihren entsprechenden Vermerk im Volksglauben, wenn auch nur in Alaska. Jedoch gehörte Alaska lange Zeit zu Russland und wurde durch den Übermut eines russischen Gouverneurs beim Kartenspiel an einem (zumindest am Anfang, später dann nur noch für die amerikanische Seite) feucht-fröhlichen Abend an Amerika verloren. Somit ist die wirkliche Herkunft dieses Glaubens nicht eindeutig bekannt, könnte er doch auch aus dem Slawischen stammen:

An einem bestimmten Tag wendet sich der Bär in der Höhle und kommt zu festgelegter Zeit heraus. Danach entledigt er sich des seinen Darm verstopfenden Pfropfens, den er wie einen Ball herausschleudert. Trifft er dabei einen Baum, so freut er sich, da er dann noch lange leben wird. Fällt der Pfropf aber gleich hinter ihm herunter, beginnt er zu weinen, weil er weiß, dass er dann getötet wird.

Zurück ins Leben – zurück zum Essen?

Die genaue Zeit, die ein Bär benötigt, um wieder aktiv am Leben teilzuhaben, ist individuell sehr verschieden. Somit sind einige Bären tagelang wie in einem Traumzustand, während andere Bären zielstrebig in die Gebiete wandern, in denen sie irgendein Futter erwarten oder zu finden versuchen. Der sprichwörtliche „Bärenhunger" betrifft also nicht alle Mitglieder dieser Familie oder definitiv nicht zum gleichen Zeitpunkt. Man konnte einige Bären beobachten, die nach dem Auftauchen bis zu 10 Tage überhaupt kein Futter aufgenommen haben. Sie hielten sich an Flussläufen auf, tranken ein bisschen und rasteten immer noch sehr viel. Die andere Gruppe Bären wanderte sofort nahe einem Flusslauf zum ersten Gras oder in Buchen- und Eichenwälder, wo sie hofften, noch Samen vom Vorjahr zu finden, somit also sofort mit dem Fressen von Futter begannen, jedoch nicht in großer Menge. Die Aufwachphase ist eine spezielle Zeit im Bärenleben und individuell viel unterschiedlicher, als man lange Zeit angenommen hat. Nicht jeder Bärenkörper ist gleich und jeder braucht seine eigene Zeit, um wieder Nahrung aufnehmen zu können. Normalerweise könnte man erwarten, dass ein Bär nach Monaten ohne etwas Fressbares automatisch sehr hungrig sein muss, hat er doch einen Großteil der angefressenen Fettressourcen des Herbstes während der Winterzeit verbraucht. Offensichtlich ist aber die Nahrungsaufnahme nach so langer Zeit für den Körper eher anstrengend und muss langsam gesteigert werden. Auch wenn der Mensch längere Zeit nur wenig oder fast gar nichts ist, ist die aufnehmbare Nahrungsmenge, selbst falls er Hunger hat, relativ gering, da der Magen geschrumpft ist.

Die erste Nahrung: Von einigen Bären weiß man auch, dass sie besonders in dieser ersten Zeit mit Proteinkost beginnen. Frische ölhaltige Samen oder Körner, welche in der freien Natur nicht vorhanden sind, wären für den ausgedörrten Magen eine relativ schwere Hürde. Auf diese Weise erklärt sich, dass der ausgelegte Mais an Wildfutterplätzen von den Bären, welche daran gefressen haben, oft unverdaut ausgeschieden wird. Wenn Bären die restlichen Samen des Vorjahres fressen, dann in geringer Menge. Auch könnte es von Vorteil sein, dass diese Früchte über den Winter hinweg unter der Schneedecke gelegen sind, somit kalt und nass wurden, was auf sie nicht ohne Effekt blieb. Alte Bucheckern vom Vorjahr sehen zwar nicht besonders appetitlich aus, sind jedoch durch die so genannte „Vorfermentierung" (spezielle Art der Zersetzung) wesentlich leichter verdaulich und für einen (noch empfindlichen) Bärenmagen einfacher zu metabolisieren.

Unser besenderte Bär Adriano blieb mehrere Tage nach dem Aufwachen nahe dem Platz seines Winterunterschlupfes. Das dichte Dach der Sträucher konnte ihm als gute Deckung genügen und der Platz wurde erst im späteren Verlauf forstwirtschaftlich genutzt. Außerdem flossen dort mehrere kleine Bäche, die rasch von den ersten Frühlingsboten und Gräsern umsäumt wurden. Nach einem Zeitraum von etwa 10 bis 14 Tagen machte er sich jedoch zu einer weiten Futterwanderung auf. Von dem verlassenen Platz zog es ihn in ein etwa 20 km entferntes Gebiet, das intensiv mit Wildfutterstellen besetzt war. Es war ersichtlich, dass er systematisch die einzelnen Plätze aufsuchte, welche er, ein erwachsenes Männchen mit etwa 10 Jahren, als potentielle Nahrungsquelle bereits kannte (zur Beschreibung der Wildfutterstellen siehe Kapitel Futtertabellen, S. 127).

Was machte der russische Bär aus dem oberen Beispiel nach Einbruch der Dunkelheit?
In der darauf folgenden Nacht herrschten relativ schlechte Wetterbedingungen, somit sind die folgenden Beobachtungen anhand der Spurenanalyse auf dem Schnee nachvollzogen.

Die Biologen hatten in der Nacht den Rest des erwähnten Steinbockkadavers, an welchem zusätzlich in der Dämmerung Fuchs und Marder gefressen hatten, auf einen Tannenbaum in der Höhe von 4,5 m gehängt. Der Bär war offensichtlich erst sehr spät in der Nacht wieder aufgestanden. Er trottete etwas herum und wanderte dann ca. 1 km weiter, wo er dann bei einem kleinen abgebrochenen Tannenbaum erneut Rast machte. Dort muss er länger in der Mulde, welche durch das umgeknickte Wurzelwerk entstanden war, gelegen sein. Sehr viel später kehrte er dann zu dem Steinbockkadaver zurück, welchen er vom Baum herunterholte. Er verspeiste davon ca. 2 bis 3 kg reines Fleisch. Wirbel, Knochen oder den Kopf betastete er nicht.

Die gefressene Fleischmenge ist für einen so lange ausgehungerten Bären nicht besonders viel. Auffällig ist auch, dass er nur das leicht verdauliche Fleisch fraß, die schwer verdaulichen Knochen jedoch liegen ließ.

Ähnlich verfuhr auch ein anderer russischer Bärenkollege. Dieser machte sich ebenfalls nach längerer Liegeperiode vor seiner Höhle auf den Weg und fand kurzerhand einen frisch gefallenen Steinbockkadaver in einer kürzlich abgegangenen Lawine. Er öffnete dem Steinbock die Haut am Bauch und kratzte eine kleine Öffnung im Bauchraum frei mit den Dimensionen 3 × 12 cm. Durch dieses Loch angelte er mit den Krallen einige der inneren Organe heraus, berührte allerdings nicht den Verdauungstrakt. Den Rest verschmähte er unangetastet und kam erst mehr als 24 Stunden später zurück, um erneut nur eine geringe Menge Fleisch ohne Knochen davon zu fressen.

Hat der Bär einmal den Winter überstanden, so hat er offensichtlich noch genügend Ressourcen, um mehr als 10 Tage über die Runden zu kommen (Pazhetnov, Pazhetnova 1987). Ganz besonders kritisch ist die Zeit in der Höhle, wenn es innen unter Umständen auch kalt und nass ist und außen extreme Minustemperaturen herrschen. Ist das Wetter milder und hat der Bär diese Zeit überstanden, kann er noch einige Tage weiterfasten. Mit dem Beginn der Vegetationsperiode ist immer mehr frisches, saftiges, grünes Gras und einladende Kräuter vorhanden. In dieser Zeit können wir bei dem Bären das jetzt erwachende starke Verlangen nach Futter beobachten.

Der Bär und die Kräuter – eine ganz eigene Beziehung mit Wechselwirkungen

Entgegen aller mythischen Erklärungen steht eine Tatsache ganz klar fest: Es ist beeindruckend und verwunderlich, dass ein so großes Tier wie der Bär, der gemeinhin als Raubtier klassifiziert wird, sich zumindest teilweise und im Frühjahr besonders intensiv von Gräsern und Kräutern ernährt. Der daraus entstehende Bärendreck ist von auffallend grüner Farbe und riecht sogar nach den diversen ätherischen Ölen. Ein Bär, der Gräser und Kräuter frisst,

Ein stattlicher Bär inmitten von Grün. Es ist verwunderlich, dass ein so großes Tier seinen Nahrungsbedarf auch über Pflanzen und Kräuter decken kann. Aufgenommen von einer Fotofalle.

sieht auch ganz besonders faszinierend aus. Ein riesiges Tier, mit einem Gebiss ausgestattet, welches prinzipiell töten und Fleisch aus einem Körper herausreißen kann, steht auf der Wiese und zupft, ähnlich wie eine Kuh, die langen grünen Grashalme ab. Meistens steht er dabei auf allen vier Beinen, hält seinen Kopf zu Beginn der Bewegung mit der Nase leicht in Richtung Brust und schiebt dann die Schnauze mit geöffnetem Maul über das ausgewählte Grasbüschel hinweg nach oben, bis der Kopf nach vorne kommt. Offenbar nimmt der Bär zur Grasaufnahme auch seine Zunge zur Hilfe, mit welcher er das Gras ein wenig packt, dann den Kiefer schließt und durch die Kopfbewegung die grüne Fracht ausreißt oder abbeißt und anschließend in das Maul befördert. Ähnlich verfährt er mit Kräutern, welche er oft tief versteckt im Wald an Flussläufen oder an feuchten Waldrändern in der Nähe von Lichtungen finden kann. Doch wird von ihm nicht immer alles gefressen, gelegentlich und pflanzenspezifisch beschränkt er sich nur auf die Blüten, Stängel, Blätter oder Wurzeln.

Der Bär – wirklich der Vorläufer der Homöopathie? Es ist interessant, dass viele Nahrungspflanzen des Bären in der Pflanzenheilkunde wiedergefunden werden können. Somit ist es nicht verwunderlich, dass er von manchen Menschen als genialer Botaniker bezeichnet wird. Diese Kräuterweisheit des großen pelzigen Besiedlers der heimischen Wälder hat auch schon lange vor unserer Zeit die Menschen verwundert und sogar inspiriert. Manchmal wird sogar behauptet, dass sich wirklich einige altertümliche Homöopathen auf die Spuren des Bären begeben haben, um etwas von seiner Pflanzenkenntnis zu lernen. Um das Verhältnis von Bär und Heilpflanzen zu ergründen, kann man drei verschiedene Lösungsansätze finden, die eines sicher zeigen: Die Menschen haben auch schon früher den Bären beobachtet. Manche seiner Lebensstrategien finden sich deshalb in gewissen Mythen oder bestimmtem Wissen wieder:

- Der Bär kennt die Heilwirkungen bestimmter Kräuter und Pflanzen und ist deswegen ein ganz besonders kluges und weises Tier.

Auf dieser Erklärung aufbauend ist es nicht verwunderlich, dass sehr oft der Bär als vom Menschen abstammend gilt oder auch umgekehrt. Schließlich hat man im Falle des Bären ein außergewöhnlich intelligentes und kundiges Tier vor sich, das heilende Kräfte bei Pflanzen detektieren kann. Deswegen macht es Sinn, den Bären als Verwandten, Vorfahren oder Abkömmling des Menschen darzustellen.

Gerade das Heilen von Krankheiten und Gebrechen war für die Menschen der Dreh- und Angelpunkt für ihr eigenes Überleben. Wenn wir uns heute vorstellen, dass Menschen früher an einer Grippe, Wundinfektion oder an Darmerkrankungen, wie Durchfall und Verstopfung, gestorben sind, können wir nur erahnen, welch große Bedeutung Heilpflanzen oder die Heilkunst mit Pflanzen hatte. Das Wissen hinsichtlich der spezifischen Wirkung konnte nicht nur die Qualität des Lebens verbessern, sondern das Überleben an sich sichern. Da der Mensch von damals oft nur durch Versuch und Irrtum gewisse Pflanzeneffekte herauszufinden versuchte, und eventuell bei der Beobachtung der Bären verstand, dass viele der ausgewählten Pflanzen auch dem Menschen bei bestimmten Erkrankungen gut tun können, verstehen wir besser, warum man dem Bären Intelligenz unterstellte: weil er augenscheinlich über ein hohes Pflanzenwissen verfügte.

- Der Bär ist ein ganz besonderes Tier, da er Heilpflanzen frisst. Durch die Aufnahme von diesen spezifischen Pflanzen wertet sich der Bär sozusagen selbst auf und wird somit besonders klug und weise.

Heilende Pflanzen galten oft als heilige Pflanzen, da durch ihren heilenden Effekt Leben gerettet werden konnte. Somit bekamen sie einen göttlichen Charakter. Der Bär nun, den man dabei beobachten konnte, wie er diese göttlichen Gewächse verspeiste, war automatisch etwas Außergewöhnliches. Zu seinem mystischen Charakter als göttliches Halbwesen oder als ein Mitglied der göttlichen Gesellschaft in vielen Mythologien kann er eventuell auch aufgrund seiner „Pflanzenfresserei" gekommen sein.

Die seltenste Lösung für die Wechselwirkung Bär und Pflanze stammt jedoch aus der Tatryregion (Hohe Tatra) in der Slowakei und aus vereinzelten Regionen des ehemaligen Großrusslands. Dort finden wir ein ganz pragmatisches und stimmiges Argument hinsichtlich der Wichtigkeit für die Präsenz von Bären im Wald und gleichzeitig eine logische Erklärung für die heilende Wirkung gewisser Gewächse:

- Der Bär als ein göttliches Wesen bringt die heilige Heilkraft in die Pflanzen hinein und zwar dadurch, da er mit seinen weichen Pfoten auf dem Waldboden wandelt und dabei auf diese bestimmten Pflanzen tritt oder sie berührt.

Als weiteren richtigen Schluss käme also die gänzliche Ausrottung dieser Tiere aus dem Wald gleich der Tatsache, den Pflanzen die potentielle Möglichkeit zu entziehen, heilende Wirkungen überhaupt erst zu erlangen. Ist der Bär weg, kann kein Waldgewächs mehr für den Menschen nützlich und hilfreich sein. Es war also ein gutes und beruhigendes Zeichen, Bären in den angrenzenden Wäldern zu haben, da diese der damaligen Homöopathie erst den sprichwörtlichen Weg bahnten. Sie waren da, traten auf die Vegetation oder berührten diese, die dann anschließend dem Menschen einen wichtigen und auch lebenserhaltenden Sinn lieferten, fernab von ökologischer Wichtigkeit der Bärengesellschaft.

Alter Glauben mit ökologischem Hintergrund: Heute wissen wir, dass wir dem Bären eine gewisse Indikatorwirkung unterstellen können, da seine An- bzw. Abwesenheit uns etwas über den Gesundheitszustand eines Waldes aussagen kann. Das Ökosystem Wald gilt im Gleichgewicht, wenn neben anderen Tieren auch das größte, jedoch auch empfindlichste Raubtier in diesem präsent ist.

- Nur ein dem hohen Platzanspruch des Bären genügender Wald mit kontinuierlicher Bewaldung kann dieses sensible Wesen beherbergen.
- Des Weiteren muss dieser große Wald ruhige und ungestörte Flächen aufweisen, die der Braune für seine Tages- und Winterruhe braucht.
- Schlussendlich muss dieser große und in Abschnitten unberührte Wald hinsichtlich seiner Pflanzengemeinschaft eine hohe Diversität (Verschiedenartigkeit) beheimaten. Bären sind bezüglich ihrer Nahrung sehr anspruchsvoll, da sie ihr Nahrungsspektrum in Abhängigkeit der Jahreszeit wechseln und somit die verschiedenen Bäume, Sträucher, Gräser und Kräuter in entsprechender Menge benötigen.

Heute wissen wir von diesen „Qualitätskriterien eines gesunden Waldes", früher waren diese Überlegungen unbekannt. Einzig wichtig war, dass der Bär überhaupt da war und somit die Basis der Kräuterheilkunst erst ermöglichte. Der Bär gilt im Slawischen als König des Waldes und in der Slowakei in der Tatryregion als König der Hohen Tatra. Von einem so erhabenen und göttlichen Wesen stammt man verständlicherweise gerne ab. Es ist also nicht verwunderlich, dass die Bären gelegentlich als Stammväter der Menschen angesehen werden und diese Tiere somit einen ganz besonderen Stellenwert eingenommen haben.

Ob nun der Mensch vom Bären abstammt oder umgekehrt und ob nun der Bär weise ist und deshalb Pflanzen kennt oder durch den Genuss derselben intelligent und göttlich wird, kommt im Endeffekt auf das Gleiche hinaus. Es wurden wunderschöne Bilder entwickelt und man schätzte und achtete dieses Tier auf eine sehr hohe Weise. Das galt auch dann, wenn der Bär schon damals von Zeit zu Zeit Nutztiere bejagte, mit dem Menschen hin und wieder zusammentraf und man ihn parallel auch jagte.

Heilpflanzen auf dem Speiseplan des Bären

Die folgende Tabelle listet die meisten der von Bären verspeisten Gewächse auf, die in der medizinischen Heilkunst früher verwendet wurden und teilweise heutzutage noch werden. An dieser Stelle sei bemerkt, dass in vielen Fällen eine ganz spezielle Aufbereitung nötig ist. Demzufolge kann das entsprechende Gewächs nicht einfach vom Mensch „gegessen werden", um den angeführten Effekt zu erreichen. Im Gegenteil, viele der erwähnten Kräuter, Sträucher oder Bäume sind für den Menschen nicht nur ungenießbar, sondern gelegentlich auch sehr giftig. Deswegen gibt diese Liste nur einen Überblick und ist nicht ohne Weiteres zur Nachahmung empfohlen. Aufgrund der Vollständigkeit sind auch Beeren oder Samen aufgeführt, die erst im späteren Verlauf des Jahren für den Bären an Bedeutung gewinnen.

Dämonisierung und Hexenkult: Betrachtet man die Einstellung des Menschen zum Bären über die Jahrhunderte hinweg, verlor er Teile seines mystischen Charakters zeitgleich mit der Christianisierung. Man bezeichnete ihn als Symbol der Wollust und Völlerei und als Kräuterkundiger wurde er zum Dämon und Begleiter der Hexen. Leider erging es den kräuterwissenden Frauen, den so genannten Hexen, ebenfalls nicht besonders gut und sie wurden jahrelang verfolgt und getötet. Sie, inklusive ihrer Begleitertiere, standen demnach mit dem Satan im Bunde. Der Braunbär galt gelegentlich als ihr Begleiter, auf denen sich die dämonischen Frauen fortbewegen konnten oder der die Hexenhäuser im Wald als treuer Wachhund beschützte. Die ursprüngliche Hexe verfügte über die Waldtiere, war die „älteste

Schenkerin im Märchen" und wird stellenweise als totemistische Ahnin definiert. Im Zuge der Verdrängung der matriarchalischen Gesellschaftsordnung und im Zuge des aufkeimenden Patriarchats findet sich der Übergang zur männlichen Erbfolge mit Vater, Großvater und Urgroßvater. Konsequenterweise wird das Weibliche nun erniedrigt und die weibliche Intelligenz verteufelt, was viele der „Waldtiere der Hexen" ebenfalls mit betrifft. In welchem Ausmaß diese verteufelnde Ansicht die spätere Einstellung bezüglich des Bären geprägt hat, lässt sich heute nicht genau rekonstruieren. Einige der Pflanzen wurden sogar gegen Dämonen und Hexen oder gegen den Bären selbst eingesetzt.

Krautige Pflanzen

<table>
<tr><th>Pflanzenart</th><th>Lat. Bezeichnung</th><th>Heilwirkung</th></tr>
<tr><td>Alpenampfer</td><td>Rumex alpinus</td><td>hilft gegen Verstopfung</td></tr>
<tr><td>Bärenklau-Gewächse</td><td>Heracleum sp.</td><td>Der Name Bärenklau stammt daher, dass das Berühren dieser Pflanze zu einer Photosensibilisierung der Haut mit verbrennungsähnlichen Symptomen führt.
Die in ihr befindlichen Inhaltstoffe sind jedoch beruhigend, harntreibend und schleimlösend.</td></tr>
<tr><td>Bärlauch</td><td>Allium ursinum</td><td>Bärlauch im Mai, erspart das ganze Jahr den Arzt und die Arznei (alte Bauernregel).</td></tr>
<tr><td colspan="3">Der Name des Bärlauches stammt von der angeblich beobachteten Eigenart des Bären, sich im Frühjahr vermehrt von dieser Pflanze zu ernähren. Auf diese Weise soll die Kraft des Bären in das Kraut gelangen. Somit kann der Mensch durch den Verzehr dieses Gewächses diese Kräfte ebenfalls erlangen.
Der Bärlauch wird oft als so genannte „Zauberpflanze" bezeichnet und gewann deshalb vor allen Dingen im Mittelalter unter dem damals vorherrschenden Hexenglauben an starker Bedeutung:
Er sollte Vampire, Hexen und Schlangen abwehren und eine an Walpurgisnacht verzehrte Bärlauchsuppe hielt angeblich böse Geister fern.
Die Sporen des Bärlauchs wurden gelegentlich als Hexenmehl bezeichnet, wodurch erneut die Verbindung zwischen der kräuterkundigen Frau und dem Bären verfestigt und belegt werden konnte.
Bärlauch eignet sich aufgrund seiner durchblutungsfördernden, blutzucker- und cholesterinsenkenden sowie desinfizierenden Wirkungen besonders gut für eine Frühjahrskur. Auch bei Verdauungsstörungen, Hautausschlägen und Immunschwäche wird er gerne angewendet. Des Weiteren bezeichnet man ihn als Pflanzenantibiotikum und sagt ihm eine appetitsteigernde Wirkung nach.</td></tr>
<tr><td>Buschwindröschen</td><td>Anemone sp.</td><td>wurde bei Gallen- und Leberleiden angewendet</td></tr>
<tr><td colspan="3">Das Buschwindröschen wird auch als „Hexenblum" bezeichnet, was ein Überrest seiner früheren, wichtigen Bedeutung darstellt. Gelegentlich wurden getrocknete Wurzeln und Blätter geraucht, wodurch man aufgrund des enthaltenen Pflanzengiftes rauschähnliche Zustände erzeugte, die „Hexenerkenntnis" genannt wurden.</td></tr>
<tr><td>Eisenhutgewächse</td><td>Aconitum sp.</td><td>Sehr giftige Pflanzen. Wurden früher in konzentrierter Form zum Vergiften von Bären und Wölfen eingesetzt. In verdünnter Form halfen sie gegen Erkältungen und Neuralgien.</td></tr>
<tr><td>Engelwurz</td><td>Angelica sylvestris</td><td>wirkt antimikrobiell und kurbelt Magensaft- und Pankreassekretion an; deshalb hilfreich bei Appetitlosigkeit und Verdauungsbeschwerden</td></tr>
<tr><td>Eseldistel</td><td>Onopordum acanthium</td><td>geschwürbekämpfend</td></tr>
<tr><td>Frauenmantel</td><td>Alchemilla xanthochlora</td><td>entzündungshemmend, wundheilend, schmerzstillend; bei Frauenbeschwerden sowie für Nieren, Kopf- und Halsschmerzen</td></tr>
<tr><td>Huflattich</td><td>Tussilago farfara</td><td>aufgrund seiner schleimlösenden Wirkung bei Husten verabreicht</td></tr>
<tr><td>Hahnenfuß, eisenhutblättriger</td><td>Ranunculus aconitifolius</td><td>wurde als Wurm- und Abführmittel sowie bei Rheuma, Gicht und Hautkrankheiten angewendet</td></tr>
<tr><td>Kleesorten</td><td>Trifolium sp.</td><td>teilweise blutstillend und beruhigend bei Hautkrankheiten</td></tr>
<tr><td>Knöterichgewächse</td><td>Polygonum sp.</td><td>antibakteriell und adstringierend; gegen Fieber, Magenschwäche, Hautinfektionen und Mundentzündungen</td></tr>
</table>

Pflanzenart	Lat. Bezeichnung	Heilwirkung
Kreuzdorn, auch Amselbeere	*Rhamnus carthartica*	Die Beeren davon gelten als Abführmittel, weshalb sie auch den Namen „Scheißbeeren" bekamen.
Labkraut, nordisches	*Galium boreale*	entzündungshemmend und harntreibend; Anwendung bei Haut-, Magen- und Darmbeschwerden
Leimkräutergewächse	*Silene* sp.	Einige wirken als Diuretikum (harnfördernd)
Löwenzahngewächse	*Taraxacum* sp.	Dem Menschen schmecken nicht nur die Blätter als Salat, sondern auch die Blüten als Gelee. In der Volksheilkunde setzte man den Milchsaft zur Behandlung von Augenkrankheiten und Warzen ein. Des Weiteren wirkt diese Pflanze harntreibend und blutreinigend. Deshalb fand sie Verwendung bei Nieren-, Leber-, Magen- und Darmkrankheiten sowie der Gicht.
Lungenkraut, knolliges	*Pulmonaria montana*	gelegentlich verwendet bei Lungenkrankheiten, Husten und Bronchitis
Nieswurz, auch Bärenfuß	*Helleborus viridis*	sehr giftig, wird jedoch bei Entzündungen angewendet
Pestwurz, weiße	*Petasites albus*	verwendet bei Krampfzuständen im Magen und Darm sowie bei Galle- und Leberbeschwerden; aufgrund ihrer Giftigkeit keine Anwendung mehr
Rosenwurz	*Rhodiola rosea*	wird in Sibirien „Goldene Wurz" genannt, da Erinnerungs- und Aufnahmevermögen sowie die Konzentration erhöht werden
Schachtelhalm	*Equisetum hyemalis*	leicht harntreibende, abschwellende und immunstimulisierende Effekte; vor allem hilfreich für das Verdauungssystem
Schaumkraut, bitteres	*Cardamine amara*	wurde aufgrund des hohen Vitamin-C-Gehalts bei Skorbut verabreicht
Scheidenwollgras	*Eriophorum vaginatum*	Pflanzenwolle wurde als Wundwatte und zur Füllung von Kopfkissen verwendet
Schwertlilie	*Iris* sp.	früher gegen Erkältung angewendet; zahnende Kinder kauten die Pflanze gegen die Schmerzen
Storchenschnäbel	*Geranium* sp.	Einige wurden bei Zahnschmerzen, Fieber, Gicht, Nieren- und Lungenleiden sowie als Antiseptikum verwendet
Tragantpflanzen	*Astragalus* sp.	einige harntreibend
Trollblumen	*Trollius* sp.	wurden früher bei Skorbut verabreicht
Weideröschen, schmalblättriges	*Chamaerion angustifolium*	für die Wundheilung und bei Magen- und Darmentzündungen
Wiesenknopfgewachs	*Sanguisorba* sp.	einige harntreibend und entzündungshemmend; bei Entzündungen im Mund, Rachen und Dünndarm sowie bei Galle und Leberbeschwerden eingesetzt

Sträucher

Pflanzenart	Lat. Bezeichnung	Heilwirkung
Berberitze (Hasenbrot)	*Berberis vulgaris*	antibakteriell, schleimlösend, schweißtreibend; wurde oft als Kräftigungsmittel bei Infektionskrankheiten eingesetzt
Blaubeere	*Vaccinium myrtillus*	enthält Antioxidantien, ihr Verzehr stoppt Durchfall und wirkt unterstützend bei Diabetes mellitus
Hagebutte	*Rosa canina*	entschlackend, vitaminreich
Haselnuss	*Coryllus avellana*	Der Genuss der Nüsse wurde bei Husten, Impotenz und Lungenentzündungen empfohlen. Die Blätter enthalten blutreinigende, blutstillende und fiebersenkende Substanzen.

Pflanzenart	Lat. Bezeichnung	Heilwirkung
Im germanischen Glauben galt der Haselstrauch als Symbol der Fruchtbarkeit, was später mit der Untreue vermischt wurde: „Viele Haselnüsse, viele uneheliche Kinder" ; „in die Haseln gehen" war ein Synonym für das heimliche Treffen mit der oder dem Liebsten. Mit dem Haselstrauch konnte man Hexen und Geister abwehren und aus seinem Holz wurden bevorzugt Wünschelruten angefertigt.		
Heckenkirsche, schwarze	*Lonicera nigra*	schweiß- und harntreibend; findet heute aufgrund ihrer Giftigkeit keine Anwendung mehr
Kornelkirsche	*Cornus mas*	
Die Kornelkirsche hatte früher eine große Bedeutung. Das Holz zeichnet sich durch besondere Festigkeit und Zähigkeit aus, weshalb daraus Speere, Lanzen, Werkzeuge, Radspeichen, Schusternägel, Messergriffe, Hammerstiele und Wanderstöcke hergestellt wurden. Sehr alt ist auch die Verwendung der Früchte für medizinische Zwecke. Aus Zedlers Universallexikon, 1733, geht hervor, dass man die Kirschen gegen Durchfall, „Blut-speyen", die rote Ruhr und bei Fieber anwendete. Aus den Beeren wurde ein „Wein" hergestellt, der gegen „Bauch-Flüsse", Nierensteine und Magenkrankheiten verwendet wurde. Extrahiertes Öl sollte angeblich Krebs bekämpfen und den Inhaltsstoffen der Blätter sagte man Linderung von Gicht nach. Des Weiteren stellte man wohlschmeckendes Kompott und Obstbrand daraus her.		
Schlehdorn	*Prunus spinosa*	Blüten und Blätter harntreibend, entzündungshemmend und schwach abführend; Einsatz oft für Niere und Mundentzündungen; die Beeren wurden bei Appetitlosigkeit verabreicht.
Schneeball, gemeiner	*Viburnum opulus*	In Osteuropa bewährtes Erkältungsmittel: Die Beeren werden in heißem Wasser zu einem Sud zerdrückt und dann mit etwas Honig gesüßt.
Wacholderstrauch	*Juniperus communis*	harnfördernd, entschlackend und blutreinigend
Der Name *Juniperus* setzt sich aus „juvenis" = Jüngling und „parere" = gebären zusammen, was auf die abtreibende Wirkung der Beerenzapfen zurückgeht. Oft galt der Wacholder als ein mystisches Gewächs, welches vor Hexen, schwarzen Zauberern, Dämonen und Geistern schützen sollte. Deshalb wurde er oft auf Gräber und um die Häuser herum gepflanzt. Zweige und Zapfen haben beim Räuchern einen typischen und sehr angenehmen Duft, weshalb man ihn schon sehr lange zu Desinfektionszwecken einsetzte. Zu Zeiten der Pest versuchte man mit der antiseptischen Wirkung des Rauches der Ansteckung entgegenzuwirken.		
Weißdorn, eingriffliger	*Crataegus monogyna*	war wohltuend bei Herz- und Kreislaufstörungen

Bäume

Pflanzenart	Lat. Bezeichnung	Heilwirkung
Apfel (Holzapfel, Kulturapfel)	*Malus sylverstris, Malus domestica*	Der Apfel gilt seit Urzeiten als Symbol der Liebe, Fruchtbarkeit und Leben und wurde unter christlichem Einfluss zum Inbegriff der Sünde. Halbiert man einen Apfel, zeigt sich darin ein Pentagramm, was ihm seinen magischen Charakter einbrachte. Äpfel enthalten zahlreiche Vitamine und Spurenelemente und fanden Einsatz bei Verdauungsstörungen, Gicht, der Zahnreinigung und Schlafstörungen. In der Kosmetik verwendet man ihn sogar für Gesichtsmasken und gegen Kopfschuppen.
Weißtanne	*Abies alba*	Gelegentlich wurden Bären dabei beobachtet, dass sie das austretende Harz lecken, wobei man nicht weiß, zu welchem Zweck sie dies tun. Menschen verwenden die Pflanze zur Kurierung von Atemwegskatarrhen sowie Muskel- und Nervenschmerzen.
Elsbeere	*Sorbus torminalis*	hoher Vitamingehalt
Salweide	*Salix caprea*	Der Bär frisst die Blätter und Blüten. Inhaltsstoffe hilfreich gegen Fieber, Rheuma, Kopfschmerzen. Aus der Feldforschung ist bekannt, dass auch Rehe und Rothirsche diese Blätter fressen, wenn sie Fieber haben.

Pflanzenart	Lat. Bezeichnung	Heilwirkung
Sandbirke	*Betula pubescens*	Der Bär frisst nur selten die blutreinigenden und harntreibenden Blätter.
Vogelbeere, auch Eberesche	*Sorbus aucuparia*	hoher Vitamin-C-Gehalt, gegen Erkältungen eingesetzt
Zirbelkiefer	*Pinus cembra*	Enthält ätherische Öle, die im Falle des Menschen schlaffördernd sind
Zitterpappel	*Populus tremula*	Der Bär frisst gelegentlich Blätter und Triebe. Schmerzstillende, entzündungshemmende und fiebersenkende Wirkung.

Auffällig ist, dass viele der erwähnten krautigen Pflanzen zumindest im Falle des Menschen besonders wohltuend auf die Verdauungsorgane wirken. Ob ähnliche Heilwirkungen auch im Falle des Bären zutreffen, kann nur schwer untersucht werden, da bis dato entsprechende Belege fehlen.

Heute findet man den Bären zumindest noch als Markenzeichen eines Heilwassers, das kurioserweise ebenfalls als Diuretikum (harntreibender Effekt) eingesetzt wird und somit hauptsächlich auf Nieren und Leber wirkt. Die Quelle findet sich in einem klassischen Bärenhabitat, in welchem der Bär über die Geschichte hinweg niemals ausgestorben war (konkret handelt es sich um die Gebirgsregion „Slovenské Rudohorie“).

Rituale des Menschen zur Frühjahrszeit, in denen der Bär mitwirkt

Fašiangy (zu deutsch Faschiangi) – der slowakische Fasching: Im traditionellen Faschingsfest der Slowaken gibt es immer einen Faschingszug, der durch das Dorf wandert. Das Fest ist sehr ausgelassen und es wird gefeiert, getrunken und getanzt. In der Maskengruppe ist fast immer ein Bär dabei. In einigen Dörfern ist ein Mann als Bär verkleidet und tanzt ganz ausgelassen mit den anderen Akteuren durch die Straßen. Außerdem hat er es eindeutig auf junge Frauen und Mädchen aus dem Dorf abgesehen, die als Umstehende den Zug begleiten. Die Anziehung beruht oft auf Gegenseitigkeit und soll ein Fruchtbarkeitsritual darstellen.

Auch in einigen Dörfern der Ukraine tanzt der verkleidete Bär in der Faschingszeit ausschließlich mit den Frauen und jede versucht, zumindest einige Schritte mit diesem über das Parkett der Straße zu wagen.

In Belarus (Weißrussland) herrscht ebenfalls ein dem Fasching verwandter Brauch und man nennt ihn hier „Komojedice“. Neben vielen anderen Feierlichkeiten verkleiden sich einige Dorfbewohner als Bären, indem sie einen Pelzmantel mit dem Fell nach außen tragen. Sie rollen sich damit auf der Straße und imitieren so erneut die Bewegung eines Bären in der Höhle.

Von einigen Dörfern der Spišregion wird von den dortigen Bewohnern ein ganz spezielles Wintersonnenwendefest gefeiert, was prinzipiell dem Faschingsfest entspricht. Es gibt hier einen „Aschermittwoch", an dem ein verkleideter Bär auf keinen Fall fehlen darf. Die Rituale sind genauestens festgelegt und von Gemeinde zu Gemeinde leicht unterschiedlich. In einigen Dörfern führt man am Aschermittwoch einen Bären durch das Dorf, der von einem jungen Mann gespielt wird. Dieser ist in Unterwäsche gekleidet und hat eine lange Unterhose und ein Hemd mit langen Ärmeln an, welche beide mit Heu und Gras ausgestopft werden. Man nennt ihn oft „Schottenbär" und er trägt aufgrund seines komikhaften Anblickes und dicken Bauches sehr zur Belustigung der Anwesenden bei. In anderen Dörfern nennt man ihn aufgrund seines Bäuchleins auch „Dickwanst".

Ein bereits 40 Jahre altes Foto eines „Dickwanstes" (Olejník 1965)

Ein ebenfalls historisches Foto eines „Schottenbären" (Olejník 1965)

Wieder andere Gemeinden kleiden den ausgewählten jungen Mann, der die wichtige Aufgabe hat, den Bären darzustellen, in getrocknete Erbsenstöcke und umwickeln ihn damit von Kopf bis Fuß. Hier bekommt er die Bezeichung „Vogelscheuche" oder „Schrecken". Nach Meinung des Ethnografen Mannhardt repräsentiert dieser junge Mann einen Korndämonen. Von biologischer Seite aus kann man diese Bezeichnung ganz einfach erklären: Bären plündern gelegentlich und sehr dankbar die ausgereiften Feldfrüchte wie Hafer, Weizen und Mais. Um dem vorzubeugen, beginnt man bereits zu Beginn des Frühjahrs, den verantwortlichen „Dämonen" gehörig vorzuwarnen. Deshalb finden wir auch in Batizovce den Brauch des so genannten „Wandern mit der Vogelscheuche". Bährenähnlich verkleidete Maskierte werden regelrecht verfolgt und gefangen, dann mit dem Bauch voraus auf die Straße oder auf eigens dafür aufgestellte Bänke gelegt und auf den Hintern geschlagen. Dieses Hauen wird meist von mehreren Leuten gleichzeitig vorgenommen und nennt sich dann „mit der Schaufel schlagen". Im Übermut des ausgelassenen Festes werden im späteren Verlauf alle Personen, die man nur irgendwie erwischen kann, so behandelt. Inwieweit dieses auf den

Hintern Schlagen mit alten lappischen und sibirischen Bräuchen verwandt ist, auf einen erschossenen Bären mit Birkenruten einzuschlagen, ist nicht genau bekannt, aber dieser Zusammenhang wird vermutet.

Erhebung in den Stand als „Mann“: In manchen Dörfern kommt zusätzlich zu den Ritualen um den Korndämonen herum noch die Tradition der Mannswerdung hinzu. Jugendliche Burschen, die das 16. Lebensjahr erreicht haben, gelten demnach offiziell als Männer und diese Ehrerhebung wird immer zu Fasching mit einem speziellen Brauch gewürdigt. In Strohmasken verkleidet, wobei meist der Bär dargestellt wird, ziehen diese Männer von Haus zu Haus und erbitten kleine Gefälligkeiten. Bei diesem Hausieren singen und tanzen die Jungmänner an jedem Eingang und die Hauseigentümer kaufen sich davon mit Lebensmitteln, wie Speck, Wurst und Eiern, frei. Oft bietet man den Schaustellern auch einen Schnaps an, meist Slivovica, aus Pflaumen gebrannt, wodurch das Fest erst richtig in Schwung kommt. Abends dann bereiten die „neuen Männer“ sich aus ihren erbettelten Gaben ein Festessen zu und feiern das Ende des Männlichkeitsrituales nochmals ausgiebig mit viel Gebranntem. Manche Dörfer bezeichnen dieses Ritual auch als „Wandern mit der Ziege“ oder „Wandern mit dem Ochsen“. Die Funktion und der Ablauf sind jedoch gleich. Und wie schon oben erwähnt, werden bei dem Tanz der Masken insbesondere Frauen und Mädchen miteinbezogen, was erneut auf ein Fruchtbarkeitsritual hindeutet. In anderen Dörfern wiederum finden wir als Verkleidungsart für den Bären wieder den Mann mit dem umgedrehten Pelzmantel, mit der Innenseite nach außen, der mit viel Tanz auf den Straßen feiert.

Fasten – ein altes Frühlingsritual des Menschen: Verschwommene Hinweise deuten darauf hin, dass es nach Abschluss des Faschingsfestes mit Schlemmerei und Trinkgelagen eine Art Fastenzeit gibt, welche in den traditionellen Gebräuchen der slawischen Religionen durchaus eingeplant ist. In der Slowakei wird heutzutage eher aufgrund der christlichen Riten um das Osterfest herum gefastet. Der eigentliche Ursprung ist jedoch älter als das Christentum selbst, was lange überlieferte Richtlinien zeigen. Das Fasten hierbei hatte eine Art Reinigungscharakter und sollte den Korper nach dem Winter entschlacken und entgiften. Im vorangegangenen Fest schlemmte und trank man in vollen Zügen, um erst einmal den Winter gebührend zu verabschieden. Das anschließende Fasten sollte den Körper auf den Frühling vorbereiten und wieder auf die beschwerliche Arbeit auf den Feldern einstimmen.

Auch im Slawischen gibt es als Abschluss der harten Enthaltsamkeit ein Frühlingsfest, in welchem das neue Jahr nochmals begrüßt wird. Ähnliche Feierlichkeiten kennt man ebenfalls aus germanischen Volksbräuchen, die das neu beginnende Leben willkommen heißen. Somit erklärt sich von selbst, dass es in slawisch besetzten Ländern eine ähnliche Verehrung der Eier gibt, gelten sie doch als Sinnbild des sich entwickelnden Lebens. Dieses Frühlingsfest wird oft als „Dyngusy“ bezeichnet. In der Slowakei gibt es eine eigene Handwerkskunst, die sich ganz speziell mit der Verzierung und Verschönerung von ausgeblasenen Eiern beschäftigt. In mühevoller und langwieriger Kleinarbeit werden die entsprechenden Gebilde anschließend kunstvoll bemalt. Eine andere Variante ist die Umwickelung mit Drahtgeflechten. Zarte Metalldrähte, gelegentlich sogar aus Kupfer, werden kunstvoll ausgestaltet und umschließen das fragile Hühnerprodukt. Diese Kunst erfreut sich so großer Beliebtheit, dass es eigens dafür Wettbewerbe gibt und dass diese Kunstwerke das ganze Jahr verkauft werden.

Zum Frühlingsfest herrschen gewisse Rituale, die bis heute Bestand haben. In der Slowakei (und anderen osteuropäischen oder russischen Gebieten) werden zur Osterzeit keine Eier versteckt und das Beschenken mit Süßigkeiten, wie Schokoladenosterhasen, erwacht

Aufnahme der Familie Fedotova beim Feiern der Maslenitsa 1973 (mit freundlicher Genehmigung von Olga Fedotova, Fotografin)

erst Schritt für Schritt als Beiprodukt der Grenzöffnung und der wachsenden Lebensmittelbranche. Traditionell verstecken sich die Jungen und Männer und lauern Mädchen und Frauen auf. Diese werden gepackt und mit Wasser bespritzt. Selbst wenn man sich im Bett versteckt, bleibt man davon normalerweise nicht verschont. Der Brauch steht im Zusammenhang mit Fruchtbarkeit und Ernte. Man erhofft sich somit eine Menge Regen, was dem Gedeihen der Saat guttun soll. Des Weiteren soll es den „getauchten" Frauen Glück und vor allen Dingen reichen Kindersegen bringen, weshalb man sich gegenseitig zu Ostern noch heute „viel Wasser" wünscht.

Ein kurzer Blick nach Russland zu einem verwandten Fest: Auf russischer Seite feierte man traditionell seinen eigenen russischen Karneval, der als „Maslenitsa", zu Deutsch die Butterwoche, bezeichnet wird (von maslo = Butter). In den Grenzregionen der Slowakei finden sich isolierte Volksgruppen, die „Rusnáci", die sich nach eigener Aussage oft dem Russischen zugehörig fühlen und demzufolge auch dieses Fest anstatt des ansonsten traditionellen „Fašiangy" feiern. Leider wurde diese Butterwoche in Russland nach der Oktoberrevolution im Jahre 1917 offiziell verboten und darf erst seit 2002 wieder offiziell gefeiert werden, so die gesetzliche Regelung. Was in kleinen Dörfern jedoch heimlich und intern geschah, war der Regierung vermutlich unbekannt…

Exkurs: Waldgeist Lesnik aus der slawischen Mythologie

Bei Lesnik (slowakisch les = Wald) handelt es sich um einen scheuen Waldbewohner, den man selten zu Gesicht bekommt, da er sich häufig als Baumstumpf tarnt. Seine treuen Diener und Gefährten sind die Bären, mit welchen er oft gemeinsam abgebildet wird. Seine Größe ist abhängig von seinem Standort: Im Wald kann er die Größe eines hochgewachsenen Baumes annehmen, auf der Wiese überschreitet er niemals die Grashöhe. Manchmal hört man ihn singen, lachen oder auch pfeifen und die Menschen verhalten sich dann sehr vorsichtig ihm gegenüber. Er ist zwar kein böser Zeitgenosse, aber er treibt gerne Schabernack mit den menschlichen Nachbarn, was diese oft verärgert oder unglücklich macht. Beispielsweise kann er die Gedanken von Menschen lesen und weiß um ihre Absichten. Es macht ihm auch Freude, die Äxte der Waldarbeiter zu verstecken oder auch die an der Waldarbeit beteiligten Ochsen und Pferde zu erschrecken, um vermutlich auf diese Weise sein kleines Refugium zu schützen. Außerdem hat er einen Heidenspaß dabei, Menschen im Wald auf falsche Fährten zu führen, damit sie sich in seinem Reich verirren. Mit Vorliebe entführt er auch junge Mädchen und Frauen, von denen man aber nicht weiß, was mit ihnen wirklich passiert.

Die Feierlichkeiten der Maslenitsa erinnern stark an den uns bekannten Fasching. Eine Woche lang wird unentwegt mit Musik, Tanz und Schabernack gefeiert. Auch das Essen kommt nicht zu kurz, wofür es eigens dafür gebackene Frühlingseierkuchen, die so genannten „Blini", gibt. Fleisch ist in dieser Woche verboten, jedoch werden dafür die Blini mit Butter, Lachs, Kaviar, Sauerrahm, Fisch und Pilzen oder auch süß mit Honig oder Marmelade gereicht. Aus alten Zeiten weiß man, dass sogar die Verstorbenen an diesem Fest teilhaben sollten, so dass man ihnen Körbe voll Leckereien auf die Gräber stellte. Wodka in großen Mengen darf nicht fehlen und erhellt die ausgelassene Stimmung.

Sinn des Festes ist die Vertreibung des Winters sowie die Begrüßung und Einladung des Frühlings. Der Winter ist in Form einer Strohpuppe ebenfalls präsent. Hierbei handelt es sich um die Göttin „Marzanna" (oder auch Morena). Am letzten Tag der ausgelassenen Woche wird diese Strohpuppe aus dem Dorf herausgebracht und zuletzt auf den Feldern verbrannt. Als Opferritual verbrennt man auch die übriggebliebenen Blini im Feuer und erhofft sich somit ein gutes und erntereiches Jahr. Dann beginnt auch hier die Fastenzeit bis zum Frühlingsfest.

Ein Stadtteil von Berlin heißt Marzahn und ist früher ein eigener Ort gewesen. An diesem Beispiel kann man gut erkennen, dass die Slawen auch in einigen östlichen und preußischen Teilen Deutschlands gelebt haben und ihrer Wintergöttin zu Ehren sogar einen Ort nach ihr benannt haben.

Schokolade-Papier mit Bärenmotiv für gefüllte Schokoladenbonbons aus Russland. Diese Süßigkeit gibt es dort das ganze Jahr über zu kaufen. Das Motiv erinnert stark an ein Gemälde von Ivan Ivanovič Šiškin: Morgen im Kiefernwald.

Natürlich haben die Slawen Gegenstrategien entwickelt, um sich gegen den schwarzen Humor des Lesniks zu wappnen. Ausgesprochen hilfreich ist es, ihn zum Lachen zu bringen. Da er recht verfressen ist, kann man ihn auch mit Salz, Süßem oder Haferbrei (slow. kaša = kascha) ganz gut besänftigen, in dem man ihm diese Köstlichkeiten auf Baumstümpfe oder umgefallene Bäume legt. Interessant ist jedoch, dass eine weitere Gegenstrategie das umgekehrte Tragen von Kleidung ist, indem die Innenseite nach außen gewendet wird. So werden auch oft die Bärenmasken während der verschiedenen Feierlichkeiten im und um den Winter herum getragen. In vielen Geschichten soll der Lesnik im Oktober verschwinden oder gar sterben, um dann im Frühjahr mit neuer Kraft zurückzukehren. Somit könnte man eventuell davon ausgehen, dass die umgekehrte Kleidung auch als Schutzritual gelten könnte, um sich vor den zu erwartenden Scherzen dieses Kumpanen zu schützen.

Der Waldgeist Lesnik und sein treuer Begleiter, der Braunbär (Malerei auf einer Emaildose durch das Künstlerpaar I. Ilina und N. Ilin)

Traditionelle Winterfeste oder die Wintersonnenwende werden in der Slowakei schon lange nicht mehr gefeiert. Jedes Jahr jedoch findet in Donovaly bereits seit vielen Jahren ein internationales Schlittenhunderennen statt. Das lebensgroße Maskottchen ist ein Bär, der als Weihnachtsmann verkleidet wird.

Väterchen Frost übernimmt in der slawischen Mythologie auch die Rolle des uns bekannten Weihnachtsmannes. Er besucht die braven Kinder und überbringt ihnen Geschenke, wenn sie den Eltern immer schön gefolgt haben. Bösen Kindern gegenüber kann er allerdings sehr streng werden, weshalb das ganze Jahr über schauerliche Prophezeiungen den ungehörigen Kindern erzählt werden. Zumindest zu Beginn war er für diese Besuche immer in der Begleitung des Schneemädchens, die ihm bei der Verteilung der vielen Geschenke hilfreich war. Das Schneemädchen ist sehr empfindlich, ein weißes, fast durchsichtiges Geschöpf aus Eis und Schnee. Deshalb darf sie auch unter keinen Umständen in die Sonne, da sie ansonsten sterben würde. Aber das Schneemädchen ist jung und unbekümmert und würde wahrscheinlich diesem Gebot nicht ohne Weiteres Folge leisten. Deshalb ist ein weiterer Kompagnion mit im Bunde, der Waldgeist Lesnik, welcher in seiner Gefolgschaft auch Bären hat, die ihm dienen. Leider endet seine Macht, als sich das junge Schneemädchen in einen Menschen verliebt, in den Übeltäter, den Hirten Lel. Als dem Schneemädchen vor Liebe ganz warm ums Herz wird, schmilzt sie leider dahin.

Shatune – wache Bären im russischen Winter

In einigen Teilen Russlands beziehungsweise der ehemaligen UDSSR gibt es ein Phänomen, das in Europa kaum beschrieben ist, nämlich der winterwache Bär, ein so genannter Shatun (russ. Herumirrende/Herumwandernde). Hierbei handelt es sich um Bären, die aus verschiedenen Gründen nicht in der Lage waren, während des Jahres, im Sommer und Herbst, genügend Fett anzulegen, und demzufolge gar nicht oder nur sehr kurz schlafen. Wenn der Bär keinen ausreichenden Fettspeicher hat, wird er nicht müde, sondern fährt mit der Nahrungssuche weiter fort. Legt er sich doch zur Ruhe, wacht er aufgrund von Hunger verfrüht auf und macht sich deshalb sofort wieder auf die Suche nach Futter.

Gerade in den Gebieten, in denen viele „Shatune" registriert werden, sind die Winter sehr lange und sehr kalt und die Bären sind im Durchschnitt sowieso nur 5 bis 7 Monate aktiv. Um zwischen 5 und 7 Monaten bei extremen Minustemperaturen schlafen zu können,

Shatune und ihr Auftreten in der ehemaligen Sowjetunion

Region	Winterschlaf Anfang	Winterschlaf Ende	Shatune	Besonderheiten	Mastfutter
Nordwesten des europäischen Teiles	Ende Oktober – Anfang November	Anfang April	Selten		reichlich: Nüsse, Früchte, Samen, Getreide
Nordosten des europäischen Teiles	Ende Oktober – Anfang November	20. März – Mitte April	Selten		reichlich: Nüsse, Früchte, Samen, Getreide
Mitte des europäischen Teiles	Anfang November	Ende März – Anfang April	Selten		reichlich: Nüsse, Früchte, Samen, Getreide
Belarus/Weißrussland	Mitte November – Beginn Dezember	Anfang/ Ende März	Keine		reichlich: Nüsse, Früchte, Samen, Wildtiere
Ukraine	Anfang/Ende November	Anfang /Ende März	Keine		reichlich
Volga-Kama-Region	November	April	Fast keine		reichlich
Kaukasus	Mitte November – Mitte Dezember	20. März – 10. April	Selten		reichlich
Zentralasien und Kasachstan	November – Beginn Dezember	Ende Februar – Ende März	Kein	Manche Bären schlafen in warmen Gebieten nicht, aber es gibt dort genügend zu fressen, weshalb es keine Aggressionen gibt.	reichlich
West-Sibirien			Gelegentlich	Starke Abwanderungen aufgrund von Brandrodung. Einwanderungen von Shatunen aus anderen Teilen der Taiga	ausreichend
Altai und Sayans	Oktober	April – Anfang Mai	Viele		schwankend begrenzt
Zentral-Sibirien	Oktober	Mitte April – Mitte Mai	Viele	Nomadische Lebensweise der Bären	schwankend begrenzt
Baikal-Region	1. Oktober – 28. Oktober	Ende April – Mitte Mai	Viele	Starke Einwanderungen von Bären aus Nachbarregionen mit Brandrodung	schwankend begrenzt
Yakutia	Ende September – Anfang Oktober	Ende April – Mitte Mai	Viele		schwankend begrenzt
Norden des Fernen Ostens	Ende September – Anfang Oktober	Mitte April – Anfang Mai	Selten	An der warmen Küstenregion können Bären sich vielfältig ernähren, eher gibt es Probleme im Landesinneren.	ausreichend
Süden des Fernen Ostens	Mitte / Ende Oktober	Anfang April	Gelegentlich		ausreichend
Kamtschatka	10. Oktober	5. Juni	Viele	In kalten Gebieten schlafen sie bis zu 245 Tage pro Jahr.	

braucht ein Bär eine Fettschicht von mindestens 20 cm am Rücken sowie einige Zentimeter um die Organe herum.

Die entsprechenden Gebiete liegen unter einer tiefen Schneeschicht und der Schneefall beginnt örtlich schon im September. Dann wird es eng für die Tiere, die bei derartigen Wetterbedingungen fast keine Gelegenheit mehr haben, irgendein Futter zu beschaffen. Meistens ist der Ausfall von wichtigen, essentiellen Futterressourcen der Grund, weshalb ein Bär den notwendigen Speck nicht bilden kann. Gelegentlich handelt es sich auch um alte, kranke oder schwache Tiere, die aufgrund einer Behinderung, einer Verletzung, wie etwa Zahnproblemen, oder allgemeiner Schwäche nicht genügend Futter aufnehmen konnten.

Über die große Landesfläche des ehemaligen Russlands hinweg kann man einen Trend hinsichtlich der Häufung von Shatunen von West nach Ost beobachten, wobei überdurchschnittlich viele Shatune in Eurasien auftreten (Kaukasus, Küstengebiete, Kamtschatka und die sibirische Taiga). In diesem Teil Russlands sind die Bären unregelmäßig verteilt, da es dort nicht überall ausreichend Futter gibt, wie Früchte, Nussbäume, immergrüne Gräser, Wildtiere, sibirische Kiefern und Lachse an der Küste. Die Bären sind vom Vorkommen von wenigen Mastfutterpflanzen abhängig, die, wie auf Flecken (Patches) verteilt, dort wachsen. Meistens wird der Winterspeck mithilfe von Blaubeeren, Preiselbeeren sowie insbesondere den ölhaltigen Samen der sibirischen Kiefer angelegt. Das macht nicht nur die Bären besonders sensibel, falls eine der Pflanzen ausfällt, sondern es betrifft sämtliche andere Wildtiere ebenso, wie Rothirsche, Wildschweine, Eichhörnchen und der Vogelart Nussknacker. Falls Nussknacker oder Eichhörnchen bereits zu Beginn des Sommers in anderen Teilen Russlands, wo sie normalerweise nicht leben, auftreten, gilt das als Alarmsignal hinsichtlich der Nussernte.

Shatune ziehen im Winter herum und suchen konstant nach Futter, was in den harschen Bedingungen schwer zu beschaffen ist. Wenn es ihnen möglich ist, bejagen sie Wildtiere. Oft jedoch treten sie bei oder in menschlichen Siedlungen auf, jagen Haustiere inklusive Hunde, plündern Getreide oder attackieren Menschen, wobei es leider auch zu Todesfällen kommen kann. In dieser ausweglosen Situation tritt unter den Bären sogar Kannibalismus auf. Unterernährt, schwach und ums Überleben kämpfend, vertreiben sie ihre schlafenden Artgenossen aus deren Höhlen und töten sie dann. Oder sie töten einander im Freien und fressen den Artgenossen.

Die im Osten der ehemaligen GUS-Staaten beheimateten Bären sind Unterarten des Braunbären (*U. a. piscator, U. a. lasiotus*), die um einiges größer und schwerer sind (Männchen bis 600 kg, Weibchen bis 450 kg), weshalb sie eine große Menge an kalorienreichen Futterpflanzen benötigen, vor allen Dingen die öligen Samen der sibirischen Kiefer. Wenn diese Pflanzen als Ressource ausfallen, beginnen diese Bären bereits schon im September mit Massenabwanderungen nach Süden und treten ähnlich wie andere Tiere in Gegenden auf, in welchen sie seit vielen Jahren nicht mehr gesehen worden sind. Die Situation kann eskalieren, wenn ein solcher Mangel weiträumig und auf großer Fläche auftritt, da die Einwanderer auf Gebiete treffen, in welchen die dort ansässigen Bären mit dem gleichen Problem zu kämpfen haben.

Der Hunger macht aggressiv: Die Bären in Eurasien werden trotz ihrer beeindruckenden Größe als außergewöhnlich friedfertige Wesen beschrieben, die ohne Grund normalerweise nicht angreifen. In einigen Dokumenten ist sogar verzeichnet, dass sich selbst verwundete Tiere meist zurückziehen und kaum Tendenz zeigen, den Menschen zu attackieren. Jedoch findet man die ersten wissenschaftlichen Aufzeichnungen hinsichtlich Shatune und der entstandenen Aggression durch den Überlebenskampf bereits im Jahre 1851 durch Middendorf:

Es ist schon länger bekannt, dass Bären in die Häuser von Menschen eindringen, die am Waldrand gelegen sind. Wenn der Zugang erschwert ist, zerbrechen sie das Dach und springen hinein. Sie attackieren nicht nur Menschen, sondern auch einander und fressen sich dann. Oft nehmen sie in Sibirien wegen des Hungers weite Wanderungen auf sich und danach erscheinen, leiden und sterben sie in Gebieten, wo sie lange nicht mehr waren.

Immer wieder kommt es zu futterarmen Jahren, die für Tier und Mensch problematisch werden. Alle 5 bis 7 Jahre wird ein gehäuftes Auftreten von schlaflosen Bären verzeichnet, wobei die Situation nicht jedesmal dramatisch eskalieren muss (Beginn und Ende der 1920er, Beginn der 1930er, Beginn und Ende der 1940er / 1950er / 1960er / 1970er, Beginn und Mitte der 1980er-Jahre, 1992). Später Frühlingsfrost im Mai oder Juni mit mehreren Tagen Temperaturen mit bis zu –8 °C und heftigem Schneefall zerstört die Blüten von Beeren und Kiefern, welche dann nur wenig oder keine Früchte und Samen produzieren können. Aus den Aufzeichnungen des russischen Zoologen A. N. Formosov geht hervor, dass es eine sehr kritische Situation zu Beginn der 1920er-Jahre gegeben hat und es den Menschen in der Taiga verboten war, in den Wald zu gehen. Die Bären traten in großen Zahlen auf, irrten durch die Wälder und attackierten Jäger. Die Tiere kamen in fremde Gebiete, die sie normalerweise nicht besiedelten und terrorisierten örtlich so stark die Dörfer, dass die Menschen sich nachts nicht mehr aus dem Haus trauten. Leider fehlen oft genaue Daten über die Anzahl der Bären oder wie viele der erwähnten Attacken auf Menschen tödlich endeten. Faktum ist aber, dass es ähnliche extreme Situationen zu Beginn der 1930er- und 1950er -Jahre gegeben hat.

Ein Extremjahr: Eine wirkliche Tragödie passierte in den Jahren 1961–1963 (Pieck in 1962), welche aufgrund ihrer Außergewöhnlichkeit hier beschrieben wird: Bereits im Jahre 1961 kam es zu spätem Frost zwischen dem 19. und dem 22. Juni 1961, der alle neuen Blüten der sibirischen Kiefer restlos zerstört. Deswegen gab es im anschließenden Herbst eine sehr schlechte Ernte und im darauffolgenden Jahr 1962 gar keine Ernte. Im Jahre 1961 begann gleichzeitig der Schneefall bereits im Oktober und der Schnee blieb im Frühling 1962 wesentlich länger liegen. Das hatte zur Folge, dass 1962 auch keine Beeren, Eicheln oder Haselnüsse wuchsen. Zusätzlich war in den Küstenregionen der Taiga im Jahre 1962 ein ungewöhnlicher Abfall der Lachspopulation zu verzeichnen, weshalb auch die dort lebenden Bären abwanderten und in die bereits seit einem Jahr unterversorgten Gebiete eindrangen. Tausende von Bären waren auf der Wanderschaft. Die Marschrichtung war geradeaus nach Süden. Sie durchschwammen dabei Flüsse und Seen und trafen an allen Orten auf Hunger-Gegenden und hungrige Artgenossen. Die Katastrophe betraf auch andere Wildtiere, wie Eichhörnchen, Reh- und Rotwild, Wildschweine und die Vogelart Nussknacker. Die Vögel wanderten ab und traten im europäischen Teil von Russland auf, die großen Säugetiere waren allesamt auf Wanderschaft. Durch deren Abwanderung hatten die Bären nicht einmal mehr mögliche Beutetiere, so dass ihre Gebiete völlig ausgestorben waren. Auch konnte man zahlreiche Wölfe und Luchse auf Wanderschaft beobachten, die versuchten, ihren Beutetieren zu folgen.

Zumindest im Jahre 1962 wurde behauptet, dass fast keiner der Bären schlafen würde. Die Bären tauchten an den ungewöhnlichsten Orten auf, wie auf Steppen, waldlosen

Abhängen, auf Abfallhaufen, auf Feldern sowie nahe und in Siedlungen. Sie bejagten alles, was möglich war, inklusive einander. Es wurden viele durch Artgenossen getötete Bären registriert oder gefunden.

Im Winter 1961/1962 konnten noch einige Bären etwas Speck anlegen und somit schlafen. Viele von ihnen wurden von den Herumirrenden verjagt oder in den Höhlen getötet und gefressen. Einige Bären versuchten in diesem Winter, auch in Jagdhütten oder anderen menschlichen und nur teilweise bewohnten Gebäuden im Wald zu überwintern, weshalb man sie teilweise in den Kellern fand, oft erfroren. Es kam zu Ausnahmesituationen, die für Mensch und Tier sehr schwierig waren. Im Frühling 1962 fand man allerorts erfrorene oder verhungerte Bären.

Übergriffe auf Menschen: Der Jagdmanagement-Student Gudritis nahm 1961 die Aufgabe auf sich, diesen Fall in der Taiga großflächig zu untersuchen, und hätte wahrscheinlich viele neue Erkenntnisse haben können. Allerdings kam er im Winter 1962/63 tragisch ums Leben, als er alleine einen Bären verfolgte, auf diesen offensichtlich (vielleicht aus Notwehr) schoss und an derselben Stelle von mindestens einem anderen Bären getötet wurde. Aus den Spuren im Schnee ging hervor, dass drei verschiedene Individuen an ihm gefressen hatten.

Dennoch bestätigen seine Aufzeichnungen, dass sich die Bären durch den Sommerfrost in einer ausweglosen Situation befanden. Sie hatten ohne Futter in den kalten Bedingungen des sibirischen Winters keine Überlebenschance. Sie bejagten Nutztiere, stahlen Hunde aus den Gärten, töteten einander und attackierten Menschen, wobei es auch zu Todesfällen kam. Aus seinen Umfragen und Interviews geht hervor, dass die Menschen in der Taiga große Angst hatten und im Endeffekt im Jahre 1962 Schutztruppen aus Jägern organisierten, um sich und ihren Besitz zu schützen.

Drei-Tages-Aktivität eines extremen Bären in der Zeit vom 12. 1.–14. 1. 1961 gemäß Gudritis' Aufzeichnungen:

Am Abend des 12. 10. 1961 (bereits hoher Schnee) kam der Bär in ein Dorf, zerstörte dort einen Hühnerstall, woraus er 10 Hühner fraß, und floh wieder in den Wald. Am 13. 10. 1961 brachte der Hühnerbesitzer die restlichen Hühner in ihrem Stall in seiner Küche unter, ging aber zur Sicherheit mit seiner Familie in das Haus des Nachbarn zum Schlafen. Als es dämmerte, kam derselbe Bär wieder, drückte ein Küchenfenster ein, sprang in die Küche, zerstörte dort erneut den Stall und fraß alle übrig gebliebenen Hühner auf. Dann ging er zwar kurzzeitig weg, kam aber in der gleichen Nacht zurück, zerstörte das Küchenfenster eines anderen Hauses und besetzte diese Küche. Die Frau des Hauses hatte die Geräusche gehört und wollte wissen, was los war. Als sie das Licht anschaltete, attackierte sie der Bär sofort und zog sie durch das Fenster hinaus in Richtung Wald. Obwohl ihr Mann umgehend ein Kommando zusammenrief und dem Bären zusammen mit anderen Bewohnern auf einem Traktor folgte, ließ das Tier trotz der Schüsse die Frau nicht los. Erst 800 m vom Dorf entfernt, ließ er sie doch liegen und flüchtete. Leider erlag diese Frau ihren Verletzungen. In derselben Nacht erschien er im Nachbardorf, brach wieder in ein Haus ein und wurde erneut von der Hausherrin entdeckt, die sofort begann, mit der Feuerwehr zu telefonieren. Dabei attackierte er sie und zog sie, auf dem Stuhl sitzend und mit dem Telefonhörer in der Hand, auf die Straße, wo sie von den ansässigen Jägern lebend befreit werden konnte.

Die beiden Dörfer organisierten in der Nacht des 14. 10. 1961 eine Jagd. Der Bär kam erneut und betrat dieses Mal einen Schweinestall und tötete zwei der Insassen. Das Quietschen der Schweine jedoch entlarvte seinen Aufenthaltsort, weshalb er kurz darauf geschossen werden konnte.

1962 kam es dann zur Katastrophe, da überhaupt keine Beeren, Eicheln, Nüsse oder die Samen der sibirischen Kiefer mehr zur Verfügung standen und zusätzlich die Küstenbären wegen der schlechten Lachsernte ebenfalls migrierten. Örtlich gingen die gesamten dort ansässigen Wildschweinpopulationen zugrunde. Die vom letzten Jahr schon ausgehungerten Bären waren besonders schwer betroffen. Bereits im August befanden sich tausende Bären auf der Wanderschaft. Die gestressten Tiere waren untereinander noch aggressiver als zuvor und die Situation für die Menschen war kritisch. Die in den Schutztruppen organisierten Jäger durften niemals alleine losgehen, da einer immer den anderen beschützen musste, und es war verboten, die Wälder zu betreten.

Viele Bären betraten ohne Scheu menschliche Siedlungen und Häuser, um den Hunger stillen zu können und somit zu überleben. Sie brachen Getreidespeicher auf, zerschlugen sämtliche Notunterkünfte oder Jagdhütten im Wald und nahmen sich die darin befindlichen Vorräte und Speisekammern vor. Sie fraßen alles, was sie fanden, gefrorene Kürbisse, gefrorene Kartoffeln, Abfall, und bissen sogar Blechdosen und Gläser auf, um an das eingekochte Gemüse oder die Marmelade zu kommen. Man fand viele erfrorene oder getötete Bären und die Attacken auf die Menschen wurden zunehmend intensiver, wobei es zu Todesfällen kam. Sämtliche Tiere wurden auf offener Fläche, beim oder im Dorf geschossen. Alle untersuchten Bären waren sehr dünn, schwach, erschöpft und unterernährt. Sie hatten keine Fettpolster und oft nur unzureichendes Fell. Oft waren die Fangzähne zerbrochen, die Klauen an Vorder- und Hinterfüßen abgebrochen oder nach oben gebogen. Das kam vermutlich davon, dass sie versuchten, gefrorenen Boden oder bisweilen Felsen aufzugraben oder aufzubeißen, um darunter an Wurzeln oder Nagetiere zu gelangen. Die Füße waren oft stark aufgeschürft oder verletzt und die Haut war in Schichten aufgeplatzt. Mehr als 2.000 Bären mussten geschossen werden und örtlich kam es zu einem Abfall der Bärenpopulation um 80 %.

Eurasien nimmt eine große Fläche ein und ist ein noch relativ unberührtes Gebiet, unterbrochen von gelegentlichen Hotspots mit beschränktem Nahrungsangebot, was sämtliche Tiere sehr abhängig macht bezüglich des Vorkommens von wenigen Futterpflanzen. Wenn ein solcher Ausfall der essentiellen Pflanzen vorkommt, haben Wildtiere auf weiten Strecken keine Alternativen, was zusätzlich durch harsche Wetterbedingungen erschwert wird. In anderen Teilen Russlands sowie in Europa steht den Bären ein breiteres Futterspektrum zur Verfügung, was ihnen mehr Flexibiliät erlaubt.

Die selten auftretenden Shatune im europäischen Teil Russlands sind meistens verletzte oder sehr alte Tiere. Außerdem ist in den milderen Gegenden auch mehr Landwirtschaft angesiedelt, weshalb die schlaflosen Bären gehäuft auf Haferfeldern oder in Obstplantagen zu finden sind und dort zwar große Schäden verursachen, aber für den Menschen ungefährlicher sind.

Russische Wissenschaftler vermuten jedoch, dass in manchen Teilen der Taiga ein unbekannter Prozentsatz an Shatunen in der heutigen Zeit auch auf das Konto der menschlichen Aktivität geht (Baikal, S. K. Ustinov). Großflächige Brandrodungen und Abholzungen sowie Aktivitäten der Ölindustrie führen nicht nur zu Abwanderungen von Bären in andere Gebiete, die dort mit der eingesessenen Population aufeinanderprallen und in Konkurrenz treten, was selbst ohne natürlichen Mangel bestimmter Futterpflanzen zu Konflikten führt, sondern auch zu einem Ungleichgewicht im Wald und einem verminderten Vorkommen von essentiellen Futterpflanzen in der entsprechenden Region.

Futtertabellen des Bären – Die Interessenskonflikte

Die Ernährung des Bären ist sehr vielfältig und weist eine reichhaltige Palette auf. Der Bär ist ein Allesfresser, ein Omnivore, der somit verschiedene Futterbestandteile nicht nur nutzen, sondern auch erfolgreich verwerten kann. Sein Verdauungssystem kann demnach sowohl pflanzliche als auch tierische Nahrung aufschließen. Es hat zwar seine Grenzen, funktioniert im Prinzip jedoch sehr verlässlich. Da der Bär kein Wiederkäuer ist, kann er vertrocknete Pflanzen oder schwerverdauliche Pflanzenbestandteile, wie Rinde und Holz, allerdings nicht aufschließen. Frisches Gras, saftige Kräuter, süße Früchte und selbst schwere Nusskost sind für ihn hingegen kein Problem.

Vorteile der Ernährungserforschung: Mithilfe der Ernährung hat man ein wichtiges Messinstrument hinsichtlich des Verhaltens in der Hand. Hierbei ist nicht nur entscheidend, was der Bär frisst, sondern auch, was er dabei eigentlich macht. Das gilt ganz besonders in Bezug auf den Umstand, was der Bär „mit dem Menschen macht" beziehungsweise wie er dabei mit menschlichen Interessen interagiert. Somit lassen sich über die Analyse der „Bärenhaufen" mögliche Konfliktpunkte ermitteln, welche das Zusammenleben oder, besser

Unbekannte Wandmalerei: Wie stark interagiert der Bär wirklich mit dem Mensch?

gesagt, „Nebeneinanderleben" der beiden Allesfresser Bär und Mensch möglicherweise gefährden können. Bei der Ernährung scheiden sich somit die Geister und sie ist ein wichtiger Dreh- und Angelpunkt der Koexistenz zwischen Mensch und Bär.

Futter-Jahreszeiten

Aus vielen Publikationen von verschiedenen Teilen der Welt, in welchen man sich mit dem Futter des Bären beschäftigt hat, geht hervor, dass der Bär sein Nahrungsspektrum über das Jahr hinweg verändert. Diese Veränderungen innerhalb der Jahreszeiten haben oft einen ähnlichen Verlauf, unabhängig davon, ob man Bären in Europa, Russland oder Amerika beobachtet. Bären fressen örtlich bis zu mehr als 70 verschiedene Pflanzen (europäischer Teil Russlands), wenn sie verfügbar sind. Jede der Pflanzenarten sowie jedes tierische Bestandteil stellt ein *Futterelement* dar, welches einen mehr oder weniger hohen Prozentteil innerhalb der Ernährung ausmacht. In Abhängigkeit der Verfügbarkeit werden die *Futterelemente* dann graduell gegeneinander ausgetauscht. Im späteren Verlauf wird gezeigt, dass der Bär im Sommer große Mengen an Waldbeeren frisst. Geht die warme Jahreszeit zu Ende, sind diese Früchte allerdings weniger verfügbar, dafür reifen gleichzeitig verschiedene Samen und Nüsse aus. Demnach nehmen Beeren bezüglich des prozentualen Anteils ab und die Nüsse nehmen langsam zu, bis sie die Früchte vollständig ersetzt haben. Ganz schematisch lässt sich demnach das Jahr in drei große Abschnitte hinsichtlich des Futters einteilen: Frühjahr – Sommer – Herbst.

Der Frühling ist oft charakterisiert durch einen überdurchschnittlich hohen Anteil an verschiedenem Grünfutter, wie Gräser und Kräuter. Manchmal finden sich in gewissen Prozentsätzen Tierkadaver, welche oft im vorangegangenen Winter umgekommen sind und deren Überreste der Bär manchmal noch verwertet. So kam der Bär zu seiner „Hygieneposition" in der Natur. Diese Funktion erachtete man in früherer Literatur als sehr wichtig und knüpfte somit zwischen Pflanzen und Bären ganz eindeutige Beziehungen, wenn auch die Bedeutung von Fröschen in diesem Text etwas überbewertet wird.

Somit liest man in „Ernst Bethlenfallvy: Die Tierwelt der Hohen Tatra, 1937" Folgendes:

Die erste Nahrung des Tatrabären, wenn er sein Winterlager verlässt, bilden die „Palmen", die Blütenkätzchen der Salweide (Salix caprea), die er nach „Haferäsungsart" von den abgebrochenen Zweigen streift. Dass die Salweide als Waldunkraut von der modernen Forstwirtschaft nicht mehr geduldet wird, ist die Ursache, dass den Bären in der Tatra ihr wichtigstes Nahrungsmittel entzogen wird, welches ihm Mutter Natur gerade für diese Zeit geschaffen hat, wo ihm gar keine andere Nahrung zur Verfügung steht! Die Salweide spielt im Leben des Bären eine sehr wichtige Rolle, denn sie geleitet ihn auch zu dem Fallwild, welches der Winter geschaffen und der Bär laut Naturgesetz zu vernichten hat!

Jedes verwundete oder kranke Stück Wild sucht nach Genesung im Wasser der Gräben und zieht dahin, wo auch das meiste verendet (Priessnitz hat auch an einem angeschossenen, sich in einer Quelle niedergelassenen Rehbock die Heilkraft des kalten Wassers entdeckt). Die Salweiden wachsen aber mit Vorliebe an den Ufern der Bäche und daher findet der auf seiner Nahrungssuche die Uferränder abgehende Bär dort die „animalische" Nahrung, welche die Natur für ihn bestimmt hat. Beim Abpatrouillieren der Bäche findet er aber auch, dass die Frösche, die im Wasser der Bäche den Winter verbrachten, nun ans Land steigen, um kleine stehende Wasser für ihre Laichzeit aufzusuchen. Frösche bilden aber nach den Palmen die Hauptnahrung des Tatrabären. Die nächste Nahrung sind die Schnecken, von denen er große Massen verzehrt, dann junges frisches Gras sowie die Ameisen, deren Brut zu seinen Leckerbissen gehören. Dann folgen verschiedene Wurzeln, im Mai die Pilze „Morchel" und „Lorchel" und erst im Monat Juni begibt er sich auf Erdbeerensuche.

Allerdings geht der Bär manchmal aktiv auf Jagd. Hierbei bevorzugt er oft die Jungtiere von Reh, Wildschwein und gelegentlich Rotwild. In alter Jagdliteratur der Slowakei ist demnach beschrieben, dass man sich diesen Umstand bei der Bärenjagd im Frühjahr zunutze machen kann. Demnach sollte ein Jägersmann zur Anlockung eines Bären die Rufe von jungen Rehkitzen nachahmen, woraufhin der Bär, falls er in der Nähe ist, auch meist erscheint.

J. Sládek schreibt in seinem Buch „Trophäenraubtiere der Slowakei" in diesem Zusammenhang Folgendes:

Im Frühjahr ist die Wahrscheinlichkeit für eine erfolgreiche Bärenjagd höher. Die vorangehende Präparation ist kompliziert und erfordert Wissen und Zeit. Am besten ist das Anlocken mit den Rufen von jungen Rehen, die ganz typische Laute von sich geben. Das lockt Bären an, woraus man schließen kann, dass zu Jahresbeginn die Bären nach diesen Jungtieren suchen, welche im dichten Bewuchs auf Kahlschlagflächen liegen. Die Bären beginnen ihre abendliche Suche entlang den Flussläufen und von diesen gehen sie bergauf zu den Höhenlagen bis über die Waldgrenze.

Der Sommer zeichnet sich durch Waldbeeren und Insekten aus. Der große Bärenkörper bevorzugt in der heißen Jahreszeit offensichtlich eher leichte Kost. Vielleicht frisst er aber auch die Ameisen aus einer uralten, begründeten Feindschaft, wie es sich gelegentlich die Finnen erzählt haben:

Die Ameise rühmte sich ihrer Kraft vor dem Bären und sagte, sie sei stärker als der Bär. Und die Ameise hob wirklich ein größeres Ding auf als der Bär, denn keiner ist so stark wie die Ameise. Darüber ergrimmte sich der Bär und fraß die Ameise auf. Seitdem hat der Bär angefangen, Ameisen zu fressen, und frisst sie, solange er auf Erden watschelt.

So sieht ein Ameisenhaufen nach einem Bärenbesuch aus. Hierbei hat der Bär zur weiteren Ameisensuche zusätzlich den Baumstamm aufgebrochen

Im Herbst spricht man von der Mast. Der Bär muss so schnell und so viel wie möglich zunehmen. Ölhaltige und zuckerreiche Pflanzen oder deren Bestandteile und Früchte werden präferiert, da sie überschüssige Kalorien liefern, die der Bärenkörper in Fett umwandelt und in dieser Form als natürliches Winterpolster ins Gewebe einspeichert. Mithilfe dieses „Mästens" produziert er somit eine dicke Fettschicht am Rücken und um die Organe herum. Auch der Anteil an tierischer Nahrung steigt erneut, wobei man örtlich weiß, dass auch jetzt so mancher Bär auf die Jagd geht. Die vom Menschen angebauten Kulturpflanzen kann der Bär ebenfalls mehr oder weniger nutzen.

Bären in der Slowakei leben zwar in natürlichen Bedingungen, jedoch gleichzeitig mehr oder weniger mit dem Menschen „zusammen". Es gibt hier vielerorts keine so großen Waldgebiete, dass ein Bär niemals mit dem Menschen in irgendeiner Form zusammentrifft. Somit findet sich auch Landwirtschaft, die potentiell vom Bären genutzt werden könnte. An dieser Stelle wird die Bergregion Poľana als Fallbeispiel genommen, da hier eine umfangreiche Ernährungsstudie mithilfe von Kotproben durchgeführt wird. Unter dem Aspekt der Wechselwirkungen zwischen Mensch und Bär werden für jede der gezeigten Jahreszeiten die einzelnen Futterbestandteile in vier Großkategorien eingeteilt. Für jede der „Bärenfutterjahreszeiten" wird das Verhältnis dieser Großgruppen zueinander dargestellt. Der Fokus liegt hierbei auf der Bär-Mensch-Wechselwirkung.

Warum gerade Poľana? Diese Bergregion liegt im Herzen der Slowakei. Hier wird schon seit vielen Jahren Wildtierforschung betrieben, wobei nicht nur Poľana, sondern auch die angrenzenden Gebiete betrachtet werden, da sich Wildtiere großflächig bewegen. Es handelt sich bei dem Kernstück mit dem Namen „Poľana" um ein Landschaftsschutzgebiet, in dem nachhaltige Forstwirtschaft betrieben wird. Vereinzelte Flächen mit Urwäldern sind vollständig geschützt. Die Jagd ist nach den gesetzlichen Bestimmungen und Schonzeiten erlaubt. Touristisch gesehen ist sie (vielleicht zum Glück) kaum erschlossen, weshalb fast keine Hotels oder Gaststätten ansässig sind. Die angrenzenden Dörfer betreiben Landwirtschaft und Viehzucht. Somit stellt Poľana eine „normale Region" dar, in welcher Bär und Mensch ihren Bedürfnissen nachgehen und ihre Ansprüche erfüllen müssen. Der Bär war schon immer dort, war nie ausgerottet und wird auf eine Individuenzahl von ungefähr 40–50 Tiere festgelegt (Zählung im Winter 2007, Technische Universität Zvolen, 2008). Nationalparks und Naturschutzgebiete ohne Aktivitäten sind geschützte Inseln inmitten von genutztem Land. Leider kann man nicht die ganze Slowakei schützen, weshalb diese Gebiete zahlenmäßig beschränkt sind und auch bleiben. Der Bär lebt aber auch außerhalb dieser Schutzzonen. Derartige Schutzzonen indes werden höchstwahrscheinlich auch flächenmäßig nicht zunehmen. Deshalb ist es wichtig, diese Gebiete besonders gut zu beobachten, in denen Mensch und Bär koexistieren und der Mensch trotzdem seinem Tagwerk nachgeht.

Futter-Großkategorien

In den folgenden Tabellen werden die wichtigsten Bestandteile zusammengefasst. Vermutlich kann man jede der Gruppen noch erweitern, da Bären hinsichtlich ihrer Ernährung sehr kreativ werden können. Hier werden die auffälligsten oder markantesten Bestandteile dargestellt.

Natürliche Vegetation

Diese Gruppe umfasst all die pflanzlichen Ressourcen, die in Wald und Flur natürlich wachsen und zu welchen der Bär freien Zugang hat. Er kann diese sammeln, ohne dabei menschlich angelegte Bepflanzungen zu gefährden. Somit sind diese in Abhängigkeit der Jahreszeit frei verfügbar und der Bär ist vom Menschen unabhängig.

Natürliche Vegetation als Bestandteil der Bärenernährung

Futter	Saison	Wechselwirkung mit dem Menschen
Gras *Verschiedene Arten*	Frühjahr Sommer Herbst	Gras wächst an vielen Stellen zu allen Zeiten des Jahres. Kein Mensch geht auf „Grassuche", weshalb Interaktionen zwischen den beiden kaum vorkommen.
Kräuter *Verschiedene Arten*	Frühjahr Sommer Herbst	Kräuter sind relativ zahlreich und der Bär nutzt sie besonders im Frühjahr sehr intensiv. Manche Menschen sammeln Kräuter. Jedoch ist das Ausmaß nicht so stark, dass es dem Bären in irgendeiner Weise schaden kann. Kräuter sind genug vorhanden, weshalb der Mensch diese Futterpflanze dem Bär nicht „wegsammeln" kann oder umgekehrt.
Himbeere *Rubus idaeus*	hauptsächlich Sommer, gelegentlich noch Spuren zu Beginn des Herbstes vorhanden	Mensch und Bär treten hierbei in einen nicht gewollten Konflikt. Die süßen und saftigen Früchte, die eine bedeutende Rolle in der Bärenernährung einnehmen, stellen im Sommer eine wichtige Energiequelle dar. Der Mensch geht ebenfalls und ausgiebig auf Beerensuche und man vermutet, dass somit dem Bären unter Umständen die wichtigen Zuckerlieferanten „weggeerntet" werden. Gelegentlich treffen zwei- und vierbeinige Beerensammler bei der eigentlich nicht gemeinsam geplanten Suche unverhofft aufeinander (siehe Waldbeerendiskussion).
Brombeere *Rubus fruticosus*		
Blaubeere *Vaccinium myrtilus*		
Preiselbeere *Vaccinium uliginosum*		
Stachelbeere *Großularia*		
Vogelbeere *Sorbus aucuparia*	Ende des Sommers Herbst Reste davon im Frühjahr des kommenden Jahres	Diese Beeren sind eine gute Zuckerquelle im ausgehenden Jahr. Sogar nach dem Winter kann der Bär die übriggebliebenen Früchte des Vorjahres verwerten. Mensch und Bär kommen sich hierbei nicht ins Gehege.
Wilde Kirsche *Prunus avium*	Sommer Herbst	Viele der wildwachsenden Früchte, die der Mensch auch in kultivierter Form gezüchtet hat, sind für den Bären ein weiterer Zuckerlieferant. Bären verbringen während und nach dem Ausreifen der Früchte viele Tage neben den „Futterbäumen", um diese täglich abernten zu können. Die wildwachsenden Verwandten der kultivierten Obstbäume sind dem Menschen jedoch zu bitter oder sauer, weshalb sie dem Bären alleine bleiben. Somit besteht hierbei kaum Konfliktpotential.
Wilde Birne *Pirus communis*		
Wildapfel *Malus malus*		
Haselnüsse *Corylus avelana*	Herbst	Haselnusssträucher sind in vielen Gebieten nur wenig vorhanden. Aufgrund ihres hohen Fettgehaltes helfen sie beim Aufbau des Fettpolsters. Da Menschen kaum auf Haselnusssuche gehen, ist bezüglich dieser vereinzelten Pflanzen kaum Konkurrenz möglich.
Rotbuche Bucheckern *Fagus sylvatica*	Herbst Beginn des Frühjahrs	Bucheckern und Eicheln sind in der Slowakei die zahlreichsten ölhaltigen Pflanzen, die Bären für die Herbstmast benötigen. Hierbei konkurriert der Bär eher mit Wildschwein und Co., da Mensch und Bär hinsichtlich Nahrungsmittelvorlieben verschiedene Wege gehen.
Eiche Eicheln *Quercus* sp.		

Futter	Saison	Wechselwirkung mit dem Menschen
Vorsicht jedoch bei der herbstlichen Wildschweinjagd Das Konfliktpotential hinsichtlich Eicheln und Bucheckern besteht nicht um die Pflanzen an sich, sondern eher hinsichtlich des Standortes. Da auch Wildschweine die öligen Samen als wichtigen Punkt auf der herbstlichen Speisekarte eingetragen haben, geht der Jägersmann gern in den Eichen- oder Buchenwald zur Jagd. Hierbei kann es jedoch passieren, dass der Waidmann im Eifer des Gefechtes nicht nur auf die wilden Schweine, sondern auch auf die dort (oft zahlreich) vorhandenen Bären stößt. Solche Begegnungen können für beide Seiten sehr unangenehme Konsequenzen haben.		
Pilze *Verschiedene Arten*	Sommer Herbst	Einige Wissenschaftler gehen davon aus, dass Bären gelegentlich Pilze fressen. Kaum sind die ersten Pilze aus dem Boden geschossen, ist es für viele Menschen der Startschuss, der bis zum Herbst nicht enden wollenden „Schwammerlsuche". Körbeweise werden die weichen Bodenfrüchte aus dem Wald nach Hause gebracht. Theoretisch kann also der Mensch dem Bären dieses Nahrungsmittel wegnehmen. Das gilt definitiv im Falle von Rothirschen und Rehwild. Von diesen Huftieren weiß man, dass sie sehr gerne Pilze fressen. Zusätzlich kommt hierbei nochmals ein ungeplantes Treffen von Mensch und Bär im dichten Unterholz ins Spiel. Der leise sammelnde Mensch dringt auf der Suche nach den Pilzen tief in den Wald vor, wo möglicherweise ein Bär seine Tagesruhestätte aufgeschlagen hat. Solche Begegnungen können sowohl Mensch als auch Tier in Angst und Schrecken versetzen.

Der Bär als Feinschmecker mit besonderen Vorlieben, falls vorhanden

Futter	Saison	Wechselwirkung mit dem Menschen
Walnüsse *Juglans regia*	Herbst	Obwohl in der Slowakei noch nicht nachgewiesen wurde, dass Bären diese wohlschmeckenden Nüsse fressen, vermutlich da die Bäume nur sehr selten im Wald wachsen, weiß man es in einigen Teilen Russland hingegen besser. Dort gibt es regelrechte Walnusswälder, in denen die pelzigen Waldbewohner vor allem im Herbst in großer Anzahl zu finden sind. Walnüsse sind wichtige Fettlieferanten und ermöglichen somit eine rasche Speckbildung. Falls Menschen ebenfalls in großer Anzahl diese edle Nussfrucht für Kuchen und Gebäck sammeln, besteht eine potentielle Konfliktquelle.
Kastanien *Castanea sativa*	Herbst Reste davon im Frühjahr	Bären sind wählerisch und haben einen sehr feinen Geschmackssinn. Die uns bekannte, allgemeine Kastanie verschmähen sie genauso, wie der Mensch es tut. Das Gegenteil stammt erneut aus dem „russischen Reich". Hier wachsen in der Natur die auch für uns sehr wohlschmeckenden Maronen, die zur Kastanienfamilie gehören. Diese schmecken dem Bären ausgezeichnet und in einigen Teilen sind sie somit das wichtigste Mastfutter des Herbstes. Würden Maronenbäume auch in der Slowakei im Wald ihre beliebten Früchte tragen, käme es vermutlich zu starken Interaktionen. Das fein pürierte Maronenmus verfeinert einige typisch slowakische Süßspeisen, für welche man eine ansehnliche Menge an Nüssen braucht.

Die kultivierten Pflanzen

Hierbei versteht man alle Pflanzen, die der Mensch kultiviert hat, um sie selbst zu ernten, und die er somit entweder auf Feldern oder Plantagen zur Ertragssteigerung in hohen Zahlen anbaut.

Kultivierte Pflanzen

Pflanze	Saison	Interaktion mit dem Menschen
Weizen Hafer Mais *Zea mays* Gerste	Frühjahr Sommer Herbst (Winter)	Der Bär frisst hierbei auf den Feldern des Menschen. Ohne es zu wollen, deckt der zweibeinige Nachbar dem vierbeinigen Petz den Tisch. Somit kommt es zu Schaden für die Bauern. Des Weiteren wird dieses Getreide oft zur Wildfütterung zwischen Herbst und Frühjahr verwendet und ist hierbei eigentlich für Rehe, Hirsche und Wildschweine bestimmt. Es kommt deshalb auch zu Interessensüberschneidungen mit der Jägerschaft.
Silage	Herbst (Winter) Frühjahr	Hierbei handelt es sich um sämtliche Anteile der Maispflanze, die fermentiert sind. Der Mensch selbst verwendet es nicht mehr, aber füttert damit die Huftiere des Waldes. Somit kommt der Bär erneut über Kreuz mit den Jägern und Förstern.
Kultivierte Obstbäume (Pflaume, Apfel, Birne, Kirsche)	Sommer Herbst	Bricht ein Bär wirklich in Obstplantagen ein, führt das zu heftigen Reaktionen. Zum einen verursacht er finanzielle Verluste, die jedoch von Seiten der Regierung entschädigt werden. Zum anderen erzeugt sein ungebetener Besuch bei den Besitzern große Angst, das gilt vor allem dann, wenn sich ein seltener Gast im heimischen Garten einfindet (eventuell auch die Gefahr, dass die nötige Menschenscheu verloren gegangen ist). Zur Winterszeit füttert man an Futterplätzen gerne Äpfel, somit ist hier erneuter Konflikt mit den Jägern.

Sonderstellung des Apfels: Da es sich mit dem Apfel ganz besonders verhält, folgen hier einige praktische Anmerkungen, falls im Kot Überreste von Äpfeln gefunden werden und man sich fragt, welchen Ursprungsort der verdaute Apfel wohl hatte. Zum einen gibt es wildwachsende Äpfel, die der natürlichen Vegetation zuzuordnen sind. Das andere sind die kultivierten Apfelbäume in der Nähe von menschlichen Siedlungen und die Apfelplantagen. In vielen Bärengebieten der Slowakei jedoch finden sich immer wieder vereinzelte (eigentlich kultivierte) Apfelbäume, die inmitten der natürlich vorkommenden Vegetation wachsen. Sie wurden definitiv nicht vom Menschen dorthin gebracht oder angepflanzt, aber stellen durch ihre ansehnlichen Früchte eine nahrhafte Futterquelle für den Bären dar. Natürlich wachsen diese nicht in allzu hohen Höhenlagen, allerdings sind viele Gebirgsregionen der Slowakei eher als Mittelgebirge einzustufen. Warum wachsen diese Äpfelbäume dort und wie kommen sie dort hin?

Man kann vermuten, dass die Samen zu einem großen Prozentsatz wohl durch verschiedene Tiere selbst verbreitet worden sind. Falls irgendwelche Wildtiere nun an den menschlich gepflanzten Früchten gefressen haben, trugen sie abschließend die entsprechenden Samen in ihrem Bauch davon und mit zurück in den Wald. Diese wurden dann in Form von Kot an einer anderen, entfernteren Stelle wieder ausgeschieden. Das wird als Endozoocherie bezeichnet, stellt einen ganz natürlichen Mechanismus bei der Pflanzenausbreitung dar und könnte somit eine der Erklärungen sein. Die ganze Slowakei ist voller Apfelbäume, welche nicht nur einsam oder in Gruppen auf Wald und Flur stehen, sondern auch die Straßenverläufe säumen. Sind die Äpfel reif, fallen sie herunter und kaum ein Mensch kümmert sich darum. Nicht jedoch die Wildtiere, welche ein großes Interesse daran hegen. Das gilt bei Weitem nicht nur für Bären, sondern auch Rehe, Hirsche und Wildschweine wissen dieses „Zubrot" ganz besonders gut zu schätzen. Dieses tierische Interesse ist so hoch, dass zur Apfelreife bisweilen im Radio Warnungen an die Autofahrer durchgegeben werden, auf etwaige Wildschweine, Rehe und Hirsche, welche sich auf der Straße befinden und sich an den heruntergefallenen Äpfeln laben, ganz besonders aufzupassen. Nach Abschluss dieser speziellen Apfelernte wandern diese Tiere wieder zurück in ihre Wälder. Die letzte Verwirrung hinsichtlich der Zuordnung der Äpfel kommt durch stillgelegte oder verlassene Apfelplantagen, welche oft nahe am Waldrand gelegen sind. Wieder interessiert sich hierbei kein Mensch darum und der Zugang steht den Wildtieren, inklusive dem Bären, frei offen. Wenn nun wissenschaftliche Kotanalysen durchgeführt werden, mithilfe derer man den Anteil der durch den Menschen kultivierten Pflanzen in der Ernährung des Braunbären herausfinden will, ist im Endeffekt Vorsicht mit den Äpfeln geboten. In Abhängigkeit der Höhenlage und der generellen Baumzusammensetzung mit oder ohne Apfelbäume müssen die Äpfel für jede Region entsprechend klassifiziert werden. Eine weitere Hilfestellung ist die Jahreszeit. Findet man sie in der apfelfreien Zeit, beispielsweise im Winter oder Frühjahr, stammen sie meistens aus menschlicher Hand, mit dem Ziel, andere Wildtiere (Rehe, Hirsche und Wildschweine) zuzufüttern.

Rückschluss zu Birne und Co.: Birne, Pflaume und Kirsche sind ebenfalls in kultivierter und wilder Form vorhanden. Hierbei ist der Vorteil, dass die Samen der wilden Verwandten meist kleiner sind. In der Gebirgsregion Poľana gibt es zudem keine dieser kultivierten Obstplantagen, was die Einteilung erneut erleichtert.

Evertebraten = sämtliche Kriechtiere, hauptsächlich Hautflügler

In diese Gruppe gehören alle mehrbeinigen, kleinen Wesen des Tierreiches, mit welchen nicht alle Menschen sympathisieren und diese fälschlicherweise grundsätzlich als Insekten oder gar als Ungeziefer bezeichnen. Dennoch sind genau diese Tiere in den Sommermonaten entscheidende Proteinlieferanten. Somit kann man den Bären in dieser Zeit anteilig als Insektenfresser klassifizieren.

Evertebraten

Art	Saison	Interaktion mit dem Mensch
Ameise *Verschiedene Arten* Wespen *Vespa vulgaris*	Ende des Frühlings Sommer Anfang Herbst	Da der Mensch weder die Ameise noch die Wespe nutzen kann, stellen sie neutrale Ernährungselemente dar. Im Falle der Wespe wird es einigen Menschen eher behagen, dass der Bär zumindest einen Teil davon wegfrisst. Oft frisst er neben den adulten Tieren auch die Puppen und Kokons. Seine Vorliebe für Wespen geht mitunter so weit, dass er ganze Nester ausgräbt und komplett verspeist.
Käfer *Verschiedene Arten*	Frühjahr Sommer Herbst	Immer wieder tauchen einzelne Käferindividuen in den Proben auf, die aufgrund ihrer Anzahl zu gering sind, um als wirkliches Futterelement zu dienen. Viele dieser Käfer frisst der Bär oft unabsichtlich während der Nahrungsaufnahme anderer Dinge. So kann er bei der Waldbeerenernte Blattkäfer und beim Fleischfressen unterschiedliche Aasfresser verschlucken. Käfer sind absolut neutral.
Bienen *Apidae*	Sommer	Abgesehen von den wilden Bienen, die zahlenmäßig sehr unterrepräsentiert sind, stellt die kultivierte Honigbiene (und ihr produzierter Honig) einen wichtigen Konfliktpunkt dar. Da sie vom Menschen gezüchtet und in dem Wald platziert wird, ist sie kein natürlich vorkommendes Fluginsekt.

Säugetiere aus Wald und Flur

Tierart	Saison	Interaktion mit dem Menschen
Rothirsch *Cervus elaphus*	Ganzjährig	Manche Bären sind bessere Jäger als gedacht. Obwohl sie oft die Kadaver von verendeten Tieren beseitigen, gibt es immer wieder Fälle von aktiver Bärenjagd auf die großen Huftiere. Oft schlagen sie junge oder alte Individuen. Somit kann der Bär rein theoretisch von der Jägerschaft angeprangert werden, entgegen der Tatsache, wer nun wirklich mehr Rothirsche erlegt. Da der Bär gegen einen Hirsch mit mächtigem Geweih nur verhältnismäßig geringe Chancen hat, ist er prinzipiell freizusprechen, regelmäßig hochrangige Trophäen aus dem Wald zu entwenden.
Rehe *Capreolus capreolus*	Ganzjährig	Interessanterweise ist das flinke, leichtfüßige Rehwild nur in Ausnahmefällen in den Ernährungsstudien aufgetaucht. Eventuell ist es dem „großen Braunen" wirklich zu schnell für eine Bejagung. Theoretisch kann der Bär die anfallenden Kadaver und die versteckten Kitze nutzen. Überschneidungen mit den Waidmännern sind demnach weniger gegeben.
Wildschwein *Sus scrofa*	Ganzjährig	Obwohl es für einen Bären eine ausgesprochen riskante Sache ist, sich mit einem rasenden Wildschwein anzulegen, findet man immer wieder Wildschweinhaare in bärigen Hinterlassenschaften. Neben dem Fressen von Kadavern bejagen Bären die Wildschweine hin und wieder intensiv. Gelegentlich plündern sie auch die Nester mit Frischlingen. Hinsichtlich der Bejagung der Wildschweine sind bis dato kaum Klagen laut geworden. Für viele Jäger und Förster steht meist das Rotwild im Fokus des Interesses. Gerade bei der Zufütterung im Winter beklagen diese bisweilen die verfressenen Wildschweine, welche innerhalb kurzer Zeit riesige Mengen an den Futterstellen wegplündern. Für eine hungrige Wildschweinfamilie sind mehrere Kilogramm Mais oder Äpfel oft nur eine Frage von einer Stunde.
Gämse *Rupicapra rupicapra (tatrica)*	Ganzjährig	In Ausnahmefällen nutzen Bären die anfallenden Kadaver. Bejagungen sind jedoch ausgesprochen selten. Die kleinen Bergziegen halten sich oft in zerklüfteten Gebieten mit vielen Abgründen und steilen Felsspalten auf. Vielleicht ist es dem Bären einfach zu riskant, in derartig schwindligen und gefährlichen Höhenlagen eine Jagd mit zweifelhaften Erfolgsaussichten zu starten. Außerdem können sie sich auf den Felsen nur sehr schwer fortbewegen.
Damhirsch *Dama dama* Mufflon *Ovis musimon*	Ganzjährig	Beide Arten sind ursprünglich in der Slowakei nicht heimisch und wurden erst im Mittelalter eingeführt. Dennoch fressen Bären zumindest deren Kadaver, wenn nicht eigens erlegte Tiere. Gerade das Mufflon genießt aufgrund seiner Waldbeschädigungen keinen guten Ruf, somit hat sich die Jägerschaft bis jetzt nie über diese mögliche Beute beschwert.

Der Zündstoff in der Ernährungspalette

Falls sich der Bär an irgendwelchen domestizierten Tieren des menschlichen Besitzes vergreift, wird es für beide Seiten kritisch. Menschen büßen finanziellen Schaden ein und die Bären auf der anderen Seite einen Verlust ihrer Reputation. Der Bär sollte demnach die Pfoten von Schafen, Kühen, Ziegen, Hühnern, Gänsen, Kaninchen, Schweinen und auch von kultivierten Bienen im eigenen Interesse lassen. In seltenen Fällen geht der slowakische Bär, der keinen Zugang zu wilden Lachspopulationen hat wie der Bär in Alaska, Kanada oder im fernen Osten, zum Fischfang in private Teiche oder in professionelle Fischzuchtbetriebe, was ebenfalls seine Reputation schmälern kann. Ähnliches gilt auch für diverse Gatter mit wilden Huftieren, wie Damhirschen, Mufflons, Rot- und Rehwild. Die Tiere sind eingesperrt und können nicht fliehen, was die Erfolgsaussichten einer Jagd sehr erhöht, zum schmerzhaften Nachteil des Besitzers. Die in der Slowakei jährlich aufgestellte Schadensstatistik zeigt das

Ausmaß des verursachten Bärenschadens und wird im späteren Verlauf aufgeführt. (siehe „Schadensstatistik“, S. 137)

Rolle der tierischen Nahrung

Der oft als Vegetarier klassifizierte Bär deckt örtlich mit mehr tierischen Bestandteilen seinen Bedarf, als man es oft vermuten würde. Verschiedene Studien zeigen, dass zumindest einige Bären ein verstärktes Interesse an Fleisch hegen und hierfür gelegentlich aktiv zur Jagd gehen. Andere Bären leben in einer sehr pflanzendominierten Lebensweise und die einzigen noch lebenden Tiere, die sie verspeisen, haben mindestens 6 Beine und gehören somit zum Reich der Kriechtiere, Insekten & Co. Der jagende Anteil der Bärenbevölkerung zielt vor allem nicht nur auf große Beutetiere, sondern auch auf Fisch und verschiedene kleinere Säugetiere ab. An dieser Stelle ein Überblick der auffälligen Ernährungsbestandteile aus den GUS-Staaten (an dieser Stelle mit den entsprechenden Autorennamen):

- Tierische Bestandteile in der Bärennahrung erreichen im slowakischen Nachbarland Ukraine im Frühling Werte bis 42,3 %. Hier haben sich Bären zusätzlich zu großen Tieren aktiv auf die Jagd von Mäusen, Wühlmäusen und Maulwürfen spezialisiert. Örtlich gibt es sehr milde Winter und einzelne Bären bleiben zeitweise wach. Diese jagen dann ganz aktiv Ungulaten (Huftiere des Waldes), welche sie in den Flusstälern finden (Slobodyan 1993).
- In Belarus (Weißrussland) weiß man von aktiven Jagden auf Biber und sogar Waschbären (Lavov 1993).
- Im europäischen Teil Russlands sind Gebiete bekannt, in welchen der Anteil der großen Säugetiere bis 20 % betragen kann (Danilov, Tumanov, Rusakov 1993).
- Im Kaukasus ist der Beitrag der gefallenen und umgekommenen Steinböcke sowie der eigens bejagten Tiere offensichtlich ausreichend genung, so dass sämtliche Insekten als Proteinlieferant fast völlig wegfallen (Kudaktin, Chestin 1993).
- In einigen Teilen Zentralrusslands graben Bären Höhlen von Ratten (*Rattus rattoides*) und Murmeltieren aus. Außerdem fressen sie Fische (Zhiryakov, Grachev 1993) .
- Im Altai graben die Bären Eichhörnchen aus ihren Höhlen aus und verspeisen die ganze Brut inklusive der Erwachsenen (Sobanskiy, Zavatskiy 1993).
- Im asiatischen Teil Russlands entlang der Küste bejagen sie bisweilen ganzjährig Fische. Außerdem fressen sie Dachse und bei Futterknappheit auch Seeotter (Yudin 1993).
- Ähnliches gilt auch für Kamschatka. Ganzjährig können sie von angeschwemmten Meerestieren, wie Walen, Robben, Schnecken, Fischen, Vögeln und marinen Pflanzen sowie der aktiven Bejagung von Seeottern überleben (Revenko 1993).

Fischende Bären gibt es demnach nicht nur in Alaska, sondern auch entlang der russischen Küste. Leider nimmt auch dort die Umweltverschmutzung zu und Abwässer verschiedener Herkunft werden in die See gepumpt. Demzufolge sind die Fische fressenden Braunen davon ebenfalls betroffen. Des Weiteren kann man in diesen Teilen beobachten, dass sich Bären im Prinzip von allem ernähren, was ans Festland angeschwemmt wird, inklusive Abfall. Somit leiden einige der Tiere unter ernsthaften Verdauungsschwierigkeiten.

Verhaltenselemente beim Fischen nach I. A. Revenko

Ausrichtung/Position	Annäherung an den Fisch	Womit wird gefangen
Sitzen	Rennen und Springen	Vorderpfote
Stehen	Kopf unter Wasser	Vorderpfote und Maul
Bewegung (Schwimmen, Tauchen, Rennen im Wasser, Wandern am Ufer)	Springen	Maul eine Vorderpfote eine Vorderpfote und Maul

Der Jahresverlauf in Poľana

Die hier dargestellte Grafik zeigt die Zusammensetzung der Ernährung von Braunbären von Ende 2006 bis Anfang 2008 im Überblick in Poľana. Insgesamt wurden 111 Proben analysiert, wobei an dieser Stelle die Frequenz des Vorkommens der einzelnen Großkategorien gezeigt wird. Im Folgenden werden die einzelnen Jahreszeiten näher betrachtet.

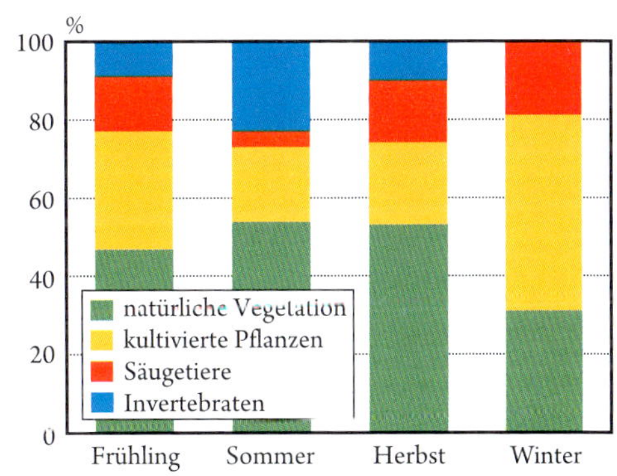

Ernährung des Bären in der Poľanaregion

Frühling: März bis Ende Mai

Die natürliche Vegetation setzt sich aus Gräsern, Kräutern und einigen Bucheckern zusammen. Bären bevorzugen frisches saftiges Gras, welches sie oft an Flussläufen finden, wo auch Frühlingskräuter sprießen. Auch die überdauerten Buckeckern können von Bären und auch von den Wildschweinen im anschließenden Frühjahr noch gut verwertet werden. Bei den Invertebraten finden wir hauptsächlich Ameisen, darunter auch die große Waldameise (*Camponotus herculeanus*), die es auf eine Größe von 1,5 cm bringen kann – eine durchaus ansehnliche Proteinmahlzeit.

Ab Mai sind diese flinken Kriechtiere verfügbar und Bären suchen dann intensiv nach ihren Behausungen. Dafür graben sie die Ameisenhügel um und auf, um Erwachsene und Larven aufzunehmen. Anschließend versucht der überlebende Rest des gefressenen Staates, das in Schutt und Asche liegende Reich wieder einigermaßen zu reparieren. Man kann diese „abgeflachten" Hügel oft sehr gut als Bärenopfer identifizieren. Der Bär sucht intensiv nach dem schwarzen Kriechgetier und dreht deshalb oft auch Steine mit mehr als 10 kg auf den Waldwiesen um. Ist auf Forstwegen unverhofft ein kleinerer Felsen im Weg, kann man bei näherer Untersuchung am Wegesrand manchmal die entsprechende Ursache finden: Bären haben diese Steine bei der Ameisensuche umgedreht und auf die Straßen gerollt. Auch in den auf dem Boden liegenden Baumstümpfen wird der Bär oft fündig. Mit Hilfe von Pfoten und Zähnen entfernt er die über den Ameisen befindlichen Holzschichten. Menschen, die das Glück hatten, einen Bären bei dieser Tätigkeit zu beobachten, beschreiben oft, dass der Bär ganz furios und wild an den Stümpfen gearbeitet hat. Intensiv kratzt er in Zusammenarbeit mit den Krallen der beiden Vorderpfoten das Holz weg und beißt mit den Zähnen große Holzteile heraus, die er daneben ausspuckt. Ist er endlich am Ziel der Bearbeitung angekommen, werden die jetzt panisch davonlaufenden Ameisen mit der großen Zunge aufgeleckt oder mit dem Maul eingesaugt.

Der hohe Anteil an kultivierten Pflanzen im Kot ist sehr auffällig. Hierbei handelt es sich um Mais, Hafer, Weizen und Äpfel, die allesamt nur von den Wildfutterstellen stammen können. Gefüttert wird bis Anfang April, dann fällt diese Art der Zufütterung weg. Im Abschluss der Auswertung wird diese Zufütterung nochmals näher betrachtet (siehe S. 127). Ebenfalls auffällig ist der Anteil an Säugetieren, wobei es sich hauptsächlich um Rotwild und Wildschweine handelt. Offensichtlich kann dieses tierische Eiweiß, wenn verfügbar, einen nicht zu unterschätzenden Anteil ausmachen.

Kadaver oder Opfer?

Falls Beutetierüberreste im Bärenkot auftreten, kann man nur in wenigen Fällen sagen, ob dieses Tier nun aktiv getötet worden ist oder nicht. Oft kann es sich um bereits verendete Tiere handeln, die vom Bären gefunden und verspeist worden sind. Der Bär wird aber auch nicht ohne Grund als Raubtier klassifiziert und ist demnach nicht immer nur der unschuldige Vegetarier mit gelegentlichem Hang zum Aasfressen. Internationale Wissenschaftler beschreiben oft sehr einhellig, dass der Braunbär besonders im Frühjahr sehr aktiv auf die Jagd geht. Hierbei schlägt er vermehrt Rothirsche, Rehe, Wildschweine und im Gebirge auch die bereits erwähnten Steinböcke. In diesem Zusammenhang sei folgende Steinbockjagd (Bobyr 1991) wiedergegeben:

Das Verhältnis des Bären zu wilden Ungulaten ist ganz spezifisch. Viele Jahre an Beobachtungen von Bären und den Ungulaten im Westkaukasus können bestätigen, dass in speziellen Fällen Steinböcke von Bären angegriffen werden. Solche Fälle passieren insbesonders am Kopf der Täler, nahe des Grates. Am Gipfel befindet sich viel Schnee und die Steinbockgruppen wandern niedriger an die Enden der Schneefelder, wo sie lange Zeit auf den Felsenflächen und -terrassen seitlich der Flüsse verbringen.

Am 31. 3. 1985 haben zwei Förster gesehen, wie ein Bär ein Steinbockweibchen jagte. Der Bär lag ausgestreckt auf einem flachen Felsen, war dabei jedoch versteckt hinter einer großen Pinie. Durch diese hindurch war es ihm möglich, die auf einer felsigen Anhöhe grasende Gruppe zu beobachten, er selbst konnte jedoch dabei nicht wahrgenommen werden. Ein Steinbockweibchen bewegte sich unwissend von der leichten Anhöhe etwas herunter und kam nahe des Bären zum Stehen. Dieser schoss blitzschnell aus seinem Versteck hervor und tötete sie mit nur einem einzigen Prankenhieb. Dann packte er sie mit den Zähnen am Nacken und zog sie ins Gebüsch. Während der Attacke waren die in der Nähe grasenden, anderen Steinböcke weggerannt. Etwa 50 bis 70 m entfernt und etwas weiter bergab kamen sie zum Stehen und fuhren mit dem Grasen fort, offensichtlich ohne Interesse an dem Vorfall zu zeigen.

… und folgende Wildschweinjagd (Slowakei, 2004, S. Find'o):

Es ist Frühling in Pol'ana, Ende März. Der Schnee beginnt an vielen Stellen zu schmelzen und die kleinen Flüsse durchbrechen die tauende Schneeschicht. Anhand der Spurenanalyse im Schnee kann die folgende Begegnung eindeutig nachvollzogen werden:

Ein mittelgroßes Wildschwein trank an einem kleinen sprudelnden Bach, der aufgrund des Schmelzwassers recht viel Wasser führte und demzufolge sehr laut war. Der Fluss befand sich an einer abfallenden Stelle im Wald und war etwas abgeschottet. Offenbar war es bei dieser Tätigkeit von einem Braunbären beobachtet worden, der hinter einer kleinen Anhöhe einige Zeit gewartet und dabei das Schwein beobachtet haben muss. Der Körper der möglichen Beute war mit dem Rücken in Richtung Bär gewandt, demzufolge konnte der gefährliche Beobachter weder gesehen und nur schlecht gewitttert werden. Irgendwann rannte der Bär aus seinem Versteck heraus und schlug mit der Vorderpranke auf das Hinterteil des Wildschweines, welches daraufhin ca. 2 m durch die Luft flog. Schnell konnte der Bär das Tier überwältigen und es fressen.

Dieses Wildschwein hier hat nochmals Glück gehabt. Die Tiere sind nicht nur wehrhaft, sondern können im Bedarfsfall auch sehr schnell rennen, wobei sie lange Sprünge machen. Foto: V. Vician

Immer wieder bestätigen Förster, dass sie Überreste von erwachsenen Wildschweinen finden, die eindeutig von einem Bären getötet worden sind. Im Frühjar 2008 kannte man in der Pol'anaregion mindestens drei solcher Fälle. In zwei Fällen hatten sich Wildschweinweibchen nahe dem Waldrand befunden und dabei irgendwie im Boden gescharrt. Dabei muss sich ihnen der Bär genähert haben und konnte sie im Endeffekt erfolgreich schlagen und anteilig verspeisen.

Die ausgewerteten Kotproben erzählen noch eine weitere Geschichte, nämlich die der Neugeborenen und Frischlinge. Definitiv hat in mehreren Fällen der tätliche Bär mehrere Frischlinge auf einmal gefressen, was anhand der Anzahl der kleinen und noch weichen Hufe

Dieser neben einem Baumstamm im hohen Gras liegende Bär ist perfekt an seine Umgebung angepasst und somit beeindruckend getarnt. Vielleicht hat ein solches Individuum auf das trinkende Wildschwein gewartet, sich langsam angepirscht und mit einem schnellen Sprung sein Opfer erlegt. Bären sind keine guten Hetzjäger, sie müssen auf ihre Chance warten und dann rasch und erfolgreich das entsprechende Beutetier packen und überwältigen. Foto: M. Kalaš

eindeutig nachvollzogen werden konnte (mehr als 4 Stück). Demzufolge gingen zumindest bestimmte Bären auf die Suche nach Frischlingen, die zusammen in kleinen Kuhlen am Boden liegen.

Ähnliches kann man auch bei den Rothirschen beobachten. Diese gebären ihre Kälber oft im Mai. Gerade der erste Monat ist für die Jungtiere ganz besonders kritisch. Die Mütter sind alleine, da sich die Rothirschgruppen zuvor aufgelöst haben und jedes Weibchen für sich und ihr Junges alleine einen Platz gesucht hat. Hat das kleine Wesen einmal das Licht der Welt erblickt, muss es viele Stunden pro Tag alleine irgendwo im hohen Gras verbringen. Die Mutter geht für sich selbst auf Futtersuche, da sie nur mithilfe dessen genug Muttermilch für den Nachwuchs produzieren kann. Normalerweise haben Neugeborene keinen Eigengeruch, was in diesem Alter ihre einzige Verteidigungsstrategie ist: sich geruchlich unsichtbar zu machen. Jedoch ist bekannt, dass nicht nur Wölfe, sondern auch Bären aktiv auf die Suche nach den Jungtieren gehen, da sie eine sehr einfache und schnelle Beute sind. In manchen Fällen sind sie unterernährt oder sehr schwach, gelegentlich sogar schon tot.

Als letzte interessante Beobachtung sei erwähnt, dass in seltenen Ausnahmefällen Bären Wildschweinweibchen bzw. Rehwildweibchen während des Gebärens überrascht und erfolgreich überwältigt haben. Man kann behaupten, dass zumindest einige Bären gelegentlich Wildtiere bejagen. Wahrscheinlich kommt im Frühjahr noch die erleichternde Tatsache hinzu, dass mögliche Beutetiere durch den vorangegangenen Winter auch schwächer oder müder und somit erneut leichter zu fangen sind.

Sommerzeit: Juni bis Ende August

Der Anteil der Säugetiere im Kot geht zur Sommerzeit steil bergab. In Nízke Tatry (die Niedere Tatra) wird seit 2004 jedes Jahr im Sommer eine umfangreiche Kotuntersuchung durchgeführt, wo sich ein ähnliches Bild abzeichnet. In diesem Falle handelte es sich nur um Kälber der Rothirsche. Tierisches Eiweiß wird in dieser Zeit vermehrt durch Kriechtiere aufgenommen, hierbei sind neben den Ameisen jetzt auch Wespen von großem Interesse. Die Wespennester werden gelegentlich aktiv ausgegraben und inklusive der Waben mit Eiern und Larven verspeist (eine Probe beinhaltete diese Überreste). Die stacheligen Verteidigungsversuche beeindrucken das dicke Bärenfell offensichtlich wenig und können dem Wespenstaat nur wenig Hilfe garantieren.

Wilder Kirschbaum, beschädigt durch eine Bärenfamilie, die beim Besteigen und Ernten der Früchte Äste und Zweige abbrach.

In der natürlichen Vegetation sind zur Sommerzeit sämtliche Waldbeeren vorhanden, die der Forst beheimaten kann: Himbeeren, Brombeeren, Heidelbeeren, Stachelbeeren und bereits einige Wildkirschen. In der Niederen Tatra fanden sich auch die Preiselbeeren, die dort zahlreicher wachsen als in der Poľanaregion.

Augenscheinlich machen kultivierte Futterpflanzen immer noch einen gewissen Anteil in der Bärenernährung aus, auch in der Niederen Tatra erreichte diese Kategorie Werte bis zu 13 %. Hauptsächlich handelt es sich hierbei um Hafer und Weizen, die auf den angrenzenden Feldern vom Bären gesammelt werden.

Der Bär im Kornfeld? Mithilfe der besenderten Bären Albin und Adriano konnte bereits schon jetzt gezeigt werden, dass sich die beiden im Juli/August eben nicht immer im dichten, ausgedehnten Wald befinden, sondern sich oft nahe der Felder in den angrenzenden Waldstücken aufhalten. Bei der Nachsuche zeigte sich, dass die Bären aktiv am Feldesrand das dort wachsende Getreide fressen. Ein gewisser Teil der Bärenpopulation geht in vielen Gebieten auf die Felder und frisst das ausgereifte Getreide. Als erstes werden der Weizen oder der Hafer reif, was für den Bären eine gute und einfache Nahrungsquelle darstellt. Auch im europäischen Teil Russlands weiß man von dem ab August an Bedeutung gewinnenden Hafer (Pazhetnova 1987). Bären verhalten sich dennoch sehr vorsichtig und gehen nicht besonders weit hinaus auf die Felder. Meistens fressen sie am Rand und treten nur in unmittelbarer Nähe davon direkt ins Getreide. Einige Beobachtungen beschreiben, dass der Bär beim Getreidefressen auch auf dem Bauch liegen kann und mithilfe der Vorderpfoten die Halme langsam in den Mund schiebt. Hat er eine bestimmte Stelle abgeerntet, rutscht er ein Stückchen weiter vor und beginnt von Neuem. Somit bilden sich ganz spezifische Schneisen aus.

sich vor dem nahenden Gefährt in Sicherheit zu bringen. Adriano war ebenfalls ein Bär, der sich bis zu zwei Tage durchgehend im Maisfeld aufhielt. Die hohen Stauden boten ideale Bedingungen: ausreichend Schatten und allzeit verfügbares Futter. Zudem hatte es geregnet und die so gebildeten Pfützen deckten noch dazu seinen Wasserbedarf. Allerdings verließ er immer wieder dieses „Schlaraffenland", zog sich auf die Anhöhen zurück und fraß zwischendurch natürliches Futter, vor allem Ameisen.

Der vorgefertigte Maisschrot: Abschließend kann auch der als Futterbestandteil ermittelte „Maisschrot" ganz einfach erklärt werden. Förster und Jäger müssen die geschädigten Bauern finanziell entschädigen, falls es zu Fraßschäden auf ihren Feldern durch jagdbares Wild gekommen ist. Jagdbar sind alle Wildtiere, die zu bestimmten Zeiten pro Jahr geschossen werden dürfen. Interesse am Mais haben neben Bären auch Wildschweine, Rehe und Rotwild. Um die Entschädigungen geringer zu halten, wurde in einer Waldinsel zwischen zwei großen Maisfeldern in einem Futterstand eine große Menge an gemahlenem Maisschrot ausgelegt, um die Tiere von den Feldern abzulenken. Hier fanden sich natürlich auch die Bären ein, wobei mindestens fünf verschiedene Tiere vermutet wurden. Der Schaden, den die Bären produzieren, ist nicht zu verachten, jedoch geringer als der Schaden von Wildschweinen, da sie oft an den Rändern der Felder fressen. Im Vergleich zu den Wildschweinen trampeln sie nicht in Massen über die gesamte Fläche und graben auch nichts um.

Das Schutzritual: Trotzdem erklärt sich durch diese Tatsache der eigentlich sehr alte und oft schon vergessene slawische Brauch, bei der Ernte eine Handvoll Ähren stehenzulassen. Das gilt als Opfergabe für den Gott VELES, den Beschützer der Bauern und Viehzüchter. In manchen Regionen der Slowakei nennt man diesen Überrest nicht nur „Velesbart", sondern auch „Bärenbart".

Beim Blick zurück zum Herbstfutter nehmen die Invertebraten ab und der Bär frisst wesentlich weniger Wespen und Ameisen. Aufgrund der kühleren Temperaturen sind diese Kleintiere auch nicht mehr so aktiv. Als ektotherme Tiere können sie ihre Temperatur nicht von innen heraus steuern, sondern sind auf die Wärmezufuhr von außen angewiesen, die ihren Körper dann aufwärmt. Da sie eine gewisse Temperatur brauchen, um aktiv sein zu können, ziehen sie sich bei abfallenden Temperaturen wieder in ihre warme Behausung zurück. Prozentual steigt zur Herbstzeit der Anteil der Säugetiere, wobei es sich um kleine Säugetiere sowie Rothirsch und Wildschweine handelte. Fleisch ist, vom energetischen Standpunkt her gesehen, für einen Speck bildenden Bären eine ernst zu nehmende Proteinquelle. Wie bereits bei der Frühjahrsdiät lässt sich jedoch das vorherige Schicksal der Beutetiere nicht genau klären. Anhand der ausgeschiedenen Hufe konnte entdeckt werden, dass ein gewisser Teil der gefressenen Rothirsche eines sehr frühen Todes erlegen ist, was eventuell auf das Konto des Bären gehen kann.

In der Slowakei hatten die Bären genug Futter, nicht nur im Wald, sondern auch auf den angrenzenden Feldern. Eventuell macht die Gelegenheit Diebe, da sich unverhofft auf solchen futterreichen Plätzen nicht nur Bären, sondern auch Wildschwein und Co. einfinden.

Theoretische Quellen zur Fleischbeschaffung

Neben der aktiven Jagd und dem Fressen von Kadavern haben Bären mithilfe der folgenden Quellen im Prinzip die Möglichkeit, an Fleisch von Säugetieren zu gelangen.

Der Jäger als ungewollte Unterstützung: Der Herbst ist vom menschlichen Jagdstandpunkt aus betrachtet eine wichtige Zeit. Gelegentlich wird das erlegte Tier an Ort und Stelle ausgenommen und der so genannte Aufbruch (bestimmte Innereien) bleibt demzufolge im Wald zurück. Es ist bekannt, dass verschiedene Aasfresser, wie auch der Bär, diese zusätzlichen Fleischrationen sehr zu schätzen wissen, welche geruchlich zudem einfach zu orten sind. Des Weiteren werden auf Wildschweine noch immer Treibjagden veranstaltet, wobei das eine oder andere Tier zwar angeschossen wird, anschließend aber nicht erfolgreich nachgesucht wird. Entweder weil man den „erfolgreichen" Schuss im Jagdstress gar nicht registrierte oder weil eine Nachsuche erfolglos blieb. Diese Tiere verenden dann manchmal von alleine oder können dann von anderen Raubtieren sehr leicht bejagt werden. Somit kann der Bär auch auf diese Art und Weise an die hochgeschätze Nahrung gelangen.

Diebesgut: Bären gelangen auch durch nächtliche Raubzüge an hochrangiges Fleisch. Haben (menschliche) Jäger sehr spät abends ein Wildtier erlegt und können es aus verschiedenen Gründen nicht nachsuchen, passiert es mitunter, dass sich bis zum nächsten Tag andere, nicht-menschliche Gäste, wie etwa Wölfe, Füchse, Dachse oder Bären, eingefunden und das Fleisch unschön angefressen haben. War der Täter ein Bär, ist das Abholen „ihrer Beute" sogar für die Menschen gefährlich. Oft rasten die Bären nämlich neben diesem hochattraktiven Futter und verteidigen es bisweilen sehr vehement gegen sämtliche Konkurrenten.

Der kommensale Bär – ein Abfallverwerter: Was im Falle vom Bären noch ganz spezifisch klassifiziert wird, ist seine Eigenschaft, Beuteüberreste von anderen Raubtieren, wie etwa den Wölfen und Luchsen, ganz bewusst „nachzusuchen". Einige Teile von Beuteresten können Wölfe oder Luchse nur schwer verwerten und werden demnach oft zurückgelassen. Hierzu zählen die massiven Knochen und der Schädel großer Beutetiere. Nicht jedoch für den Bären. Mithilfe seines starken Gebisses und den mahlenden Unterkiefern kann er zum einen Knochen zerkauen, um so an das schmackhafte Mark zu kommen. Auf der anderen Seite ist es ihm möglich, die Schädelkapsel zu knacken und auf diese Weise Zugang zum proteinreichen Gehirn des bereits erlegten Beutetieres zu erlangen.

Im Folgenden wird das besondere Fallbeispiel eines Bären mit Glück gezeigt (beobachtet von dem Förster Stanislav Peniak):

Ein Wolfsrudel hatte im späten Herbst, als bereits Frost und ein wenig Schneefall eingesetzt hatte, einen Hirsch erfolgreich bejagt. Unglücklicherweise fiel das Beutetier in einen Fluss, der relativ tief war, weshalb das Rudel den Hirsch nicht herausziehen konnte. Den Wölfen blieb nichts anderes übrig, als nur an der herausstehenden Seite etwas von den Rippen abzufressen. Ein Bär allerdings konnte den ca. 150 kg schweren Hirschen aus dem Wasser herausziehen und trug ihn dann auf eine Anhöhe etwa 150 m steil bergauf. Anhand der Spuren im weichen, schneebedeckten Boden war ersichtlich, dass dabei die Füße des Hirsches den Boden nicht berührt hatten. Ob der Bär den Hirschen im Maul trug, mit den Vorderpfoten über den Kopf hielt oder sich gar den Kadaver über die Schulter gelegt hatte, weiß man nicht. Jedoch zeigt diese Beobachtung klar, was man von der „Bärenkraft" zu halten haben muss. Anschließend fraß er einige Tage an der so mühelos erhaschten Fleischmahlzeit.

Wenn der Bär den anderen aktiv ins Gehege kommt: Haben große Raubtiere ein stattliches Beutetier schlagen können, sind sie nicht immer in der Lage, alles auf einmal aufzufressen. Deshalb lassen sie es über den Tag an Ort und Stelle liegen und kommen in den darauffolgenden Nächten erneut zurück, um sich davon zu ernähren. War der Bär am nächsten Abend früher als sie selbst da, haben sie häufig keine Chance mehr, ein Stück „ihres Vorrates“ zu erlangen, da dieser sie rigoros wegscheucht. Dieses Verhalten nennt man *Klepto-parasitismus*, der Bär wird zum *diebischen Parasiten*. Als Letztes kann noch angeführt werden, dass Bären in seltenen Fällen den anderen offenbar die Beute abluchsen, was in der folgenden Freilandbeobachtung von G. J. Bobyr aus dem Kaukas deutlich wird:

Ein mittelgroßer Bär folgte längere Zeit den Spuren eines vorangegangenen Wolfsrudels, welches wiederum einem Wildschwein auf den Fersen war. Aus einem Versteck auf einer kleinen Anhöhe heraus beobachteten die Biologen ein einsichtiges, enges Flusstal, in welches das Wildschwein mit den hundeartigen Raubtieren als Verfolger angekommen war. Es verschanzte sich in einem kleinen, jungen, dichten Kiefernwald und konnte nach einem Gemenge von einer halben Stunde die Verfolger erfolgreich abwimmeln, die sich einige Meter von ihm entfernt erschöpft niedergelegt hatten. Was das Wildschwein nicht wissen konnte, war der Umstand, dass in der Zwischenzeit der junge Bär hinter ihm auf einer Anhöhe angekommen war und die Szene von oben herab beobachtet hatte. Er befand sich genau gegenüber zu den ebenfalls wartenden Wissenschaftlern. Irgendwann stieg der Bär herunter, tötete das bereits sehr erschöpfte Huftier und scheuchte dann die erstaunten Wölfe in die Flucht.

Das Winterfutter: Dezember bis Ende Januar

Eigentlich sollte der Bär zu dieser Zeit schlafend in seiner Höhle liegen und als Letztes mit der Futterbeschaffung und Nahrungsaufnahme beschäftigt sein. Allerdings konnten zwischen Ende Dezember und Ende Januar – die im klassischen Sinne als wirkliche Wintermonate geltenden Wochen – einige frische Bärenkotproben gefunden werden, die darauf schließen lassen, dass ein gewisser Anteil der Bärenbevölkerung zumindest zeitweise wach gewesen sein muss. Allerdings war es in den beschriebenen Wintern ungewöhnlich warm, weshalb auch freundlichere Bedingungen herrschten (siehe Kapitel Winterschlaf, S. 69). Der Winterschlaf wird als Vermeidungsstrategie der harschen und mageren Bedingungen klassifiziert, demnach ausgelöst durch starken Frost und eine dicke Schneedecke sowie auch durch die Verfügbarkeit von Nahrung (siehe Bethlenfalvy: Künstliches Wachhalten der Bären in 1935 durch das gezielte Auslegen von Pferdekadavern). Nun wird der Blick auf die Bestandteile des Winterfutters sehr interessant: Was frisst der Bär dann eigentlich?

Die Bären decken zu dieser Zeit ca. ein Drittel der Ernährung mit natürlichen Pflanzen ab. Die Bestandteile setzen sich hierbei aus Bucheckern, einigen Vogelbeeren und wenigen Eicheln zusammen. Wildtiere können wir zu 19 % finden. Konkret handelt es sich um Wildschwein und Rotwild. Obwohl die genaue Herkunft des Fleisches, wie bereits mehrfach erörtert, immer schwierig festzustellen ist, konnten wir Beweise finden und Informationen zusammentragen, dass Bären das Schalenwild auch aktiv gejagt haben müssen. Leider war unter den so genannten „eindeutigen Jagdopfern“ auch eine besenderte Rothirschkuh, die eindeutig von einem Bären nahe eines Futterplatzes getötet worden war. Der größte Teil mit 50 % geht jedoch auf das Konto der kultivierten Pflanzen. Es waren Mais, Weizen, Hafer, Äpfel und Silage (zerkleinerte und fermentierte Teile des Mais). Diese Bestandteile stammen allesamt von den Wildfutterplätzen, an denen Rothirsche, Wildschweine und Rehe zugefüttert werden. Zur Bestätigung ließen sich zusätzlich an vielen dieser Futterplätze Bärenspuren kartieren, die von verschiedenen Tieren stammten. Offensichtlich wanderten sie systematisch diese unnatürlichen Futterplätze ab, was im Endeffekt mit Erfolg gekrönt war. Es handelte sich jedoch um einen sehr warmen und milden Winter. Diese Wetterbedingungen in Kombination mit dem Angebot an Futter können die Tiere nachhaltig beeinflusst haben.

Die Gretchenfrage „Futterplatz"

Dieser Punkt sorgt für reichlich Diskussionsstoff, der über die Grenzen der Forstwirtschaft hinausgeht und in Bezug auf Bären eine reichhaltige Palette an offenen Fragen und Spekulationen aufwirft. Wie stark wird der Bär tatsächlich durch die Zufütterungen anderer Wildtiere beeinflusst? Und wie verlässlich kann man nachhaltige Langzeiteffekte bereits jetzt ermitteln, um falsche Spekulationen zu vermeiden?

Die Zufütterung ist in der Slowakei eine gesetzlich festgelegte Pflicht, die in allen Teilen mit Ausnahme der Nationalparks gilt. Sie gilt als Hege und Pflege von Wild und Wald. Im Fokus stehen dabei Wildschwein, Rot- und Rehwild. Zum einen werden die zugefütterten Tiere unterstützt, zum anderen glaubt man auch, dass durch dieses Zufüttern der Wildverbiss an den Bäumen abnehmen würde, da die Tiere das ausgelegte Futter hätten und demzufolge weniger Interesse an der weniger nahrhaften Rinde haben, die als Notlösung im Winter gefressen wird. Jedoch ist gerade das letzte Argument sehr umstritten.

Ein anderer Fall sind die jüngst immer mehr anzutreffenden ganzjährigen „Futterplätze", die für Fotografenzwecke eingerichtet worden sind. Ziel ist hierbei, die Bären an diese Plätze zu gewöhnen. Falls die Tiere den Standort dieser Stellen kennen gelernt haben, werden sie immer wieder kommen, um das dort ausgelegte Futter zu fressen. Die Fotografen befinden sich hierbei in nahe gelegenen Schutzhütten oder in „Fotobunkern" (kleine Buden, die sehr nahe an dem Futter stehen). Nach Meinung vieler Wissenschaftler ist diese Methode bei unsachgemäßer Durchführung (der Mensch kommt dem Bären zu nahe) aufgrund des Risikos, dass sich der Bär an den Menschen gewöhnen kann, sehr gefährlich. Befindet sich der Foto-

Rothirsche am Futterplatz. Foto: J. Poláček

graf nur wenige Meter vom fressenden Bären entfernt, weiß das Tier von seiner Anwesenheit. In unserem Studiengebiet nimmt diese Aktivität immer mehr zu und teilweise kam es zu kritischen Situationen, wenn ein wütender Bär versuchte, den in der kleinen Bude sitzenden Fotografen anzugreifen. Einige Fotografen tragen deshalb Waffen bei sich, um den Bären bei einem wirklichen Angriff zu töten. Ethik, Respekt und Verantwortung fehlen hier. Unserer Meinung nach müsste diese intrusive Praxis verboten und mit Strafen belegt werden. Mittlerweile hat sich stellenweise ein regelrechter „Fototourismus" gebildet, an dem manche besonders gut verdienen. Im Endeffekt jedoch werden immer an den gleichen Stellen fressende Bären fotografiert, somit ist das Bild nicht gerade einzigartig.

Fehlende Rohfasern: Der ruminante Verdauungstrakt des Rot- und Rehwildes benötigt zur ausreichenden Ernährung einen gewissen Anteil an Rohfasern, den nur sehr schwer aufschließbaren Pflanzenfasern. Wird mit reinem Mais oder Äpfeln zugefüttert, die leicht aufspaltbare Futterbestandteile haben, müssen sich die Tiere den Rohfaseranteil anderweitig beschaffen. Zu diesem Zweck nagen sie die Rinde der umstehenden Bäume ab, die eigentlich durch die Zufütterung vor genau dieser Beschädigung geschützt werden sollten. Aus diesem Grund empfiehlt es sich, Heu oder Hafer in ausreichenden Mengen beizumischen.

Soziale Spannungen mit unerwünschten Nebenwirkungen: Des Weiteren können nicht alle Wildtiere gleichzeitig an den Plätzen fressen und warten deshalb in den angrenzenden Wäldern, was gelegentlich auf einer ebenfalls ausgebildeten Rangordnung basiert. Im Falle der Rothirsche verscheucht der erste und stärkste Hirsch am Platz die rangniedrigen Artgenossen.

Hirsch und Reh sind ruminante Wiederkäuer mit einer großen Menge an Bakterien im Bauch. Diese kleinen Helfer arbeiten sehr verlässlich und fortwährend, auch wenn das Tier nichts frisst, wobei sich dann große Gasmengen im Verdauungstrakt bilden, die schmerzhafte Koliken auslösen können. Aus diesem Grunde sind die Tiere meist auf der Suche nach etwas Fressbarem zum Kauen als Vermeidungsstrategie dieser unerwünschten Nebenwirkungen. Stehen sie um den Futterplatz herum, beißen sie demnach erneut die Rinden herunter, was ähnliche Ausmaße annimmt wie ohne Zufütterung.

Bessere Überlebenswahrscheinlichkeiten: Werden Wildtiere im Winter zugefüttert, erhöht sich ihre Überlebenchance und führt im Endeffekt zu einem Populationswachstum. Jung und Alt frisst am ausgelegten Futter und kann sich im darauffolgenden Jahr in höherer Anzahl vermehren. Aus diesem Grund wird auch hinsichtlich des Wildverbisses und der daraus entstehenden Waldschäden schon lange über Sinn und Unsinn dieser Fütterung spekuliert. Vom Winter wird gemeinhin als Selektionsfaktor gesprochen, da Futter knapp und die Bedingungen harsch sind. Demzufolge würden schwache, alte und junge Tiere in geringeren Zahlen das kommende Jahr erleben, was oft auch als Gesundungsprozess für die Population angesehen wird. Durch diese natürliche Auslese vermehren sich demzufolge die stärkeren Tiere und nur die fähigeren Jungtiere könnten den ersten Winter erfolgreich meistern.

Durch die Zufütterung verändert sich das Bild. Mehr und regelmäßiges Futter steht den Tieren zur Verfügung und ermöglicht auch den schwächeren Individuen, durch den Winter zu kommen. Das kann nicht nur zu einer Überpopulation führen, sondern auch zu einer im Durchschnitt „schwächeren" Population. In der Slowakei wurde vor vielen Jahren an den Wildfutterstellen meist Heu ausgelegt, was effektiv auf das Rot- und Rehwild abgestimmt war. Durch das Füttern mit hochkalorischer Nahrung, wie Mais, Maisschrot, Weizen, Hafer, Äpfel, Silage etc., eröffnen diese Stellen einem größeren „Publikum" eine willkommene Nahrungsquelle, angefangen von den Wildschweinen, die sehr dankbar und sehr zahlreich dort anzutreffen sind.

Auf slowakischem Grund kommt jedoch noch jemand anderer mit ins Spiel, dem diese ausgelegten Früchte und Körner ebenfalls einen guten Dienst erweisen: der Braunbär. Zugefüttert wird ab Mitte November bis Ende März/Anfang April. Demzufolge konnte auch in der Frühlingsernährung ein Anteil von 30 % dieses Futters ausgemacht werden. Bären sind offensichtlich dankbare Besucher und man kann vermuten, dass sie einstmals erkannte Futterstellen auch immer wieder aufsuchen werden. Der Mensch verändert also durch sein Eingreifen eine ganze Liste an natürlichen Verhaltensweisen und Bedingungen. Des Weiteren treffen sich auch verschiedenste Tiere an ein und demselben Platz, was verschiedene Folgen haben kann.

Vermutete Effekte auf Ursus arctos

Bedingt durch diese neue Situation schließen sich eine Reihe von bis dato noch spekulativen Konsequenzen an, die den Braunbären und im Endeffekt sogar den Menschen in Zukunft betreffen können.

Der Metabolismus des Bären: Wie bereits beschrieben, ist der Bär direkt nach dem Aufwachen sehr langsam und der gesamte Verdauungstrakt benötigt ebenfalls eine gewisse Zeit, um seine Aktivität wieder vollends aufzunehmen. Man spricht davon, dass der Bär sich in den Frühjahrsmonaten „unterkalorisch" ernährt. Dieser Umstand wird durch die natürlichen Bedingungen unterstützt. In Wald und Flur stehen unter unbeeinflussten Bedingungen hauptsächlich Gräser und Kräuter sowie wenige Bucheckern und Eicheln zur Verfügung. Langsam erlangt der Metabolismus wieder seine volle Aktivität, wobei zeitgleich Ameisen und schon bald Waldbeeren verfügbar sind.

Im Herbst ernährt sich der Bär dagegen dann „überkalorisch", was zeitgleich einhergeht mit einem gut trainierten Verdauungssystem, das jetzt auf die erhöhte Kalorienmenge und schwere Kost perfekt eingestellt ist. Es ist sozusagen eine sehr praktische Einrichtung des Bärenkörpers, dass er sich im Frühjahr erst langsam wieder an die Nahrungsaufnahme gewöhnen muss. Hätte er den sprichwörtlichen „Bärenhunger", könnte er diesen nicht ausreichend stillen. In Gebieten, in welchen zugefüttert wird, ändert sich das Bild. Dem Bären stehen direkt nach dem Aufwachen Nahrungsmittel zur Verfügung, die er normalerweise erst im Herbst konsumiert. Oft kann der Bär die verschiedenen Körner gar nicht verwerten und scheidet sie unverdaut wieder aus.

Interaktionen der Bären mit anderen Tieren: Hierbei sind verschiedene Szenarien denkbar, die neutrale oder die negative Variante.

Neutral: Bei diesem Überangebot am Futterplatz kann durch ein Aufeinandertreffen verschiedener Tierarten für keine der Seiten etwas Nachhaltiges passieren. Schon oft konnte beobachtet werden, dass der Bär, ein klassisches Raubtier, plötzlich friedlich und zum gleichen Zeitpunkt mit Wildschwein oder Hirschen am ausgelegten Futter frisst. Aufgrund der riesigen Menge an kalorienreicher und sehr leicht zu beschaffender Nahrung findet der Bär

Alle Fotos: J. Malatinec

an den umstehenden Mitessern kein Interesse. Er hat genug und jegliche Jagdaktivität ist im Endeffekt mit Arbeit verbunden. Im Extremfall wurden an Futterplätzen Rothirsche, Wildschweine und ein Bär zusammen beim ungestörten Fressen beobachtet. Durch den Menschen wird somit eine künstliche Situation geschaffen, die entsprechend auffällig von den Wildtieren beantwortet wird. Rothirsch und Wildschwein haben meist lieber zu viel als zu wenig Abstand zwischen sich und dem Bären.

Gelegentlich verjagt der Bär die nach ihm auftauchenden Gäste und „die Harmonie ist gestört". In der abgebildeten Fotoserie war das große Bärenmännchen zuerst am Futterplatz. Wenig später trudelten die Wildschweine ein, die völlig unbedarft und trotz der Präsenz des Bären ungestört mit dem Fressen begannen. Offensichtlich hatten auch sie bereits gelernt, dass an Futterplätzen sogar mit dem Bären durchaus auszukommen ist. Plötzlich hörte der Bär mit dem Fressen auf, beäugte die Wildschweintruppe und schoss unerwartet und schnaubend auf sie zu, um dann direkt vor ihnen zum Stehen zu kommen. Quiekend rannten die Schweine beiseite, betrachteten den Bären für kurze Zeit aus sicherer Entfernung und trabten dann langsam erneut auf die ursprüngliche Stelle zurück.

So ein Szenario ist unter natürlichen Bedingungen kaum denkbar. In Ausnahmefällen kann man es sich nur bei der Ernte von Bucheckern oder Eicheln vorstellen. Das unbedarfte Verhalten der Wildschweine zeigt jedoch, dass sie diese unnatürliche Situation bereits „gelernt" haben.

Negativ: Hierbei geht diese unnatürliche Begegnung für eine der beiden Seiten tödlich aus, meistens für die traditionellen Beutetiere. Das Raubtier Bär frisst nicht immer wie ein Vegetarier friedlich und gelassen neben seinen potentiellen und attraktiven Beutetieren

Wildschwein und Rothirsch. Man kann eventuell vermuten, dass der Bär an solchen Plätzen, wo die Beute in hoher Zahl vorhanden sowie noch dazu mit dem Fressen beschäftigt ist, eine durchaus höhere Erfolgsquote verzeichnen kann. Die besenderte Rothirschkuh, die im Kapitel über das Winterfutter vorkommt, wurde Anfang Dezember direkt neben dem Futterplatz als Bärenopfer aufgefunden. Eine weitere besenderte Rothirschkuh wurde ebenfalls zum Opfer. Dieses Mal jedoch im Juli an einem gelegentlich „ganzjährigen Futterplatz für Fotografenzwecke". Somit sind also die Beutetiere an den Plätzen einem erhöhten Risiko ausgesetzt. Eventuell kann der erhöhte Anteil an fleischlicher Nahrung auf diese Weise beschafft worden sein.

Futterplätze befinden sich meistens an Stellen, die relativ offen und leicht mit dem Auto zu erreichen sind. Oft sind sie auch von Wald umsäumt. Theoretisch herrschen hier für Raubtiere gute Bedingungen, versteckt auf die beköderten Waldtiere zu warten. Für die potentiellen Beutetiere ist es somit ein Risiko, auf eine derart gut einsichtige und offene Fläche zu treten, obwohl ein willkommenes und wertvolles Futter dort auf sie wartet. Oft zögern die Tiere vor dem Heraustreten aus dem Wald, bleiben wie angewurzelt stehen und lauschen lange, um sich ein Bild von der Situation zu machen. Erst nach ausgedehnter Überprüfung nähern sie sich dem Futter und fressen dann mit fortwährenden Unterbrechungen, um erneut die Umgebung akustisch zu überprüfen. Handelt es sich um größere Gruppen von Rothirschen, frisst abwechselnd eines der Tiere nicht, um den Lauschposten zu übernehmen.

Innerartliche Interaktion mit anderen Bären: Oft fressen verschiedene Bären unterschiedlichsten Alters nacheinander oder bisweilen miteinander relativ friedlich am aus-

Dieses bereits 16 Jahre alte Weibchen wurde 2007 nahe eines von ihr regelmäßig besuchten Futterplatzes von einem Bären getötet und bereits anteilig gefressen. Die tiefe, punktuelle Bisswunde im Gesicht und die ähnlich einer „Strumpfhose" herabgezogene Haut an den hinteren Extremitäten zeigt eindeutig die Täterschaft eines Bären an. Foto: J. Bučko

gelegten Futter. Man könnte demzufolge ähnliche Szenarien wie am „Treffpunkt (Mais-) Feld“ erwarten. Eine Hierachie bildet sich in so einem Falle aus und eine gewisse Bärengesellschaft bevölkert einen Futterplatz. Auf der anderen Seite wird durch die Attraktivität dieser Quellen unbewusst eine gegenseitige Konfrontation der Bären miteinander provoziert. Das führt zu gelegentlichen heftigen Kämpfen unter den Bären. Wir beobachteten, dass subadulte Individuen plötzlich panisch diese Plätze verließen, worauf kurze Zeit später ein wesentlich stärkeres Tier die Lichtung betrat. Durch das attraktive Futter besteht gerade auch ein gewisses Konfliktpotential, was das Risiko von innerartlichen Verletzungen erhöht. Weibchen mit Nachwuchs sind ebenfalls häufige Besucher der Futterplätze, da sie nicht nur sich, sondern zusätzlich auch ihren Nachwuchs zu versorgen haben. Man vermutet, dass der Nachwuchs allerdings an solchen Plätzen einem erhöhten Infantizidrisiko (Tötung durch männliche Artgenossen) ausgeliefert ist. Eine entsprechende heftige Auseinandersetzung einer Bärenmutter mit einem auftauchenden fremden Männchen wurde bereits beobachtet. In der Hohen Tatra wurde durch Jozef Kováč ein ca. einjähriges Bärenjunge tot neben dem Futterplatz gefunden.

Logischerweise schließen sich eine Reihe von Vermutungen an, die auf längere Sicht von diesen unnatürlichen Bedingungen ausgelöst werden können.

Die Bären merken sich diese Plätze. Sind sie irgendwann eher bereit, den Winter gelegentlich im Wachzustand zu verbringen oder zumindest teilweise aufzustehen? Ein Auslöser für die Überwinterung ist der Mangel an Futter, der durch diese Plätze, inklusive der darauf befindlichen Beutetiere, eher behoben ist.

Ähnlich wie für andere Wildtiere stellt der Winter auch für Bären eine Hürde dar. Durch das Übernahrungsangebot, wenn nicht im Winter, dann spätenstes im darauf folgenden Frühling, wird der Bär jedoch auf gleiche Weise unterstützt wie das Schalenwild. Mehr Individuen kommen durch und die Überlebenswahrscheinlichkeit steigt. Sind auf lange Sicht mehr Individuen an der Reproduktion beteiligt und die Bevölkerung steigt? Man weiß, dass sich auch der Reproduktionserfolg des Einzeltieres durch die Zufütterung erhöht. Hat der weibliche Körper schlechte Bedingungen, kann er sich oft nicht fortpflanzen. Der umgekehrte Fall konnte bis dato zumindest bei Rehen und Hirschen bestätigt werden. Würde eine ähnliche Situation auch auf den Fall der Bärenweibchen zutreffen, wird es für die Bärenbevölkerung schwierig. Schon jetzt werden höhere Abschusszahlen gefordert, was durch ein unnatürliches Anwachsen sicherlich intensiver werden würde.

Einige Autoren vermuten, dass sich durch das Zufüttern auch die Wahrscheinlichkeit der Habituation (an den Menschen gewöhnen) des Bären erhöht. Allerdings liegt das Futter frei im Wald aus und es ist nicht unbedingt zu erwarten, dass der Bär in diesem Falle die Verbindung zwischen Futter und Mensch schließt. Das Futter wird in Säcken transportiert und von den Arbeitern meist mit Handschuhen ausgebracht. Demzufolge ist die geruchliche Kontamination geringer als bei richtigem menschlichen Abfall.

Die Plätze zum Fotografieren beherbergen jedoch ein hohes Risiko, dass Bären sich an Menschen gewöhnen. Bei ganzjähriger Fütterung kommt es auch zu Veränderungen in der Bärenstruktur und ihren Aufenthaltsorten. Starke Individuen besetzen diese Plätze und schwächere wandern aufgrund der unnatürlichen Umstände ab.

Die wirklichen Auswirkungen sind bis dato unbelegte Spekulationen. Dennoch greift der Mensch sehr stark in die natürlichen Begebenheiten ein und verändert sie sehr nachhaltig. Gerade in diesem Punkt besteht erheblicher Forschungsbedarf in Form eines Langzeitprojektes. Nur mit verlässlichen Ergebnissen können unwahre Spekulationen ausgeräumt und andere Zustände dagegen bestätigt werden.

Die slowakische Diskussion über die Waldbeeren

Eine Frage wird in der Slowakei schon einige Jahre diskutiert, wobei man immer noch keine allgemeingültige Lösung finden konnte. Im Zentrum des Geschehens stehen hierbei die Waldbeeren Himbeere (*Rubus idaeus*), Brombeere (*Rubus fruticosus*), Blaubeere (*Vaccinium myrtillus*), Preiselbeere (*Vaccinium vitis-idaea*) und Co. sowie die daraus resultierende Frage: Was „frisst" der Mensch eigentlich dem Bären weg? Die in diesem Abschnitt eingefügte Grafik zeigt die Ergebnisse der bereits 4 Jahre lang laufenden Ernährungsstudie des Bären in der Niederen Tatra unter der Leitung von Slavomír Finďo, welche jedes Jahr zur Sommerszeit durchgeführt wird. Zu diesem Zwecke wurden 219 Kotproben von Bären analysiert, um den Futterbestandteilen des „Großen Braunen" nachzugehen.

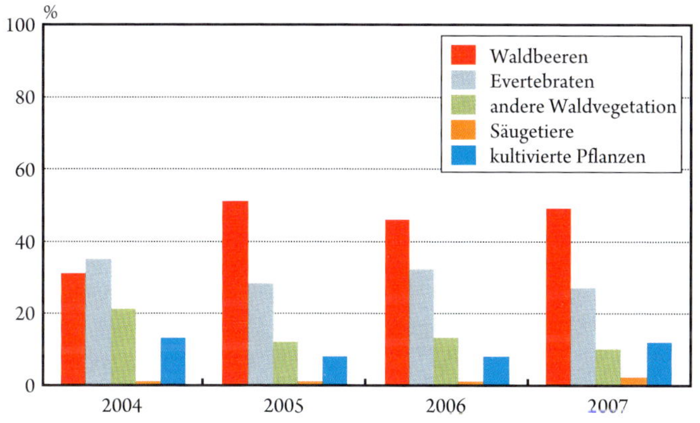

Die Sommer-Ernährungsgewohnheiten der Bären in der Niederen Tatra zwischen den Jahren 2004 und 2007

Zur Vereinfachung wurden auch hier erneut Kategorien aufgestellt: Unter „Waldbeeren" fallen die bereits erwähnten Himbeeren, Blaubeeren, Schwarzbeeren und Preiselbeeren, die in der Grafik inklusive der genauen Prozentangaben dargestellt sind. Bei den „Evertebraten" finden sich hauptsächlich Ameisen und Wespen wieder. In der Kategorie „andere Waldvegetation" sind all diejenigen pflanzlichen Bestandteile der Ernährung zusammengefasst, die dem Bären, vereinfacht gesprochen, alleine bleiben, da der Mensch kein eigenes Interesse dafür hegt. Es handelt sich meist um Gräser, Kräuter, die zur Sommerszeit noch wenig verfügbaren Bucheckern und Eicheln sowie die am Baum wachsenden Vogelbeeren, die für den menschlichen Gaumen kaum schmackhaft sind. Die „tierischen Bestandteile" setzen sich aus wenigen kleinen Säugetieren, einem Rothirsch im Jahre 2006 und einer Ziege im Jahre 2005 zusammen. Abschließend haben wir nochmals in der Kategorie „kultivierte Pflanzen" die Feldfrüchte Weizen, Hafer und bereits schon Mais. Aufgrund der Brisanz dieser Gruppe sind zu diesem Zweck auch hierbei die Prozentangaben aufgeführt.

Anhaltender Diskussionspunkt um die Waldbeeren: Das Ausmaß der Sammelaktivität wird von verschiedensten Stellen, angefangen bei Naturschutzbehörden bis zum forstwirtschaftlichen Sektor, sehr kritisch beäugt. Zusammen mit den Pilzesammlern, die bereits ab Juni den Wald bevölkern, stellen die Beerensammler ab Mitte Juli bis August/September eine ernsthafte Invasion dar. Oft sind gerade die Teile der Slowakei, die einen hohen Arbeitslosenanteil aufweisen, besonders häufig von den Sammlern besucht. Offensichtlich hat sich mithilfe der Waldbeeren für einige Leute eine zusätzliche Einnahmequelle aufgetan, da sie auf der Straße kiloweise verkauft werden. Die seltenere Preiselbeere wird noch höher gehandelt. Oft sind diese Gebiete arm an Industrie und/oder mit großangelegten Waldflächen bewachsen, so dass sich hier auch die Braunbären angesiedelt haben. Es geht in diesen Fällen jedoch auch um menschliche Existenzen, was das Problem in seiner Gewichtung verschärft.

Aber nicht nur die „illegalen und professionellen" Beerensammler, welche intensiv und „putzkübelweise" die Waldbeeren abernten, sind ein Problem. Auch die zahhlreichen privaten Beerensammler, die in Scharen zur Sommerszeit in den Wald einfallen, sind problematisch, da in diesem Falle einfach die Masse an sich ins Gewicht fällt. Oft dringen die Menschen mit motorisierten Gefährten (Auto, Motorrad, Moped) tief in den Wald an diejenigen Stellen vor, an welchen sie die süßen Früchte zu finden erhoffen. Demzufolge ist alleine die Lärmbelästigung schon ein Problem, die die nachtaktiven Bären (und viele andere Wildtiere) um ihre Tagesruhe bringt.

Im Endeffekt stellen sich zwei Gefahren heraus. Zum einen wird örtlich die Masse an Waldbeeren drastisch reduziert. In Anbetracht der Tatsache, dass ein ausgewachsener Bär zum richtigen Sattwerden ca. 7–8 kg Waldbeeren täglich benötigt, kann ein stetiges, massenhaftes Entfernen dieser Früchte zumindest einigen Individuen zeitweise schaden. Das zweite Problem, das sich an dieser Stelle auftut, ist wesentlich gewichtiger und eventuell nachhaltiger. Es ist der Störfaktor. Zu gewissen Zeiten des Jahres, vornehmlich bei trockenem Wetter (bei Pilzesammlern jedoch auch wetterunabhängig), wimmelt es nahezu vor Menschen im Wald, die absichtlich und intensiv abseits der ausgeschriebenen Wander- und Forstwege unterwegs sind, um ihrer leidenschaftlichen Sammelaktivität nachzugehen. Zusammen mit den akustischen Störungen kann das zu einem ernst zu nehmenden Stress für sämtliche tierische Waldbewohner, inklusive dem sehr sensiblen Braunbären, ausarten.

Gefahr für den Menschen? Aufgrund des heute überall existierenden Netzwerkes an Lebensmittelketten, Bäckereien, Metzgereien sowie Obst- und Gemüsefachgeschäften sieht sich der Mensch meist nicht in der Gefahr, durch eine eventuelle Einschränkung seiner Sammelaktivität von Waldbeeren in ernährungskritische Zustände zu geraten. Der Kernpunkt betrifft an dieser Stelle meist die gesunde Freizeitaktivität, die neben der frischen Luft mit Spaß und Freude verbunden ist. Dennoch ist eine Einschränkung der Aberntung bzw. ein Verbot, Waldwege zu verlassen (übrigens auch für die Pilzsammlung), nicht nur zum Vorteil des Braunbären, der als Konsequenz mehr Vitamin-C-reiche Früchte verspeisen kann. Bei jeglicher Sammelaktivität besteht eine realle Gefahr für den Menschen, irgendwelchen Bären Auge in Auge gegenüberzustehen oder mit ihnen schmerzhaft auf Tuchfühlung zu geraten. Bären rasten an schattigen Plätzen, die sich oft nahe der fokussierten Beerenfrüchte befinden oder an welchem der Mensch bei seinem Sammelausflug unverhofft vorbeistolpert. Aus diesem Grunde wäre es für den Menschen, der im Bärengebiet auf Waldbeerensuche geht, sehr wichtig, diese Regeln wirklich zu beherzigen: Nur auf beschilderten Wegen gehen und dabei reden, singen oder pfeifen.

Vorschläge: Fakt ist, dass man schon lange über die Unterschutzstellung von gewissen Waldgebieten nachdenkt, was örtlich auch bereits praktiziert wurde. Angestellte Ranger kontrollieren intensiv diejenigen Bereiche des Waldes, in welchen das Beerenernten dem Menschen bereits untersagt ist. Andere so genannte Randbereiche sollen für die menschliche Nutzung auch weiterhin verfügbar sein und ihm demzufolge offenstehen. Leider ist es für viele Menschen oft ein Problem, derartige Lösungen und aufgestellte Regelungen zu akzeptieren. Das bedeutet, dass immer noch genügend „Störer" in die eigentlich geschützten Bereiche eindringen und fleißig weitersammeln. Alleine schon deshalb, da die verfügbare Menge an Waldbeeren pro menschlichem Kopf verständlicherweise geringer wurde, weil er seinerseits nur noch in die Randgebiete abgedrängt worden ist.

Andere Vorschläge befürworteten die Einbeziehung der Forstwirtschaft. Gerade die Waldbeeren sind als so klassifizierte „niedere Sträucher" eine der ersten Neubesiedler von Kahlschlagflächen oder Windbruch. Sind die großen Schatten produzierenden sowie Sonne und Nährstoffe raubenden Waldbäume weg, ist das Feld frei verfügbar für kleineren Bewuchs, klassischerweise für diverse Sträucher und Gebüsch. Deshalb wurde vorgeschlagen, systematisch kleinere Flächen im Wald zu roden, um den Weg für die kontroversen Früchte zu ebnen. Des Weiteren sprach man sich für gezielte Bepflanzungen aus. In diesem Falle würden entsprechende Flächen nicht nur gerodet, sondern auch umgehend mit den beliebten Sträuchern bestückt werden. Eine alternative Variante ist der Vorschlag, den Wald intensiv mit Vogelbeerbäumen „aufzuforsten". Auf diese Weise würden Bären in ihrer Ernährung unterstützt werden, jedoch ohne, dass sie dabei mit dem Menschen in Konkurrenz geraten würden.

Aus der vierjährigen Studie geht hervor, dass Bären zwischen 31 % und 51 % ihrer Ernährung mit den Waldbeeren abdecken. Durchschnittlich handelt es sich genau um 44,3 % pro Sommer, also fast die Hälfte der Nahrung. Die kleinen „Evertebraten" erreichen ebenfalls relativ hohe Werte zwischen 27 % und 35 %, durchschnittlich somit 30,5 %. Es zeigt sich, dass der allgemein im Sommer als vegetarisch eingeschätzte Bär dennoch für nahezu ein Drittel seiner Ernährung tierisches Eiweiß benötigt, was er mithilfe der Kleintiere decken kann. Viele Menschen werden gar nicht vermuten, dass ein Bär zeitweise zu einem Insektivoren (Insektenfresser) werden kann. Die vielen unverdaulichen und demzufolge sichtbaren Ameisen- und Wespenköpfe in Kotproben sprechen allerdings eine andere Sprache. Bären fressen diese Kriechtiere in Massen, was zusammengenommen eine gute Eiweißmenge ausmacht. Konsequenterweise erniedrigt sich der Anteil an tierischem Eiweiß durch Säugetiere und stellt nur 1 bis 2 % dar. Wir fanden nur wenige kleine, mauseähnliche Säugetiere sowie ein junges Rotwild. Einmal verzeichneten wir eine Ziege, somit einen Nutztierriss. Offensichtlich wurde dieses Tier dem Besitzer nicht entschädigt, da es nicht in der Schadensstatistik aufgeführt wurde. Auf die Thematik der Nutztierbejagung wird im Kapitel „Schadensstatistik", S. 146, näher eingegangen. Nochmals wird da der Fokus auf die kultivierten Pflanzen gelegt, die zwischen 8 und 13 % liegen, also einen durchschnittlichen Wert von 10,3 % erreichen.

Abschlussdiskussion: Die Bären der Niederen Tatra decken den Löwenanteil ihrer täglich benötigten Nahrung prinzipiell mit Waldbeeren und Kleingetier ab, was durchschnittlich mit 74,8 % etwa drei Viertel des Futters ausmacht. Demnach ist die Waldbeeren-Diskussion durchaus gerechtfertigt und benötigt demzufolge auch an anderen Stellen einen Kompromiss. Die Niedere Tatra ist ein Nationalpark und hat eine entsprechende Handhabung, besondere Regelungen oder auch Verbote aufzustellen und durchzusetzen. So existiert auch eine Nationalparkverwaltung und es gibt entsprechendes Personal, das zumindest gelegentlich diese Gebiete kontrollieren kann. Es ist immer heiß umstritten, dem Menschen prinzipiell irgendwelche Zugänge in naturgeschütze Regionen gänzlich zu verwehren oder ihm gar zu verbieten, irgendetwas aus dem Wald mitzunehmen. Dennoch wäre es gut, wenn gerade im Hinblick auf eventuelle Kollisionen mit Braunbären eine akzeptable Lösung in diesem Fall gefunden werden würde. Wird ein Bär überrascht und erschreckt, hat das nicht zwangsläufig mit explodierten Populationszahlen zu tun.

Trotz der zahlreichen alpinen Wiesenflächen in der Niederen Tatra, die für das Wachsen und Gedeihen von verschiedenen Waldbeeren nahezu paradiesische Bedingungen liefern, findet sich doch ein gewisser Prozentanteil an kultivierten Pflanzen, immer um die 10-%-Marke herum. An das geschütze Nationalparkgebiet schließen sich die Randgebiete an, wo Landwirtschaft und Viehzucht (vermutlich der Ursprungsort der Ziege) betrieben werden können. Hier finden wir auch verschiedene Felder, bestückt mit unterschiedlichen Getreidepflanzen. Offensichtlich wird diese relativ einfach zu bekommende Futterquelle zumindest von einigen Bärenindividuen genutzt.

Ein Blick zurück nach Poľana zeigt, dass hierbei sogar bis zu 19 % kultivierte Pflanzen aufgenommen werden können. Poľana ist nicht nur etwas ärmer an Waldbeeren, da hier weniger alpine Wiesenflächen sind, sondern es ist auch kein Nationalpark, in welchem irgendwelche Flächen unter Schutz gestellt werden können. Ein Großteil der Förster beklagt die stetig wachsende Menge an Pilze- und auch Beerensammlern.

Mit den beiden Ergebnissen in der Hand kann man vermuten, dass der Bär im Prinzip nicht aufgrund von Beerenmangel verhungern wird, da er prinzipiell auf die Felder ausweichen könnte. Was der Mensch dem Bären wegnimmt, wächst an anderer Stelle in anderer Form. Jedoch stellen die kontinuierlich eindringenden Menschenmassen eine sehr hohe Störung dar, was für viele Wildtiere schwierig wird. Im Falle des Rehwildes weiß man sicher, dass sie durch Pilze eine wichtige Futterquelle haben. Wahrscheinlich muss auch in den Gebieten, die keine Nationalparks sind, eine Lösung gefunden werden, dass gewisse Bereiche nicht nur nicht abgeerntet, sondern in allererster Linie störungsfrei werden, um somit den Waldbewohnern als Rückzugsmöglichkeit und Ruheinsel zu dienen.

Typisches Bärenhabitat in der Niederen Tatra. Im Hintergrund ist die Hohe Tatra sichtbar. Foto: J. Vladovič

Die Schadensstatistik

Der Bär ist nicht nur ein kostbarer Waldbewohner, sondern leider kostet er auch dem menschlichen Geldbeutel eine nicht unbeachtliche Summe. Entweder betrifft das ganz konkret einen einzelnen Menschen oder aber die Staatskasse, welche durch die Steuergelder der Menschen erhalten wird. Somit ist der Bär ein gewisser Kostenfaktor im jährlichen Haushaltsbudget. Gerade die jagdlichen Eskapaden des Bären auf Nutztiere wurden (bzw. werden) mit Wut und negativer Stimmung beantwortet und katapultierten (bzw. katapultieren) ihn unmittelbar in die Schusslinie.

Da in vergangener Zeit Viehzüchter von jedem einzelnen Tier finanziell und somit wirklich essentiell abhängig waren, bedeutete der Tod eines Nutztieres einen immensen Verlust, der in vielen Fällen nicht ausgeglichen werden konnte und Hunger oder Armut zur Folge hatte. Somit war die dadurch ausgelöste Wut auf den Bären nur allzu verständlich. Ähnliche Verhältnisse herrschten auch unter den Bienenzüchtern oder Getreidebauern, wobei der zuletzt genannten Gruppe zusätzlich zum Bären auch Wildschwein, Rothirsch, Reh und Co. Kopfschmerzen bereiteten.

Heute ist in vielen Fällen die ökonomische Abhängigkeit nicht mehr ganz so drastisch an das Einzeltier geknüpft, obwohl es auch noch vereinzelte Fälle gibt. Jedes Nutztier, jeder Getreidehalm und jeder Bienenstock, die verloren gehen, sind jedoch noch immer finanzielle Verluste, die Einzelpersonen ganz direkt treffen. Somit besteht ein essentielles Bedürfnis nach Kompensation der entsprechenden Schäden. Ansonsten können diese Menschen zu Recht behaupten, dass nur sie die Zeche für den „ach so beliebten“ Braunbären bezahlen.

Auf der anderen Seite ist der Bär ein versteckter positiver Wirschaftsfaktor. Viele Menschen kommen in die Slowakei, weil eben hier Bären leben, und unterstützen somit die breite touristische Branche. Filme, Fotos und Bücher mit oder über die Bären lassen sich immer noch bzw. immer wieder verkaufen. Nicht zuletzt werden von Jägern gewisse Teile der Ausrüstungen „nur für die Bären“ gekauft oder andere, teilweise auch jagdliche Gebrauchsgegenstände werden mit einem Bären verziert. Somit kommt mithilfe der Bären auch wieder Geld ins Haus, was eine Entschädigung der wirklich betroffenen Menschen gerechtfertigt.

Wie kostspielig ist der Bär?

Aus der offiziellen Statistik geht hervor, dass sich der effektive Schaden des Bären an Land- und Viehwirtschaft in annehmbaren Grenzen hält, wenn auch der Verlust für den einzelnen Menschen sehr negativ sein kann.

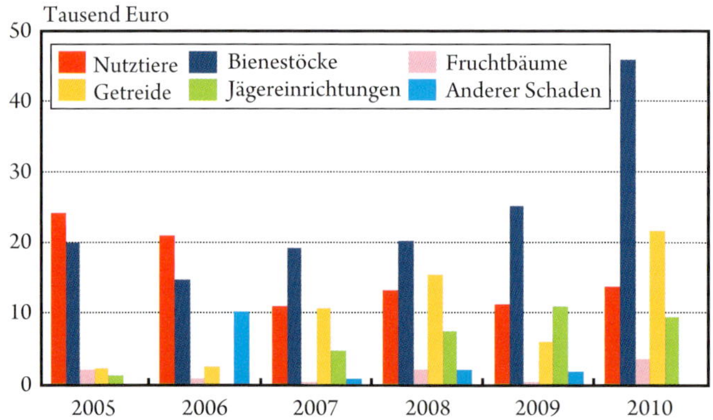

Offiziell gemeldete Schäden durch Braunbären. Man erkennt eine deutliche Erhöhung an beschädigten Bienenstöcken und Getreide. Gerade in der Getreidefrage wird sehr viel dem Bären angelastet, da dieser Schaden vom Staat kompensiert wird, hingegen Schaden durch Wildschweine der ansässige Jagdclub begleichen muss. Der Getreideschaden bräuchte eine bessere Beurteilung. Vom offiziell gemeldeten Schaden wird etwa 60 % kompensiert. Die Beschädigungen im Forstwesen oder an den so genannten „Jägereinrichtungen" wurden bis dato nicht finanziell entschädigt. (Quelle: Staatliche Naturschutzbehörde, Schadensstatistik)

Was beschädigt der Bär?

Die in der Legende aufgeführten Posten erklären sich wie folgt:

- Nutztiere: große domestizierte Tiere wie Rinder, Schafe und Ziegen
- Bienenstöcke: Schaden an Bienenstöcken und Bienen
- Getreide: sämtliche Feldfrüchte, meistens Mais, Weizen und Hafer

Hier hat der Bär wirklich zugeschlagen. Ungeschützte Bienenstöcke können von den Bären leicht, schnell und effektiv aufgebrochen werden. Am Ende steht der entsprechende Besitzer vor den kläglichen Überresten seiner lang gehüteten Bienen. Kein Wunder, dass Wut und Aggression die Folge sind. Durch Vorsorge wären viele dieser Vorfälle zu vermeiden. Foto: M. Kalaš

Hier auf dem Bild ist eine vorbildlich geschützte Bienenstation im Feld zu sehen. Der Elektrozaun garantiert, dass ein nicht eingeladener Meister Petz auf seine feuchte Nase einen ordentlichen Schlag erhält. Hält auch dies den ungebetenen Gast nicht vor weiterer Zerstörung ab, verhindern die ineinandergreifenden Metallzähne an jedem einzelnen Bienenstockeingang ein weiteres Plündern. Foto: M. Kalaš

- Fruchtbäume: Früchte, Obstplantagen und dazugehöriges Fruchtholz
- Jägereinrichtungen: Waldschäden und forstwirtschaftliche Einrichtungen
- Anderer Schaden: meistens andere Haustiere wie Schweine, Geflügel, Kaninchen, Enten, Gänse, Hunde, die entsprechenden Unterbringungen etc.

Prozess des Entschädigung: Die jährlich aufgestellte Schadensstatistik gibt einen Überblick über den finanziellen Verlust durch den Braunbären an menschlichen Besitztümern. Hier finden sich alle Fälle wieder, die tatsächlich gemeldet worden sind. Falls jemand einen Schaden zu verzeichnen hat, muss dieser innerhalb einer Frist von drei Tagen der Gemeinde gemeldet werden. Dort wird der Antrag auf Entschädigung durch die Regierung gestellt. Dann kommt eine Kommission, bestehend aus Mitgliedern der staatlichen Naturschutzbehörde, des ansässigen Jagdvereins, dem Geschädigten selbst und Gemeindemitgliedern, um den Schaden zu bewerten, den die Kommission allerdings auch geringer beurteilen kann als der Antragsteller selbst. Gerade im Falle der Viehzüchter, Bienenzüchter und Fruchtplantagenbesitzer müssen vorbeugende Maßnahmen zum Eigentumsschutz getroffen worden sein, wie Herdenschutzhunde, Behütung, Nachtpferch, Zäune etc. Ist dem nicht so, wird die bewilligte Summe automatisch um 50 % gekürzt.

In die Schadensstatistik der Slowakei ist seit dem Jahre 2002 zusätzlich die Kategorie „Gesundheit“ eingeschlossen, wobei sämtliche Ausgaben seitens der Regierung gemeint sind, die anfallen, falls es zu einem Bärenübergriff auf einen Menschen kommt. Das wird in dem späteren Kapitel „Wenn man einen Bären trifft“ noch genauer betrachtet. An dieser Stelle liegt der Fokus rein auf dem Schaden an menschlichen Besitztümern, welcher meist aufgrund der Nahrungsbeschaffung ausgelöst wurde.

Schwachpunkte im Entschädigungssystem

Obwohl der Mensch selbst ein Fleischesser ist, tut ein drastischer Verlust an Nutztieren den meisten Besitzern in der Seele weh und führt zu Hassgefühlen auf den schuldigen Bären und im schlimmsten Falle auf die Bärenbevölkerung im Allgemeinen. Bei Befragungen der Schafbetriebe vor Ort lässt sich ein höherer Schaden ermitteln, als jedes Jahr gemeldet bzw. ausgezahlt wird. Gerade die Verluste von zwei oder drei Tieren werden gar nicht gemeldet. Nach Meinung einiger Viehzüchter „hätte es wenig Sinn bei dem Verlust von wenigen Tieren, um die Entschädigungszahlung anzusuchen, da der gesamte Prozess so langwierig ist und demzufolge zu viel Zeit, Nerven und sogar Geld für Fahrtkosten kostet". Des Weiteren beklagten viele Viehbesitzer, dass ihre eingereichten Anträge nach der Beurteilung vor Ort abgelehnt oder sehr stark minimiert werden, was sie den verantwortlichen Gutachtern anlasten. Fakt ist, dass die beauftragten Prüfer zur Beurteilung eines Nutztierrisses durch einen der drei großen Predatoren Wolf, Bär und Luchs keine Ausbildung oder Schulung haben. Viele von ihnen können somit das entsprechende „Rissbild" gar nicht richtig unterscheiden, um abschließend den Schuldigen eindeutig zu ermitteln. Für alle drei Predatoren und sogar für Streunerhunde gelten typische Tötungsformen, Zahnabdrücke usw. Entgegen der Tatsache, dass die Slowakei jährlich mehrere Tausend an streunenden Hunden erschießt, sollen genau diese für einen beachtlichen Anteil an verlorenen Nutztieren verantwortlich sein. Im Falle von streunenden Hunden gibt es keine Entschädigung. Es wäre sehr wichtig, die Prüfer richtig zu instruieren und nur verlässliche Gutachter vor Ort einzusetzen.

In der offiziellen Schadensstatistik werden auch die Verluste an Wildtieren (Schalenwild: Rothirsch, Reh, Wildschwein) aufgeführt, die im Falle des Bären nur sehr gering ausfallen und beim Beutegreifer Wolf höhere Werte aufweisen. Diese Vorgehensweise ist nicht nur seltsam, sondern auch umstritten. Der grundsätzliche Hintergedanke ist, dass der Bär (auch Wolf und Luchs) eine offiziell geschützte Art ist. Somit wollen die Jagdvereine für das verlorene Schalenwild entschädigt werden. Entgegen der Tatsache, dass meist schwache, alte und kranke Tiere gerissen werden und Jagdvereine die jährliche Abschussquote in den meisten Fällen gar nicht bewältigen können.

Komplizierter wird es, wenn ein bestimmter Jagdverein eine Abschussgenehmigung für einen Bären erhalten hat. Theoretisch gesehen, kann der Verein durch die Trophäe oder mit zahlungskräftigen Jagdgästen einen Gewinn machen. Im Gegenzug muss aber sämtliche Schadenserstattung übernommen werden. Somit kann kein verlorenes Wildtier mehr verrechnet werden und darüber hinaus müssen alle Schafzüchter, Bienenbesitzer, Landwirte etc. auch noch bezahlt werden. Aber: Die Abschussgenehmigung gilt nur für ein Jahr. Während dieser Zeit kann nicht immer ein Bär erlegt werden, was zur Folge hat, dass der Jagdverein große Ausgaben für die Kompensationszahlungen tätigen muss. Kein Wunder also, dass diese Praktik nicht gerade zur Akzeptanz der Bären beiträgt und zumindest bei einigen Jägern die Antipathie gegen den Großen Braunen schürt, was sich in Forderungen hoher Abschusszahlen zu Buche schlägt. Eigentlich könnte man erwarten, dass der Schaden an Bienen, Schafen, Feldern etc. immer vom Staat übernommen wird.

Selbstjustiz als Folge? Man kann im Endeffekt den zwar geschädigten, aber nicht ordentlich entschädigten Menschen nicht verübeln, dass sie nicht gerade freundlich auf Bär oder Wolf zu sprechen sind (Luchse sind im Gegensatz dazu in der Slowakei ausgesprochen wenig an domestizierten Tieren interessiert). Leider können wir beobachten, dass manche Leute die Lösung dieses ungelösten Problemes selbst in die Hand nehmen.

Wölfe haben eine offene Jagdsaison von November bis zum 15. Januar und dürfen mit einem etwas zweifelhaften Limit geschossen werden, es handelt sich um die höchste jemals erreichte Anzahl. Gerade die Regionen, die Beschädigungen durch diese hundeartigen Beutegreifer zu beklagen haben, zeigen eine sehr vehemente Schussfreudigkeit auf diese Tiere, was örtlich zur Ausrottung von kompletten Rudeln führt.

Im Falle vom Bären haben sich einige Schäfer bereits mit illegalen Gewehren ausgestattet, um sich effektiver verteidigen zu können. Es ist bekannt, dass spezialisierte „bärige Nutztierjäger" ihre Tätigkeit nicht mehr einstellen. Teilweise drangsalieren sie nächtelang irgendwelche Schafherden. Als zweifelhaftes Entgegenkommen wird im Folgejahr in genau den Gebieten eine Abschussgenehmigung erteilt, wo Verluste zu verzeichnen waren. Somit wird nicht der wirklich kritische Bär identifiziert und möglicherweise entfernt, sondern einfach irgendein Bär, was keineswegs das wirkliche Problem löst. Immer noch finden wir Klein- und Kleinstbetriebe, die Nutztiere züchten, die verständlicherweise mittlerweise dem Wolf und oft auch dem Bären negativ gegenüberstehen.

Jahr	Wolf			Bär			Gesamt
	Schaf und Ziege	Rinder	Summe	Schaf und Ziege	Rinder	Summe	
1999	348	5	353	202	15	217	570
2000	163	5	168	260	10	270	438
2001	165	5	170	272	9	281	451
2002	240	5	245	329	15	344	589
2003	357	31	388	168	15	183	571
2004	284	23	307	180	12	192	499
2005	261	2	263	259	8	267	530
2006	230	1	231	179	10	189	420
2007	298	9	307	180	15	195	502
2008	366	17	383	135	9	144	527
2009	405	13	418	104	0	104	522
2010	443	11	454	198	9	207	661

Anzahl der getöteten Nutztiere für Bär und Wolf separat sowie die Gesamtsumme aller gerissenen Tiere. Über den Zeitraum von 1999–2010 erhöhte sich die Gesamtzahl aller getöteten Tiere nur geringfügig. Der Bär tötete zwischen den Jahren 2002–2005 eine sehr hohe Anzahl an domestizierten Tieren, wobei sich in den folgenden Jahren ein Trend abwärts abzeichnete. Konträr dazu erhöht sich die Zahl der durch den Wolf gerissenen Individuen. (Quelle: Jagdstatistik des Staatlichen Forstwirtschaftlichen Institutes in Zvolen)

Wie beschädigt der Bär?

Es ist hinreichend bekannt, dass der Bär beschädigt. Nun kann man sich aber auch fragen, wie er beschädigt, was er dabei eigentlich macht und warum mancher Schaden umfassender als anderer entschädigt werden kann. Denn nur wenn man des Bären Verhalten und die wirkliche Beeinträchtigung der geschädigten Menschen kennt, kann man nicht nur effektiver gegen die Futterplünderungen gewappnet sein, sondern auch das emotionale Ausmaß auf menschlicher Seite besser mit einbeziehen.

Getreideschaden – der Bär im Wildschweinpelz: Der Getreideschädling Bär frisst meist am Feldrand, der an den schützenden Wald anschließt. Bären graben weniger um als Wildschweine, dennoch liegen sie oft beim Fressen auf dem Bauch, rollen sich manchmal auf

⚘ *Ein von Bären geplündertes Feld. Foto: S. Finďo*

den Rücken und rutschen bisweilen bäuchlings weiter, wenn sie eine gewisse Stelle abgeerntet haben. Oft wird den Bären der Großteil der Beschädigung angelastet, entgegen der Tatsache, dass auch Wildschweine auf den Feldern fressen und deren Population jährlich weiter anwächst.

Wildschweine sind jagdbares Wild, weshalb der ansässige Jagdverein durch diese Tiere eine potentielle Einnahmequelle hat. Das kann entweder durch Jagdgäste sein, die für den Abschuss bezahlen, oder aber durch das Fleisch und die Trophäe an sich. Deswegen muss der Wildschwein-Schaden auf den Feldern durch die ansässigen Jagdverbände ausgeglichen werden. Somit ist es sinnvoll, mehr auf die Bären abzuwälzen, da die davon verursachten Kosten der Staat zu tragen hat.

Zur Schadensminimierung wurde in einem Dorf am Rande der Gebirgsregion Poľana (wie bereits erwähnt) an einem Platz neben den Maisfeldern regelmäßig eine große Menge an Maisschrott ausgebracht, um sämtliche Feldbesucher abzuwimmeln und auf diese Weise den finanziellen Verlust für alle Seiten zu schmälern. Nur durch genaue Analyse der beiden Schädlinge „Wildschwein“ und „Bär“ sowie ihrer entsprechenden „Schuld“ kann dieses Problem gelöst werden.

⚘ *Auch diese Bienenhäuschen sind erfolgreich geschützt. Sicher in einen großen Käfig eingesperrt, kommt kein Bär so schnell an die attraktive Nahrung heran. Foto: M. Kalaš*

⚘ *Ein einfacher, aber dennoch effektiver Schutz vor einem Bärenangriff: Die auf Stelzen im Wald stehenden Bienenstöcke können von hungrigen Braunbären nicht erreicht werden, da sie bei ihren Kletterversuchen von den Metallstangen abrutschen. Foto: M. Kalaš*

⚘ *Doppelt gemoppelt hält besser. Ausreichender als hier können Bienenstöcke nicht mehr geschützt werden: Metallzähne an den Eingängen, Elektrozaun plus Sichtschutz. Hier hat der nach Honig suchende Bär kaum Chancen einzudringen. Foto: M. Kalaš*

Der Bär und die Bienen: Ein nicht unbedeutender Anteil der verursachten Schäden geht zu Lasten der Imkerschaft. Hierbei handelt es sich entweder um stationäre oder mobile Bienenstöcke, die vom Bären aufgebrochen wurden. Teilweise sind die entsprechenden Kästchen das ganze Jahr am Waldrand platziert, teilweise nur zwischen Frühling und August. Neben der reinen Schadenssumme kommt hierbei ein weiterer Faktor hinzu, der in keinem Posten der Welt hinreichend verzeichnet wird. Dem Imker wird zwar bei entsprechender Vorsorge seinerseits der zerstörte Bienenstaat und das oft in Mitleidenschaft gezogene Magazin entschädigt. Was unberücksichtigt bleibt, ist neben der Mehrarbeit auch der langzeitliche Verlust des entsprechenden Volkes. Ein Bienenvolk benötigt Zeit und Geduld, bis es entsprechend gewachsen und wirtschaftlich effektiv genutzt werden kann. Wird ein neues Magazin mit einem neuen Volk besetzt, dauert es entsprechend lange, bis das neue Bienenvolk die Erfolgsquote der Vorgänger erreichen kann. Hier liegt also ein versteckter Posten unter diesem verzögernden Zeitfaktor vergraben. Zusätzlich investiert ein Imker neben dem Bauen des Stockes sehr viel Zeit in die Hege und Pflege seiner Bienen. Auch das kann hiebei nicht entschädigt werden. Wenn auch der eigentliche Verlust durch die Bären nicht unbedingt existenzgefährdend ist, ist dieser menschliche Verlust ein ganz entscheidender Punkt, weswegen das Beschädigen von Bienenstöcken für die Betroffenen oft so schmerzlich ist.

Direkter Schaden an Jagdeinrichtungen: Hierzu gehört alles, was der Bär im Wald einfach kaputt macht. Dabei kann es sich um kleine Jagd- oder Forsthütten handeln, in welchen Wildfutter gelagert worden ist. Die Bären wittern das schmackhafte Getreide, die Äpfel oder die Silage und versuchen, an die interessante Nahrung zu gelangen. Da die Türen meist abgesperrt sind, beginnen sie mit umfangreichen Manipulationen. Sie versuchen, die Tore aufzubrechen, indem sie an diesen ziehen und zerren. Andernfalls zerstören sie Teile der

Die gelegentlichen Beschädigungen an Bäumen tauchten bis jetzt noch in keiner Schadensstatistik auf. Ein kleiner Bär bei seiner spielerischen Beschädigungswut. Foto: V. Vician

Wände, um auf diesem Wege in das vielversprechende Innere zu kommen. Wenn es ihnen abschließend dann auch noch gelingt, fressen sie das für andere bestimmte Wildfutter außerdem zusätzlich weg.

Ähnlich verfahren sie auch auf den Wildfutterplätzen. Die für Hirsch und Co. aufgestellten Schober oder Tröge werden achtlos umgeworfen oder aufgebrochen, um einen leichteren Zugang zur Nahrungsquelle zu erhalten. Dabei kann neben dem Ärger und der Mehrarbeit auch einiges kaputt gehen. Im Frühjahr 2008 trieb ein relativ großer Bär (geschätztes Gewicht mindestens 300 kg) in der Poľanaregion sein Unwesen. Waren die Schober leer, hielt ihn das nicht an seiner Beschädigungsaktivität auf. Im Gegenteil, wenn er nichts finden konnte, wurde das gesamte Konstrukt, das ca. 1 Tonne wog, aus dem Boden gerissen und umgeschmissen. Durch die Wucht des Aufpralls ging dann zusätzlich auch noch einiges kaputt.

Schäden an Bäumen werden dagegen oft durch das Markierungs- oder Imponierungsverhalten ausgelöst. Bären beißen die Rinde weg, um sich dann an dem austretenden Harz zu reiben, wobei sie dort Haare und gleichzeitig ihren Körpergeruch hinterlassen. Vor allen Dingen in der Paarungszeit knicken sehr aktive Männchen zum Imponieren der Weibchen Bäume um, um ihre Kraft unter Beweis zu stellen. Oft handelt es sich bei beiden Aktivitäten um wertvolles Nadelholz.

Interessanterweise wird dieser Posten zwar jedes Jahr aufgestellt, jedoch niemals entschädigt. Es bleibt eine offene Frage, ob im Hinblick auf den teilweise scharfen Disput um Bären diese Entscheidung die richtige ist.

Obstbäume: Gelegentlich brechen Bären in kommerzielle oder private Obstplantagen ein, um sich an den verlockenden, wenn auch verbotenen Früchten zu laben. Meistens fressen sie Äpfel, Pflaumen und Kirschen, seltener Birnen. In Ausnahmefällen hat man sie auch schon auf Weinbergen gesichtet. Zum einen betreffen diese Verluste die weggefressenen Früchte und zum anderen beschädigen sie die Obstbäume an sich. Oft genug ziehen die Bären die früchtetragenden Äste zu sich herunter oder brechen sie ganz ab und häufig klettern sie auf die Bäume hinauf, die unter den scharfen Krallen oder dem Gewicht des Braunen sehr zu leiden haben, wenn nicht gar vollständig abbbrechen.

Ein schuldiger Bär wird auf frischer Tat bei der Honigplünderung ertappt. Dieses Mal jedoch konnte er seine Zerstörungswut noch nicht ausleben und alle Bienen blieben unbeschädigt. Im Eifer des Gefechtes wurde dieses Foto etwas unscharf. Spezialisieren sich Bären auf Bienenstockplünderung oder Haustierjagd entwickeln sie sich zu wirklichen Schädlingen, die oft als einzige Lösung aus dem Freiland entfernt werden müssen. Gummibeschüsse haben sich in der Praxis als uneffektiv herausgestellt, da der Täter nur zum nächsten Standort weiterzieht und dort weiterhin sein Unwesen treibt. Foto: M. Kalaš

Der kurioseste Schaden: Der wohl kurioseste, wenn auch bis jetzt einer der teuersten Einzelschäden war eine aufgebrochene Messstation in der Vysoke Tatry (Hohe Tatra). Hierbei hat ein bäriger Einzeltäter in einer einzigen Nacht einen finanziellen Verlust von vielen Tausend Euro verursacht. Der Bär brach aus bisher nur spekulativen Gründen die im Freiland stehende metallene Wetterstation in einem Metallcontainer auf, wobei bereits ein immenser Kraftaufwand nötig gewesen sein muss. Man vermutet, dass der Bär diesen Einbruch auf seiner Futtersuche begangen hat. Bären werden von verschiedenen Ölen angezogen, die für sie sehr schmackhaft sind, wie etwa das Rapsöl, das man für Traktoren verwendet. Eventuell hat der Bär im Inneren der Box etwas gerochen, was er unbedingt bekommen wollte. Als die Tür dann endlich offenstand, stand der Bär nur einem unübersichtlichen Gewirr aus Kabelsträngen gegenüber, in dessen Mitte ein Laptop thronte. Das Ende der entäuschenden Futtersuche war für die Metereologen nicht nur finanziell schmerzhaft: Der Bär zog die Kabel in alle Richtungen heraus und biss zuletzt eine Ecke des Laptops ab, wobei auch noch Daten vernichtet wurden.

Zerstörte Messstation. Foto: P. Fleischer

Ein „unfairer“ Schaden? Jedes Jahr sterben auf den slowakischen Straßen Tausende von Wildtieren, darunter auch mehrere Hundert Rehe, Wildschweine und Rothirsche. Bei Kollisionen mit diesen gewaltigen Tieren kommt es neben ernsten Verletzungen, teilweise mit Todesfolge, für die menschlichen Insassen immer zu sehr hohen Blech-, wenn nicht gar Totalschäden. Diese Beschädigungen an Fahrzeugen werden nirgendwo als Kostenfaktor aufgeführt, obwohl es sich um mehrere Millionen Euro handelt.
Anders im Falle des Bären. Wird ein Bär überfahren, der dadurch in der Regel sein Leben verliert, wird er zusätzlich zu einem Kostenfaktor, den man auch noch bezahlen muss. Beschädigte Fahrzeuge werden somit im Falle dieses Tieres offiziell verrechnet, was den Bären erneut teurer macht und worauf sich die Bärengegner sehr gerne berufen.

Die Nutztiere – ein schwieriges Kapitel der Koexistenz

Hier hat ein Bär ein Schaf getötet und komplett verspeist. Schafe sind viel öfter Opfer von Bären als die wehrhaften Rinder. Normalerweise bilden selbst die domestizierten Dickhäuter wie ihre wilden Verwandten im Freiland einen Verteidigungsring um ihre Jungen herum und formieren sich mit den Hörnern voran zum Angreifer, was meistens zur Abwehr ausreicht. Foto: M. Kalaš

Kaum ein anderer Schaden ist mit so viel verschiedenen Gefühlen begleitet, wie das Reißen von Nutztieren. Der Bär verursacht neben dem finanziellen Verlust menschliches Leid und daraus resultierend Trauer und auch heftige Wut. Hierbei hat sich der Bär nicht nur am Besitz eines Menschen vergriffen, er hat Tiere von ihm getötet. Totgebissene und halbgefresse Schafe oder verwundete und verängstigte Tiere lösen bei den meisten Menschen Mitleid aus, wofür der Bär die Schuld trägt. Diese emotionale Seite ist viel gewichtiger als der tatsächliche Schaden, der niemals mehr als 1–2 % des gesamten Nutztierbestandes beträgt.

Der Bär – kein wirklicher „Killer“

Der kritische Punkt bei einer Attacke ist die ausgelöste Panik, das gilt insbesondere für das Beispiel der Schafe. Bricht ein Bär in eine Herde ein, beginnen die Opfertiere damit, panisch und noch immer in großen Gruppen wegzurennen. Sind sie platzmäßig eingeschränkt, wie beispielsweise in den nächtlichen kleinen Gattern, wird ein gewisser Teil von ihnen buchstäblich zertrampelt. Sind sie frei, können sie sich selbst durch gegenseitiges Trampeln über- bzw. durcheinander oder auf der Flucht selbst verwunden. Zusätzlich schwierig wird es dann im unzugänglichen Gelände. Befinden sich die Tiere auf Almwiesen im Gebirge oder an steil abfallenden Hängen, können sie bei ihrer Flucht stürzen und sich dabei stark verwunden oder gar umkommen. Stürzt die ganze Herde über einen Abhang oder fällt in einen Fluss, ist das für viele Mitglieder tödlich. Dadurch werden Verluste oft um ein Vielfaches höher, als der Bär für sich selbst im Endeffekt beansprucht. Beginnt die Herde panisch davonzulaufen, wird es auch für den entprechenden Schäfer schwierig, die Tiere schnell genug zu beruhigen oder einzusammeln. Somit kann der Bärenschaden sehr hohe Ausmaße erreichen, ohne dass der schuldige Bär die getöteten Tiere auch konsumiert hat. Der Großteil der Opfer kam bei den überstürzten Fluchten ums Leben. Verwundete Tiere sind direkt nach der Attacke oft noch am Leben, jedoch kann es vorkommen, dass man sie entsprechend und kostspielig behandeln muss und sie hinsichtlich ihrer Milchleistung für einige Zeit ausfallen oder aber dass sie nach gewisser Zeit aufgund der Schwere ihrer Verletzung doch getötet werden müssen.

In der Praxis hat sich herausgestellt, dass aufgrund dieser Nebeneffekte bei überstürzten Fluchten eine freie Aufbewahrung während der Nacht die Zahl der zu Tode gekommenen Schafe erheblich reduzieren kann. Sind sie eingepfercht, trampeln sie sich grausam zu Tode oder brechen alle gemeinsam aus einer (selbstgemachten) Öffnung heraus, wobei sie alle zusammen in eine Richtung rennen und sich dabei gegenseitig erneut verletzen können. Allerdings kommen entsprechende Schäfer dann mit den Regeln des Kompensationssystemes in Bedrängnis, da sie ihre Herde ohne Schutzmaßnahmen beließen, zumindest dann, wenn sie keine Hunde hatten.

In Ausnahmefällen ziehen ganze Bärenfamilien auf Jagdausflüge, die es auf Nutztiere abzielen. Solche Fälle machen nicht nur Angst und sind mit größeren Beschädigungen verbunden, sie beherbergen darüber hinaus auch das Risiko, dass die aufgeweckten Jungtiere diese unerlaubten „Jagdpraktiken" von der Pieke auf erlernen und womöglich zeitlebens so weitermachen. Zeichnung: M. Hála

In einem besonders schweren Fall kamen bei dem Angriff einer Bärenfamilie 85 Schafe ums Leben, von denen nur 5 Tiere angefressen wurden. Die unglücklichen restlichen 80 Tiere starben bei ihrer panischen Flucht (Finďo 2003).

Was macht ein Nutztier eigentlich so attraktiv?

Ein Nutztier liefert nicht nur attraktives tierisches Eiweiß, es ist darüber hinaus für sämtliche Predatoren auch ungewöhnlich leicht zu beschaffen, das gilt vor allem für Bär und Wolf in Bezug auf Schafe. Im Zuge der Domestikation des Wildschafes gelang es dem Menschen, dessen Verhalten so zu verändern, dass die Tiere bei drohender Gefahr zusammenlaufen

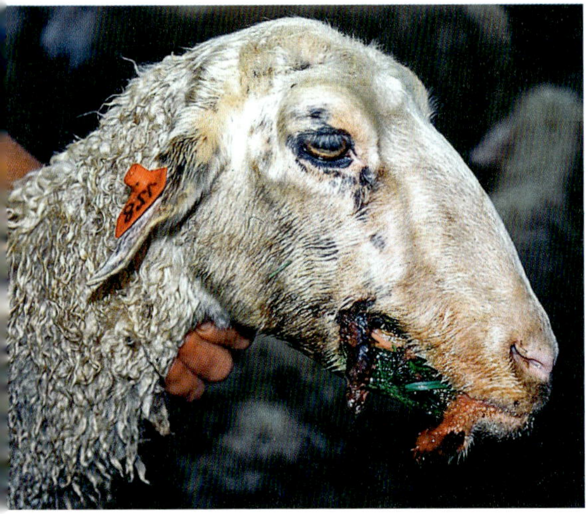

Dieses Schaf ist zwar stark verletzt, hat aber die Attacke eines Raubtieres überlebt. Ein so mitgenommenes Tier tut sicherlich den meisten Menschen leid. Oft können solche Verletzungen auch nicht mehr geheilt werden, weshalb die verletzten Tiere leider notgeschlachtet werden müssen. Foto: S. Findo

und demzufolge wie geklumpt verfügbar sind. Eine Herde aus Wildschafen zerstreut sich bei Gefahr in sämtliche Himmelsrichtungen, wodurch das einzelne Tier nicht nur bessere Chancen hat zu entkommen, sondern sich im Zuge des Auseinanderlaufens auch sozusagen unsichtbar macht. Hausschafe jedoch sind relativ leicht zu orten, klumpen zusammen und werden somit für den Jäger leichter greifbar und sehr einfach zu bejagen.

Es gibt neben den „Gelegenheitsjägern" auch Bären, die sich auf die Haustierbejagung als wichtige Futterbeschaffung strategisch festgelegt haben und regelmäßig jagen. Hat sich der Bär einmal darauf spezialisiert, ist es nach Meinung vieler Experten die beste Lösung, dieses entsprechende Tier zu entfernen. Schlagartig hören dann die Meldungen von Nutztierrissen umgehend wieder auf. Trotz vielfältig gestarteter Vergrämungsversuche mithilfe von Gummigeschossen oder anderen schmerzhaften Maßnahmen von menschlicher Seite kann ein „bäriger Nutztierspezialist" meist nicht mehr umerzogen werden. Brennt es ihm am Schafstandort A im Pelz, dauert es nicht lange, bis er am Standort B erneut sein Glück versucht. Der Schaden jedoch, welchen ein solcher Bär an der Reputation der Bärenbevölkerung auslöst und demzufolge auch an der Akzeptanz der Bären durch den Menschen, ist bei Nichtentfernen eines solchen Tieres weit gefährlicher als der Verlust dieses Einzeltäters. Des Weiteren kommt man mit dem Effekt des Erlernens in Bedrängnis, da Bärenmütter oft ihren Nachwuchs zu den nächtlichen Jagdeskapaden auf unschuldige Nutztiere mitnehmen. Man kann gelegentlich ganze Bärenfamilien zusammen jagen sehen. Als Konsequenz erlernen die Jungtiere nicht nur die Technik, sondern auch die prinzipielle Existenz von menschlichem Vieh als stehende, proteinreiche Nahrungsquelle.

Haustierbejagung – ein altes Problem

Seitdem der Mensch Viehwirtschaft betreibt, hat er Verluste durch ortsansässige Raubtiere, inklusive Bären, zu beklagen. Auf der einen Seite war es deshalb hilfreich und nötig, den Bären genauer kennenzulernen und zu beobachten, da eine erkannte Gefahr bereits eine abgemilderte Gefahr ist. Auf der anderen Seite entwickelten die Viehzüchter neben dem gezielten Abschuss ihre eigenen, mehr oder weniger erfolgreichen Abwehrmaßnahmen.

Wann greift der Bär an – Verteilung über das Jahr

Die Weidesaison für das Vieh beginnt meist Mitte bis Ende April und dauert im Durchschnitt bis in den Oktober hinein an. In den tieferen Lagen kann man die Nutztiere auch noch später auf den Weiden stehen sehen, so können sie noch das letzte Gras fressen und kommen noch ein bisschen an die frische Luft. Die Tiere sind dann Ende November alle zu Hause im warmen Stall.

Die Übergriffe des Bären auf Schafherden sind nicht gleichmäßig über das ganze Jahr verteilt, sondern weisen gerade im Hochsommer und im beginnenden Herbst eine Spitze auf, was bereits Ernst Bethlenfalvy erkannt hatte. Die „Bärzeit", also die Paarungszeit, beginnt bereits im Mai und ist zu diesem Zeitpunkt schon an ihrem Ende angelangt. Zu Beginn des Jahres, wenn der Bär noch in der natürlichen Umwelt sowohl umgekommende Wildtiere als auch die ungeschützten Jungtiere von Wildschwein, Reh und Hirsch leicht auffinden kann, scheint er offensichtlich weniger das riskante Geschäft der Nutztierbejagung auf sich zu nehmen, wo er verlässlich auch immer mit dem Menschen zusammentreffen wird. Gerade im ausgehenden Sommer und beginnenden Herbst fängt der Bär langsam mit seinen Wintervorbereitungen an. Die erste und wichtigste Vorbereitung ist demnach das Zunehmen. Im Spätsommer sind die meisten Jungtiere des Waldwildes bereits so behände, dass sie für den Bären immer schwerer zu erjagen sind und er sich hinsichtlich der Proteinbeschaffung oft auf die immer und überall verfügbaren Insekten verlässt. Somit kann eine derart leicht beschaffbare große Eiweißmahlzeit eine wichtige Motivation sein, die (meist vorhandene) menschliche Scheu zu überwinden. Im Herbst steht der Bär hinsichtlich des Anlegens eines ausreichenden und wärmenden Fettspeichers unter erheblich stärkerem Druck, was sich in der erhöhten Anzahl an Übergriffen deutlich widerspiegelt.

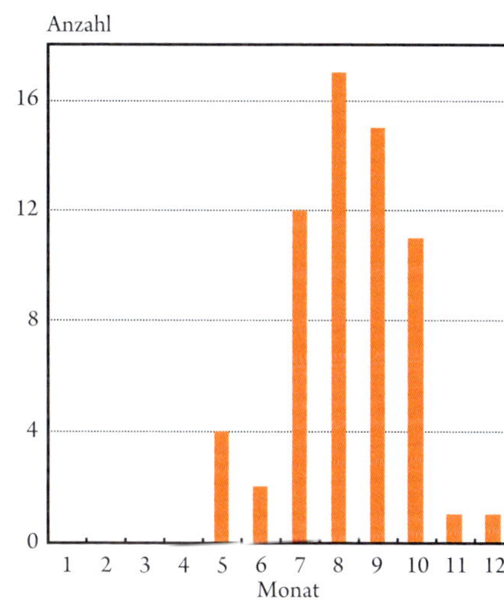

Die Verteilung der Bärenangriffe über das ganze Jahr (nach Findo 2003)

Das unschuldige Schaf – der böse Wolf – der behäbige Bär?

Es ist auffällig, dass gerade der Wolf im Vergleich zum Bären ein wesentlich schlechteres Image hat, obwohl Wölfe zahlenmäßig viel geringer vertreten sind und bis dato in der Slowakei keine Meldungen von Übergriffen von Wölfen auf Menschen bekannt sind. Vergleicht man die Schadenssumme, die durch die beiden Raubtierarten Bär und Wolf aufgrund ihrer Fleischbeschaffung entstehen, verursacht der zahlenmäßig geringere Wolf jedoch eine höhere Summe, als es der Bär tut. Das gilt nicht nur für die Nutztiere, sondern auch für die typischen wilden Beutetiere Rothirsch und Wildschwein.

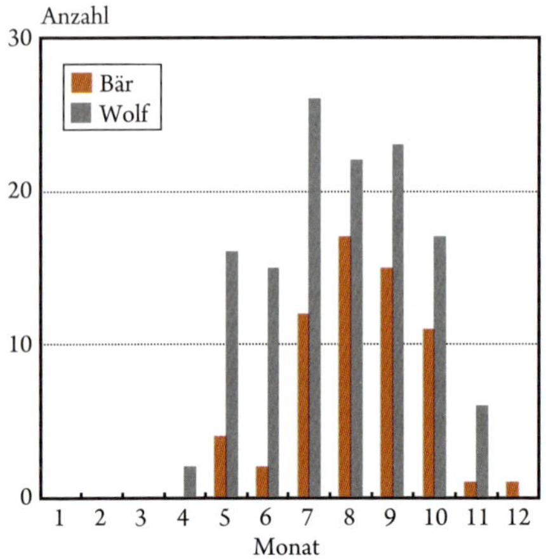

Angriffsmuster von Bär mit 63 und Wolf mit 127 Angriffen im Vergleich (nach Findo 2003)

Im Gegensatz zum Braunbären zeigt der Wolf hinsichtlich der Nutztierübergriffe ein ganz anderes Muster, welches regelmäßiger über das Jahr hinweg verteilt ist als das Schadensmuster des Braunbären. Zusätzlich ist in dem Studiengebiet alleine die Anzahl der Nutztierübergriffe von Wölfen zweimal so hoch wie die von Bären. Des Weiteren ist die durchschnittliche Opferzahl an getöteten Tieren im Falle des Wolfes wesentlich höher als im Falle des Bären.

Wölfe sind reine Fleischfresser und somit absolut abhängig von der Jagd und dem Jagderfolg. Gelegentlich findet man in geringen Prozentzahlen pflanzliche Nahrung, wie etwa Gras oder einige Waldfrüchte, die jedoch niemals eine vollwertige vegetarische Alternative zur fleischlichen Nahrung werden können, auf die ein jagdlich nicht erfolgreiches Wolfsrudel effektiv zurückgreifen könnte. Der Bär als Allesfresser kann auch ohne Fleisch existieren. Seinen Proteinbedarf deckt er in solchen Fällen ausschließlich mit Insekten. Als weiteren Punkt werfen Wölfe ihren Nachwuchs zwischen März und Anfang Mai. Gerade das erste halbe Jahr ist für die jungen Wolfswelpen eine kritische Zeit und sie müssen bis zum nächsten einsetzenden Winter bereits in sehr guter Verfassung sein, um die harschen und beschwerlichen Bedingungen zu überstehen. Ab dann muss der Nachwuchs aktiv mit auf die Jagd gehen. Somit hat ein Wolfsrudel über das Jahr gesehen eine hohe Energiebilanz. Die Bären im Gegenzug überschlafen die kalte Zeit und treffen ihre „mästenden" Vorbereitungen speziell erst ab der zweiten Jahreshälfte.

Klar ist, dass der Wolf, in Zahlen betrachtet, wesentlich mehr Schaden an Nutztieren verursacht als der Bär. Der Wolf als ein reiner Fleischfresser nutzt demnach häufiger die Gelegenheit, die einfacher zu erbeutenden Nutztiere zu jagen als der Allesfresser Braunbär. Ein Faktor für die entwickelte Aggression und Ablehnung zu Raubtieren ist durch finanzielle Aspekte motiviert. Kosten Raubtiere dem Menschen Geld, schätzt er sie weniger oder hat im Ernstfall genug von ihnen, weshalb er sie am liebsten gänzlich entfernt sieht. Füchse können Hühner reißen, Otter töten manchmal Enten und Wolf bzw. Bär bejagen zumindest teilweise Nutztiere. In der Gesamtsumme verursacht der Bär mehr Schaden, aber offensichtlich sind Nutztiere nachhaltiger.

Diese Diskrepanz hinsichtlich der beiden Arten könnte eine wichtige Bedeutung für die Einstellung von uns Menschen tragen. Dem Wolf kommt eine leichte Jagdgelegenheit sehr gelegen, die er zum menschlichen Nachteil ausnützt. Ein mehrzähliges Wolfsrudel, das sich vorgenommen hat, eine Schafherde anzugreifen, kann prinzipiell durch die Schäfer schlechter abgewehrt werden als der Einzeltäter Bär. Der Angriff passiert demzufolge an mehreren Fronten gleichzeitig, wodurch sich der Mensch der Situation hilfloser ausgeliefert fühlt. Diese Tatsache könnte eine Erklärung sein, warum Wölfe bis in die heutige Zeit hinein vielerorts einen so schlechten Ruf und große Akzeptanzschwierigkeiten haben.

Betrachten wir das finanzielle Ausmaß sämtlicher Wildtierschäden, kommen wir zu dem Schluss, dass die größten Summen bezüglich Beschädigungen durch Schalenwild zustande kommen. Hierbei handelt es sich um entstehende Kosten im Wald und auf den Feldern.

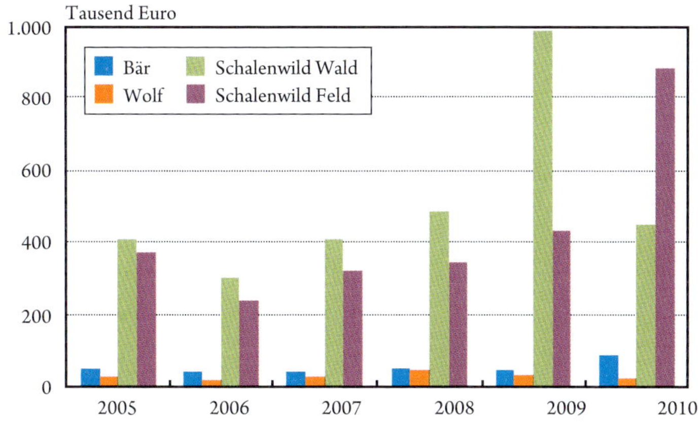

Kosten für Schalenwildschäden im Wald (Verbiss-, Schäl-, Schlag- und Fegeschäden durch Reh, Rothirsch, Damhirsch und Mufflon) und auf den Feldern sowie Schäden von Bär und Wolf

Der wirtschaftliche Aspekt hinsichtlich der Nutztierschäden ist ein wichtiger Schlüsselfaktor, vermutlich stärker im Falle des Wolfes als des Bären. Es wäre wichtig, diesen Punkt wieder aufzugreifen, um die tief verwurzelte Antipathie, die gerade für die Wölfe manifestiert ist, zumindest verringern zu können. Eine Verbesserung des Entschädigungssystems bezüglich der Beurteilung, Auszahlung und Vereinfachung für die wirklich Betroffenen wäre dringend vonnöten.

Haustierschutz

Nicht nur die Haustierbejagung durch Bär und Wolf hat eine lange Tradition, sondern auch der Haustierschutz durch den Menschen. Dieser machte über die Jahrhunderte verschiedene Entwicklungen und Verbesserungen durch.

Feuer und Musik

Ein wichtiges Mittel zur Bärenabwehr war das Feuermachen, wodurch der Bär verunsichert werden konnte. Auf alpinen Wiesen waren verschiedene Schäfer inklusive ihrer entsprechenden Herden situiert, weshalb sich mit der Zeit eine Art Alarmsystem etablierte, mit dem die anderen Nachbarn auf eine mögliche „Bären-Gefahr in Verzug" gewarnt werden konnten. Im Gegenzug erhielt man im umgekehrten Fall ebenfalls früh genug die Nachricht, dass es im Nachbarbetrieb bereits zu Turbulenzen gekommen war, und konnte im Idealfall den Bären im Vorfeld schon abwimmeln, um sein eigenes Vieh besser zu verteidigen.

Die Schafe waren in der Nacht sowieso in einer Nachtumzäunung eingepfercht. Das erleichterte nicht nur das Melken, sondern hielt die Tiere auch zusammen, was ihre Behütung wesentlich vereinfachte. Die Vorteile eines solchen Systems erkannten allerdings auch die ansässigen Raubtiere, inklusive dem Braunbären, und so versuchten sie des Nachts, in diese Zäune einzubrechen. Die mitgeführten Hunde entdeckten die gefährlichen Waldbewohner und schlugen Alarm und auch die Schafe machten sich durch ihre aufkeimende Panik lautstark bemerkbar. Nicht immer hatte man damals zur aktiven Abwehr schon Herdenschutzhunde. Wichtig war im Falle eines Angriffs, in den Ecken der Umzäunungen Feuer zu machen, um die Raubtiere zu vertreiben oder zu verunsichern. Dabei spielten die Schäfer auf ihren

Musikinstrumenten, wie etwa auf speziellen Flöten oder auf langen und geraden oder auch geschwungenen Hörnern. Diese Klänge sowie das Licht des Feuers wurden weit in die Nachtluft fortgetrieben und somit von vielen anderen Schäfern gehört und gesehen. Diese legten umgehend Feuer und rüsteten sich von vornherein für einen möglichen Raubtier- bzw Bärenangriff. Bisweilen ist verzeichnet, dass der allgemein als langsam bezeichnete Bär so behände sein konnte, dass er während kurzer Zeit zwischen fünf und sieben weit verstreute Herden aufsuchte und die Besitzer demzufolge ihre Not hatten, alles schnell genug zu präparieren.

Handgemenge mit dem Bären

Immer wieder versuchten und versuchen Schäfer oder andere Viehbesitzer, sich aktiv mit dem Bären auseinanderzusetzen. Sie bewarfen ihn dazu mit Steinen, hetzten ihm laut schreiend hinterher und setzten dabei gelegentlich Stöcke oder Äxte ein. Ein derartiges Unterfangen kann für einen nicht ausreichend bewaffneten Menschen allerdings sehr riskant sein. Der Bär wird dabei aktiv bedroht und kann neben der Flucht auch mit Angriff reagieren, vor allen Dingen dann, wenn der Bär neben seinem eigenen Pelz zusätzlich frische Beute oder gar Jungtiere zu verteidigen versucht. Leider waren entsprechende Techniken nicht immer vom erhofften Erfolg gekrönt und entgegen vieler Warnungen gab es in der Slowakei immer wieder verletzte Schäfer.

Bis heute versuchen Schäfer, trotz der drohenden Gefahr, die vom Bären ausgeht, in einem Handgemenge den Großen Braunen an der Verschleppung von Schafen zu hindern, was zu mitunter sehr schweren Verletzungen führen kann.

Verjagen

Zusätzlich zum Bejagen versuchten die Menschen sich auch am Verjagen von sämtlichen Predatoren aus den benutzten Gebieten. Diese Technik wurde bis zum Beginn des 20. Jahrhunderts angewendet und wurde immer vor dem Beginn der Weidesaison und der Austreibung der Viehherden durchgeführt. Zu diesem Zweck organisierten ganze Bergdörfer gemeinsam Aktionen mit dem Ziel, die Raubtiere aus den an die Weideflächen angrenzenden Wäldern zu verscheuchen. Die Menschen gingen dabei in einer langen Linie nebeneinander und trugen sämtliche Gerätschaften, die ausreichend Lärm erzeugen konnten. Systematisch wurde nun der Wald abpatrouilliert und dabei gelärmt und geschrien. Man hoffte, auf diese Weise die Beutegreifer so nachhaltig erschreckt und verjagt zu haben, dass sie sich einen ganzen Sommer hindurch nicht mehr blicken lassen würden. Gerade zu Kriegszeiten (Gemeindenotizen von 1916), wenn die Männer und somit auch die Jäger weg waren, wurden diese Techniken vermehrt eingesetzt.

Obwohl Nutztierübergriffe ernst zu nehmende Begleitumstände der Beweidung und schlussendlich auch der Koexistenz mit dem Bären waren, wurden diese Übergriffe schon sehr lange Zeit mitunter zum Eigennutz ausgenutzt und von den damaligen Medien überschwänglich aufgebauscht. Waren es zu Beginn des 20. Jahrhunderts noch die vereinzelten Zeitschriften, kennt man die blutigen Berichte heutzutage auch in Form bewegter Bilder im Fernsehen. Ernst Betlenfalvy fasst dieses Phänomen in „Die Tierwelt der Hohen Tatra“ bereits 1937 zusammen, wenn er auch für die verzeichneten Nutztierübergriffe seine eigene Erklärung findet:

Der Hochzeitsschmaus der Tatrabären fällt in die Zeit der Hauptbeerenreife, das heißt im Monat Juli. Dies ist aber auch die einzige Zeit, wo er dem Weidevieh gefährlich werden kann! Die Gefahr ist aber nie so groß, wie wir sie jedes Jahr aus irgendeiner Gegend in den Tagesblättern, zu fürchterlichen Tragödien aufgebauscht, zu lesen bekommen! Die Wahrheit von diesen märchenhaften Schrecken ist, dass die Natur den Bären zu seinem Hochzeitsschmaus neben den vielen Waldbeeren und Pilzen auch einen reichlichen Bissen Fleischnahrung bestimmt hat, und wo er keinen kranken Hirsch, Reh oder Gams findet, schlägt er ein Rind, Pferd oder einige Schafe! In der Bärzeit muss er reichlich Nahrung haben, darum wurden mitunter einzelne Bären auch der Herde gefährlich, aber nur dann und dort, wo durch Hagelschlag die Waldbeerenernte zu Grunde gerichtet wurde oder wo einzelne, im besten Alter stehende Individuen in der Bärzeit ohne Lebensgefährten blieben und infolge unbefriedigten Geschlechtstriebes zu reißenden Bestien wurden.

Alle einwandfrei beglaubigten Fälle (denn die Hirten schlugen auf das Konto des Bären 50 mal mehr Vieh tot als der Bär), die mir über das vom Bären geschlagene Vieh bekannt wurden, fallen in die Bärzeit.

Welcher Bär reisst Nutztiere?

Falls sich ein Bär früher in unmittelbarer Nähe zur Schafherde befand, war es für die Schäfer und Rinderhirten aufgrund der Bedrohung sehr wichtig, die entsprechenden Raubtiere gut zu kennen. Deshalb waren es diese Gruppen, die als erstes erkannten, dass nicht alle Braunbären die gleiche Tendenz der Bejagung zeigen. Diese Bedrohung kann heute auch von Wissenschaftlern bestätigt werden. Die Jagdaktivitäten sind bei den Braunbären, die keine exklusiven Fleischfresser sind, individuell sehr unterschiedlich. Somit bekamen die Bären von den Schäfern auch unterschiedliche Bezeichnungen.

Der slowakische Mravenčiar (Mraventschiar), also *Ameisenbär*, ist für die Nutztiere ungefährlich. Er hält sich auf den Wiesen auf und dreht dort Steine zum Sammeln von Ameisen um. Einen solchen Nachbarn muss man nicht fürchten, weshalb dieser Bär auch in Ruhe gelassen wird.

Die russischen Kuhburschen wurden hingegen ganz anders eingestuft. Diese hatten sich auf das Bejagen von Vieh spezialisiert und jegliches Auftauchen dieser Zeitgenossen löste Angst, Schrecken und diverse Verteidigungsstrategien aus.

Weitere „Bärenarten" in der Landwirtschaft: Der *Spekulant* ist der Getreidefresser. Aufgrund seiner bisweilen als bequem zu bezeichnenden Art, im Liegen zu fressen und nach der Aberntung des entsprechenden Abschnittes einfach nur ein Stück weiterzurutschen, kam er in den Ruf, ein recht cleverer Zeitgenosse zu sein. Die „Bärenstraßen" konnten seine Besuche eindeutig zeigen. Heute weiß man auch von Kartoffelernten des Bären. Hierbei sitzen sie auf der Erhöhung zwischen den Furchen und streifen mit den Vorderpfoten die jungen Frühkartoffeln ab. Haben sie eine Pflanze geleert, rutschen sie auf dem Hinterteil ein Stück weiter, wobei sie in ihrer sitzenden Position die Hinterfüße mitbenutzen. Diese „Kartoffelernter" haben allerdings noch keinen eigenen Namen. In Russland erhielten diese Feldbesucher den Namen „Ovsijanik", der uneingeladene Gast.

Das erste Entschädigungssystem der Slowakei führte der Fürst Hohenlohe ein, der den Verlust von Getreide finanziell entschädigte. In Ždiar, einem Dorf in der Hohen Tatra, behalf man sich zusätzlich mit einem Trick. An den bereits gut bekannten Stellen, an welchen

Exkurs: Herdenschutzhunde

Herdenschutzhunde haben eine jahrtausendealte Tradition des Beschützens von Nutztieren vor der drohenden Gefahr durch ansässige Raubtiere. Sie sind die ursprünglichen Hunde, die als erstes den Schäfer begleitet haben. Sie waren und sind Begleiter von Schafen, Ziegen, Rindern, Pferden, Schweinen und sogar von Geflügel. Ihren Ursprung vermutet man in asiatischen Gebieten, von wo sie zu verschiedenen Zeiten und auf verschiedenen Wegen nach Europa gekommen sind.

Die Herdenschutzhunde unterscheiden sich maßgeblich von den Hütehunden, welche heutzutage hauptsächlich eingesetzt werden. Klassische Hütehunde haben die Aufgabe, die Herden mithilfe des Schäfers zu lenken, zu treiben und zu manövrieren. Zu diesem Zweck haben sie eine optimale Bindung zu ihrem Besitzer, folgen seinen verschiedenen Kommandos und setzen zur Ausführung der Befehle Bellen, Abtreiben oder sogar leichtes Zwicken der Nutztiere ein.

Ein Herdenschutzhund dagegen betrachtet die Nutztiere selbst als seine Familie, mit der er konstant zusammenlebt. Bereits als Welpe wird er in seine zukünftige „Nutztierfamilie" integriert und hat demzufolge zu dem menschlichen Besitzer eine nur sehr sporadische Verbindung. Aufgrund dieser emotionalen Bindung zu seinen nicht-hundeartigen Familienmitgliedern wird ein Herdenschutzhund sämtliche Eindringlinge, die dieser Familie theoretisch gefährlich werden könnten, eifrigst abwehren und vertreiben. Hierbei setzen sie Imponiergehabe ein, bellen laut und starten erst im Endeffekt Vertreibungsversuche oder gar Hetzjagden hinter den entsprechenden „Feinden". Die körperliche Überlegenheit und das selbstbewusste und dominante Auftreten der Hunde reicht in der Regel bereits aus, dass Raubtiere ihre Jagdsequenzen unterbrechen und sich zurückziehen, da sie zwar an der potentiellen

Diese gemischte Gruppe aus Hirten, den drei mittelgroßen Hütehunden und dem großen Herdenschutzhund ganz links verdeutlicht den Idealzustand. Der Mensch und die Hunde bilden eine vollkommene Einheit, um die Schafherde zu behüten und zu beschützen. Foto: S. Findo

Beute Nutztier interessiert sind, jedoch das Risiko von Verletzungen vermeiden wollen und müssen, um weiterhin erfolgreich überleben zu können. Wirkliche Kämpfe zwischen Hund und Beutegreifer sind somit seltene Ausnahmen. Allerdings sieht man aus diesem Grund die großen Hunde bisweilen Halsbänder tragen, von denen Stacheln nach außen wegstehen. Das dient dem Schutz des Halses, falls sie wirklich einmal bei einer kämpferischen Auseinandersetzung von einem Raubtier gebissen werden sollten.

In den sehr frühen Anfängen ihrer Karriere hatten Herdenschutzhunde auch Hüteaufgaben, indem sie die Herde, die ihnen vollends vertraut, führten und leiteten. Später wurde diese Aufgabe mehr und mehr von den klassischen Hütehunden übernommen.

In der Slowakei existiert die einheimische Herdenschutzrasse *Slovenský čuvač*, sprich „slowakischer Tschuwatsch", die in Polen mit dem polnischen *Owczarek podhalanski* und in Ungarn mit dem ungarischen *Kuvacs* verwandt ist, die ebenfalls Herdenschutzhunde sind.

Bereits im 15. Jahrhundert beschäftigten sich Kynologen in Ungarn mit der Herkunft der ungarischen Rasse und kamen unter anderem zu recht spekulativen Ergebnissen. So vermuteten sie, dass sämtliche Herdenschutzhunde der europäischen Nachbarstaaten von den ungarischen Vertretern abstammen könnten, die als verschenkte Welpen bis nach Portugal vorgedrungen sind. Andere kühne Überlegungen setzten als Vorfahren der Hunde die großen, weißen Begleithunde der Römer fest, die diese Tiere auf ihre Kriegszüge mitgenommen hatten.

Heute hingegen wissen wir, dass die meisten Herdenschutzhunde aus dem asiatischen Raum stammen, wie auch die Dreiergruppe aus der Slowakei, Polen und Ungarn. Den ursprünglichen Namen kennt man auch im türkischen Sprachgebrauch, wo er „Hüter" bedeutet. Ähnliche Worte mit gleichwertigen Bedeutungen finden sich außerdem in Tibet und der

Ein slowakischer Čuvač während seiner Bewachung der ihm anvertrauten Schafe. Dieser Hund namens Blesk ist perfekt in die Schaffamilie integriert. Man beachte hierzu, wie ruhig und gelassen die Schafe in seiner unmittelbarer Nähe grasen. Das Schaf auf der linken Seite nähert sich dem großen Beschützer sogar vertrauensvoll. Gerade in der Vergangenheit züchtete man vorwiegend weiße Hunderassen, damit man sie besser von den grauen Wölfen und braunen Bären unterscheiden konnte. Foto: S. Finďo

Mongolei. Die Urslawen, die im späteren Verlauf bis in den Westen vordrangen, kamen definitiv aus dieser Richtung. Es ist sehr wahrscheinlich, dass große, weiße Hunde die Slowakei auch mit der Kolonisation der so genannten Valachen aus dem heutigen Rumänien erreicht haben. Diese Volksgruppe wurde zwischen dem 14. und dem 17. Jahrhundert sogar von offizieller, österreichisch-ungarischer Seite eingeladen, um in den slowakischen, damals besetzten Gebieten effektivere Schafwirtschaft zu betreiben. Das slawische Wort „čuvaj" bedeutet „Gib acht!", wodurch man vermuten kann, dass die ungarische Bezeichnung „Kuvacs" aus dem Slawischen importiert wurde.

In der Slowakei wurden die Schafe verschiedener Besitzer oder Bauern im Sommer oft zu einer großen Herde formiert, die dann von angestellten Schäfern auf die Weiden geführt und dort auch bewacht wurden. Zu diesem Zweck waren Herdenschutzhunde unerlässlich, die jedoch meistens entweder den älteren Schäfern oder den eigentlichen Schafbesitzern selbst gehörten und somit ausgeliehen wurden. Der Verleihpreis war sehr hoch und betrug die Menge an Schafskäse, die ein Schafweibchen pro Sommersaison produzieren konnte. Die Hunde hatten einen sehr hohen Wert und jeder Jäger, der einen dieser Hunde erschoss, wurde geächtet und verspottet. Gerne band man an den Gartenzaun des entsprechenden Schützen die Haut des toten Hundes, damit jeder im Dorf diese Dummheit sehen konnte.

Die Hunde wurden mit Schafsmolke oder verflüssigter Schafssauermilch, die als „Hundewasser" bezeichnet wurde, gefüttert, zu der man Körnerschrot hinzufügte.

Bereits ab der zweiten Hälfte des 20. Jahrhunderts finden wir hauptsächlich Aufzeichnungen von angeleinten Herdenschutzhunden, die ihrer gesamten Aufgabe nicht mehr vollständig nachgehen konnten und vermehrt gegen menschliche Räuber eingesetzt wurden.

Das Beschützen der Herde in der Nacht war eine der wichtigsten Aufgaben des Schäfers, der zu diesem Zweck in einem kleinen Holzunterstand in der Nähe des Nachtpferchs blieb und ein Feuer entfachte, das nicht ausgehen durfte. Seine Hauptwaffe war die Axt, die er gegen Diebe und Raubtiere einsetzte. Bei den menschlichen Dieben handelte es sich meistens um Schäfer aus dem Nachbarbetrieb. Das erfolgreiche Stehlen eines Schafes galt nicht nur als Tapferkeitssymbol, sondern belegte auch die Geschicklichkeit im selbständigen Schafehüten. Des Weiteren konnten sie durch das Diebesgut ihre eigene, karg- und fleischlose Ernährung auffüllen und den Verlust von Schafen ausgleichen. Jedes Schaf, das nicht aufgrund von Bejagen oder Krankheit verloren ging, musste dem Besitzer aus den eigenen Mitteln ersetzt werden. Die anderen „belegbaren" Fälle hatte der Schäfer durch das Vorlegen des toten Schafes zu beweisen.

Das Leben im Gebirge war seit Anbeginn der Viehzucht ein Kampf gegen Wolf und Bär. In einigen Dörfern überlebten Volksbräuche, wie etwa magische Akte, die gegen Raubtierübergriffe schützen sollten. Beispielsweise wurde örtlich am Weihnachtsabend (24. Dezember) eine Eisenkette um den Tisch gebunden, um damit dem Wolf den Zugang zu den Schafen abzuschneiden. Andere Volksbräuche beschreiben spezielle Opferungen, wie das Auslegen von getöteten oder bereits toten Nutztieren im Wald für die Raubtiere, um sie auf diese Weise zu beschwichtigen und von eigenen Jagdausflügen abzuhalten. Überreste von Bären- und Wolfskulturen überlebten länger im Osten und in den südlichen Gegenden Europas sowie in der Ukraine. Der 8. Juli galt den rumänischen Schäfern z. B. als „Tag des Wolfes" und der 1. August als „Tag des Bären", an welchen sie ruhten und keine physische Arbeit verrichteten. Kurioserweise finden wir in den beiden entsprechenden Monaten für jede dieser beiden Raubtierarten einen Höhepunkt in der Rissfrequenz an Schafen (siehe Grafik S. 150 Wolf im Juli, Bär im August).

Bei den Rinderhirten gab es den Kult um den Heiligen Vendelin, der als Beschützer des Rindes und sogar der Gerechtigkeit galt. Die Verehrung von Bär und Wolf gehört zu den uralten Teilen der spirituellen Kultur der Schäfer des südöstlichen Europa, was durch die fortschreitende Christianisierung vertrieben wurde.

Das erste Herdenschutzhundprojekt in der Slowakei: In den Jahren 2000 bis 2003 wurde unter der Leitung von Slavomír Findo der traditionelle Gebrauch von Herdenschutzhunden wieder aufgefrischt. Zu diesem Zweck wurden auf ausgewählten Schaffarmen mit hohen Raubtierverlusten mehr als 50 Welpen eingesetzt und deren Erfolg durch regelmäßige Besuche überwacht. Zu diesem Zeitpunkt waren Herdenschutzhunde fast ausschließlich noch angeleint, um andere Menschen vor ihrer vermeintlichen Aggressivität zu schützen. Angeleinte Hunde bieten allerdings keinen wirklichen Schutz gegen Raubtiere, da sie in ihrer Bewegungsfreiheit erheblich eingeschränkt sind. Somit können sie keine Wölfe oder Bären verjagen bzw. vertreiben. Außerdem wissen die intelligenten Hunde auch, dass sie nicht weglaufen können, und sehen sich darüber hinaus selbst bei einem Raubtierübergriff in erheblicher Todesgefahr. Als logische Konsequenz machen sie sich oft unsichtbar, sie kriechen in ihre Hundehütte und geben keinen Mucks von sich, der einem hungrigen Beutegreifer einen Hinweis auf ihren Verbleib geben könnte. Interessanterweise wissen auch die Raubtiere um die Eingeschränktheit und Wehrlosigkeit der Herdenschützer. Somit kommt es immer wieder vor, dass Bären die versteckten Hunde aus der Hütte herausziehen und töten. Oder aber sie geben sich mit dem Pro-Forma-Beschützer überhaupt nicht ab und gehen in Ruhe ihrer Tätigkeit der Nutztierbejagung nach.

Ein wichtiges Ergebnis dieses Projektes war, dass freilaufende Herdenschutzhunde tagsüber auf den abgelegenen Weiden, wenn das Vieh frei umherläuft, den besten Schutz vor etwaigen Raubtierübergriffen bieten kann. Die Anzahl der Hunde muss dabei der Anzahl der zu beschützenden Tiere angepasst werden. Zu diesem Zweck müssen jedoch die Hunde perfekt mit ihren Nutztieren sozialisiert sein. Außerdem dauert es etwa 2 Jahre, bis ein Hund auch wirklich verlässlich als Herdenschutzhund arbeiten kann. Des Weiteren konnten die verlässlich arbeitenden Hunde in beträchtlichem Maße die Verluste reduzieren. Somit verzeichnete man im Extremfall eine jährliche Menge an getöteten Schafen von über 100 Stück, die durch die hundeartigen Beschützer auf wenige Schafe unter zehn reduziert werden konnten.

Ein bedeutender Nachteil der außergewöhnlichen Hunde liegt in unserer modernen Zeit, der diesen Hunden den Ruf als aggressive Tiere einbrachte. Ein Herdenschutzhund, der nahtlos mit seiner Herde sozialisiert ist, verteidigt diese vor sämtlichen Eindringlingen, egal ob mit vier oder nur mit zwei Beinen. Definitiv sind die meisten Hunde nicht überaggressiv gegen unbekannte Menschen, wenn sich diese in gebührendem Abstand befinden. Nähert sich jedoch der Mensch neugierig den Schafen und überschreitet einen gewissen Radius, wird er als Feind identifiziert und somit vertrieben. In Gebieten mit vielen menschlichen Besuchern, Wanderern oder Anwohnern kann das zu ernsthaften Schwierigkeiten führen, da die Zweibeiner, gelegentlich sogar inklusive ihrer eigenen vierbeinigen Gefährten, oft unsanft oder gar mit Verletzungen in ihre Schranken gewiesen werden, weshalb diese Herden in solchen Gebieten eigentlich nicht eingesetzt werden können. Eine weitere Gefahr besteht darin, wenn in einem Betrieb ein reger Wechsel des Personales vorherrscht. Ein verlässlich arbeitender Hund lernt die Menschen seiner Umgebung kennen und akzeptiert diese auch als ungefährliche Wesen. Kommt es aber aufgrund von Saisonbeschäftigungen zu einem ständigen Personalaustausch, können mitunter starke Probleme mit erneuten Verletzungen auf menschlicher Seite auftauchen. Das gilt im verstärkten Maß in Verbindung mit Alkohol, wenn sich neue und angetrunkene Angestellte unbedarft dem bereits alarmierten Schutzhund nähern.

Diese trinkende Gruppe von Lämmern braucht keine Angst vor Bejagung zu haben, da die stattliche Beschützerin Ashita, eine Kaukasierin, auf sie aufpasst. Die Hündin hat ein stolzes Lebendgewicht von etwa 60 kg. Es erklärt sich von alleine, dass ein Mensch, der von ihr als Feind detektiert wird und aufgrund seiner unvorsichtigen Annäherung auf weniger als 30 m angegriffen wird, in ernsthafte Schwierigkeiten geraten kann. Die Überbevölkerung in Wald und Flur limitiert leider den Einsatz dieser beeindruckenden Hunde. Foto: S. Finďo

Ein ökonomischer Hinderungsgrund besteht heute auch darin, dass man für diese großen Hunde kein Futter mehr hat und die Versorgung mithilfe von klassischem Hundefutter zu teuer wird. Oft wird auch die Milch nicht mehr an Ort und Stelle verarbeitet, sondern von Großbetrieben abgeholt und dort weiterverarbeitet. Somit fällt kein „Hundewasser" mehr an, was aufgrund seines hohen Proteingehaltes einen Herdenschutzhund ausreichend versorgen kann. Ein an dem Projekt teilnehmender Schäfer mit solchen Hunden behalf sich deshalb mit der List, die abgelaufenen, mit Wurst und Schinken belegten Baguettes an der benachbarten Tankstelle abzuholen, um somit seine verlässlichen Wächter preisgünstig zu versorgen.

Der letzte Nachteil ist die bis jetzt in der Slowakei geltende Gesetzgebung, die besagt, dass jeder freilaufende Hund, der mehr als 200 m von seinem Besitzer beziehungsweise einem Gehöft entfernt von einem Jäger gesichtet wird, aufgrund bestehender Wildereigefahr geschossen werden soll. Normalerweise besteht eine Ausnahmeregelung für so genannte Arbeitshunde, somit auch für Herdenschutzhunde, die auf Initiative des Projektes in den Katalog aufgenommen wurden, jedoch wird diese Tatsache von zahlreichen Jägern nicht respektiert. Auf diese Weise kamen viele gut sozialisierte Hunde zu Tode entweder bei ihrer ruhigen Anwesenheit bei den Schafen selbst auf den Weiden oder gar paradoxerweise bei der Ausführung ihrer Arbeit und dem Vertreiben von Raubtieren im Wald.

Moderne Methoden des Herdenschutzes sind neben menschlichen Wächtern auch Elektrozäune oder Bewegungsmelder. Befindet sich eine Herde dauerhaft auf einer bestimmten Weide, ist dem Elektrozaun aufgrund vieler Vorteile in unserer überbevölkerten Welt der Vorzug zu geben.

die Bären vermehrt auftauchten, wurde einfach weniger Getreide ausgesät als später als verlorener Schaden angegeben wurde. Durch diese Aktivitäten bekam der Fürst den Namen „Bärenheger".

Schäfersleiden – Schäferskunst

Das Leben als Schäfer ist beschwerlich, früher noch mehr, als es heute ist. Oft ist es nötig, Monate alleine auf den alpinen Wiesen, nur in Begleitung der Schafe, zu verbringen. Die Schäfer stehen schon sehr zeitig auf, um die Tiere aus dem Nachtpferch heraus auf die Weiden zu treiben, und kommen erst am frühen Abend mit der Herde wieder zurück. Während sie mit den Tieren draußen sind, müssen sie den verschiedensten Wetterlagen trotzen: Hitze und starke Sonne, Regen sowie Wind und Kälte. Handelt es sich um Milchschafe, müssen die Schafe täglich zwei- bis dreimal gemolken werden. Die Schafsmilch wird (bzw. wurde) traditionell an Ort und Stelle im Salaš zu verschiedenen Spezialitäten verarbeitet. Die gewonnenen Produkte werden abschließend verkauft: *Bryndza* = weicher Schafskäse, oft auch verwendet mit *Halušky*, einer Art Kartoffelnockerln, *Oštiepok* = geräucherter Schafskäse, *Parenica* = ziehbarer Hartkäse, *Žinčica* = Schafssauermilch usw.

Leider stirbt dieser traditionelle Beruf immer weiter aus. Einerseits ist er sehr unwirtschaftlich und verlangt von den Menschen körperlich und seelisch sehr viel ab. Das zweite Problem hierbei bezieht sich auf gültige Hygienevorschriften der EU, welche verbieten, dass Milchprodukte aus nicht-pasteurisierter Milch hergestellt werden. Somit muss jede Milch vor dem Verarbeitungsprozess auf mindestens 72 °C erhitzt werden.

Bei der Herstellung dieser traditionellen Milchprodukte wird allerdings frische, ungekochte Schafsmilch verwendet, wobei die Milch während des Verarbeitungsprozesses auf etwa 90 °C erhitzt wird, damit sämtliche dem Menschen gefährlich werdende Keime abgetötet werden. Ist die Milch bei dem Prozess erhitzt worden, sind schon viele essentielle Aminosäuren zerstört worden, ohne die viele der schmackhaften Käseprodukte nicht gelingen können.

Obwohl die Schäfer allen Grund hätten, gerade auf den Bären wütend und verärgert zu sein, finden sich verschiedene Schnitzereien von Schäfern, die Bärenmotive tragen. Oft handelt es sich auch um Gebrauchsgegenstände. Es ist verwunderlich, dass neben dem Bären nur noch Hunde oder Schafe als Motiv gewählt werden. Niemals kann man Wölfe oder Luchse finden.

Traditionelle Trinkgefäße, genannt Črpák, zum Trinken von Žinčica. Auf dem Henkel befinden sich liebevolle und detailgetreue Schnitzereien von Bären.

Ein Sammelsurium an verschiedenen Schnitzereien: Ganz links ist ein dekorativer Bär, daneben ein geschnitzter Flaschenöffner in Form eines Bärenkopfes. Auf dem Bild rechts sind zwei handgeschnitzte Kaffeelöffel, deren Enden erneut kleine Bärenköpfe tragen. Unbekannter Schnitzer, entstanden in Banská Bystrica.

Das Problem der Problembären

Diese Frage sorgt gemeinhin für riesige Schlagzeilen, für immensen Diskussionsstoff und darüber hinaus für das Aufbrodeln von verschiedenen und sehr starken Emotionen. Einen Menschen zu treffen, der auf das „Problem der Problembären" neutral oder desinteressiert reagiert, ist normalerweise nicht möglich. Innerhalb der Bevölkerung vollzieht sich demnach eine Spaltung in zwei konträre Fronten, welche oft keinen Konsens finden können.

Die erste Gruppe hat Angst und Furcht und möchte diese Tiere so schnell als möglich entfernt sehen, oft mithilfe einer Gewehrkugel. Die andere Gruppe hält am Potential eines Bären fest, dass sich dieser noch immer ändern könnte, und befürwortet verschiedenste Maßnahmen, von Vergrämung angefangen bis hin zur Translokalisation. Greift alles nicht und ist das entsprechende Tier wirklich als untragbar einzustufen, finden wir auch hier zwei wohlgetrennte Meinungen: die Abschussfraktion und die Verfechter von „Rettung des Lebens", welche demzufolge eine Gehegeunterbringung bevorzugen.

In der Slowakei gibt es keine wirkliche Regelung für das „Problem der Problembären" und der folgende Fall „Lilli" zeigt das sehr deutlich. Beim Blick nach Kroatien, in ein Land, in dem bereits ein Managementplan aufgestellt worden ist, findet man klar ausgeführt, dass ein problematischer Bär ganz nachhaltige und negative Konsequenzen für den Rest der Bärenbevölkerung bewirken kann:

- Ein Bär, der die Furcht vor dem Menschen verloren kann, ist deshalb gefährlich, da er potentiell aggressiver auf den Menschen reagiert.
- Ein Bär, der nicht vor dem Menschen flieht, lockt auch ungewollt bestimmte Menschen an. Einige werden das Tier noch mehr aus der Nähe betrachten wollen und sich demzufolge ihrerseits näher heranwagen. Ähnliches gilt für Natur- und Hobbyfotografen aller Art. Der Effekt ist derselbe, es kann zu einer unerwünschten und gefahrlichen Konfrontation fuhren, wenn das zuerst nicht zurückweichende Tier dann doch zu einem Verteidigungsschlag ansetzt, da es sich auf einmal in einer für ihn bedrohlichen Situation befindet.
- Drittens wird angeführt, dass durch das häufigere Sichten der so genannten scheulosen Tiere viele Menschen glauben, dass sich die Bärenanzahl in schwindlig hoher Zahl befindet und demzufolge generell einen erhöhten Abschuss für eine „vermeintliche Reduzierung" befürworten oder gar fordern werden.

Der letzte Punkt wird in der Slowakei in jüngster Zeit bestätigt. Durch das Auftreten einer erhöhten Zahl an habituierten Dorfbären spekulieren manche Leute über eine schnelle Lösung für die Überbevölkerung im Sinne von erhöhten Abschusszahlen. Abenteuerliche Aussagen einer hochrangigen Persönlichkeit aus der Naturschutzbehörde des Jahres 2007, dass man 300 bis 400 Bären schießen würde, um die Ruhe wiederherzustellen, klingen wahrscheinlich noch vielen Menschen in den Ohren, egal aus welchem Lager sie stammen.

Lilli: Verlauf eines typischen Problembären

Anhand der Aufzeichnungen des Biologen Michal Kalaš kann die Vorgeschichte der Bärin eindeutig nachvollzogen werden. Der junge Bär zeigte ein auffälliges Streunern in menschlichen Siedlungen und sollte eigentlich entfernt werden. Zudem wurde er von Anwohnern aus der Hand gefüttert. Die Nationalparkverwaltung handelte jedoch aus, den Bären in einer Art Planversuch umzusiedeln.

Die junge Bärin stammte von einer Bärin ab, die bereits im Jahr 2006, also ein Jahr vorher, durch ihre regelmäßigen Besuche in einem Schafbetrieb als auffällig und untragbar eingestuft worden war. Dort fraß sie zusammen mit ihrem Nachwuchs häufig an Schafskadavern, somit waren auch ihre nur wenige Monate alten Nachkommen umgehend mit der verbotenen Speise in Kontakt gebracht worden. Da der Schafbesitzer sich entgegen dem gültigen Hygienegesetz aus unerklärlichen Gründen weigerte, diese Kadaver entfernen zu lassen, sollte im Endeffekt die Bärenfamilie aus dem Freiland entfernt werden. Falls eine Bärin tatsächlich als potentielle Gefahrenquelle identifiziert wurde und demzufolge erlegt werden muss, können auch ihre Jungen nicht verschont werden. Zum einen besteht die berechtigte Gefahr, dass der Nachwuchs bereits das gestörte Verhalten der Mutter abgeschaut und somit erfolgreich gelernt hat und zum anderen haben Jungtiere alleine kaum eine Chance, im Freiland zu überleben. Bedauerlicherweise übernahm diesen Schutzabschuss ein Jagdgast, der zwar eindeutig instruiert war und demzufolge zuerst den Nachwuchs schießen sollte, jedoch umgehend auf die Mutter zielte. (Man vermutet, aufgrund der beachtlichen Trophäe des Muttertieres.) Die beiden Jungbären flohen umgehend zurück in den Wald und wurden zwar bis zum Beginn des Winters immer wieder gesichtet, jedoch niemals überwacht.

11. Juni 2007: Zum ersten Male nimmt Michal Kalaš mit uns wegen eines auffälligen Bären in dem Nationalpark Malá Fatra Kontakt auf. Trotz berechtigter Zweifel an dem Planversuch der Translokalisation entscheiden wir uns, das Tier durch eine Besenderung zu überwachen. Da es sich um ein junges, einjähriges Tier handelt, dessen Hals noch an Umfang und Größe zunehmen wird, konstruieren wir einen Einsatz, der in ein starres Halsband eingefügt wird. Dieser Einsatz ist „größenverstellbar“, weil bei einem Wachstum des Halses die entsprechenden Nähte Schritt für Schritt aufplatzen und somit mehr Raum freigeben werden. Dank der in Zvolen ansässigen Polsterei und einer LKW-Plane wird der eigens konstruierte Einsatz bis zum ersten Fangtermin erfolgreich fertiggestellt.

28. Juni 2007: Zweiter und erfolgreicher Fangversuch. Als der junge Bär in der aufgestellten Boxenfalle sitzt, taucht plötzlich ein gleichaltriges Tier direkt daneben auf. Es handelt sich also wirklich um zwei verschiedene Tiere, womit das Rätsel geklärt ist, warum die auffälligen Bären unterschiedlich beschrieben wurden.

Der erfolgreich gefangene und translokalisierte Jungbär namens Lilli ist bereits in ihr neues Gebiet umgesiedelt. Der selbstmodifizierte Sender ermöglicht ein Mitwachsen des Halsbandes bei Größenzunahme des Halses.

Die erste Bärin wird radiobesendert und auf den Namen „Lilli“ getauft. Während sie in ein ca. 30 km weit entferntes Tal transportiert wird, geht glücklicherweise auch das zweite Tier in die Falle. Sie bekommt den Namen „Lisa“ und eine Ohrmarke und wird in demselben Gebiet freigelassen. Beide Tiere sind weiblich, wiegen um die 40 kg und sind neben ihrem leichten Untergewicht in guter körperlicher Verfassung.

7. Juli 2007: Lilli beginnt nach der Umsiedelung mit ihrer Wanderung, durchschwimmt zwei große Flüsse und passiert einen Canyon zwischen zwei steilen Gebirgsketten. Trotz der Enge am Boden befinden sich hier der breite Fluss, daneben eine stark befahrene Autoschnellstraße und im Anschluss der mehrgleisige Zugverkehr.

14. Juli 2007: Nach tagelanger, erfolgloser Suche wird die junge Bärin auf einer Wiese von einem Traktorfahrer gesehen, als sie vor dem Gefährt auf den Hinterfüßen steht und dann umgehend wegrennt. Dieser Ort ist einige Dutzend Kilometer entfernt, wobei sie große Gebirgsketten sowie eine weitere sehr stark befahrene Straße überwunden hat, die als „Wildtierbarriere“ bekannt ist.

15. Juli 2007: Anruf um 13:30 Uhr: Der Bär befindet sich nahe einer Siedlung. Es herrscht Panik und einige Leute versuchen, den Bären mit Äxten zu töten. Überall sind ungesicherte Abfalltonnen und domestizierte Tiere, inklusive Hunde, Katzen, Hasen, Schweine, Ziegen, Geflügel und Bienen. Bereits in der Nacht davor wurde Lilli von einem etwas abseits wohnenden Mann gesehen, der aufgrund des lauten Bellens seines Hundes nervös geworden ist und die Umgebung überprüft hat. Lilli verhielt sich hierbei ruhig und flüchtete. Offensichtlich blieb sie aber in der Nähe der Siedlung und konnte somit am nächsten Tag erneut gesichtet werden. Während dieser Aufregung zieht sich Lilli tief in den Wald zurück, wodurch sich die Lage entspannt.

18. Juli 2007: Nach erneuter Wanderschaft besucht Lilli ein weiteres Dorf und tötet dort zwei Hühner. Sie wird erneut narkotisiert und tief in die Berge translokalisiert, wobei sie für großen Medienrummel und einen Menschenauflauf sorgt. Der junge Bär ist in einen privaten Garten eingebrochen, in welchem sich einiges Federvieh befunden hatte, und hat erfolgreich zwei weibliche Individuen bejagt. Diese sind beide gleichzeitig am Hals gepackt und über den Zaun hinweg nur wenige Meter in den direkt angrenzenden Wald hinein verschleppt worden, wo sie an Ort und Stelle verspeist worden sind. Nach der Mahlzeit ist die Bärin mit allen vier Pfoten von sich gestreckt auf einem kleinen Schuppen gelegen und hat keine Anstalten gemacht, ihren momentanen Platz, umsäumt von Hühnerfedern, zu verlassen.

Lilli nach der Tötung und Verspeisung der Hühner. Sie verhält sich „unnormal“ ruhig, trotz der nahen Präsenz von Menschen. Der um sie herum herrschende Trubel und Rummel scheint den gesättigten Bären nicht zu interessieren. Die zweite Translokalisation ist demzufolge mit sehr gemischten Gefühlen verbunden. Foto: S. Findo

22. Juli 2007: Überraschenderweise und nahezu zufällig wird die Bärin nach Tagen der Ungewissheit 30 km vom ausgesetzten Platz entfernt wiedergefunden, wobei sie eine weitere Wildtierbarriere erfolgreich gemeistert haben muss. Ihr jetziger Standpunkt ist verlassenes Farmland. Es gibt dort wenige zerstreute kleine Siedlungen und die Leute betreiben ein wenig Landwirtschaft. Vieles ist verlassen oder von Menschen einsam hinterlassen, wie zahlreiche Obstplantagen, die überwuchert noch immer jedes Jahr Früchte tragen. Die einzelnen Waldflächen sind nicht besonders groß, jedoch durch Buschwerk miteinander verbunden. In diesem Gebiet gibt es offiziell keine Bären mehr. Einige Kilometer von ihrem jetzigen Platz entfernt liegt ein bewaldetes Militärgrundstück, in welchem wenige Individuen leben, die jedoch bis dato kaum an anderer Stelle gesehen werden. Somit ist Lilli allein auf Wald und Flur.

23. Juli 2007: Während der abendlichen Überwachung werden wir Zeuge, wie Lilli eine angeleinte Kuh angreift. Wir rennen los und versuchen, den Predator zu vertreiben. Durch das Blöcken der Kuh sind die Hausbewohner aufmerksam geworden und betreten ebenfalls die turbulente Wiese. Lilli flüchtet erstmals, kommt aber nach kurzer Zeit, trotz Menschennähe, an anderer Stelle zurück, um die Kuh von einem anderen Winkel aus zu bejagen. Alle schreien und bewerfen die Bärin mit Erde und kleinen Steinen, die sich darauf erneut versteckt, jedoch nur im nahegelegenen Buschwerk. Erfolgreich vertrieben wird sie dann durch die zwei nur kniehohen Haushunde des Anwesens, die mutig und bestimmt ihr immer wieder hinterhersetzen und sie von beiden Seiten von der Kuh abhalten, worauf sie schlussendlich das Weite sucht. Die Situation mit dem Jungbären ist sehr bedenklich.

Bärin Lilli (gelbe Ohrmarke sichtbar) vor dem Betreten des besagten Tomatenfeldes; aufgenommen mit einem Handy

27. Juli 2007: Nach erneuter tagelanger Unsicherheit kommt um 19:00 Uhr endlich ein Anruf, dass die Jungbärin erneut gesehen worden ist, wobei sie wieder einmal für Schlagzeilen und ein riesiges Polizeiaufgebot sorgte. Sie brach um 15:30 Uhr bei strahlendem und heißem Sonnenschein in eine Schrebergartensiedlung ein und konnte zuerst in einem Tomatenfeld fotografiert werden. Dann zog sie weiter und enterte letztendlich einen Garten, in welchem sich erneut Geflügel befand. Offensichtlich hatte sie von ihrem vorangegangenem Jagderfolg bereits gelernt. Zum Glück war auch ein Deutscher Schäferhund zugegen, der den Bären mutig und erfolgreich abwehrte und in die Flucht schlug.

28. Juli 2007 – 5. August 2007: Trotz vieler verfahrener Kilometer, Nachtschichten und Telefonate mit diversen Behörden und Einrichtungen bleibt die Bärin verschwunden. Ihr Schicksal und ihre Zukunft sind ungewiss. Wir informieren uns über mögliche Sonderregelungen, falls Lilli erneut auffällig wird.

6. August 2007: Der erste eindeutige Hinweis hinsichtlich des Verbleibes des problematischen Jungbären flattert via E-Mail ins Haus. Die erste Sichtung stammt von einem jungen

Mann, der auf dem Heimweg von einer Diskothek am Freitag, den 3. August 2007, um ca. 1:00 Uhr nachts einen Bären mit Halsband sah, der vor seinem Wagen die Straße überquerte. Er konnte das Tier hinsichtlich seiner Proportionen gut beschreiben und erwähnte ohne Hinweis das „seltsame Halsband". Allerdings hielt sich Lilli nahe einer Geflügelfarm auf, sie war also wieder auf der Suche nach Hühnerfleisch. Der zweite Hinweis kommt am folgenden Tag von dem Nachtwächter eines Schafzüchter, der nachts die aufgeregt blökenden Schafe gehört hat. Im Mondlicht sah er ein dunkles Tier, das er als großen, streunenden Hund identifizierte. Diesem ungebetenen Eindringling wollte er mit dem mitgeführten Stecken ordentlich etwas über den Pelz brennen, weshalb er sich dem Tier mit einer Taschenlampe näherte. Er erschrak furchtbar, als ihm der vermeintliche Hund plötzlich zweibeinig auf den Hinterbeinen gegenüberstand. Der Bär hatte auf dem kleinen Grund ein Schaf der Herde getötet und auch teilweise konsumiert. Dann flüchtete er und verteidigte glücklicherweise nicht die hochattraktive Beute von frisch gejagtem Fleisch. Ein Szenario, das man sich kaum vorstellen mag.

Die „rechtliche" Bestimmung: Leider existiert bis dato keine wirkliche Regelung für einen solchen Spezialfall. Um einen Bären schießen zu können, muss jedes Jagdrevier bzw. jede Forsteinheit einen Antrag stellen und dann erst einmal abwarten, ob eine Genehmigung erteilt oder abgelehnt wird. Bei akuten Fällen verringert sich zwar die Wartezeit, gilt jedoch weiterhin nur für den Antragsteller. Diese Erlaubnis ist demnach nur auf kleinem Grund und Boden gültig. Im Falle von Lilli wird die Sache komplizierter, handelt es sich doch, salopp gesprochen, um ein „streunendes Tier ohne festen Wohnsitz", welches auf seiner rastlosen Wanderschaft Dutzende solcher Reviere und Einheiten durchkreuzt. Behält die Bärin ihre Strategie bei, in jedem Jagdrevier, in jeder Forstein- oder -untereinheit nur eine kurze Zeit zu verweilen und in dieser Zeit neben dem Verzehr von diversen Hühnern oder Schafen auch Angst und Schrecken zu verbreiten, kann ihr dennoch niemand wirklich an den momentan besenderten Kragen. Vereinfacht gesprochen, könnte sie mit dieser Strategie erfolgreich über die Runden kommen, wenn niemand die Nerven verliert.

Was übrig bleibt, ist die ungeklärte Situation. Was ist beim Auftauchen eines potentiell gefährlichen Bärens zu tun, wo schnelle Handlung erforderlich ist? Für die betroffene, menschliche Bevölkerung ist das eine sehr schwierige Situation, die im Endeffekt auch der Reputation von vielen „unschuldigen" und „normalen" Bären schaden kann. Außerdem beziehen viele verantwortliche Stellen keinen festen Standpunkt und entziehen sich somit geschickt der Verantwortung. Oft bleibt ein solcher Bär einfach im Freiland, wobei seine Existenz so gut wie möglich totgeschwiegen wird. Der Schaden aber, den ein solcher Bär nicht nur für den Rest der Bären dort, sondern auch landesweit anrichtet, bleibt reine Spekulation. Auch in Gebieten, die momentan „bärenfrei" sind, besteht eine gewisse Möglichkeit, dass auf kurz oder lang Tiere aus anderen Regionen versuchen werden, dort eventuell heimisch zu werden. Hat eine dementsprechende Region jedoch eine solche Erfahrung hinter sich, wird jeder behaarte Neuzugang nicht besonders herzlich empfangen werden.

20. August 2007: Mehr als zwei Wochen vergehen, in denen jegliche Spur von Lilli fehlt. Dann erhalten wir erneut Meldung über einen weiteren Bärenübergriff. Der geschädigte Schäfer hatte eine sehr kleine Herde mit nur 6 Schafen. Am 19. August um 15:00 Uhr nachmittags, erneut zu voller und beleuchteter Tagesstunde, tauchte dann auf einmal ein „kleinerer" Bär auf. Dieser tötete ein Schaf, welches er teilweise verzerrte. Des Weiteren attackierte er noch zwei weitere, von denen das erste aufgrund der schweren Verletzungen eingeschlä-

fert werden musste und das zweite die Kratzwunden glücklicherweise überlebte. Etwa 300 m entfernt befand sich ein weiterer Schäfer mit insgesamt 60 Tieren. Am späteren Nachmittag wurde auch diese Herde von demselben Bären besucht, welcher jedoch erfolgreich abgewehrt werden konnte, da die Leute bereits vorgewarnt waren. Seit diesem Tag fehlt jede Spur von dem auffälligen Bären Lilli. Leider muss festgestellt werden, dass der Planversuch Translokalisation gescheitert ist.

Schlussfolgerung des umstrittenen Planversuches: Von der anderen Jungbärin fehlt ebenfalls bis dato jegliche Spur. Nur zwei Tage später nach der Umsiedelung konnte sie beim Heidelbeerpflücken von einem Förster beobachtet werden. Sie trug eine auffällig große und gelbe Ohrmarke. Man kann nicht ausschließen, dass sie als noch sehr junges Tier in dem neuen Gebiet, in welchem definitiv ein so genanntes dominantes Männchen bekannt ist, eventuell getötet worden ist. Bei zwei Bärenzählwochenenden in den aufeinanderfolgenden Jahren 2007 und 2008 wurde sie jedenfalls nicht gesichtet.

Lilli dagegen ist und bleibt verschollen. Auch weitere Telefonanrufe hinsichtlich Beschädigungen oder Übergriffen bleiben aus. Eventuell ist der Sender aufgrund einer unerwarteten Störung ausgefallen, weshalb man sie nicht orten kann. Der letzte Hinweis auf ihre mögliche Anwesenheit stammt aus der Gegend nahe der ungarischen Grenze und ihre Marschrichtung war meist südlich ausgerichtet. Vielleicht hat sie sich also nach Ungarn abgesetzt und führt als gesuchter Flüchtling ein zurückgezogenes Leben in der ungarischen Puszta. Allerdings ist Ungarn bärenfrei und es ist zu erwarten, dass alleine das Auftauchen eines Bären zu riesigen Schlagzeilen führen würde, was bis dato aber nicht geschah. Eine andere Variante ist, dass sie überfahren oder angefahren worden ist, der angebrachte Sender in Mitleidenschaft geraten und sie ihren Verletzungen erlegen ist. Jedoch können wir nicht ausschließen, dass vielleicht irgendjemand nicht ganz unverständlich die Nerven verloren hat und sie inoffiziell entfernt wurde. Diese Information werden wir wohl niemals erhalten.

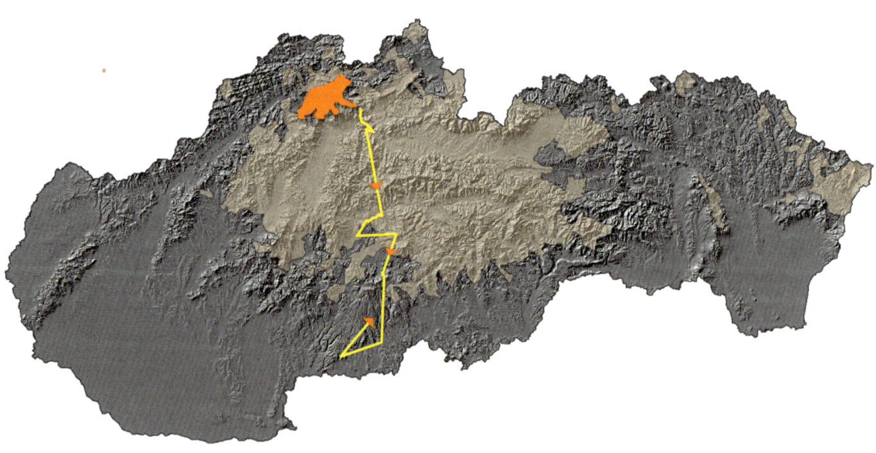

Wanderroute der Jungbärin Lilli durch die Slowakei. Sie legte insgesamt ca. 180 km zurück und überquerte dabei Straßen, Schienen und Flüsse.

International geltende rechtliche Bestimmungen

An dieser Stelle möchte ich zum besseren Verständnis die international rechtlichen Bestimmungen bezüglich Translokalisation, Reintroduktion und Supplementation erklären, da sie oft im Zusammenhang mit Problembären angesprochen werden.

Wiedereinführung, auch Reintroduktion: Hierbei versteht man den Versuch, in einem Gebiet eine ursprünglich beheimatete Art (Spezies) wieder heimisch zu machen. Damit dieser Tatbestand erfüllt ist, setzt man voraus, dass in dem entsprechenden Gebiet schon länger keine Aktivitätszeichen, wie Kotproben, Spuren, Sichtungen oder Totfunde der entsprechenden Art, vermerkt worden sind.

- Der russische Bärenbiologe Pazhetnov begann seine Arbeit mit dem Ziel, in der russischen Gegend Tversk die Braunbären wieder heimisch zu machen. Aufgrund starker Bejagung war die Art dort offiziell ausgerottet. Demzufolge wurden in dieses Gebiet Bären wiedereingeführt, wobei es sich um verwaiste Jungbären aus einer anderen Lokalität gehandelt hat.

Translokalisation: Per definitionem werden bei der Translokalisation überschüssige oder problematische Individuen einer Art in ihrem ursprünglich vorkommenden Gebiet eingefangen und an einer anderen Stelle wieder ausgewildert, also freigelassen. Es handelt sich dabei aber nicht immer um Problemtiere. Gelegentlich kann das im Zuge einer Wiedereinführung passieren.

- Das Fallbeispiel „Lilli" veranschaulicht so einen Fall. Der problematische Bär wurde sozusagen umgesetzt. Da in dem anderen Gebiet bereits eine Bärenpopulation bestand, handelte es sich jedoch um keine Wiedereinführung.

Supplementation = Zusetzung im Sinne einer Unterstützung: Hierbei soll die Individuenzahl einer entsprechenden Art in einem bestimmten Gebiet durch menschliches Eingreifen erhöht werden. Die entsprechende Art ist zahlenmäßig dort unterrepräsentiert. Demzufolge besteht entweder die Gefahr, dass die Art über kurz oder lang dort aussterben könnte oder dass sie durch Inzucht gefährdet ist. Sind nur mehr wenige Individuen ansässig, spricht man von einem kleinen Genpool. Diese wenigen, ansässigen Individuen verpaaren sich prinzipiell nur miteinander und sind somit in absehbarer Zeit fast durchgehend alle miteinander verwandt. In so einem Fall besteht die Gefahr, dass durch diese Inzucht Erbkrankheiten vermehrt auftreten und/oder die Überlebenswahrscheinlichkeit gefährdet ist. Um dieser Entwicklung entgegenzusteuern, wird die Translokalisation von Wildtieren eingesetzt oder Tiere aus Gefangenschaft dort ausgewildert, beispielsweise von spezifischen Zuchtprogrammen, um diesen verarmten Genpool aufzufrischen.

- Lilli erfüllt diese Kriterien nicht. Ihre neuen Mitbewohner im anderen Gebiet waren zahlenmäßig nicht gefährdet. V. S. Pazhetnov hingegen begann seine Arbeit mit einer Wiedereinführung von Bären in einem Teil von Russland. Im Verlauf der langjährigen Arbeit konnte er somit eine beschränkte Bärenzahl ansiedeln. Nachdem also schon gewisse Tiere heimisch waren, konnten die späteren Auswilderungen als Zusetzungen definiert werden.

Jede Auswilderung, egal ob es sich um Wiedereinbürgerung, Translokalisation oder Zusetzung handelt, birgt ein gewisses Risiko, da der Mensch aktiv in bestehende Prozesse eingreift. Eine Freilassung ist immer mit Stress verbunden, sowohl für das freigelassene Tier- und die Artengemeinschaft im neuen Habitat, als auch zuletzt für sämtliche beteiligten Menschen. Von den Entscheidungsträgern angefangen, welche die Verantwortung tragen, über die Wissenschaftler, welche die Durchführung und Überwachung zu leisten haben, bis hin zur dort lebenden Bevölkerung, die sich mit den Neuzugängen mehr oder weniger auseinanderzusetzen hat. Deshalb findet man auch einen ganzen Katalog über Einschränkungen und Probleme. Demnach darf man keine Bären auswildern, die sich an den Menschen habituiert haben. Sind in dem neuen Gebiet andere Bären vorhanden, müssen diese in die Planung mit einbezogen werden, da der neue Bär durch sich selbst die Population um ein Tier erhöht. Dadurch kann er selbst ein großer Störfaktor für die anderen werden oder sein Überleben wird im Gegenzug bedeutend erschwert.

Negative Effekte: Viele Translokalisationen von Bären, aber auch von anderen Tieren enden damit, dass sich die Tiere fast umgehend auf eine lange, rastlose Wanderschaft begeben und keine Anstalten machen, im für sie ausgesuchten Landstück neue Wurzeln zu schlagen, was auch der Fall von Problembär Lilli eindeutig bestätigen kann. Gelegentlich behilft man sich mit Quarantänekäfigen, in welchen die Tiere erstmals bleiben sollen, um sich an die neue Heimat zu gewöhnen. Das klappte bei der Wiedereinführung von Wölfen in den Yellowstone National Park in den USA, in dem keine Wölfe mehr heimisch waren, recht gut. Viele problematische Bären, die in Bezug auf Menschen auffällig waren, werden auch in den neuen Gebieten mit ihrer Problematik auffallen, weshalb man der Translokalisation von schwierigen Tieren nicht mehr so positiv gegenübersteht wie noch vor einigen Jahren. Leider kann auch das an Lillis Beispiel deutlich nachvollzogen werden.

Was kann man prinzipiell mit Problembären machen?

Zusammenfassend und die offene Frage einer fehlenden Lösungsstrategie wieder aufgreifend kann man beim „Problem der Problembären“ folgende Dinge tun:

Einfangen und Translokalisieren: Theoretisch könnte man hier auch einfach „siehe Beispiel Lilli“ schreiben.

Ist ein Bär schwierig, soll er per definitionem in ein weitreichendes, von Bären gar nicht oder sehr wenig besiedeltes, aber gut geeignetes Gebiet gebracht werden, das fern von seinem ursprünglichen Habitat ist und vor allen Dingen ganz weit weg von menschlichen Siedlungen.

Leider wirft die Frage auf, wo sich in der Slowakei eine solche Region überhaupt befinden soll und kann. Die meisten geeigneten Gebiete sind bereits von Bären bewohnt und fallen damit weg. Ehemalige, von Bären besiedelte Gebiete, die theoretisch irgendwann einmal geeignet gewesen waren, sind heutzutage umgewandeltes Farmland, worauf Land- und Viehwirtschaft betrieben wird. Demzufolge befinden sich hier Menschen, der vorher aufgeführte, auslösende Stimulus. Die meisten Gebiete, die etwas weniger von Mensch und Bär besiedelt sind, müssen als ungeeignet klassifiziert werden. Somit stellt sich die Frage: Wohin soll er denn nun, der Problembär?

Die wenigen Gebiete, die wirklich kaum von Menschen besiedelt sind, befinden sich weit weg und nehmen stetig ab. Abgesehen davon, dass man nicht alle Bären im wahrsten Sinne des Wortes nach Sibirien verschiffen kann, kommt man mit der internationalen Forderung, die Genetik betreffend, in Konflikt. Sämtliche freigelassenen Tiere müssen zur selben Art, Unterart und Rasse gehören, da ansonsten der Genpool kontaminiert werden könnte. Zur Veranschaulichung sei bemerkt, dass bereits kroatische (dinarische) und slowakische (karpatische) Bären als voneinander verschieden kategorisiert werden.

Einfangen und Aufbewahren im Gehege: Diese große Umstellung kann nur von Tieren bewältigt werden, die noch sehr jung sind. Ein Bär, der im Freiland aufgewachsen und an ein kilometerweites Gebiet gewöhnt ist, kann etwaige Betonwände, Gitterstäbe oder Elektrozäune lebenslang nicht als Grenzen akzeptieren. Ein erwachsener, in ein Gehege translokalisierter Bär wird versuchen, diese beengten Platzverhältnisse so schnell wie möglich zu verlassen. Leider (oder glücklicherweise) bleiben diese Versuche meistens erfolglos, da die robusten Absperrungen eine Abwanderung verhindern. Was übrig bleibt, ist ein trauriger Geselle hinter Gittern, bei dem man besonders gut absperren muss, da er auch zukünftig jegliche Schwachstelle eines etwas leichteren Zaunes zu entdecken versucht und dann auch ausnützen wird. Das schlagkräftige Gegenargument ist hierbei, das Leben des entsprechenden Tieres zu retten. Es steht wahrscheinlich außer Frage, dass jeder Mensch nicht automatisch und ausschließlich an irgendwelchen Tötungen interessiert ist. Viele Gegner dieses Arguments, darunter auch ernst zu nehmende Tierschützer, werden entgegenhalten, dass dieses „Bewahren des Lebens" für das betroffene Tier nicht zwangsläufig die beste Lösung darstellt. Wer sich wirklich einmal genügend Zeit und Muse nimmt, in irgendeinem Tiergarten dieser Welt einen Bären, der als mehrjähriges Tier aus dem Freiland in ein Gehege kam, genauer zu betrachten, weiß warum.

Entfernung mittels Abschuss oder Euthanasie: Der entsprechende Bär wird hierbei von erfahrenen und ausgebildeten Schützen erlegt oder mittels Schuss eingeschläfert, was im Endeffekt auf das Gleiche herauskommt. Ganz wichtig ist, dass ein solcher Fall von professionellen Personen und nur nach vorheriger genauer Prüfung und Identifizierung durchgeführt wird. Ein solcher Abschuss darf also unter keinen Umständen an irgendwelche Jagdgäste verkauft oder für die Trophäenjagd missbraucht werden. Der hier handelnde Schütze hat einen nicht einfachen Auftrag zu erfüllen, wobei Größe, Ausmaße und Gewicht, also die gängigen Trophäenkriterien, überhaupt keine Rolle spielen. Kommt ein Jagdgast hierfür in Frage, dessen mitgebrachte Zeit in der Regel begrenzt ist, besteht das große Risiko, dass entweder ein trophäenträchtiges Tier missbrauchend anstelle des eigentlich geplanten geschossen wird, oder aber, dass bei Ablauf der mitgebrachten Zeit einfach irgendein Tier daran glauben muss, ob schuldig oder nicht. Zur sicheren Identifizierung kann der entsprechende Bär bei vorheriger Auffindung an der Mülltonne oder am Dorfplatz mit einer Farbpatrone eindeutig markiert werden. Somit entgeht man dem Risiko, ein zufällig auftauchendes und eventuell bezüglich der Körperproportionen ähnliches Tier mit dem eigentlich schuldigen zu verwechseln.

Der Bär ist Gott sei Dank in der Slowakei zahlenmäßig nicht gefährdet. Das endgültige Entfernen eines auffälligen Tieres wird also der Population im Endeffekt keinen Schaden bringen. Man kann davon ausgehen, dass ein Nicht-Handeln für viele „unschuldige" Bären wesentlich negativere Folgen haben wird, als es offiziell bekannt ist. Viele Menschen, die dem Bären negativ gegenüberstehen, nennen meist das Argument von verhaltensgestörten Individuen, wobei sie fürchten, dass alle Bären so sein könnten.

Habituation – eine Gefahr für Mensch und Bär

Mensch und Bär (ein Märchen aus Bulgarien)

*Anfangs gehorchte der Bär dem Menschen, denn dieser war sehr stark und kühn und besiegte jedes Tier, und alle Tiere flohen vor ihm, wenn sie ihn erblickten. Der Bär will die Kraft des Menschen erproben. Obwohl ihn Pferd und Ochse gewarnt haben, begegnet er dem Menschen und fragt ihn: „Bist Du der Mensch?“ Als er bejaht, erwidert der Bär: „Ich möchte mit Dir reden.“ Der Mensch entgegnete: „Ich habe die Rede an einem fernen Ort gelassen; ich will sie mir vorerst holen, dann können wir miteinander reden. Du bleibe hier alleine zurück; aber ich fürchte, dass Du durchgehst, deshalb lass Dich hier anbinden. Dann gehe ich, um die Rede zu holen.“ Der Bär willigte ein und der Mensch band ihn an einen Baum an. Dann ging er weg, um die Rede zu holen. Er ging von dannen, schnitt sich einen Knüppel ab, kehrte zum Bären zurück und begann, ihn fürchterlich zu schlagen. Dann ließ er ihn frei und sprach: „Nun gehe in den Wald, und wenn Du noch einmal einen Menschen siehst, so fange schon von Weitem an zu laufen!“ Deshalb läuft auch heute noch der Bär vor dem Menschen weg, sobald er ihn erblickt, obwohl er stärker ist als der Mensch. (*aus Dähnhardts Natur- und Tiersagen III*)*

Habituation lässt sich allgemein mit Gewöhnung übersetzen, wird aber mittlerweile schon oft spezifisch für die Gewöhnung an den Menschen verwendet. Der Braunbär entwickelte sein scheues Verhalten in Bezug auf den Menschen aufgrund der jahrtausendealten Geschichte der Bejagung. Somit hat er gelernt, dass der Mensch prinzipiell als große Gefahr einzustufen ist. Er bewertet sozusagen den Menschen als zweibeiniges Raubtier, das ihm überdurchschnittlich stark gefährlich werden kann, und zwar dadurch, dass sämtliche Begegnungen mit diesem menschlichen Raubtier für den Bären eigentlich tödlich enden. Der Braunbär hat in der freien Natur keine wirklichen, gleichrangigen Gegner, wenn er einmal ausgewachsen ist und sich nicht absichtlich mit einem stattlichen Wildschweineber anlegt. Der Mensch durchbricht diese Regel und wird demzufolge zur Ausnahme, welche man nicht nur kennen, sondern vor welcher man unbedingt flüchten muss, wenn nur irgend möglich. Das ist die Grundlage für eine erfolgreiche Koexistenz zwischen Bär und Menschen. Der Bär zieht sich vor dem Menschen zurück, da er Angst hat und somit das „Verteidigungsverhalten“ an den Tag legt, was in der „Verteidigungsreaktion“ in Form von Flucht endet (siehe Kapitel Familie Bär, S. 51), von wenigen Ausnahmen abgesehen. Der Bär verbindet den Menschen mit etwas Negativem, das er vermeiden will, und rennt deshalb weg. Ein Bär, der sich an den Menschen gewöhnt hat, also habituiert ist, bewertet den Menschen nicht mehr als negativ, sondern neutral oder im schlimmsten Falle als positiv.

An menschliches Futter habituiert oder futterkonditioniert: Unter „futterkonditioniert“ versteht man im Falle des Braunbären ein Tier, das sich von menschlichem Müll ernährt, den es im Wald oder etwa in Abfalltonnen finden kann. Die „Futterkonditionierung“ stellt bereits eine auffällige Verhaltensänderung dar und führt oft zur Habituation an den Menschen bzw. an seinen Geruch, der den Futterresten anhaftet. Hat sich ein Tier an den menschlichen Geruch gewöhnt, ist es manchmal nur noch ein kleiner Schritt, bis es effektiv auf die Suche nach weiteren Futterstellen, wie weitere Abfalltonnen, geht. Somit endet ein Teil dieser futterkonditionierten Bären erneut am Dorfrand, wo sie definitiv nicht hingehören.

Direkte Form des Gewöhnungsprozesses

Viele Leute glauben, dass eine Gewöhnung meistens nur dann passiert, wenn ein Bär in menschlicher Obhut aufwächst. Der Mensch wird dabei zum Futterspender und Mutterersatz. Demzufolge ist die Reaktion des Tieres auf den Menschen sehr positiv geprägt, da eine gewisse Chance besteht, dass von dem zweibeinigen Gefährten gelegentlich etwas abfällt. Nicht zuletzt gehen Bären bisweilen eine Art Bindung ein, auch basierend auf Zuneigung, zumindest mit gewissem Pflegepersonal.

Bewusstes Füttern: Ganz offensichtlich ist es, wenn der Mensch damit anfängt, irgendwelche Bären im Freiland zu füttern. Der Bär verbindet daraufhin die menschliche Hand, die ihm prinzipiell das Fell über die Ohren ziehen kann oder in welcher sich ein mögliches Schießeisen befindet, das ihm tiefe oder tödliche Löcher ins Fell brennen kann, plötzlich mit Futter und verführerischen Versuchungen, die es gilt zu erreichen. Deshalb kommt er an Menschen heran, in der Hoffnung, in genau dieser Hand entsprechende Verlockungen vorzufinden. Es ist einschlägig bekannt und belegt, dass Bären bei Nichtauffindung der erwarteten Belohnung dieselbe auch einzufordern wissen. Auf Bärenart, also „etwas rauher und roher" als ein trotziges Kind. Der Bär wird zur Gefahr, er kann den Menschen nicht nur erschrecken, sondern gar verletzen. Letztendlich bleibt meist nur der Abschuss oder ein lebenslanges Fristen in eingeschränkten Verhältnissen.

„So ein süßer, kleiner Bär." Sieht man so einen kleinen Jungbären, darf man ihn auf keinen Fall füttern. Oft reicht nur ein einziges Mal aus, dass ein Bär aus dem Freiland für immer die menschliche Hand mit etwas Positivem verbindet und dann sehr unglücklich endet. Hier im Bild ist Lisa zu sehen, die Schwester der besenderten Lilli.

Wer kennt sie nicht, die „süßen und niedlichen" Bilder von nach Futter bettelnden Bären am Straßenrand, wie man sie beispielsweise auf älteren Aufnahmen von Schwarzbären aus nordamerikanischen Nationalparks kennt. Die Frage ist, ob es dann immer noch so „süß und niedlich" ist, wenn der Bär etwas unwirscher wird, falls die erwartete, milde Gabe ausbleibt.

Es ist dann definitiv nicht mehr „süß und niedlich“, wenn man sich aus Gründen der menschlichen Sicherheit für eine Entfernung des Tieres, meistens in Form des Abschusses, entscheiden muss. Der Bär zahlt die Zeche, nicht der verantwortungslose Mensch. Am Beispiel Lilli war auch die Fütterung mit im Spiel. Auch im Zoo Bojnice finden sich immer wieder solche Kandidaten ein und ein weiteres erschreckendes Beispiel stammt ebenfalls aus demselben Gebirge, das im Sommer 2007 für das entsprechende Tier tödlich endete. Jozef Kovač berichtete hierüber Folgendes:

Touristen hatten auf ihrer Wanderschaft einen etwa einjährigen Bär beobachtet, der in ihrer Nähe war. Entgegen der Anweisung, sich entweder bei Bärenpräsenz so schnell wie möglich zurückzuziehen oder diesen kleinen Bären durch Schreien oder Lärmmachen zu erschrecken, wurde das Tier durch Hinwerfen von Nahrungsmitteln buchstäblich angelockt. War es doch so niedlich und man wollte ihn fotografieren. Irgendwann war zumindest für die Menschen der Spaß zu Ende, da der Bär seinen Reiz verloren hatte. Nicht jedoch umgekehrt der Mensch für das junge Tier, für den ging es jetzt erst richtig los. Er wollte mehr haben von der wohlschmeckenden Speise und fing an, danach zu fordern. Wie auch immer die genauen Umstände waren, welche noch immer ungeklärt sind, bleibt dahingestellt. Der Bär wurde durch dieses grobe Fordern für die Menschen unangenehm und sie stuften ihn plötzlich nicht mehr als niedlich, sondern als gefährlich ein, worauf sie sich entsprechend zu wehren versuchten. Somit wurde im Endeffekt das junge Tier mit vereinten Kräften erschlagen.

Vielleicht sollten Menschen an solche Geschichten denken, wenn sie ein Jungtier sehen, das nicht im ersten Moment zurückweicht oder den Menschen eventuell nicht gesehen hat.

Die Jagd nach dem Foto: Auch von der Fotopirsch sind immer wieder Fälle bekannt, bei denen der Bär durch das Hinwerfen von menschlichen Essensresten näher an die entsprechenden Fotografen angelockt werden soll, um ihn aus einem näheren Blickwinkel auf Celluloid oder digital zu bannen. Abgesehen davon, dass solche „Fotosessions“ immer wieder für den Menschen mit schweren Verletzungen oder gar tödlich ausgehen können, kann dieser Zwischenfall für den Bären ganz heftige Konsequenzen haben. Für ihn war es nicht immer nur „ein einmaliges Ereignis“, sondern er speichert derartige Erfahrungen ab, was ihm früher oder später wirklich an den Kragen gehen kann. Bei diesem Hintergrund ist es oft unverständlich, dass bei einigen Bärenliebhabern derartige Hotels, die Bären ganz bewusst mit Speiseresten füttern, um sie für die Gäste leichter in Pose zu setzen, immer noch sehr beliebt sind. Das Foto ist im Kasten, der Mensch fährt nach Hause. Der Bär aber bleibt da, mit ungewisser Zukunft.

Indirekte Form der Gewöhnung

Die andere Form der Habituierung ist unterschwelliger, manchmal langsamer, jedoch eigentlich gefährlicher, da sie nicht so offensichtlich ist wie bei Bären in Gefangenschaft. Der Prozess der Habituierung kann auch graduell verlaufen und stellt dann bisweilen einen Lernprozess dar, der sich nach Meinung vieler Experten nicht mehr umkehren lässt. Ein Bär, der sich an den Menschen gewöhnt hat, auf diesen neutral oder gar positiv reagiert, wird als potentielle Gefahrenquelle eingestuft. Er schätzt den Menschen nicht mehr als gefährlich ein, zieht sich nicht mehr zurück oder nähert sich im schlimmsten Falle sogar an. Viele Biologen beschreiben auch als letzte Folge, dass der Bär mit dem Menschen in Konkurrenz treten kann, beispielsweise wenn es um Futter geht. Der Mensch ist somit für den Bären von seinem hohen Podest heruntergerutscht und kommt maximal auf gleiche Stufe, wenn nicht gar darunter zum Stehen. Deshalb kann man sich mit *Homo sapiens* jetzt aktiv auseinandersetzen und anlegen, hat man doch als Bär nun auch eine reelle Chance. Manche Menschen bewerten es als inkorrekt oder gar brachial, dass sich der Mensch immer und überall über die Tiere stellt. Beim Beispiel Bär ist es allerdings essentiell wichtig und hat sicherlich nichts mit beherrschen zu tun. Der Bär soll dem Menschen nicht „Untertan" werden, sondern ihm einfach nur ausweichen. Die Menschenscheu hält dem Menschen den Bären vom Hals und ermöglicht somit die grundlegendste Voraussetzung für das Überleben des großen Tieres.

In der Hundeforschung erkannte man bereits, dass ein verhaltensgestörter Hund lebenslang schwierig sein wird und maximal von einer einzigen Person einigermaßen geführt werden kann. Der Haushund lebt jedoch schon seit Jahrtausenden mit dem Menschen zusammen und geht eine spezielle Art der sozialen Bindung ein, mit deren Hilfe man ihn erziehen kann. Der Bär jedoch ist ein Wildtier und die Vorstellung wird schwierig, dass es irgendwann „Erziehungsheime für ungezogene Petze" geben soll. Leider ist auch das Beschießen mit Gummigeschossen nur selten von Erfolg gekrönt. Der Bär macht die simple Verbindung, dass an dieser Stelle X, an welcher er gerade einen Schlag verpasst bekommen hat, offenbar kein gutes Klima herrscht. Aus diesem Grund zieht er sich weiter zurück, wird jedoch an einer anderen Stelle das Gleiche tun, da ihm dort noch nichts passiert ist. Immer wieder wird der Bär als „intelligent" bezeichnet. Dennoch erwarten manche Menschen, dass er plötzlich so dumm sein sollte, eine einzige Patrone aus Gummi als gültigen Allgemeinzustand anzusehen. Wenn die Methode nicht sofort greift, wird sie es leider auch in Zukunft nicht tun. Der Bär ist also zu schlau, wenn man so will, um sich durch einige leicht schmerzhafte Gummikugeln endgültig ins Bockshorn jagen zu lassen.

Abfall und Abfalltonnen: Eine Variante ist das stetig anwachsende und nicht enden wollende Abfallproblem. Was für den Menschen eklig riecht, ist für den Bären oft eine verlockende Versuchung und ein Wohlgeruch. Kein Wunder, dass Wissenschaftler ganz bewusst vergammeltes oder verwestes Fleisch oder Fisch benutzen, wenn ein Bär gefangen werden soll, weil es dem Bären schmeckt. Befinden sich im oder am Rand des Bärenhabitats ungesicherte Abfalltonnen, ist es nur eine Frage der Zeit, bis irgendein Tier, trotz gefährlicher Witterung von Menschen, die Angst überwindet und zugreift. Nichts passiert, kein Schuss, kein Knall, nur gutes Futter. Wiederholt der Bär diese positive Erfahrung, verbindet er demzufolge den menschlichen Geruch mit der potentiellen Möglichkeit, der einfachen und wohlschmeckenden Futterbeschaffung. Die Reste von Wurst, diversem Fleisch, Fisch, Süßigkeiten, Brot und Backwaren sind prinzipiell nahrhafter als Waldbeeren, von denen Meister Petz normalerweise mehrere Kilogramm am Tag aufnehmen muss, um seinen Kalorienbedarf zu decken. Und das Pflücken ist für die groben Bärentatzen eine mühevolle und sehr zeitaufwändige Tätigkeit. Wie erleichternd ist es doch dann, die Pfote einfach in einer Mülltonne zu versenken und mit viel Fressbarem wieder ans Tageslicht zu befördern. Ähnlich verhält es sich mit Abfall, benutzten Servietten oder Ähnlichem, die vom Menschen unachtsam einfach im Gestrüpp entsorgt werden.

Gesundheitliche Konsequenzen für Meister Petz: Darüber hinaus sind menschliche Abfallgüter bei Weitem keine Bärennahrung. Die Großen Braunen können sich dabei schwerwiegende Verdauungsschwierigkeiten zuziehen, sich verletzen oder im schlimmsten Falle gar qualvoll und langsam daran verenden. Pappkarton, in welchem Kekse gelagert waren, Frischhaltefolien mit den Überresten der darin eingewickelten Butterbrote oder Aluminiumfolien mit dem Geruch von ehemals verstauten Würstchen und Würsten jeglicher Art werden geschluckt und verwandeln sich im Magen oder Darm zu einer verstopfenden oder schwer verwertbaren Masse, die das Tier hoffentlich wieder unbeschadet loswerden kann, abgesehen von Übelkeit und Bauchschmerzen. Bären beißen auch gierig in Plastikflaschen, wenn sich darin Reste von Fruchtsäften oder anderen süßen Getränken befinden, und machen selbst bei Blechdosen mit verlockendem Geruch nicht Halt. Ein Stück scharfkantiges Metall im Bauch macht der ungehemmten Schlemmerei jedoch ein jähes Ende. Wer schon einmal einen Bärenkot mit menschlichen Müllresten gesehen hat, wird das zweifelsohne als wirklich „eklig" bezeichnen. Auch der erste besenderte Bär, unser Albin, wurde eigentlich ein „Bärenopfer" eines nicht ordnungsgemäß entsorgten Gefäßes. Ein anderes, leider tödlich ausgegangenes Beispiel stammt erneut aus der Hohen Tatra:

Ein toter Bär wurde im Wald gefunden. Sein Bauch war aufgebläht und demzufolge riesig, fast schon wie der eines Rindes. Bei der Obduktion wurde klar, dass jemand nach der Schlachtung eines Schweines die Überreste davon in einer großen schwarzen Plastiktüte weggeschmissen hatte. Der Bär wollte diese Überreste fressen, wobei er Teile der Plastiktüte verschluckte. Diese verwickelte sich ungünstig im Verdauungstrakt und verstopfte den Weg für all das Neue, was danach noch gefressen wurde. Im Endeffekt starb das Tier an einem Darmverschluss, was sehr schmerzhaft ist. (Jozef Kováč)

Der Mensch ist gefragt: Wenn jeder Wanderer, jeder Spaziergänger oder Tourist seinen Müll, der definitiv nur noch einen winzigen Prozentsatz des ursprünglichen Gewichtes ausmacht, wieder einpacken würde, wäre dem Wilden Braunen schon sehr geholfen. Schon allein zum Schutz der Umwelt sollte man eigentlich nichts „versehentlich" vergessen.

Flaschen, Dosen, Pack und mehr,
sind dem Wandersmann gar schwer.
Trägst Du sie gefüllt hierher,
trägst sie heimzu auch nicht schwer.

Das Mülltonnenproblem nimmt schon ganz andere Ausmaße an und müsste von höherer Stelle geregelt werden. Zahlreiche Abfalltonnen sind ungesichert oder nur unzureichend abgedeckt, so dass der verlockende Geruch demnach weit in die tief versteckten Schwammnasen der Bären dringt. Gerade aus der Tatra Region der Slowakei sind immer wieder Fälle von habituierten Bären bekannt, die sich zu nah an menschliche Siedlungen oder an Gasthäuser oder Berghütten wagen. Wenn man nur ein einziges Mal dort spazieren geht und ein wenig genauer hinter die Häuser zu den Müllplätzen schaut, sind manche dieser ungebetenen Zuwanderer leicht erklärbar. Viele Mülltonnen stehen offen und penetrieren die Umgebung mit ihrem markanten Geruch – der Bär hat bekanntlich einen besseren Geruchssinn als wir – und sind dazu nicht ordentlich abgesperrt.

Einmal konnte ich sogar einen offenen Eimer mit Speiseresten finden, nur wenige Meter vom Fenster des Restaurants entfernt. Schon aus hygienischen Gründen möchte man hier nicht so gerne essen. Interessanterweise fanden sich auch an dem hölzernen, halboffenen Häuschen, in welchem die Container standen, auch eindeutige Kratzspuren. Die Inspizierung der Mülltonnen blieb vom Personal nicht unentdeckt und wurde wissbegierig hinterfragt. Im Endeffekt wurde eine gelegentliche Bärenpräsenz bestätigt, was auch von uns fotografisch dokumentiert worden ist.

Hotels mit Bärenbesuchen sind keine Seltenheit. Ein offener Eimer mit Speiseresten wirkt auf die allesfressenden Braunbären über weite Strecken wie ein Magnet.

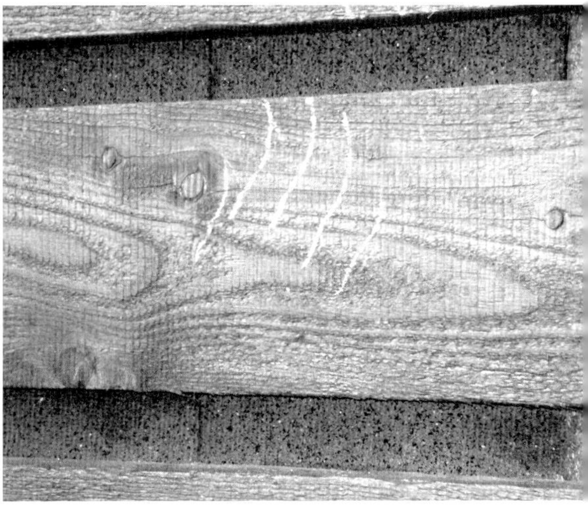

Der ungebetene Besuch kann anhand der eindeutig hinterlassenen Visitenkarte in Form von Kratzspuren leicht bestätigt werden. Der Abstand zum Restaurant betrug nur wenige Meter.

Küchenbesuch – der Endzustand: Das schlimmste Szenario passiert dann, wenn sich Bären nicht nur an den Mülltonnen nahe der menschlichen Behausungen gütlich tun, sondern darüber hinaus direkt in die Küchen der Häuser eindringen. Interessant ist, dass das Problem der Küchen besuchenden Problembären bereits mehr als 30 Jahre alt ist und bis in die heutige Zeit keine wirkliche Gegeninitiative aufgestellt wurde. Somit finden sich zahlreiche Fälle von Bären oder ganzen Bärenfamilien, die nachts meist in große Restaurantküchen einbrechen, um dort nach Nahrung zu suchen. Würde ein Mensch, der nachts wegen komischer Geräusche aufgeschreckt ist, in einer solchen Situation dem seltsamen Lärm auf den Grund gehen wollen, könnte der Ausgang sehr folgenschwer sein. Der Bär (oder die Bären) befinden sich nicht nur in einem engen Raum, in welchem sie unter Umständen in Panik geraten können, sondern haben zusätzlich auch wertvolle Nahrung zur Verfügung. Demzufolge könnte ein zu erwartender Bärenangriff sowohl durch eine Selbstverteidigung als auch durch Futterverteidigung motiviert sein, wodurch der Mensch sehr stark verletzt werden könnte. Hat ein Bär einmal diese große Hürde von Menschenscheu überwunden, dass er sogar bereit ist, in menschliche Behausungen einzudringen, wird sein Verhalten über kurz oder lang zu schweren Problemen führen.

Überbevölkerung des Menschen: Der endgültig letzte Punkt dieses Kapitels betrifft das Eindringen des Menschen in immer mehr und bisher unberührte Gebiete der Natur. Der Mensch ist somit oft und überall präsent, was dem Bären und anderen Mitbewohnern der Wohngemeinschaft Wald nicht unbemerkt bleibt. Der Bär ist in einer andauernden Stresssituation, wenn er dem Menschen trotz vielfältiger Rückzugsversuche immer wieder und nahezu überall begegnet. Als nicht geplante Konsequenz kann der Bär also durch Beobachtung lernen, dass der Mensch, wenn er den Wald betritt, nicht zwangsläufig negativ ist, da dieser kaum mehr Anstalten macht, ihm ans Fell zu wollen, wodurch sich der Gefahrengrad des potentiell gefährlichen, zweibeinigen Raubtieres massiv reduziert. Selbstverständlich kann man nun nicht erwarten, dass jeder Wandersmann auf seinen Streifzügen durch die Wälder grundsätzlich eine Flinte mitführt, mit welcher er (oder sie) in regelmäßigen Intervallen auf irgendwelche Bäume oder Felsen zielt und abdrückt, um eine Jagd zu simulieren. Jedoch ist bekannt, dass sich der Bär im Normalfall bei der Begegnung mit Menschen in geschützte und ungestörte Gebiete zurückzieht. Vielleicht wäre es möglich, gewisse Gebiete im Wald auch weiterhin ungestört zu belassen, um dem Bären oder auch anderen Tieren eine Rückzugsmöglichkeit zu gewährleisten.

Was tun? – Lösungsansätze

Der Mensch ist bekanntlich kein Freund von Regeln, wahrscheinlich kommt man aber in diesem Fall einfach nicht darum herum. Ist nicht genügend Bewusstsein für dieses Problem und die daraus resultierenden Gefahren für Mensch und Bär vorhanden, muss es von institutioneller Seite offensichtlich geschaffen werden.

Bekanntmachung der Bärenpräsenz: Das Anbringen von Schildern im Wald, auf welchen auf die Bärenpräsenz und die Risiken durch weggeworfenen Müll aufmerksam gemacht wird, könnte ein erster Schritt sein. Selbst dem Naturschutz und der Vermeidung von Umweltverschmutzung wäre somit ein besserer Weg in eine abfallfreiere Welt gebahnt.

Entsorgung von Müll: Des Weiteren wäre es nötig, im Gaststättengewerbe genauer hinzusehen, gegebenenfalls einzuschreiten und den Gastwirten gewisse Hilfestellungen zu geben. In vielen Teilen der mit Bären bevölkerten Welt sind so genannte „bärensichere Entsorgungsstellen“ bereits konstruiert und als sicher eingestuft worden. Wichtig ist, dass sie einbruchsicher sind und so wenig wie möglich an Geruch ausdünsten. Die entsprechende Größe muss auf die jeweiligen Bedingungen abgestimmt werden. Wird eine Berghütte täglich von vielen Wanderern und Besuchern aufgesucht, die hoffentlich alle ihren Müll dort ordnungsgemäß entsorgen und zusätzlich noch die dort angebotenen Speisen und Getränke verzehren, welche auch zuvor irgendwie eingepackt und eingeschweißt waren, benötigt ein entsprechender Container größere Ausmaße, als es bei den einzelnen Hausmülltonnen im Dorf der Fall ist. Regelmäßige, gründliche und eventuell häufigere Leerungen erhöhen natürlich die Wahrscheinlichkeit, dass kein Bär zu Besuch kommt. Wahrscheinlich kommt man auch um die Aussetzung von Bußgeldern nicht herum.

Letztendlich müssen diese Neuregelungen bekannt und eventuell auch oft und unangekündigt kontrolliert werden. Dadurch besteht zumindest die Chance, die Frequenz der großen, behaarten Mülltonnenbesucher zu verringern.

Auch von biologischer Seite ist es eigentlich eine Schande, wenn der Bär zum „Abfallfresser“ degradiert wird. Hygienevorschriften regeln den Umgang mit menschlichen Verzehrgütern, deren Aufbewahrung und deren Entsorgung. Auch von Grund auf betrachtet wäre es wünschenswert, wenn die Stellen der menschlichen Nahrungszubereitung und -aufnahme einigermaßen sauber wären. Die meisten Menschen empfinden es als unangenehm, wenn nur wenige Meter von ihrem Teller entfernt auch zersetzende Bakterien, destruierende Insekten und anderes Kleingetier in offenen Schweineeimern zeitgleich ihre Mahlzeit einnehmen.

Auch kann man es dortigen Anwohnern nicht verübeln, wenn sie um den Abschuss der ungewünschten „Mitesser“ ersuchen. Kein Mensch dieser Welt würde es tolerieren, wenn er nach der spätabendlich verrichteten Hausarbeit und abschließenden Müllentsorgung am städtischen Container von einem vierbeinigen Riesen überrascht wird, der den unschuldigen Menschen unwirsch von seinem improvisierten Kühlschrank zu vertreiben versucht.

Ruheinseln, auch für Bären: Forsche Ansätze, dem Menschen generell den Zugang zu geschützten Gebieten zu verwehren, lassen sich kaum durchsetzen und werden auf starke Gegenwehr stoßen. Vielleicht findet sich aber ein Kompromiss zwischen Nutzung und Nichtbetreten, der sowohl den Wünschen des Menschen als auch den Anforderungen der Bären gerecht werden kann. Dafür braucht es allerdings noch entsprechende Forschungen, um diese Balance mehr zu ergründen und schlussendlich die richtigen Schlüsse zu ziehen.

Schlusssatz für die Slowakei: Obwohl alle diese Punkte weitreichend bekannt sind und in vielen „Bärenländern" praktiziert werden, hinkt die Slowakei erneut in diesen Punkten nach. Das heißt konkret, dass das mehr als gigantische Abfallproblem viele Jahre ignoriert wurde. Wald und Flur quellen teilweise vor Abfall über, da der Mensch sämtlichen Müll dorthin bringt. Teilweise haben die Leute nur wenige Meter von diesen „Abfallhalden" entfernt ihre Schrebergärten und es scheint sie diese nahe Präsenz des ekelerregenden Abfalles überhaupt nicht zu stören. Alles das, was sich außerhalb ihres Gartenzaunes befindet, interessiert die meisten nicht.

Umwelterziehung wäre somit mehr als angebracht, da bereits Kinder und Jugendliche mit der Umweltverschmutzung beginnen und es oft von den Eltern schon so lernen. Konkretes Beispiel ist, dass fast jeder eine ausgetrunkene Getränkedose an Ort und Stelle fallen lässt und eben nicht in den Mülltonnen entsorgt. Die dafür verantwortlichen Stellen verhalten sich mal wieder auffällig ruhig und lassen in den meisten Fällen alles so, wie es ist.

Jedes Jahr, in dem das Abfallproblem fortschreitet, produziert neue, problematische Bären, die unter Umständen in den kommenden Jahren erneut für große Probleme sorgen können. Die Menschen beklagen die „angebliche Überbevölkerung" der Bären, da sie natürlich an den Müllplätzen genau diese bereits futterkonditionierten Tiere sehen. Und dennoch scheint der Rückschluss zur Eigenverantwortung für die meisten Menschen ein Ding der Unmöglichkeit zu sein. Es darf einfach kein Müll mehr in der Natur entsorgt werden, was die beste Prävention ist. Ohne entsprechende Projekte, auferlegte Bußgelder und wirklicher Aufklärung wird dieses Problem endlos weitergehen.

Attacken – Wenn „Mann" oder „Frau" einen Bären Trifft

Die meisten Begegnungen zwischen Mensch und Bär gehen so glimpflich aus, dass sie danach nur in erzählten Abenteuergeschichten bei Tisch, in der Kneipe oder auf der Straße kurzzeitig überdauern. Das Schlimmste dabei ist meist der Schreck, der Schock und die Angst. Das gilt sowohl für die menschliche als auch die tierische Seite. Dennoch treten immer wieder die seltenen Fälle auf, in welchen der Mensch stark in Mitleidenschaft gezogen wird und aus dieser Begegnung schwer verletzt hervorgeht. Derartige Fälle sind sehr nachhaltig, nicht nur für die beeinträchtigten Menschen, sondern darüber hinaus für sämtliche, eigentlich nicht direkt daran beteiligte Bären. Gerade diese Übergriffe stellen ein potentielles Risiko für eine Koexistenz zwischen Mensch und dem Braunbären dar, weshalb es so wichtig ist, die zugrunde liegenden Mechanismen oder Gründe so gut wie möglich zu kennen.

Welche Art von Begegnungen bzw. „Attacken" auf den Menschen gibt es?

Ein direkter Augenkontakt mit einem Bären kann verschiedene Ausgänge haben. Da auch der Bär eine Begegnung unterschiedlich gefährlich einschätzt, kann er sehr variantenreich reagieren. Jeder Bär ist anders, was von seinem momentanen Status, von seiner generellen Veranlagung, von seiner langjährigen Erfahrung und auch von der unmittelbar vorangegangenen Vorgeschichte abhängt.

Begegnungen ohne Körperkontakt: Diese Begegnungen sind der Idealfall. Abgesehen von einem erschreckenden Anblick eines Bären oder gar einer ganzen Bärenfamilie wird der Mensch nicht weiter in Mitleidenschaft gezogen. Der Bär flüchtet oder bleibt maximal an Ort und Stelle. Oft passieren diese Begegnungen zwischen einem Menschen und einem Bären, ohne dass es der beteiligte Zweibeiner überhaupt mitbekommt. Der Vierbeiner konnte den Mensch dabei früh genug orten, verschanzt sich dann oder läuft weg. Somit erschrickt sich nur der Bär, während der Mensch ruhig seiner Wege weitergehen kann.

◄ *Diese „Begegnung" zwischen Menschen und Bären ging ohne jeglichen Konsequenzen aus, obwohl es durchaus so aussieht, als ob die umsichtige Mutter den versteckten Fotografen zu wittern scheint. Auch eines ihrer Jungen guckt in dieselbe Richtung wie die Mutter und hat vielleicht ähnliche „Vermutungen". Diese beiden Tiere zeigen sehr schön den zweibeinigen Stand zur Orientierung. Die beiden anderen Geschwister verlassen sich auf „Mutter Bär" und suchen lieber im hohen Gras nach etwas Essbarem. Foto: M. Kalaš*

Die Scheinattacke: Hierbei kommt der Mensch nicht mit dem buchstäblichen blauen Auge, jedoch mit einem gewaltigen Schrecken davon. Handelt es sich um eine Scheinattacke, hilft nur Ruhe und Abwarten, was jedoch nicht immer einfach ist. Der Bär will hierbei den Menschen erschrecken und vor einem weiteren Vorrücken abhalten. Oft verteidigt der Bär hierbei entweder seinen Nachwuchs oder aber ein Stück Fleisch. Der Bär beginnt oft damit, auf den Menschen zuzulaufen, hält jedoch in mehr oder weniger großem Abstand vor dem Mensch an. Dabei brüllt oder schnaubt er wütend. Gelegentlich stampft er auch mit den Vorderfüßen auf dem Boden auf oder spritzt mit diesen dem Menschen Erde entgegen. Neben einem großen Schock kommt es aber zu keinen Verletzungen. In diesem Fall hilft nur ein gutes Nervenkostüm und Ruhe bewahren, jedoch ist es allzu verständlich, wenn ein Mensch in einer solchen Situation die Nerven verliert.

Die wirkliche Attacke: Hierbei greift der Bär tätlich einen Menschen an, welcher dabei mehr oder weniger stark verletzt wird. Der Bär kann den Menschen „nur“ kurz umstoßen oder ihm einen Prankenhieb verpassen. In seltenen Fällen ist der ungleiche Kampf länger und vehementer, was für den Menschen dann sehr nachteilig ist.

Die angeborene Urangst

Die Angst des Menschen vor sämtlichen Raubtieren ist eine sehr alte Angst, die sich von dem Zeitpunkt an entwickelt hat, als beide der beteiligten Partner begannen, miteinander zu koexistieren. Somit kann man sie als Urangst des Menschen vor Predatoren bezeichnen, die entweder mit Furcht, Aggression oder einer Mischung aus beidem beantwortet wird. Interessant ist hierbei, dass man diese Urangst hinsichtlich aller Raubtiere finden kann, und seien sie noch so klein, beispielsweise auch vor Fuchs oder Wildkatze. In Abhängigkeit der Größe des entsprechenden Raubtieres fallen dann die entsprechenden Antworten in Form von Angst oder aber Aggression aus.

Hintergründe dieser Angst beim Menschen

Hans Kruuk (2002) konnte in seinem Buch „Hunter and Hunted“ eine Vielzahl von Argumenten aufführen, warum der Mensch prinzipiell und seit seinen ersten Schritten auf der Welt diese Angst vor Predatoren entwickelt hat, die ohne Zweifel die Erde weit vor ihm bevölkert haben. Viele der gefundenen Punkte lassen sich auf den Braunbären übertragen.

Der Mensch wurde gelegentlich bejagt: Der körperlich relativ unterentwickelte Mensch stellte sicherlich für viele Raubtiere eine bisweilen gern genutzte Energiequelle dar. Menschen waren nicht besonders groß, somit sehr leicht zu überwältigen, hatten keine dichten Stacheln am Körper, was das Hineinbeißen in diese nicht schmerzhaft machte, und waren als Letztes weder mit langen und scharfen Krallen bzw. Zähnen ausgestattet, was auch ein gewisses Risiko bedeutet hätte. Selbst ein durchschnittliches Huftier kann mithilfe seiner Hufe den angreifenden Raubtieren bei präzise ausgeführten Schlägen auf den Schädel durchaus gefährlich werden. Somit musste der Mensch sein eigenes „Anti-Predatoren-Verhalten" entwickeln, was demzufolge nicht nur erlernt, sondern auch angeboren ist. Diese genetische Verhaltensausstattung hat der Mensch bis in die heutige, moderne Zeit nicht verloren. Das entsprechende Erbgut kann durch Erziehung und Erlernen noch weiter verstärkt werden, was von der herrschenden Kultur oder Tradition in verschiedenen Teilen der Erde abhängt.

Gilt das für Bären? Bären haben den Menschen offensichtlich nicht so intensiv bejagt, wie es im Gegenzug für katzenhafte Raubtiere gilt. Jedoch wird die generelle Angst und/oder die negativen Erfahrungen mit einem Mitglied der Raubtiergruppe auf sämtliche andere, wenn auch harmlosere Mitglieder übertragen wird. Die Angst vor dem Bären konnte sicherlich neben seinen seltenen Jagderfolgen auf den Menschen auch durch seine körperlichen Dimensionen und Ausmaße erhalten werden. Bären sind sehr groß, massiv, mit Zähnen und Krallen ausgerüstet, zeigen sich in ihren Bewegungen oft außergewöhnlich schnell und

Zeichnung eines slowakischen Bären durch den österreichischen Maler Otto Recknagel. Entgegen der imposanten und faszinierenden Erscheinung dieses außergewöhnlichen Waldbewohners empfinden wir ihn auch als bedrohlich und erschreckend. Diese Furcht entspricht unserem eigenen „Antipredatorenverhalten" und entwickelte sich viele Tausend Jahre vor der heutigen Zeit. Somit ist es nur „natürlich", dass die meisten Menschen dieses Tier nicht so genau von Angesicht zu Angesicht betrachten wollen (mit freundlicher Genehmigung des Slowakischen Nationalmuseums, Jagdschloss Antol).

wurden an anderer Stelle oft aufgrund ihrer Kraft bewundert. Zumindest gelegentlich bejagen sie Wildtiere oder fressen zumindest an Kadavern. Diese körperliche Überlegenheit und das Verhalten konnte einen hohen Unsicherheitsfaktor beim Menschen auslösen.

Die alte Geschichte der Konkurrenz: Bereits der frühe Mensch versuchte, an tierisches Eiweiß zu gelangen, sei es mit eigenen Jagdausflügen oder aber durch das Sammeln von Beuteüberresten oder Kadavern. Gerade die Anfänge der Jagd waren für den Menschen, der nur schlecht mit entsprechenden Waffenprototypen ausgerüstet war, ein sehr schwieriges Unterfangen, weshalb meist kranke, langsame und junge Tiere im Fokus standen. Diese Fokussierung im menschlichen Jagdverhalten ist absolut identisch mit der Jagdpräferenz vieler anderer nicht menschlicher Beutegreifer. Ein höherer Grad an Ähnlichkeit bewirkt mehr Überschneidungen und resultiert des Weiteren in einer erhöhten Konkurrenz.

Was gilt für Bären? Der Bär ist von seiner körperlichen Ausstattung der Verdauungsorgane her genauso ein Allesfresser wie der Mensch. Bären bejagen vor allen Dingen junge oder irgendwie beeinträchtigte Tiere und ernähren sich weiters von Kadavern. Somit wird eine reichhaltige Palette an Interaktionen eröffnet. Ein kläglicher Überrest eines vom Menschen gefundenen Kadavers, der eindeutig vom Bären gefressen wurde, erzeugt Wut und Unmut. Hatte sich der Mensch an ein hilfloseres, potentielles Beutetier herangeschlichen, welches im letzten Moment von einem Bären aus einem versteckten Rückhalt schneller überwältigt werden konnte, war das ein erneuter Verlust. Die verständliche Reaktion ist erneut negativ und aggressiv gegenüber dem übermächtigen Konkurrenten.

Des Weiteren können Interaktionen zwischen Mensch und Bär an der Beute selbst nicht ausgeschlossen werden. Somit vertrieb der Bär gelegentlich die unterlegenen Jagdkonkurrenten, was Verletzungen, eventuell sogar mit (späterer) Todesfolge, beinhaltet haben dürfte. Oder aber der Mensch fand in seinen ersten entwickelten Fallen nur noch enttäuschende Reste einer ehemals darin verfangenen Fleischmahlzeit.

Im Freiland gilt für alle dort lebenden Organismen ein ganz einfacher Leitsatz: Gut essen bedeutet besser überleben. Dieser Zusammenhang hatte gerade für den früheren Menschen eine viel gewichtigere Bedeutung, als es heute der Fall ist. Aufgrund der Entäuschung und des Verlustes von Nahrung zum Überleben konnte eine Aggression aufkeimen, die bis heute im Menschen überdauert hat.

Diese beiden zuerst genannten Punkte können zu einer schwierigen, doppelten Konfliktbeziehung führen. Der Mensch konnte zum einen selbst zur Beute werden, was große Angst erzeugt. Auf der anderen Seite kam es bezüglich Fleisch zu Konkurrenzbeziehungen, die in Wut gipfelten. Angst und Wut erzeugen immer Aggression, was eine Koexistenz erschwert.

Raubtiere als potentielle Krankheitsüberträger: Einige Raubtierarten tragen eine reichhaltige Artenvielfalt an verschiedenen Krankheitserregern in ihren Körpern. Somit kann auf der einen Seite ein eventueller Biss von ihnen dem Menschen sehr gefährlich werden, auf der anderen Seite wird das Fleisch für den Menschen ungenießbar, da auch beim Verzehr eine prinzipielle Ansteckungsgefahr besteht.

Wie verhält es sich mit dem Bären? Der Bär ist nicht generell der Bakterienüberträger par exellence. Gelegentlich wird er jedoch von Trichinen oder unerwünschten Darmbewohnern, wie Rundwürmern, heimgesucht. Bärenfleisch galt und gilt leider immer noch als Delikatesse und andere Körperteile als wandelnde Apotheke. Dennoch empfinden es viele

Menschen als unappetitlich, ein Tier zu essen, das prinzipiell auch selber Fleisch frisst, vor allen Dingen dann, wenn es sich bei dieser Fleischmahlzeit um Kadaver handelt. Da dieser Punkt zwei Seiten hat, ist es schwierig, den wirklichen positiven oder negativen Einfluss auf den Menschen zu beurteilen.

Sprengstoff Nutztiere: Vor allen Dingen die Haustierbejagung der Raubtiere erschwerte das Zusammenspiel zwischen Mensch und Beutegreifern. Ein „wildes Tier“ vergriff sich effektiv an menschlichem Vieh, demzufolge an menschlichem Besitz. Dieser Besitz sollte darüber hinaus dem Menschen das Überleben sichern, was den Konflikt nachhaltig verschärfte. Als der Mensch begann, für den Bären potentielle Beutetiere in großen Herden und umzäunt zu halten, ist das den anderen nicht menschlichen Raubtieren der Umgebung nicht entgangen. Dieses Fleisch war wesentlich einfacher zu beschaffen als das der im Wald und Flur frei herumlaufenden Beutetiere. Aufgrund der Neuwertigkeit der Umstände wird vermutet, dass inbesondere zu Beginn der Viehhaltung die Intensität der Haustierbejagung durch Raubtiere stärker und nachhaltiger gewesen sein muss, als es heute der Fall ist.

Das Reißen von Nutztieren hatte für viele Viehbesitzer starke negative Auswirkungen. Oft genug besaßen Familien nur sehr wenige Tiere, was den Verlust wesentlich größer machte und im Endeffekt erneut das Überleben beeinträchtigen konnte. Aufgrund der unnatürlichen Situation eines geklumpten Beutevorkommens töten Raubtiere manchmal reflexartig im Überschuss. Viel mehr Vieh wird dabei erlegt, als überhaupt genutzt werden kann. Des Weiteren kommen domestizierte Tiere durch die so genannten „Nebeneffekte“, wie auf der Flucht oder durch schwere Verletzungen, um, was erneut in hohen Todeszahlen endet. Somit kommt es auf Seiten der Menschen zu vielen emotionalen Reaktionen, von Mitleid angefangen, über Angst bis hin zu Hass. Versuchten die Schäfer den Bären zu vertreiben oder ihm gar die Beute abzunehmen, bestand ein sehr hohes Verletzungsrisiko.

Nicht umsonst wurde der Bär zum Beweis der Männlichkeit gejagt. Ein verletztes Tier in Todesangst reagiert überschwänglich, was den Reiz aufgrund des Gefahrengrades erhöht. Dennoch wurden Menschen dabei getötet oder zumindest schwer verletzt. Diese Erzählungen oder sichtbaren Beweise nähren die Angst vor dem Bären.

Jagd des Bären mit Hunden (nach Molnár, Teren et al. 1984)

Situation heute: Die alte Urangst des Menschen vor Raubtieren im Allgemeinen wird durch modernere Konfliktpunkte, wie in der Landwirtschaft oder bei Jagdunfällen, nicht nur erhalten, sondern zudem auch weiterentwickelt, obwohl der Mensch in vielen Fällen aus dem eigentlichen Fokus als „Beutetier" herausgekommen ist. Somit kann man von einer Übertragung dieser alten Angst ums eigene Überleben auf die wirtschaftlich beeinträchtigten Wechselbeziehungen mit den Beutegreifern sprechen. Ein körperlicher Übergriff eines Bären auf einen Menschen fällt demnach auf sehr fruchtbaren Boden. Jeder tätliche Übergriff eines Bären auf einen Menschen schadet und verletzt nicht nur den beteiligten Menschen im Hier und Jetzt, sondern bedient eine ganze Palette an tief verwurzelten Ängsten. Diese Palette wird bei dem Bekanntwerden einer Attacke auch bei den Menschen ausgelöst, die darüber informiert werden. Unser eigenes „Anti-Predatoren-Verhalten" ist immer noch tief in unserer Ausstattung verankert, obwohl es bei Weitem nicht mehr so vonnöten ist wie einige Tausend Jahre vorher.

Der Bär und die Angst

Die Bären sind sehr menschenscheue Gesellen, die durch ihre hochentwickelten Sinnesorgane sehr genau wissen, dass der Mensch ihr einziger Feind ist, den sie mit vollem Rechte zu befürchten haben, denn er rottet sie überall aus, wo er ihrer nur habhaft werden kann! Deshalb braucht niemand den Bären zu fürchten, denn der Bär greift nur in gereiztem Zustand den Menschen an, wenn er von demselben angegriffen wird und dann nur aus Notwehr handelt! (Bethlenfalvy 1933)

Ein unverhofftes Treffen zwischen Zwei- und Vierbeiner ist für beide Seiten mit großer Angst und Panik verbunden, obwohl im Prinzip der Bär im Vergleich zu einem unbewaffneten Menschen als wesentlich gefährlicher eingestuft wird als der spärlich behaarte und kaum mit Krallen oder Zähnen ausgestattete *Homo sapiens*. Der europäische Braunbär hat in den von ihm bewohnten Wäldern keine ernst zu nehmenden Feinde, die ihm nach dem Leben trachten, von gelegentlichen Begegnungen mit furiosen Wildschweinen abgesehen, die in seltenen Ausnahmefällen dem Bären das Leben kosten können. Somit bleibt nur der Mensch übrig, der als zweibeiniger Beutegreifer dem Bären wirklich an Fell und Kragen will und das über eine weit zurückliegende Vergangenheit auch allzu oft erfolgreich geschafft hat. Gerade mit der Entwicklung der modernen Feuerwaffen stand dem Menschen ein Werkzeug zur Verfügung, mit welchem er den großen Petz selbst alleine und ohne Begleitung erfolgreich überwältigen und töten konnte.

Trifft der Bär einen Menschen, wird auf seiner Seite sofort das Verteidigungsverhalten inklusive der Verteidigungsreaktion ausgelöst, die im Großteil aller Fälle mit der Flucht endet. In Bärenwäldern trifft oder sieht der Bär wesentlich öfter einen Mensch, als es diesem überhaupt bewusst ist. Der Bär läuft weg und kann somit meistens gar nicht mehr von uns wahrgenommen werden.

Wie oft trifft der Bär wirklich den Menschen?

Es ist anzunehmen, dass Bären in den mit Menschen bevölkerten Wäldern sehr viel häufiger mit diesen zusammentreffen, als es uns jemals bewusst ist. Insbesondere zur Waldbeeren-

und Pilzezeit sind die Wälder nahezu überfüllt mit Menschen. Leben in diesen Wäldern auch einige Bären, kann man es schon fast als verwunderlich bezeichnen, dass der Mensch nicht an jeder Ecke auf einen Bären stößt. Bleibt den Tieren genug Zeit und Fluchtraum, fliehen sie oder verstecken sich noch tiefer im Wald.

Die besenderten Bären konnten klar zeigen, dass sie sich immer wieder unverhofft in menschlicher Nähe befinden, sei es nahe von Pilzesammlern, Spaziergängern oder Waldarbeitern. Dieser unangenehmen Situation entgingen sie stets durch Rückzug und Verstecken. Keiner der ungewollt in der Nähe befindlichen Menschen hat jemals einen der beiden stattlichen Bären mit auffälligem Halsband zu Gesicht bekommen. Zudem haben sie vor allem im Sommer unterirdische Rastplätze. Auf diese Weise umgehen die Tiere nicht nur die schwer erträgliche Hitze, sondern auch die überdurchschnittlich hohe Dichte an Menschen.

„Überprüfungen“ durch Bären: Der Mensch wird auch niemals erfahren, wie oft er sogar aus relativer Nähe „verifiziert“ worden ist und somit auf seine Gefährlichkeit getestet wurde. Derartiges Verhalten legen insbesondere Bärenmütter an den Tag, die bezüglich ihre Nachwuchses als sehr „beschützend“ klassifiziert werden. Das folgende Beispiel aus der Gebirgsregion Muránska Planina wurde nur durch rastende Förster bekannt gemacht:

Auf einer Anhöhe wanderte ein unbedarfter Mann, ausgerüstet mit Wanderstab und Rucksack. Auf der darunter liegenden Wiese war eine Hütte mit ein paar Bänken im Freien, auf welchen zu der bereits warmen Jahreszeit im Frühjahr einige Förster gerade Brotzeit machten. Genau gegenüber auf dieser Anhöhe befand sich eine Bärenfamilie, bestehend aus der Bärin und zwei Jungtieren, welche von den rastenden Förstern dabei beobachtet werden konnte, wie sie gerade in einem Blaubeerfeld fraßen. Der Wanderer in der Mitte des Geschehens hatte keine Ahnung davon, was sich sowohl zu seiner Linken als auch zu seiner Rechten in Wirklichkeit abspielte.

Plötzlich musste die Bärin den ungebetenen Wandersmann in die Nase bekommen haben, war verunsichert und stand kurz darauf zur besseren Orientierung auf den Hinterbeinen. Nach einigen Sekunden hatte sie offensichtlich nicht nur die Richtung der Störung, sondern auch den Störenfried selbst ausgemacht und wendete ihren Körper dem am Talgrund schreitenden Menschen zu. Auch die Jungtiere waren entsprechend verwirrt, als ihre Mutter mit der alarmierenden Position begann, stellten umgehend ihre Nahrungsaufnahme ein und beobachteten, was das alles zu bedeuten hatte. Das Muttertier ließ sich auf alle Viere herunterfallen und trabte parallel zum Wanderer am Hang entlang, um dann plötzlich in eine raschere Schrittfolge zu verfallen und sich dabei bergab zu bewegen.

Die Förster auf ihren Bänken hatten ebenfalls zu essen aufgehört und verfolgten den weiteren Verlauf, der unter Umständen für den unwissenden Mann brenzlig enden könnte. Die Bärin befand sich zielstrebig auf dem Weg zum Menschen, der unaufhaltsam weiterging. Sie erreichte ihn bis auf eine Distanz von ca. 30 m, wo sie hinter dichtem Buschwerk versteckt anhielt und, auf den Hinterbeinen stehend, den Störenfried von oben herab beobachtete. Da dieser Eindringling weder Anstalten machte, anzuhalten noch ihr oder gar dem Nachwuchs gefährlich wurde, nahm sie erneut die vierbeinige Position ein und rannte auf dem kürzesten Wege zurück zu ihren Jungen. Kaum angekommen, begannen auch die beiden Jungbären damit, wie auf ein Zeichen loszulaufen, und gemeinsam mit der Mutter flüchteten sie in den angrenzenden dichten Wald hinein, um dann nicht mehr von den Förstern gesehen zu werden.

Als es den unverhofften Zeugen später gelang, den in der Schusslinie gewesenen Mann aufzuhalten, um ihm von seiner Begegnung zu erzählen, war dieser nicht nur erschrocken, sondern zudem auch sehr erstaunt. Er hatte nicht den Schimmer einer Ahnung gehabt, was sich wirklich hinter seinem Rücken abgespielt hatte.

Dennoch gibt es auch immer wieder Begegnungen, welche vom Bären nicht mit Flucht, sondern durch einen Angriff beantwortet werden. Leider hat dabei der Mensch aufgrund seiner körperlichen Unterlegenheit das Nachsehen. Jedoch gilt auch meist hier, dass der Bär Angst hat, aus seiner Panik heraus so überschwänglich reagiert und sich deshalb aktiv und aggressiv zu verteidigen beginnt.

Was ist kritisch?

Jede Begegnung zwischen Mensch und Bär, in der es zu direktem Augenkontakt zwischen den beiden ungleichen Kontrahenten kommt, verläuft anders, was sowohl vom involvierten Menschen als auch ganz besonders vom beteiligten Bären inklusive dessen Vorgeschichte abhängt. Dennoch gibt es einige sehr kritische Faktoren, die den Grad der Angst oder Verunsicherung auf Seiten des Bären erhöhen, was wiederum eine aggressive Herangehensweise an die Situation in Form einer Attacke im Vergleich zu einer zurückziehenden Lösung in Form von Flucht erhöht.

Die Bärenfamilie

Die klassischste Situation ist wohl ein Aufeinandertreffen vom Menschen mit einer führenden Bärin. Bärinnen werden nicht umsonst als außergewöhnlich gute Mütter bezeichnet, wobei ein wichtiger Faktor sicherlich ihre Bereitschaft ist, sich mit dem menschlichen Todfeind bis aufs Ende auseinanderzusetzen. Die Jagdliteratur ist überfüllt mit Fällen, in welchen solche Geschichten teilweise sehr dramatisch beschrieben werden. In einigen Fällen von unsachgemäßer Trophäenjagd, die von verantwortungsvollen Jägern oft als unmoralisch

Diese beiden Aufnahmen stammen von einer führenden Bärin, die sich durch einen menschlichen „Eindringling" bedroht fühlte und sich deshalb furios nach ihm auf die Suche machte. Die Begegnung ging für den involvierten Fotografen jedoch glimpflich aus, da die Bärin sich kurz darauf zurückzog. „Eine solche Situation löst jedoch sehr starke Gefühle aus". Meinung und Fotos: V. Vician

oder als ohne Ethik beschrieben wird, wurden Bären in hoher Zahl abgeschossen und man machte selbst vor dem Familienverband nicht Halt. Oft genug liefen die Bärinnen direkt in die offenen Mündungen der Schusslinie hinein, um ihren bereits toten Nachwuchs noch immer zu verteidigen.

Eine Bärenmutter macht eigentlich vor nichts halt, wenn sie der Meinung ist, dass irgendjemand oder irgendetwas ihrem Nachwuchs gefährlich werden könnte, selbst dann, wenn es sich um den oft gefürchteten Menschen handelt. Bärinnen sind darüber hinaus wesentlich „intoleranter“ und reizbarer und demnach schneller bereit, die sie bedrohende Situation mit einem Angriff zu regeln. Aus Beobachtungen kann man des Weiteren schließen, dass eine Bärin mit Anhang den Menschen aus entfernterer Distanz angreift, als es bei Einzeltieren der Fall ist.

Menschen in Bärenwäldern sollten, wann immer es irgendwie möglich ist, auf etwaige Pfotenabdrücke achten. Diese können im weichen Waldboden, in (ausgetrockneten) Pfützen oder im Schlamm gefunden werden. Falls man die kleinen, „niedlichen“ und unverwechselbaren Pfotenabdrücke junger Bären findet, die in Form und Größe Kinderfüßen ähneln, sollte man sich überdurchschnittlich vorsichtig verhalten. Die Reizschwelle eines Muttertiers ist sehr niedrig, was sich auch auf den Abstand zwischen ihr und dem Menschen bezieht. Fotosafaris jeder Art beherbergen ein hohes Risiko, das der Mensch eigentlich alleine trägt. Nur durch die Präsenz des Fotografen mit „zielender“ Kamera an sich wird eine führende Bärin bereits gereizt und ein „etwaiger“ Übergriff ist aus der Sicht der Mutterbärin nachvollziehbar.

Eine hochriskante Situation wie aus dem Lehrbuch: Kommen wir Menschen zu nahe an Jungtiere heran oder drängen uns diesen gar auf, wirkt das auf eine alarmierte Bärenmutter wie ein Angriff, den sie nur mit einem Gegenschlag beantworten kann. Menschen sollten im Wald sehr wachsam sein, dicht bewachsenes Gelände vermeiden und niemals versuchen, irgendwelchen Spuren von kleinen Bären zu folgen. Sehen wir irgendwo ein Jungtier, ist es unbedingt nötig, sich langsam und leise zurückzuziehen. Foto: M. Kalaš

Verteidigung von Fleisch

Mehr oder weniger frische Beute in Form von Fleisch ist für den Bären aufgrund zahlreicher Vorteile eine sehr präferierte Nahrung, für die es gilt, sie unter keinen Umständen zu verlieren. Demzufolge ist das Antreffen eines Bären an einem Stück Fleisch oder Kadaver mit einem erhöhteren Risiko verbunden als ein Treffen mit einem Tier, das Ameisenhügel aufbuddelt, Baumstämme zur Insektensuche bearbeitet, mühevoll Gras frisst oder Himbeeren von den Sträuchern abstreift.

Fleisch hat einen sehr hohen Nährwert und ist darüber hinaus viel schwieriger und nicht so oft zu beschaffen wie viele vegetarische Ernährungsvarianten oder kleine Insekten. Getreu dem Leitsatz „Gut essen bedeutet besser überleben" ist Fleisch ein solch „gutes Essen", welches dem Bären sehr behilflich ist, gut gesättigt zu sein und somit einfacher und mit viel weniger Aufwand weiterzuleben. Somit kann man bei einem solchen Bären ein erhöhtes Risiko erwarten, in Form einer sehr direkten Weise den Menschen als prinzipiellen Futterkonkurrenten in seine Schranken zu weisen. Zusätzlich paart sich diese Angst um das so wertvolle Futter gleichzeitig erneut mit der Angst um das eigene Leben, was die Situation auf kürzere Distanz erneut verschärft.

Der verletzte und/oder angeschossene Bär

Ein angeschossener oder anders verletzter Bär sieht zweifellos sein Leben mehr als gefährdet und bedroht. Zweifelsohne hat ein solches Tier ein mehr als überdurchschnittlich hohes Erregungslevel und eine Menge Adrenalin im Körper. Dieser Bär sieht sein Leben bereits schon halb verloren und wird versuchen, dieses so gut und erfolgversprechend wie möglich zu verteidigen. Somit kann dieses verletzte Tier, salopp gesprochen, sehr rasch „die Nerven verlieren" und viel schneller und gegebenenfalls auch viel vehementer und rückhaltloser angreifen. Aus seiner Sicht betrachtet, reagiert der Bär in der ihn bedrohenden Situation angemessen. Hierbei wird meist auf alle Menschen fokussiert, die ihm in die Quere kommen, vollkommen gleichgültig, ob sie nun wirklich Schuld an der Misere haben oder nicht.

Viele Zusammenstöße mit Jägern sind auf diese Weise entstanden. Ein übererreg-

Selbst in der Kunst können wir die Problematik finden, dass sich beim Antreffen eines verwundeten Bären der entsprechende Mensch in einer wirklichen Gefahrensituation befindet. Bei diesem von Adalbert Franz Seligmann (1862–1945) angefertigten Bild handelt es sich um eine durch den Grafen Andrássy beauftragte Arbeit. Es zeigt Kaiser Otto I., der von seinem Edelknaben Babenberg vor einem verwundeten, angreifenden Bären durch einen gekonnt gesetzten Armbrustschuss gerettet wird (mit freundlicher Genehmigung von Slovenské Národné Múzeum, Zámok Betliar).

ter Bär, der verletzt ist sowie Schmerzen und große Angst hat, kann einem Jäger sehr gefährlich werden.

Auch mit Wildschweinen kommt es für Jäger zu vergleichbaren Situationen, die manchmal zu ernsten Verletzungen mit langwierigen Folgen oder zu lebenslangen Spätschäden führen. Warum sollte ein Bär, der zudem noch seine Pfoten mit den Krallen einsetzen kann, anders reagieren? Oft sind die Verletzungen vom Menschen beigebracht, ob es sich um Schusswunden handelt, um Schnittwunden durch das Feststecken in einer Falle oder gar um abgebissene Extremitäten bei Befreiungsversuchen aus einem Fangeisen. Zusätzlich kommt die Tatsache erschwerend hinzu, dass der Bär durch eine Verletzung geschwächt oder unbeweglicher ist und sich selbst aus diesem Grund als hilfloser einschätzen kann. Somit ist das oft zitierte Schlagwort „Angriff ist die beste Verteidigung" für diese Bären gültiger als für nicht beeinträchtigen Tiere.

Da in der Slowakei offiziell schon viele Jahre keine Fangeisen oder Schnappfallen mehr benutzt werden und gesetzlich verboten sind, sind derartige Verletzungen ausgesprochen selten und auf illegale Wilderei zurückzuführen. Dennoch findet man neben angeschossenen Tieren auch Bären, denen eine Pfote „fehlt".

Langzeitgedächtnis des grossen Braunen? Offensichtlich können sich zumindest einige Bären alle schmerzhaften Zusammenstöße mit Menschen lange merken und reagieren auch nach ihrer Genesung vehementer auf Menschen. In anderen Ländern wurden bei Analysen von vorangegangenen Auslösern für einen Angriff auf Menschen an den tätlichen Bären alte und durch Menschenhand beigebrachte Verletzungen gefunden, die als erhöhtes Risiko beschrieben wurden. Wurde in amerikanischen Nationalparks illegal Fallenstellerei betrieben, konnte ein Bär, der sich daraus alleine befreit hatte, später mit einer erhöhten Angriffstendenz auf Menschen beobachtet werden.

In einigen Teilens Russlands werden bedauerlicherweise Schwarz- und Braunbären auf grund verschiedener Körperteile für den chinesischen Medizinmarkt, wo es viele dankbare Abnehmer gibt, intensiv gejagt. Da bereits ein oder maximal zwei erlegte Bären das Überleben einer Familie für ein ganzes Jahr sichert, nehmen die illegalen Jagdversuche durch unprofessionelle Personen drastisch zu (Igor Chestin, WWF Russland). Häufig werden die Tiere nur angeschossen und können fliehen oder sind nach langem Kampf in der Lage, sich aus Metallfallen bzw. -schlingen, teilweise durch das Abbeißen oder Abreißen ganzer Körperteile, zu befreien. Diese Tiere zeigen selbst später eine wesentlich höhere Tendenz, einen Menschen bei einer Begegnung anzugreifen. Diese Fälle bestätigen Vermutungen, dass Bären nicht nur derartig schmerzhafte und mit Todesangst gekoppelte Erfahrungen abspeichern und sich an diese sehr lange erinnern können, sondern sie auch abschließend auf alle Menschen übertragen.

Die Geschichten um die Wildschweine

Ein Großteil der in der Slowakei verzeichneten Übergriffe passieren bei der Jagd, ohne dass zwangsläufig der Bär angeschossen war, geschweige denn überhaupt im Fokus stand. Auf Wildschweine wird oft in Form der Drückjagd gejagt. Hierbei sind sehr viele Menschen, meist in Begleitung von Hunden, im Wald. Die Gruppe der Treiber versucht, das Wild aufzuspüren, aufzuscheuchen und vor sich herzutreiben. Dabei machen sie viel Lärm und Krach, gelegentlich unterstützen entsprechende Jagdhunde dieses Unterfangen. Im Endeffekt soll das Wild in die entfernter positionierte Linie der Schützen getrieben werden. Durch den anhaltenden Lärm versucht man, die Tiere geradeaus nach vorne zu treiben und daran zu hindern, nach hinten wegzurennen. Die Schützen am Stand stehen einfach und warten auf die fokussierten Tiere, welche dann geschossen werden können. Oft finden diese Treibjagden im Herbst statt, meist in Eichen- oder Buchenwäldern, wo sich Wildschweine an den heruntergefallenen ölhaltigen Samen für die bevorstehende kalte Jahreszeit gerne mästen. Allerdings halten sich in diesen Wäldern auch Bären auf, die sich ebenfalls durch den Verzehr von Eicheln und Bucheckern für den Winter vorbereiten. Befindet sich nun ein Bär in der durch die Jäger aufgescheuchten Gruppe, kann das für einen am Stand einsam stehenden Schützen mit sehr schweren Verletzungen ausgehen.

Der Bär in absoluter Panik: Der Bär befindet sich bei den Treibjagden wie in einer Art Hexenkessel. Nach hinten sind nicht nur die Fluchtmöglichkeiten blockiert, sondern die von ihm als gefährlich eingeschätzte Front aus lärmenden Menschen und bellenden Hunden kommt stetig näher. Der Bär kann auf diese Weise in ein sehr hohes Angst- und Erregungslevel versetzt werden. Da auch die anderen Waldbewohner um ihr Leben laufen, steigert sich die Verunsicherung in eine wirkliche Panik. Plötzlich trifft der Bär auf einen Menschen, der sich irgendwo in seiner Laufrichtung befindet und ihm somit offensichtlich auch die Flucht nach vorne abschneidet. Ein derartig erregter und verängstigter Bär regelt die ihn bedrohende Situation sehr häufig in Form eines Übergriffes. Er kämpf nahezu um sein Leben, was sich noch zusätzlich verstärken kann, wenn es sich um eine führende Bärin mit Jungtieren handelt.

Der verwechselte Bär: Gelegentlich kommt es auch vor, dass die am Stand stehenden Schützen einen ankommenden Bären zwischen den Bäumen nur als „schwarzes Etwas“ ausmachen können, was sie fälschlicherweise und automatisch sofort als Wildschwein identifizieren. So werden die bereits sehr erregten Tiere unglücklicherweise angeschossen, was eine aggressive Attacke beschleunigt. Ganz besonders kritisch kann es werden, wenn der Jägersmann anstatt eines Wildschweines einen jungen Braunbären getroffen hat, der sich in Begleitung seiner Mutter befindet. Dieses Muttertier kann eigentlich nicht mehr aufgehalten werden.

Vermeidbarkeit: Teilweise werden zur Winterszeit, wenn die Bären ihren Winterschlaf halten, in ausgemachten Winterrefugien der Bären derartige Treibjagden durchgeführt. Ein aus dem Schlaf aufgeschreckter Bär, der sich zudem in der Enge seines Unterschlupfes befindet, reagiert ausgesprochen aggressiv. Wahrscheinlich wäre es das Beste, zumindest die winterlichen Treibjagden an solchen Stellen zu veranstalten, die von den großen braunen Tieren nicht zu Überwinterungszwecken aufgesucht werden – schon alleine aus Gründen des Eigenschutzes (siehe einzelne Fallbeschreibungen, S. 202). Zudem kann man behaupten, dass in den Wintergebieten ein abgegebener Notwehrschuss vermeidbar und somit nicht wirklich nötig gewesen wäre. Hat man hierbei auch noch ein Muttertier erwischt, kann es auch für den Nachwuchs negative Auswirkungen haben. Bei der klassischen „Ansitzjagd“ auf Wildschweine, beispielsweise auf Hochsitzen, schaltet man das Risiko einer Bärenattacke vollständig aus. Somit sind gerade diese Attacken leicht vermeidbar.

Ein typischer „Wildschweinunfall“ bei einer Treibjagd. Findet ein Jäger seinen Jagdkollegen in dieser Situation, muss oft der Bär geschossen werden. Diese Form der Attacken wäre bei anderen Jagdmethoden im Bärengebiet vermeidbar. Illustrator: V. Bilčík

Der Bär in der Ecke

Es ist bekannt, dass fast alle in die Ecke getriebenen und ihrer Fluchtmöglichkeit beraubten Tiere eine wesentlich niedrigere Erregungsschwelle haben und oft mit einem überstürzten Angriff reagieren können. Hierbei muss es sich nicht zwangsläufig um einen aufgescheuchten, angeschossenen oder in einer Falle feststeckenden Bären handeln. Ein Bär kann sich einfach umzingelt und demzufolge jeglicher Fluchtmöglichkeiten beraubt fühlen. Egal, in welche Richtung er demnach laufen würde, am Ende würde er immer mit einem Menschen zusammentreffen. Oder aber er befindet sich in einer Art geografischen Kessel, beispielsweise in einem engen und abgeschlossenen Tal, das durch seine Beschaffenheit eine Flucht nach hinten unmöglich macht. Der an erster Stelle beschriebene Fall von „mit Menschen besetzten Fluchtrichtungen" ist ein wichtiger Punkt, mit dem man einige der Übergriffe erklären kann. Wir können vermuten, dass gerade diese Ausgangssituationen wesentlich mehr „überraschende" Bärenübergriffe erklären und des Weiteren in ihrem Ausmaß auch in Zukunft weiter zunehmen könnten.

Die bereits beschriebenen Fälle sind den meisten Menschen hinreichend bekannt: Die Bärin verteidigt sehr nachhaltig ihre Jungen, ein Bär an einem frischen Riss tritt mit uns zusätzlich zum Schreck in eine sehr ernst zu nehmende Futterkonkurrenz, das aufgescheuchte Tier verteidigt sein Leben und zu guter Letzt kämpft das angeschossene oder verletzte Bärenindividuum mit einem ankommenden Menschen ums eigene Überleben. Allerdings geraten Bären viel öfter alleine durch die menschliche Präsenz in die so bezeichnete „Ecke ohne Fluchtmöglichkeiten" als es den meisten Menschen überhaupt bewusst ist.

Wie kommt der Bär durch den Menschen in die Ecke? Der Wald ist nicht nur zum großen Teil die Heimat der großen und störungsempfindlichen Braunen, sondern wird auch oft genug durch den Menschen aufgesucht. Sei es für die Arbeit oder zu Erhohlungs- und Freizeitzwecken. Diese Tatsache bleibt dem Bären nicht unbekannt, der registriert, dass sich in seiner mehr oder weniger unmittelbaren Nähe die ihm unsympatischen Zweibeiner einfinden. Wie bereits oft zitiert, zieht sich der Bär, wenn möglich, zurück, was oft so „heimlich und leise" geschieht, dass es der vorbeiziehende Mensch nicht einmal bemerkt.

Ist jedoch der Wald mit sehr vielen Menschen bevölkert, kann die Situation auftreten, dass der Bär trotz einiger erfolgreicher Rückzugsversuche im Endeffekt immer wieder auf weitere Menschen trifft, dann mit menschlichen Attributen gesprochen, „das Gefühl bekommt, der Wald wäre voll von Menschen und er somit restlos umzingelt", was ihn in ein sehr hohes Erregungslevel und große Angst versetzt. Diese Angst kann sich abschließend auf einem Menschen entladen, der völlig überrascht von einem Bären angegriffen wird, obwohl er an dieser Erregung im Prinzip unschuldig ist. Die folgende nachvollziehbare Begegnung veranschaulicht diesen Fall:

Im August 2007 waren zwei kleine Wandergruppen, einmal zwei Männer und die andere Truppe zwei Männer und eine Frau, zur gleichen Zeit und in derselben Bergregion unterwegs. Sie setzten zeitgleich ihre Wanderung an und wurden nur durch einen weitausladenden Felsenzug voneinander getrennt. Die Luftdistanz zwischen beiden Gruppen betrug ca. 1 km.

Gegen 9 Uhr morgens traf die Dreiergruppe auf der einen Seite des Gebirgszuges unverhofft auf zwei Bären, die am Abhang Himbeeren fraßen. Es handelte sich um eine sehr unberührte Gegend. Zusätzlich herrschte dichter Nebel und Nieselregen. Diese Bedingungen ermöglichten es den dortigen Tieren, ihre Aktivität bis in die späten Morgenstunden hinein zu verlängern. Die Bären waren

Dieser ruhig daliegende Bär, im Freiland fotographiert, macht deutlich, dass der Bär kein wirklicher „Killer“ oder gar ein dem Menschen gefährlich werdendes „böses Raubtier“ ist. Viele Übergriffe auf Menschen folgen ähnlichen Mustern oder haben vergleichbare Auslöser. Der Bär verteidigt meist sich selbst, seine Jungtiere oder attraktives Futter. Der Mensch ist gefragt, denn durch angepasstes Verhalten wären viele Bärenübergriffe vermeidbar. Foto: M. Kalaš

überrascht und erschreckt. Sie stellten sich umgehend auf die Hinterfuße und starrten direkt auf die Gruppe, in der ebenfalls rege Panik herrschte. Nach wenigen Sekunden Blickkontakt suchten sie umgehend das Weite, rannten bergauf und überquerten irgendwann den Grat, um nur kurze Zeit später auf die beiden leise wandernden Männer zu treffen. Die Tiere befanden sich noch in Aufregung und Bewegung, als einer der beiden Bären bereits die Männer in der Nase hatte und auf die Hinterfüße ging.

Dieses Mal war das Intermezzo zwischen Bär und Mensch etwas anders. Der stehende Bär begann zu brüllen und war wesentlich nervöser als noch bei der ersten Gruppe, die sogar aus drei Leuten bestanden hatte. Die beiden unbewaffneten Männer verhielten sich ruhig und blieben an Ort und Stelle wie angewurzelt stehen. Kurz darauf rannten beide Tiere zum zweiten Mal erneut weg, dieses Mal parallel zur Anhöhe in diese Richtung, aus welcher ursprünglich die Menschen gekommen war. Offensichtlich trafen sie dort auf niemanden mehr, da bei diesem Wetter in einer solchen Gegend nicht besonders viel los war.

Die Bären wurden auf der einen Seite des Grates erschreckt, flüchteten auf die andere Seite des Felsenzuges und kollidierten erneut mit bedrohlichen Menschen. Somit kann man ihre Nervosität sehr logisch erklären.

Aufschaukeln der Nervosität: Schwieriger wird eine Situation, wenn sich derartige Begegnungen für einen Bären an ein und demselben Tag anhäufen. Mit jeder Begegnung wächst auf der Seite des Bären die Angst und die Nervosität. Mit jedem unerwünschten und erschreckenden Zusammentreffen nimmt das Erregungslevel zu. Der Bär fühlt sich bedroht, im eigenen Wald eingesperrt und durch viele Menschen umzingelt. Irgendwann endet er dann erneut in der Situation, „die Nerven zu verlieren", und greift unvermittelt und oft „ohne Vorwarnung" an. Verhalten sich die Zweibeiner sehr leise und bedächtig, führt das zudem zu verringerten Begegnungsdistanzen, zumindest im Falle des Bären, was ihn jedoch noch zusätzlich verunsichert. Ist der Mensch laut, kann er vom Bären wenigstens aus der Distanz heraus geortet werden.

Eine andere der langzeitlich zu erwartenden Konsequenzen wurde bereits im Kapitel „Problembären" näher beschrieben. Aufgrund der Unlösbarkeit und Aussichtslosigkeit der immer mehr herandrängenden Menschen kann der Bär auch auf diese Reize irgendwann einmal abgeschwächter reagieren, da er sich an diese Gestalten als nicht ernst zu nehmende Jäger gewöhnt hat. Jedoch wird aufgrund dieser Tatsache keineswegs das Risiko eines Übergriffes abgemildert. Der Bär läuft auf längere Distanz nicht weg, was im ungünstigen Fall dazu führt, dass der unwissende Mensch diesem Bären sehr nahe kommt. Das ist dem Bären dann doch zu nahe, weshalb er erneut angreifen könnte.

Die häufig involvierte Gruppe der Beeren- und Pilzesammler

Diese Gruppe von Menschen hat ein erhöhtes Risiko, von einem Bären unsanft weggeschubst oder gar angegriffen zu werden, obwohl man sie als ungefährlich einstufen kann. Jegliche Konkurrenzbeziehungen hinsichtlich der Pilze oder der süßen Früchte können im Prinzip vernachlässigt werden, da es sich nicht um tierisches Fleisch handelt. Jedoch bevölkern die menschlichen Sammler bei Ausreifung der beliebten Nahrungsmittel in Scharen Wald, Waldrand und Flur. Man sucht leise, abseits der Wege und das in großer Zahl.

Parkplätze entlang der Waldränder sind mit diversen Autos überfüllt und geben Zeugnis darüber ab, wie viele Menschen an ein und demselben Ort gleichzeitig auf der Suche sind. Pilze- und Beerensammeln ist darüber hinaus oft ein gemeinschaftlicher Freizeitvertreib, weshalb in vielen der PKWs nicht nur eine Einzelperson sitzt. Oft sind alle Plätze besetzt und auf geht es in den Wald.

Immer wieder beklagen Förster und Nationalparkangestellte die massenhafte Flut an Menschen, die des Öfteren keine Naturregeln mehr beachten und, immer auf der Suche nach dem Pilz, absichtlich die vorgeschriebenen Wanderwege verlassen, um tief in geschützte Gebiete vorzudringen. Dieses Verhalten verunsichert sehr viele tierische Waldbewohner.

In der seit 10 Jahren laufenden Telemetriestudie von Dr. Find'o zeigen die markierten Hirsche besonders zur klassischen Pilzesammelzeit eine überdurchschnittlich hohe Tagesaktivität. Was im Falle von Reh, Rotwild und Co. oft nur Auswirkungen für die aufgeschreckten Tiere sind und dem Menschen auf der Gegenseite nicht an den buchstäblichen Kragen des allzu oft benötigten Regenmantels geht, kann im Falle des Braunbären auch ganz anders ausgehen.

Das Vordringen in ruhige, wildere und unberührte Gebiete (leider oft reich an Pilzen), in denen sich der an Beton gewöhnte Mensch trotz der Zeckengefahr zu Freizeitzwecken gerne aufhält, zerstört dem Braunbären in der bereits stark bevölkerten Welt seine letzten Rückzugsrefugien. Somit werden die Sammler durch ihre körperliche Präsenz für den Bären zur Bedrohung, die im Falle von vielen Menschen zum gleichen Zeitpunkt am selben Ort mit erhöhter Aggression beantwortet wird. Die Sammelsituation von Pilzen ist in der Slowakei so extrem, dass einige Pilzarten bereits vom Aussterben bedroht sind. Bevor sie Sporen bilden können, um sich fortzupflanzen, werden sie bereits abgeerntet, um anschließend ohne Reproduktionserfolg zu Pilzgemüse oder getrockneter Suppenbeilage weiterverarbeitet zu werden.

Dem Menschen soll nicht der Zugang in den Wald verboten werden, jedoch müsste er sich hierbei auf den ausgeschriebenen Wanderwegen aufhalten und dort auch bleiben, schon zu seiner eigenen Sicherheit. Eine weitere Alternative sind die bereits im Kapitel Problembären erwähnten Ruheinseln für Wildtiere, die vom Mensch nicht betreten werden sollten. Falls die Menschen eine solche Regelung akzeptieren würden und auf die dort wachsenden Früchte verzichten könnten, wäre das ein weiterer Schritt in eine beruhigtere Koexistenz.

Die Sache mit dem Hund

Die Meinung bezüglich Nutzen und Schaden eines mitgeführten Hundes gehen im Allgemeinen auseinander. Auf der einen Seite kann ein verlässlicher, nicht ziellos jagender und folgsamer Hund durch seinen guten Geruchsinn den entsprechenden Besitzer bereits im Vorfeld auf die Präsenz von Bären aufmerksam machen. Auf der anderen Seite ist ein Streuner oft kontraproduktiv. Wenn der Vierbeiner haltlos durch das Unterholz streift und stöbert und darüber hinaus eigene Jagdausflüge startet, endet es bisweilen so, dass auf diese Weise schlafende oder sich versteckende Bären aufgeschreckt werden. Manchmal haben Hunde sogar direkt Spaß daran, die großen Waldbewohner zu jagen oder es zumindest zu versuchen. Allerdings ist das meist nicht von langer Dauer, da die Begegnung von Bär und Hund oft damit endet, dass die Bären dem einzelnen Hund nachsetzen, der sich darauf plötzlich wieder an seinen verlassenen Herrn erinnert. Beim Zurückkommen sieht sich der Besitzer dann nicht nur seinem vermissten Haustier gegenüber, sondern zudem einem etwas größeren Wildtier, das, bereits wütend, durch den Menschen zusätzlich noch erschreckt wird und demzufolge angreift.

Problembären (siehe Das Problem der Problembären, S. 161)

Diese Bärengruppe ist relativ neu und ein Produkt unserer modernen Zeit. Diese Tiere haben sich so sehr an den Menschen gewöhnt, dass sie sich vor ihm nicht mehr zurückziehen oder sogar seine Siedlungen oder gar Behausungen zur Nahrungssuche aufsuchen. Eine breite Palette an unangenehmen Interaktionen ist damit eröffnet, weshalb ein solcher Bär als überdurchschnittlich gefährlich eingestuft wird. Konkurrenzmotivierte Auseinandersetzungen an Mülltonne oder in menschlichen Küchen sind hierbei die Spitze des Eisberges. Lässt ein Bär einen Menschen jedoch zu nahe an sich heran, kann er sich dennoch auf sehr kurze Distanz bedroht fühlen und dann angreifen. Des Weiteren laden diese Bären unvorsichtige Menschen, oft aus dem Lager der Hobbyfotografen, nahezu dazu ein, sich ihnen ungebührlich eng anzunähern. Oft enden diese Bärenfotosafaris mit ernsten Verletzungen (Slowakei, Kroatien), wenn nicht gar mit Todesfolge (Rumänien, Amerika). Ein auffällig schwerer Übergriff eines Problembären geschah im Jahre 2005 in der Niederen Tatra (Slowakei) auf ein Touristenpaar.

Da der Zeltplatz bereits voll war und die beiden Leute nicht das Geld für eine Übernachtung in einer Pension zahlen wollten, zelteten sie wild im Freien, was in der dortigen Gegend aufgrund der zahlreichen Bären verboten ist. Zur selben Zeit wanderte auch ein auffälliger Bär, der Mülltonnen besuchte, frei herum. Die beiden hatten unter ihrem Vorzelt Gulasch zubereitet und den Topf mit den Resten unachtsam über Nacht dort stehen gelassen. Der auffällige Bär roch das Essen und brach in das Vorzelt ein. Als die Frau zu schreien begann, durchbrach er die Plane, packte sie am Kopf und schleifte sie etwa 150 m weit in den Wald, wo er sie liegen ließ. Die Frau trug Verletzungen an der Kopfhaut davon und der Bär wurde abschließend erlegt. [Anm.: Dieser Fall ist bei der Nationalparkverwaltung in der Niederen Tatra dokumentiert]

Obwohl der tätliche Bär bereits auffällig gewesen war, sollten Menschen, die sich irgendwie im Bärengebiet bewegen, auch entsprechende Vorschriften beachten. Das Verbot, nicht wild zu zelten, muss unbedingt beachtet werden. Jungbären haben sich schon „neugierig" diesen ungewohnten Objekten genährt, was natürlich Angst bei den menschlichen Insassen auslöst.

Beispielhafte Fälle

BEGEGNUNGEN VON FÜHRENDEN BÄRINNEN MIT NACHWUCHS

(Schein-)Attacke eines Weibchens

Datum:	März 2006
Lokalität:	Schutzhütte tief im Wald
Zeit:	ca. 23 Uhr nachts, bereits dunkel
Involvierte Person:	Nachtfotograf Ž.

Nach einer abendlichen Fotopirsch auf Auerhähne entschieden drei Freunde gegen 23 Uhr nachts, in einer tief im Wald liegenden Schutzhütte zu übernachten. Die anderen waren bereits voraus gegangen und hatten es sich schon in der Hütte bequem gemacht, während Ž. noch draußen blieb, um ein wenig frische Luft zu schnappen. Er befand sich ca. 20 m von dem hölzernen Unterschlupf entfernt. Plötzlich hörte er aus dem ca. 100 m entfernten Waldrand ein lautes Brüllen und ein anschwellendes Ästeknacken, was ihm verriet, das sich irgendetwas direkt und sehr schnell auf ihn zubewegen musste. Aufgrund seiner Jagderfahrung vermutete er umgehend, dass es sich um einen Bären handeln musste, der sich offensichtlich im vollen Lauf befand. Da das Knacken schon aufgehört hatte, musste das Tier bereits die Wiese erreicht haben. Um kein Risiko einzugehen, gab er einige Luftschüsse aus seiner mitgeführten Flinte ab, worauf das Brüllen eingestellt wurde und der Bär sich offensichtlich schnell wieder zurückzog. Als der Mann am nächsten Tag neugierig die Bärenspuren auf dem Schnee begutachtete, stellte sich heraus, dass seine vermeintliche innere Ruhe in der Nacht doch ein wenig trügerisch gewesen war. Er hatte den Abstand zwischen sich und dem Bären auf mindestens 25 m geschätzt, war jedoch nach genauer Abmessung des letzten Fußabdruckes des Bären und seinem Standort nur 7,5 m von dem wütenden Tier entfernt gewesen. Daraufhin wollte er es ganz genau wissen und verfolgte den weiteren Verlauf der Spuren im Schnee zurück und in den angrenzenden Wald hinein. Nach ca. 1 km fand er zusätzlich zu den großen Fußabdrücken des Tieres, welches ihn attackiert hatte, noch kleinere Fußabdrücke von zwei kleinen Bärenjungen, die dieses Jahr geboren worden waren. Die beiden Kleinen wanderten nach der Distanz von 1 km zusammen mit ihrer Mutter weiter in den Wald hinein, woraufhin er sich entschied, eine weitere Verfolgung zu unterlassen, um nicht im Endeffekt an der Tageshöhle der Bärenfamilie zu enden.

Anmerkung: Die meisten Menschen pirschen in der Nacht nicht langsam und leise durch den Wald. Somit betrifft diese Situation nicht den normalen Durchschnittsbürger.

„Nachsuche einer Bärin“
Datum: Juli 2007
Lokalität: mitten im Wald
Zeit: nachts, bereits dunkel
Involvierte Person: Jäger (hier erzählt in der Ich-Form)

Nach Einbruch der Dunkelheit war ich in den weiten Wäldern unterwegs und hatte mein Gewehr dabei, da ich eventuell einen Rehbock schießen wollte. Plötzlich sah ich ca. 30 m von mir entfernt eine Bärenfamilie, bestehend aus der Mutter mit zwei Kindern. Ich wollte mich umgehend zurückziehen und versteckte mich hinter einem Baum, aber die Mutter hatte mich bereits bemerkt. Sie stand auf den Hinterbeinen und versuchte, die Richtung meiner Witterung aufzunehmen. Mir war mulmig und ich blieb ganz ruhig hinter der dicken Tanne stehen. Dann stieß sie einen Laut aus und wie auf Knopfdruck kletterten die Kleinen auf einen Baum. Aber sie gab noch nicht auf und tapste bedächtig in meine Richtung. Meine Lage war bedenklich und ich schlich rückwärts hinter einen mir rückseitig stehenden Baum und ließ sie nicht aus den Augen. Sie jedoch ließ mich nicht aus der Nase und verfolgte mich weiterhin, wobei ich mich immer wieder hinter dem nächsten anschließenden Baum verbarg.
Langsam bewegten wir uns in einem Halbkreis, aber sie ließ nicht locker. Ich war sehr nervös, nicht nur wegen der ohnehin gefährlichen Situation, sondern vielmehr deshalb, da die Bärin keine Anzeichen zeigte, sich mit ihrem Nachwuchs in die entgegengesetzte Richtung davonzumachen, sondern mir stetig auf den Fersen war. Irgendwann sah ich auf meine Uhr und erkannte schweißgebadet, dass dieses Spektakel bereits mehr als eine Stunde andauerte. Dann gingen mir die Bäume aus und ihr Abstand zu mir betrug nur mehr weniger als 15 m. Ich hatte keine andere Wahl mehr, nahm mein Gewehr und schoss vor ihr auf den Boden, in der Hoffnung, dass sie dann endlich das Weite suchen würde. Aber weit gefehlt. Sie hielt zwar an, aber ohne dabei besonders beeindruckt zu sein. Mehr noch, die Kleinen hatten sich offensichtlich mehr erschreckt als die Mutter selbst und zu meinem großen Unglück kletterten sie auf einen dünnen Baum, der direkt zwischen mir und der Alten stand. Schlimmer hätte es eigentlich nicht mehr kommen können. Ich schoss also mehrmals in die Luft, woraufhin die Jungbären von ihrem jetzigen Standpunkt herunterkletterten und hinter der Mutter erneut auf eine Tanne flohen. Jetzt endlich hatte sie offenbar genug, sie grunzte irgendwie, die Kleinen rutschten herunter und die Bärenfamilie brach durchs Unterholz und weit weg aus meinem Blick. Ich allerdings war sehr erschöpft. Mehr als eineinhalb Stunden hatte mich die Mutter verfolgt und die Geschichte hätte sehr ungut ausgehen können.

Im Maul des Bären
Datum: 19. Mai 1999
Lokalität: ruhige, abgelegene Gegend, tief im Wald
Zeit: ca. 9:30 Uhr
Involvierte Person: Forstingenieur Ján H.

In einem sehr abgelegenen Gebiet hatten zwei Forstarbeiter bereits frühmorgens Waldarbeiten zu verrichten. Ján H. stieg alleine in einem jungen und demzufolge dichten Wald die Anhöhe bergauf und wanderte dann etwas unterhalb des Grates entlang, als er plötzlich ein Bärenjunges erblickte, welches mit Nahrung beschäftigt war. In unmittelbarer Nähe dazu erkannte er das große, gräuliche Hinterteil der Bärenmutter. Zeitgleich musste das Weibchen auch ihn gerochen haben, da sie sofort ihren Kopf hob. Mensch und Tier blickten sich für wenige Sekunden an, wobei der Mann versuchte, die Distanz zwischen ihnen abzuschätzen. Die Distanz von etwa 30 m beurteilte er fälschlicherweise so, dass es sinnvoll wäre, das Weibchen zu erschrecken. Deshalb begann er, die Bärin laut und vehement anzuschreien. „Wahrscheinlich habe ich hierbei einen Fehler gemacht. Ich hatte im Buch gelesen, dass man laut sein sollte. Aber ich denke, dass die Bärin dieses Anschreien eher als Kampfgeschrei bewertet hat, woraufhin sie umgehend mit einem Angriff reagierte."

Das Weibchen rannte mit hoher Geschwindigkeit auf ihn zu, deshalb versuchte er ebenfalls, sich durch einen raschen Sprint auf einen Baum zu flüchten. Im Lauf schaute über seine Schulter, um den Abstand zwischen sich und dem Tier zu überprüfen, blickte aber im selben Moment direkt in das Antlitz der Bärin. Der erste Schlag zielte auf den Kopf, den er automatisch mit der Hand schützen wollte, aber diese sank, von der Bärentatze getroffen und dabei gebrochen, sofort herunter. Dann fiel er direkt auf den Bauch. „Sie packte meine Füße mit ihrem Maul und schüttelte mich in der Luft hin und her. Mein Kopf schlug dabei immer wieder auf den Boden. Sie hatte mich trotz meiner 100 kg angehoben und schüttelte mich so, wie ein Foxterrier eine Ratte beutelt. Glücklicherweise war ich gut angezogen. Meine Beine steckten in hohen, schweren Lederstiefeln, an denen man noch immer die Zeichen der Bärenzähne sehen kann. Ich hatte einen dicken Pullover und einen Forstoverall an. Auch das war sehr hilfreich."

Der Mann hörte damit auf, sich zu bewegen. Als sein Körper regungslos war, ließ die Bärin ihn umgehend fallen. Sie beschnupperte ihn kurz und wanderte nach kurzer Zeit wieder davon, um zusammen mit dem Jungen tief in den Wald hinein zu verschwinden.

Der schwer verletzte Mann hatte sehr große Angst, dass die Bärenfamilie eventuell zurückkommen könnte. Aufgrund seines gebrochenen linken Beines konnte er nicht weiter nach oben steigen, wo er wahrscheinlich schneller wieder seinen Kollegen getroffen hätte. Mithilfe von Zweigen, die er als Krücken gebrauchte, versuchte er den Abstieg. Langsam wurden die Schmerzen im Bein größer, bis er schlussendlich nicht mehr weitergehen konnte. Er setzte sich auf einen umgefallenen Baumstamm, rief nach Hilfe und wartete. Sein Kollege hatte zwar bereits Hilfe alarmiert und suchte bereits in Begleitung von vier weiteren Männern nach ihm, nur leider an weit entfernter Stelle.

„Als es zu dämmern begann, überlegte ich mir, wie ich die Nacht verbringen sollte. Ich kannte einen Heustand, der etwas weiter im Tal stehen musste. Da ich nicht mehr gehen konnte, versuchte ich auf dem Hinterteil weiter nach unten zu rutschen, wobei ich mich mit dem unverletzten Bein anschubste. Leider musste ich nach 200 m aufgeben, da ich keine Kraft mehr hatte. Ich saß unter einem Baum und döste nur vor mich hin. Vor lauter Schock konnte ich nicht schlafen." Mittlerweile suchten bereits 44 Förster und Polizisten nach dem verschollenen Mann. Um etwa 22 Uhr nachts war einer der Polizisten in die Nähe des Verletzten gekommen, der das Licht der Taschenlampe wahrnahm, daraufhin laut um Hilfe schrie und im Endeffekt gerettet werden konnte.

Anmerkung: Der Mann war leise seiner Arbeit nachgegangen und den Abhang hinaufgestiegen, wobei er eine Bärenfamilie überrascht hatte. In diesem kritischen Fall schrie er die bereits irritierte Bärin an, wobei er sie zusätzlich provoziert haben muss. Niemand kann sagen, ob in dieser Situation ein Angriff wirklich abzuwehren gewesen wäre. Oft empfehlen langjährige Bärenforscher ein langsames Zurückweichen, bei welchem man leise und sanft sprechen sollte. Damit hätte die Schwere des Angriffes vielleicht gemildert werden können.

Bärenmutter mit Anhang an frischer Beute

Datum:	16. Oktober 1966
Gebiet:	ruhige Weide auf einer Anhöhe hinter dem Dorf
Zeit:	Sonntagvormittag, nach der Morgenmesse
Involvierte Person:	Pferdekutscher und Rinderbesitzer

Der involvierte Mann wollte nach der Überprüfung seiner Rinderherde im anschließenden jungen und dichten Wald einige Pferderuten schneiden: „Ich betrat den Wald und wurde unerwartet und ohne Vorwarnung von einem Bärenweibchen angegriffen, die mich am Hals packte. Sie zog mich unter ihren Körper und brach mir sofort den Daumen. Genau an dieser Stelle fraß sie zusammen mit einem Jungtier an einer toten Rothirschkuh, was ich nicht gewusst habe. Beim Hinfallen bekam ich es nicht mit der Angst zu tun, sondern wurde auf einmal sehr wütend. Ich war bis dato sehr gesund gewesen und hatte im Wald niemals Angst gehabt. Deshalb stand ich auf, schrie sie lauthals an und schlug mit den frisch geschnittenen Zweigen auf sie ein. Das war natürlich ein grober Fehler. Falscher hätte man nicht mehr reagieren können. Sie stieß mich wieder zu Boden und verpasste mir mit ihren Vorderpfoten zwei Schläge auf den Kopf. Dann kehrte sie zu dem Kadaver zurück und fraß weiter an dem Fleisch, ohne mich nochmals zu betrachten. Allerdings registrierte sie sofort meine Bewegung, als ich den Versuch wagte, aufzustehen. Daraufhin wurde sie erneut sehr wütend, packte mich und warf mich auf die Buchen zu, wobei ich mir bei dem Aufprall das Bein brach. Dann wanderte sie mit ihrem Jungen langsam von dannen und ich schrie nach Hilfe.

Ich hatte nur einen Gedanken: Raus auf das Feld. Also packte ich zwei Stämme als Krücken und versuchte, das Gebiet zu verlassen, was mir aufgrund der Schmerzen aber nicht gelang. Dann entschied ich mich zu robben. Insgesamt 2 km musste ich robben. Als mich zuhause meine Schwester fand, dachte sie im ersten Moment, dass ich mit sehr aggressiven Wilderern gekämpft hatte, die mich so übel zugerichtet hatten.

Mehrere Operationen waren nötig, welche verhinderten, dass mein Bein amputiert werden musste. Auch meine Hand, einige Halswirbel und Teile des Gesichtes waren beschädigt worden, weshalb ich insgesamt 10 Wochen im Krankenhaus bleiben musste. Leider konnte das Bein niemals ganz wiederhergestellt werden. Es ist bis heute verkrüppelt.“

Anmerkung des Autors F. Bevilaqa, der diesen Fall dokumentiert hat: In diesem Falle haben wir es mit zwei Faktoren zu tun, Beute plus Kind. Bären wollen den Menschen nicht töten, sondern oft hinsichtlich einer bestehenden Konkurrenz unschädlich machen. Der Fehler des Mannes war hierbei, dass er eine Bärin angegriffen hatte, die nicht nur ein

Junges, sondern zudem frische Beute hatte. Wahrscheinlich wären die Verletzungen milder gewesen, wenn er ruhig abgewartet hätte.

Spurensuche einer sehr tragischen Bär-Mensch-Begegnung
(in Anlehnung eines Zeitungsartikels)

Datum:	11. März 1998
Lokalität:	Winterquartier der Bären, Felsengegend
Zeit:	früher Morgen
Involvierte Person:	Róbert S. (auf der illegalen Suche nach Hirschgeweihen)

Drei Förster stießen in einem Seitental auf einen blutigen Rucksack, einen Wanderstock und blutige Kleidungsfetzen. Mithilfe der Menschenspuren im Schnee versuchten die Männer, die Geschichte zu rekonstruieren. „Nach 2 km fanden wir eine Stelle, an welcher sich offensichtlich ein Mensch und ein Bär begegnet sein mussten. Das Terrain war rau, steil, felsig und mit Steinen übersäht. Die Spuren führten über eine Lichtung hinweg und direkt auf eine Bärenhöhle zu, welche unter dem Wurzelwerk einer Tanne angelegt war. Offensichtlich muss der Mensch viel zu nahe an der Höhle vorbeigewandert sein. Anhand der Spuren im Schnee war klar, dass sich in diesem Unterschlupf ein Bärenweibchen mit zwei neugeborenen Jungen befunden haben musste. Sie musste den Menschen gewittert, als Gefahr eingestuft und demzufolge angegriffen haben. Er rannte ca. 20 m weg, aber sie erreichte ihn, was zu einer Art Ringkampf geführt hatte. Wir fanden Teile des Oberkiefers (Weichteil), Zähne und erneut Kleidungsfetzen. Der involvierte Mensch war anhand der Spuren irgendwann alleine, ging etwas weiter weg und robbte dann offensichtlich nur noch im Schnee. Es war klar ersichtlich, dass er dort niemals hätte hingehen dürfen, fast hätte er bereits in die Höhle hineingeschaut. Vielleicht hatte er ebenfalls nach Geweihen gesucht, was jedoch auch illegal ist. Er musste viel Blut und Kraft verloren haben, bis er die Straße erreicht hatte. In diesem Falle kann man der Bärin keine Schuld geben, da sie nur sich und vor allen Dingen ihren Nachwuchs verteidigt hat."

Um 14:15 Uhr wird das Opfer in einem sehr bedenklichen Zustand von den Männern am Straßenrand gefunden, die sofort die Ambulanz rufen. Ein Operationsteam mit Spezialisten rettete den Mann. Das Gesicht war lange Zeit noch sehr aufgeschwollen. An der linken Hüfte musste er operiert werden, da diese starke Biss- und Kratzwunden aufwies. Anfangs konnte er sich nur schriflich verständlich machen, da er unfähig war zu sprechen. Er lag bereits am Bauch, als das Weibchen ihn angriff. Aber sie drehte ihn um, biss ihn in die linke Hüfte und schüttelte ihn abschließend. Später haben sie sich beide gerollt, abwärts über die Steine. Als er bewegungslos war, ließ sie ihn sofort in Ruhe. Ein Arzt des Operationsteams meinte, dass die Verletzung im Gesicht ähnlich gewesen wäre wie nach einem Streifschuss.

Interview mit dem Opfer, nur 35 Tage später:
Es war ein sehr schöner, sonniger früher Nachmittag und ich wanderte alleine hoch ins Gebirge hinauf. Langsam und Schritt für Schritt wanderte ich am Abhang entlang und erreichte fast den Grat. Es war ein abgelegenes Felsengebiet mit noch wenig Schnee. Allerdings überprüfte ich meine Umgebung nicht. Plötzlich hörte ich ein seltsames Geräusch und brechende Äste. Jetzt erst blickte ich auf den Boden über mir und sah wenige Meter entfernt ein Bärenweibchen, das direkt auf mich zurannte. Das einzige, was mir blieb, war umzudrehen und in vollem Tempo bergab zu laufen. Aber zu diesem Zeitpunkt waren meine Nerven bereits am Ende und ich schlitterte und fiel. Ich

erinnere mich nur, dass ich mich auf dem Bauch befand und bewegungslos blieb. Dann kam sie an.

Ich weiß nicht mehr, ob sie in meine linke Hüfte biss oder nur mit den Pranken darauf schlug. Dann rollten wir bergab. Sie tobte und war rasend. Und dann biss sie mich ins Gesicht und den Mund. Als ich mein Gesicht fast weggedreht hatte, gab sie mir einen Schlag auf die Stirn. Dann lag ich und wartete. Sie ging weg, weit weg.

Plötzlich war im Wald eine Grabesstille. Nur mein Herz hörte ich schlagen und dazu leichtes Blätterrascheln. Mit Schwierigkeiten rappelte ich mich auf. Ich hatte schreckliche Schmerzen in der linken Hüfte. Das Blut rannte mir das Gesicht herunter und ich fühlte, dass mir die oberen Zähne fehlten. Mit unglaublichem Schmerz schob ich mit der Zunge die Unterzähne hervor, die völlig in meinen Mund hineingeschlagen worden waren. Ich wollte weg, ging ein wenig und später krabbelte ich dann mehr als 2 km. Als ich abwärts vom Forstweg auf die Asphaltstraße kam, schwanden mir die Kräfte. Wenn es nötig gewesen wäre, nochmals auch nur 100 m weit zu wandern, hätte ich es nicht gekonnt. Es war Glück, dass ich das Gebiet kannte und die Bushaltestelle erreichte. Und dann fanden mich die Männer.

Róbert S. benötigte einige plastische Operationen, die sich lange Zeit hinzogen. Unter anderem benötigte er einen neuen Oberkiefer. Dennoch will er wieder in den Wald gehen, jedoch nur noch in den unteren Höhenlagen. Das rothaarige Weibchen wurde kurze Zeit später erschossen. Sie hatte drei kleine Nachkommen, wog 120 kg und war 12 Jahre alt.

Anmerkung und Erklärung, warum dieser dramatische Fall zustande kam: Leider war der leise wandernde Mann unbeabsichtigt in die Nähe der Bärenhöhle mit den neu geborenen Jungen gekommen, die von der Mutterbärin sowohl für sich als auch für ihren Nachwuchs als so lebensgefährlich eingeschätzt wurde, dass ihre Reaktion in dieser vehementen Attacke endete.

Das Sammeln von Geweihen ist ohnehin illegal und zudem oft mit dem Risiko verbunden, bei der leisen Suche auf Bären zu treffen. Sämtliche Wanderer sollten gerade zu Beginn des Frühjahrs beim Betreten von felsenreichen Gebieten sehr vorsichtig sein und deshalb diese Gegenden lieber meiden. Die Chance, dort einen Bären anzutreffen, möglicherweise mit Anhang, ist eine bestehende, jedoch oft vermeidbare Gefahr.

Ein Jagdzwischenfall

Datum:	24. September 2006
Lokalität:	tief im Wald auf einem Forstweg
Zeit:	zwischen 19:30 und 20:00 Uhr abends
Involvierte Person:	Jagdgast

Der genannte Jagdgast pirschte mit weiteren Kollegen und einem ansässigen Förster leise im Wald, um einen Hirschen zu schießen. Darum imitierte einer der Männer die Brunftrufe der Tiere. Plötzlich hörte die Gruppe 18 bis 20 m von ihnen auf der linken Seite entfernt ein verdächtiges Rascheln. Nur kurz darauf trat aus dem Wald eine Bärenmutter mit zwei Jungtieren, welche sich direkt auf die Menschen zubewegten. Der Jagdgast hielt das kleinere Junge im ersten Moment für einen Frischling und wollte bereits schießen, als der Förster anfing, die Bärenfamilie laut anzuschreien. Die Bärin reagierte darauf sofort und wie durch einen Triggermechanismus ausgelöst, schoss sie umgehend auf die Truppe zu. Da sie keine Anstalten machte, anzuhalten und bereits auf 8 bis 10 m nahe war, gab der Jagdgast zur

Selbstverteidigung einen Schuss ab, der sie in den Kopf traf. Nach genauer Untersuchung der Umstände kam es zu keiner Anklage des Mannes, da der Schuss aus Verteidigung abgegeben worden war. Das Weibchen wog 148 kg und war ca. 15 Jahre alt.

Brunftrufe als Anlockung? Interessant ist an dieser Stelle das imitierte Hirschbrunftgebrüll, das nach Meinung von Jägern nicht nur die Hirsche, sondern eventuell auch Bären anlocken soll. Brunftzeit ist für Hirsche mit erheblichem Stress verbunden. Die Paarungszeit des Rotwildes ist von Ende August bis Ende September, maximal bis Anfang Oktober. In dieser Zeit versuchen die Männchen, eine Gruppe Weibchen um sich zu scharen, die sie dann aktiv gegen sämtliche andere Männchen verteidigen. Ein Haremsinhaber ist ein so genannter Platzhirsch und die einsamen Konkurrenten nennt man Beihirsche. Beihirsche versuchen stetig, dem Platzhirschen die Weibchen abzuluchsen, um sich ebenfalls verpaaren zu können. Durch die lauten Rufe versuchen sämtliche Männchen, die Hirschweibchen auf sich aufmerksam zu machen und somit anzulocken bzw. ihr Revier abzustecken. Sowohl Platz- als auch Beihirschen stehen in dieser Zeit unter großem Druck, da die Paarung sämtliche andere Aktivitäten beherrscht. Sie fressen kaum und sind in ständiger Bewegung.

Platzhirschen verpaaren sich sehr häufig und müssen zusätzlich ihren Harem gegen mehr oder weniger vehemente Konkurrenten verteidigen. Rotwildmännchen verlieren in dieser Zeit bis zu 30 kg an Gewicht und sind stark geschwächt und generell nur mit der Paarung beschäftigt. Zur Anlockung der Hirsche imitieren deshalb Jäger dieses Brunftgebrüll, wobei sie immer wieder mit Bären zusammenstoßen. Ein geschwächter Hirsch, zudem wenig aufmerksam und nur auf Weibchen bedacht, wäre im Prinzip eine sehr leichte Beute für den Bären.

Jagdunfälle

Silvesterdrückjagd
(nach L. Kunc)

Datum:	30. Dezember 1972
Gebiet:	mitten im Wald
Zeit:	Nachmittag
Involvierte Person:	Jäger am Stand (hier in der Ich-Form)

Ich war einer der wartenden Schützen und wollte meinen Stand verlassen, um zur nahen Jagdhütte aufzubrechen, wo es heißen Tee gab. Plötzlich hörte ich einen Schuss, hielt an und lauschte. Ich bewegte mich vom Pfad weg, wo ich meinen Rucksack stehen ließ, auf die nahen Buchen zu. Ich hörte leises Brechen der Äste und präparierte das Gewehr. Nur ein paar Rehe betraten den Waldrand. Es war kurz Stille, dann plötzlich ein lautes Hecheln. Da oft solche Geräusche von den Hunden produziert werden, dachte ich mir nichts dabei. Auch nicht dann, als das Hecheln näherkam. Ich guckte ein wenig auf die Seite und konnte meinen Augen kaum trauen, da neben mir, weniger als 10 m entfernt, ein riesiger Bär stand. So laut ich konnte, schrie ich, aber der Bär attackierte mich zeitgleich und schlug mich dabei so fest, dass ich sofort weit wegflog. Als ich aufprallte, fasste ich den Entschluss, auf den Bären zu schießen. Als ich mich dafür auf den Rücken umdrehte, war das Tier auf mir. Er schlug auf mich mit den Tatzen ein und biss mich sogar, als ich versuchte, seinen großen Kopf wegzuschlagen, aus welchem die Zunge weit heraushing. Ich erinnere mich nur, dass irgendetwas in meiner rechten Hand brach. Durch die herunterhängenden Äste wurde ich zusätzlich verwundet, was aber immer noch besser war als die Bärenhiebe. Ich schrie um Hilfe. All das passierte innerhalb von 8 Minuten, was ich deshalb so genau weiß, da ich vor der Attacke auf die Uhr geschaut hatte, die durch die aufprallenden Äste 8 Minuten später stehenblieb. Dann lief er weg. Obwohl ich jetzt das Gewehr in der Hand hatte, konnte ich nicht schießen. Er war ein sehr schöner Bär, der rasch flüchtete.

Ich torkelte auf die Hütte zu, aber nahm dabei nichts mehr wahr. Meine Freunde brachten mich ins Krankenhaus. Das Schlimmste war meine rechte Hand. An zwei Stellen war das Gelenk gebrochen, ich hatte Löcher durch die Handfläche, eine Fingerkuppe fehlte. Tiefe Wunden von den Krallen waren am Kopf sowie am Oberschenkel und unzählige kleinere Löcher und Kratzer an meinem restlichen Körper. Insgesamt war ich mehr als 4 Monate arbeitsunfähig, von denen ich 3 Monate im Krankenhaus lag.

Nach der Wildschweinjagd

Datum:	Herbst 1999
Lokalität:	Buchenwald
Zeit:	früher Abend, leichte Dämmerung
Involvierte Person:	Jäger M.

Nach einem anstrengenden Tag befand sich der besagte Mann, der zur Gesellschaft der Treiber gehört hatte, alleine auf dem Nachhauseweg, wobei er bergab durch den dichten Wald auf einer alten Fortstraße ins Dorf zurückwanderte. Auf halber Höhe des Abstieges nahm er zu seiner Rechten auf einmal einen sehr großen Bären wahr, der in einer Entfernung von ca. 12 m bergauf hinaufstieg. Der Bär wirkte im ersten Moment relativ uninteressiert, was den Jäger zu der Vermutung veranlasste, dass er und das Tier aneinander vorbeiziehen würden.

Als er den Bären passiert hatte und unbedarft weiter hinabstieg, hörte er plötzlich ein lautes und zweifelloses Brüllen und Schnauben. Er konnte sich kaum umdrehen, als der Bär ihm auch schon direkt ins Kreuz sprang. Durch die Wucht des Aufpralles fiel er bäuchlings auf den Boden, wobei er sein Gewehr zu allem Übel ungünstig unter sich begrub. Der Bär zögerte nicht lange und biss kräftig in seine Schulter hinein. Glücklicherweise war der Rucksack nach vorne gerutscht und bedeckte auf diese Weise den Hinterkopf und den Hals, was ein wichtiger Schutz gegen den aufgebrachten Bären war.

Das Tier brüllte kräftig und biss in das Rückgrat, wobei der Bär es mit seinem Fang umschloss. Der Mann blieb im ersten Moment bewegungslos, was allerdings nicht von Erfolg gekrönt war, da der Bär nicht von ihm abließ, sondern immer wieder heftig in Schulter und Rücken hineinbiss. Deshalb geriet er in Panik und versuchte, das Gewehr irgendwie unter seinem Körper herauszuziehen, was ihm irgendwann auch gelang. Er hielt den Lauf in Richtung des Bärenkörpers und drückte einfach mehrmals ab. Das Tier brüllte jetzt vor Schock und Schmerz und ließ rasch von seinem Opfer ab, um in den dichten Wald zu flüchten. M. hatte ihm im Endeffekt am Innenoberschenkel eine schwere Verletzung beigebracht, die den Bären aufgrund der Tiefe nicht weiter anstachelte, sondern zur Flucht animierte.

Der Mann selbst war schwer verwundet und konnte sich kaum bewegen. Wenige Minuten später hörte er sich unterhaltende Jagdkollegen, die ebenfalls auf dem Weg zurück ins Dorf waren. Er schaffte es noch, ihnen zuzurufen, dass sie sich vor einem angeschossenen und verletzten Bären in Acht nehmen sollten. Die anderen Männer begannen daraufhin, in den angrenzenden Wald einzutauchen, um nach dem verwundeten Bären zu suchen. Nach kurzer Zeit wurden sie fündig und erlösten das schwer verletzte Tier mit einem Schuss. Der Förster M. hatte ihm zweimal den linken Oberschenkel durchschossen, was er kaum überleben hätte können und somit langsam daran verendet wäre.

Obwohl der Mann stark in Mitleidenschaft gezogen war und einige Zeit stationär behandelt werden musste, hat er doch Glück gehabt. Für das Gebiss eines Bären wäre es ein Leichtes gewesen, die Wirbelsäule mit nur einem einzigen Biss zu zersplittern. Der Bär hätte den gefährlichen, menschlichen Eindringling innerhalb von Sekunden töten können, was nicht geschehen war. Umso erstaunlicher, da es sich um ein sehr aufgebrachtes Tier gehandelt hatte, dass eine direkte und unvermeidbare Angriffsbereitschaft signalisiert hatte.

Anmerkung: Wildschweindrückjagden in Bärengebieten sind eine sehr riskante Sache und es wäre somit eine Überlegung wert, ob man sie auch weiterhin in diesen Gebieten durchführen will oder besser auf die individuelle Jagd ausweicht.

Der Bär an der Beute

Dramatische Futterverteidigung	
Datum:	Juni 2006
Lokalität:	auf einer Lichtung im Wald/Wildfutterstelle
Zeit:	früher Abend, kurz vor der Dunkelheit
Involvierte Person:	Forstingenieur

Es war früher Abend, noch hell und der Mann selbst stand ca. 150 m vom Wald entfernt, als er auf einmal ein lautes Grummeln vernahm. Plötzlich erschien am Waldrand ein Bär, der zielgenau und in voller Geschwindigkeit auf ihn zu rannte. Der Mann überlegte nicht lange, da die Situation nicht nur sehr ungewöhnlich, sondern durchaus gefährlich erschien. Glücklicherweise hatte er einen geeigneten Baum in der Nähe, auf welchen er ca. 4 m über den Boden kletterte und in den Ästen ausharrte, was weiter geschehen würde.

Der Bär erreichte diesen Baum wenige Sekunden später und war sehr aufgebracht. Laut schnaubend und brüllend wanderte er um den Stamm herum und fixierte den oben sitzenden Menschen. Immer wieder scharrte er imponierend die Erde beiseite, welche in hohem Bogen um ihn herum wegspritzte. Zusätzlich stampfte er mit seinen Vorderpfoten auf. Ein ähnliches Verhalten zeigen Bären während einer so genannten Scheinattacke.

Nach etwa 10 Minuten des Warnens unternahm er größere Kreisbewegungen um den Baum herum, wobei er lauthals brüllte. Der Mann blieb oben.

In einem kleinen Schober, der als Vorratskammer für das Wildfutter diente, befanden sich an diesem Tage mehrere Säcke mit Mais. Zielstrebig wanderte der Bär auf den Schober zu, immer noch brüllend und mit gelegentlichen Blicken in Richtung besagtem Baum. Dann brach er rasch unter Zuhilfenahme beider Vorderpfoten die schwere Holztüre auf und zog einen der 50 kg schweren Maissäcke heraus. Diesen riss er auf und begann, dessen Inhalt hektisch kauend zu fressen. Immer wieder brüllte er und starrte in die Richtung „Mensch auf dem Baum". Als er ca. vier Fünftel des Inhaltes verspeist hatte, hielt er inne und fixierte erneut den Baum. Dann stapfte er zwar langsam, aber sehr bestimmt erneut darauf zu und wiederholte sein Warnritual am Boden, als er angekommen war: Brüllen, Scharren, Schnauben, Stampfen.

Etwas später kehrte er an den Futtersack zurück, welchen er packte und unter ständigem Brüllen tief in den Wald trug. Der Mann blieb erstmal auf dem Baum sitzen und getraute sich lange nicht, seinen geschützen Platz zu verlassen. Irgendwann in der Nacht schlich er langsam auf die Schutzhütte zu und versteckte sich dort, was eine gute Entscheidung gewesen war, da der Bär des Nachts immer wieder zurückkehrte.

Nahe des Waldrandes, nur ca. 7 m in den Wald hinein, fanden wir am nächsten Morgen eine tote, von uns besenderte Hirschkuh, die eindeutig von einem Bären erlegt worden war. Sie wies die typischen Bisswunden im Gesicht und die dazugehörigen Fraßspuren auf. Bären rollen die Haut an den Extremitäten ihrer Opfer herunter, ähnlich der Art und Weise, wie man eine Strumpfhose auszieht. Der Todeszeitpunkt konnte auf einen Tag vor der Attacke zurückdatiert werden. Offensichtlich war der Bär an dem Abend zurückgekehrt, um noch weiter von den Überresten der Hirschkuh zu fressen. Leider wurde der junge Mann vom Bären fälschlicherweise als Konkurrent bezüglich des hochattraktiven Fleisches eingeschätzt, so dass er sich vehement mit diesem Gegner auseinandersetzte. Das Alter der gerissenen Hirschkuh betrug stolze 16 Jahre, weshalb sie für den Bären leichter zu überwältigen war.

Die stillen Pilze- und Beerensammler

Angriff auf angereisten Pilzesammler

Datum:	9. August 2001
Lokalität:	hohes, schattiges Buschwerk am Waldrand
Zeit:	früher Nachmittag
Involvierte Person:	Mann aus Bratislava

Das an den Parkplatz anschließende Gebiet war eine ehemalige landwirtschaftliche Fläche, die seit einigen Jahren nicht mehr bewirtschaftet wurde. Da früher zum Schneiden der hohen Vegetation hauptsächlich Sensen eingesetzt wurden, konnte auch unebenes Terrain bewirtschaftet werden. Mit den heutigen modernen Maschinen sind derartige Flächen nicht mehr möglich zu bearbeiten, da das unebene Terrain den Geräten nicht zugänglich ist.

Bis 1970 gab es in diesem Gebiet keine ansässigen Bären und nur ganz selten konnte man von ihnen eine Spur finden. An diesem Platz wuchs so genannte niedere Vegetation, somit kleine Tannenbäume, Nusssträucher und dichtes Buschwerk, was die Sicht stark behinderte. Einer der Sammler ging genau auf diese Fläche zu, da in solchen Habitaten sehr viele Pilze zu finden sind. Als er am Rand des dichten Gebüsches angekommen war, schoss unvermittelt und ohne jegliche Vorwarnung ein Bär heraus. Er schlug dem Mann mit der Vorderpfote auf die rechte Gesichtshälfte, wodurch er ihm eine Kratzwunde beibrachte und das Ohr abriss, das nur noch am Ohrläppchen baumelte. Dann folgte ein Biss in die Schulter, wonach das Tier sofort wieder im Dickicht verschwand und weit weglief. Es gab keinen wirklichen Kampf und der Angriff dauerte nur wenige Sekunden, woraufhin das Tier sofort und überstürzt flüchtete.

Der Mann musste im Krankenhaus behandelt werden und einige Zeit stationär dort bleiben. Leider wurde durch den Schlag auf das Ohr auch das Innenohr verletzt, worauf zusätzlich eine Infektion dieses Ohrteils folgte. Demzufolge konnte der Mann trotz Behandlung auf dem rechten Ohr zeitlebens nichts mehr hören.

Pilzesammeln mit Folgen

Datum:	17. Juni 2007
Lokalität:	im Unterholz des Waldes
Zeit:	Nachmittag
Involvierte Person:	Frau zusammen mit ihrem Mann

Im Verlauf ihrer Pilzsuche drang ein Ehepaar in immer abgelegenere und schattigere Gebiete vor, wobei sie sich langsam voneinander entfernten, da jeder seinen eigenen Weg durch das dichte Unterholz absuchte. Sie waren dabei still, bewegten sich langsam und gaben somit keine Zeichen ihrer Anwesenheit. Auf einmal hörte die Frau ein Brummen, welches sie nicht wirklich einschätzen konnte, und sah sich plötzlich einem Bären gegenüber. Der Bär reagierte sofort und sprang auf die Frau zu. Diese warf sich, wie schon oft empfohlen und gelesen, auf den Bauch, mit gefalteten Händen im Nacken, um sich auf diese Weise totzustellen und die Aufmerksamkeit des Bären abzumildern. Der Bär versuchte jedoch, sie mit den Pfoten umzudrehen. Da der Schmerz dabei sehr groß war, begann sie laut nach ihrem Mann zu schreien, der sofort kam. Als er am Tatort angelangt war, zückte er ohne Nachzudenken sein Taschenmesser, welches er zum besseren und sauberen Abschneiden der Pilze eingesteckt hatte, und stach zweimal auf den Rücken des angreifenden Tieres ein. Dieses ließ daraufhin sofort von seinem Opfer ab und verschwand brüllend zurück ins schützende Unterholz. Die Frau hatte einige Schürfwunden an Nacken und Armrücken und stand unter Schock. Im nahen Krankenhaus wurden die Wunden versorgt, sie konnte jedoch umgehend danach wieder nach Hause gehen.

Ein Fall, der für Schlagzeilen sorgte

Datum:	8. August 2007
Lokalität:	touristisch aktive Region, am Waldrand
Zeit:	Nachmittag
Involvierte Person:	Pilzesammler Peter P.

Peter P. hörte bei seinem Sammeln ein seltsames Geräusch, was ihn im ersten Moment an ein Wildschwein denken ließ. Da auch diese Tierspezies recht ungemütlich werden kann, falls sie sich bedroht fühlen sollte, versteckte er sich zur Sicherheit hinter einem jungen und dünnen Buchenbaum. Unerwartet und ohne Vorwarnung schoss ein Bär aus dem Wald heraus, der sich umgehend im Bein des Mannes verbiss, um für kurze Zeit auch daran festzuhalten. Der Angegriffene konnte zwar die Größe nicht genau erkennen, jedoch meinte er später, dass es sich um ein jüngeres Tier gehandelt haben müsste. „Der Bär schoss wie ein Haarball aus dem dichten Unterholz heraus. Ich hatte keine Chance zu sehen, wie groß er war. Kurz darauf begann er damit, mein rechtes Bein zu schütteln. Ich hatte Angst, dass ich durch die Wucht des Aufpralles auf den Boden fallen könnte und fasste reflexartig mit einer Hand nach dem kleinen Baum, um nicht zu straucheln. Dann fasste ich mit der anderen, freien Hand seinen Unterkiefer und drückte ordentlich zu. Wir schrien uns beide an, er und ich. Offensichtlich muss ich ihn so erschreckt und ihm so weh getan haben, dass er mich umgehend losließ und in den Wald verschwand." Die Bisswunden des Mannes mussten zwar genäht werden, jedoch war ein stationärer Aufenthalt nicht nötig.

Anmerkung: Ein hoher Prozentsatz aller Übergriffe betrifft Pilze- oder Beerensammler, die sich im Wald nur erholen wollen. Leider dringen sie dabei oft zu tief in kühle und schattige

Gebiete vor, an denen oft Bären rasten. Somit entsteht hier eine ungewollte Konfrontation. Unterschätzt wird weiter die dichte, so genannte niedere Vegetation. Auch hier schlagen Bären oft ihren Tagesplatz auf oder flüchten vor den vielen Waldbesuchern dorthin. Sammler sollten vorsichtiger sein, sich bemerkbar machen und diese kritischen Plätze besser vermeiden.

Der Hund – nicht immer ein „Freund und Helfer“

Datum:	Spätsommer 2006
Lokaltät:	tief im Unterholz
Zeit:	Nachmittag
Involvierte Person:	Herr D. mit Hund

Herr D. brach frühmorgens zum Pilzesammeln auf, um den ganzen Tag dafür Zeit zu haben. Er nahm seinen kleinen Hund mit und gemeinsam drangen beide immer tiefer in den Wald vor. Herr und Hund gingen „verschiedenen“ Interessen nach, der Mensch dem Sammeln und der Hund dem Stöbern und Schnuppern.

Plötzlich hörte der Mann ein lautes Knacken von Ästen, was eindeutig nicht von seinem Vierbeiner kommen konnte. Dann sah er auf einmal seinen Hund aus dem Unterholz hervorschießen, dicht gefolgt von einem großen, erwachsenen und sehr stattlichen Bären. Alles ging sehr schnell, der Hund hatte sich bereits hinter dem Herrn versteckt, der Bär stand direkt vor dem ahnungslosen Pilzesammler und hatte auch nicht mit einer derartigen Begegnung gerechnet. Das Tier begann unverzüglich mit einer Attacke und holte mit der Vorderpfote aus. Herr D drehte sich im gleichen Moment um, direkt mit dem Rücken in Richtung Angreifer und bekam somit den Schlag rücklings ab, direkt auf Gesäßhöhe. Der Bär erwischte ihn an seiner linken Pobacke und schlug erneut zu. Dieses Mal traf er den Arm des Mannes. Als der Mann schrie, schaltete sich erneut der Hund wieder mit ein, als ob er begriffen hätte, dass sein Besitzer offenbar in große Schwierigkeiten geraten war. Er rannte hinter den pelzigen Angreifer her und biss den Bären in die Hinterfüße. Offensichtlich erschrak der Bär dadurch so stark, dass er sofort von Herrn D. abließ und schnell das Weite suchte, jetzt dicht gefolgt von dem andersartigen Vierbeiner.

Der Mann war schwer verletzt und konnte sich kaum mehr bewegen. Sein linker Arm war gebrochen und ein Stück seines linken Gesäßes fehlte. Also konnte er nichts anderes mehr machen, als an der gleichen Stelle zu warten. Der Vorsitzende des hiesigen Jagdclubs war an diesem Tag ebenfalls im Wald, um ein wenig sein Revier abzuschreiten. Als er das menschliche Weinen vernahm, konnte er den verletzten Mann inklusive unverletzten Hund sehr schnell ausfindig machen und ihn ins Krankenhaus transportieren. In mehreren Operationen konnte das fehlende Stück des Gesäßes wieder erfolgreich angenäht werden und Herr D. kann nach einem mehrwöchigen Krankenhausaufenthalt wieder ein ganz normales Leben führen.

Anmerkung: Obwohl solche Fälle nicht an der Tagesordung sind, können tätliche Übergriffe eines Bären auf einen Menschen auch durch den vierbeinigen Freund ausgelöst werden. Der Fall zeigt deutlich, dass ein streunender Hund im Bärengebiet auch zum Eigenschutz lieber an der Leine verbleiben sollte.

Übergriffe ohne eindeutig erklärbaren Grund

Ein „umzingelter“ Bär? (nach Ján Škoda)
Datum: 2002
Lokalität: im Wald auf einer Forststraße
Zeit: am frühen Vormittag
Involvierte Person: Forstarbeiter Herr J.

Insgesamt vier Leute zogen an diesem frühen Morgen in den Wald, um Brennholz zu schlagen. Um effektiver und schneller arbeiten zu können, trennten sie sich in zwei Gruppen aus jeweils zwei Arbeitern. Eine Gruppe arbeitete etwas höher am Hang, die andere etwa 50 m weiter unten. Die höher situierte Gruppe konnte den mittelgroßen Bären zuerst sehen, der sich am Hang bergab bewegte. Sobald der Bär die arbeitenden Menschen gesehen hatte, wich er etwas zur Seite und versuchte, sie somit zu umgehen. Jedoch marschierte er auf diese Weise unwissentlich direkt auf die entfernteren Kollegen zu. Einer der Männer der ersten Gruppe versuchte die zweite Gruppe zu warnen und rief ihnen lauthals zu, dass ein Bär käme.

Dieser hatte jedoch die anderen Arbeiter bereits erreicht, hielt eine Sekunde an und rannte dann an den Männern hastig vorbei, wobei er einem der beiden einen Prankenhieb mit der Vorderpfote verpasste. Herr J. wurde am Rücken getroffen, an welchem er 4 Wunden von den Krallen nach sich zog. Er musste im Krankenhaus behandelt werden, jedoch nicht stationär dort bleiben.

Beurteilung von Ján Škoda: Der Bär war offensichtlich erschreckt und durch die vielen Menschen um ihn herum verwirrt. Der ausgeführte Hieb wirkte wie ein Wegstoßen. Rasch und heftig führte er ihn im vollen Lauf an den beiden Menschen entlang im Vorbeigehen aus.

Rothirschjagd (nach F. Bevilaqua)
Datum: 7. Dezember 1986
Lokalität: im tiefen Wald, nahe eines Grates
Zeit: ca. 8 Uhr morgens
Involvierte Person: Mitglied der Jägergesellschaft

Zu viert brachen wir am frühen Morgen auf und wanderten leise auf einem Forstweg bergauf. Ich ging voran und sah kurze Zeit später eine kleine Gruppe von Rothirschweibchen. Darauf schlug ich vor, dass es das Beste sei, wenn wir uns in zwei Gruppen trennten. Wir gingen weiter auf der Straße entlang und die andere Gruppe schickte ich durch den Wald direkt hinauf auf den kleinen Grat, da ich dort von einem sehr häufig benutzten und traditionellen Wildwanderweg wusste. Ich vermutete, dass die Hirschkühe, wenn sie unsere Nähe wittern würden, langsam genau auf diesem Weg über den Gipfel hinweg versuchen würden, uns auszuweichen, wo dann die anderen Kollegen bereits warten würden. Ich ging erneut weiter voran und kämpfte mich in einer Schneise nach oben. Dann blieb ich stehen, wischte mir den Schweiß von der Stirne, entfernte Schnee und nasses Buchenlaub von den Stiefeln und wartete ruhig. Ich ging davon aus, dass wir leise genug gewartet hatten, so dass das Wild langsam seine Wanderung zu den mir bekannten Tagesplätzen fortführen würde.

Es war kurz vor 8 Uhr morgens. Ich war kaum 5 Minuten dort, als ich plötzlich ein verdächtiges Rascheln hörte. Ich schaute mich um und erstarrte zu Eis, da hinter mir, nicht mehr als 5 Schritte entfernt, ein Bär stand. Heute weiß ich, dass es ein Weibchen gewesen war. Sie ging auf die Hinterfüße und begann zu brüllen. Sofort begann ich zu laufen und schrie zu meinem Freund hinüber. Ich konnte nicht mal zwei Schritte machen, als sie mich schon unter dem linken Knie packte und mir dabei fast die Wade abgerissen hätte. Ich fiel die tiefe Schneise etwas herunter, aber der Bär sprang mir auf den Rücken und brach mir dabei eine Rippe. Zusammen rutschten wir den Hang hinab, sie auf mir und ich darunter. Erfolglos versuchte ich zu schreien, aber meine Kehle konnte keinen Laut produzieren. Das Weibchen dagegen hatte eine gute Stimme und brüllte die ganze Zeit wie am Spieß. Ich hielt mein Gewehr in der linken Hand und wie beabsichtigt lag ich auf dem Bauch, so dass ich wenigstens mein Gesicht und den Bauch schützen konnte.

Dann kam das Schlimmste, was sogar jetzt noch schwierig für mich ist, in Worte zu fassen. Das Weibchen packte mit den Krallen mein linkes Knie und wie ein Spielzeug drehte sie mich mit dem Gesicht nach oben um und stieg dann mit den Vorderpfoten auf meine Brust. Sie schaute mir direkt in die Augen und brüllte die ganze Zeit.

Ich dachte, dass jetzt meine letzte Stunde geschlagen hatte. Verzweiflung und Hoffnungslosigkeit verliehen mir eine letzte Kraft und ich schlug ihr das Gewehr ein Stück in den offenen Mund. Meine Hand zahlte den Tribut dafür, aber es half. Sie ließ den Druck auf meine Brust nach, aber von dem Punkt an wurde ich ohnmächtig.

Ich kam erst wieder zu mir, als um mich herum die anderen standen. Zu dem Zeitpunkt realisierte ich bereits, dass mein Freund mich gerettet hatte. Ich wurde ins Krankenhaus gebracht, wo ich behandelt wurde. Ich weiß nicht, warum das Weibchen aufgebracht war. Am 20. Juni 1983, als ich einen Rehbock jagte, hatte ich eine unangenehme Begegnung mit einem Bären und es war nur kurz davor, dass ich schießen hätte müssen, aber der Bär verließ den Schauplatz damals ganz ruhig. Ich habe viele Bären gesehen, aber so ein Gigant, der zudem mit mir gerungen hatte, war nicht darunter. Vielleicht habe ich das Schicksal herausgefordert, da ich am Tag davor in der Hütte meinte, dass ich dieses Jahr noch keine Bären gesehen hatte.

Die große Graue

Datum:	März 2007
Lokalität:	im Wald
Zeit:	nachmittags, ca. 14 Uhr
Involvierte Personen:	zwei Waldarbeiter

Die beiden Waldarbeiter zogen frühmorgens, ausgerüstet mit Motorsägen und nur einem kleinen Brotzeitpaket, in den Wald hinein, um der schweren und anstrengenden Tätigkeit des Zerkleinerns der bereits am Vortag gefällten Bäume nachzugehen. Die Motorsägen waren sehr laut und durchbrachen auf diese Art und Weise die Stille und Friedlichkeit des Waldes. Mucksmäuschenstill war es, wenn die beiden ihre Sägen für eine Weile ausschalteten. Um 14 Uhr entdeckte einer der beiden Waldarbeiter plötzlich am nahe gelegenen Waldrand einen Bären, der zielstrebig auf ihn zusteuerte. Im Licht der einfallenden Sonnenstrahlen war es ihm auch schlagartig bewusst, um wen es sich hierbei handelte, das silbrig-glänzende Fell hatte sie verraten, die große Graue. Dieses Weibchen war in Försterkreisen bereits bekannt. Zweimal in den vergangenen Jahren war sie in der Nähe eines großen Müllcontainers, der sich zwar am Waldrand, aber durchaus noch in unmittelbarer Nähe des Dorfes befand, gesehen worden. Sie war dabei niemals auffällig gewesen und zog sich umgehend zurück, weshalb man bisher nicht reagiert hatte. Beim Weggehen damals konnte man eindeutig sehen, dass sie an den Hinterläufen eine alte Verletzung hatte, die sie immer noch ein bissschen hinken ließ. Den Vermutungen nach war sie in der Vergangenheit, beabsichtigt oder unbeabsichtigt, angeschossen worden und hatte sich retten können.

Die Bärin kam immer näher, obwohl die Motorsäge laut in den Armen des Mannes donnerte und er sie mittlerweile schützend vor seinen Körper hielt. Mit voller Wucht biss sie sich in seinem rechten, kräftigen Oberschenkel fest, woraufhin der Mann vor Schreck und Schmerz die krachende Säge fallen ließ, die daraufhin verstummte. Daraufhin erhob sie sich wieder und begann, mit ihren Vorderpfoten den hilflosen Arbeiter direkt von Angesicht zu Angesicht zu attackieren. Ihm blieb nur noch der Versuch, mit seinen Armen sein schutzloses Gesicht zu bedecken, um zumindest die Augen zu retten. Der Mann trat nach der Bärin, was sie noch mehr anstachelte, und schrie laut nach seinem Kollegen. Der Kollege vernahm die Schreie trotz des Krachens und Splittterns des Holzschneidens. Rasch rannte er die wenigen Meter, die ihn von dem anderen trennten, und erkannte sofort die Gefahr der Situation.

Kaum hatte die Bärin Arbeiter Nummer 2 entdeckt, ließ sie von ihrem ersten Opfer ab und versuchte, auch diesen in direktem Lauf zu attackieren. Aber der zweite Arbeiter war etwas besser vorbereitet gewesen und konnte sich selber leichter auf den Angriff einstellen. Mit beiden zitternden Händen hielt er ihr die ratternde Motorsäge direkt ins Gesicht, als sie kurz vor ihm Halt machte. Das war offensichtlich auch für diese Bärin zu viel, die sich kurzerhand entschied, nun doch das Weite zu suchen. Zur Sicherheit ging der zweite Mann den gesamten Waldrand mit laufendem Motor nochmals und mehrmals ab, um sicherzugehen, dass er das Tier auch wirklich und vollends verscheucht hatte. Die Luft schien rein und wurde still, als er die Säge endgültig ausschaltete.

Einige Wochen Krankenhausaufenthalt waren nötig, um mithilfe von Hauttransplantationen die Funktionalität des verwundeten Beines zu erhalten. Nach zusätzlichen Wochen der Arbeitsunfähigkeit konnte der Arbeiter im Endeffekt wieder ohne Einschränkungen seiner Tätigkeit nachgehen.

Rückschluss: Es ist sehr ungewöhnlich, dass ein Bär, der sich im Allgemeinen lieber aus der Nähe von Menschen zurückzieht, wie hier in diesem Fall eine so direkte und unerbitterliche Attacke startet. Alleine durch die stundenlange Waldarbeit hätte das Tier schon auf die menschliche Präsenz aufmerksam gemacht worden sein müssen. Der zuständige Förster beantragte die Abschussgenehmigung für diese Bärin. Sie war zwar bis jetzt trotz der Besuche an der Mülltonne nicht direkt auffällig gewesen, aber der vorliegende Fall änderte die Sichtweise des Vorsitzenden. Allerdings wurde der Antrag abgewiesen, als klar wurde, dass die Bärin in diesem Jahr drei Jungtiere hatte. Eine führende Mutter darf nur im äußersten Notfall geschossen werden. Die Entscheidung konnte nicht von allen Beteiligten nachvollzogen werden, was auch verständlich ist.

Weiterer Übergriff auf einen Forstangestellten

Datum:	Sommer 2006
Lokalität:	im Wald auf einer Forststraße
Zeit:	früher Morgen
Involvierte Person:	Forstangestellter

Auch dieser Fall spiegelt die seltene Ausnahmesituation wider, dass auch ein Bär ohne jegliche Provokation angreifen kann. Der Mann war in Begleitung von mehreren Forstarbeiterinnen zusammen im Wald auf einem Forstweg unterwegs. Er sollte die Frauen an ihre Arbeitsplätze führen und ihnen dort die nötigen Anweisungen geben. Der Mann ging voraus und hinter ihm marschierte die Frauengruppe, die sich untereinander unterhielten, demzufolge laut waren. Plötzlich schoss ein Bär aus dem dichten Unterholz heraus und attackierte den vorangehenden Mann. Er schlug auf ihn ein und versuchte, ihn zu beißen. Alles ging sehr schnell, weshalb keiner der Anwesenden wirklich reagieren konnte. Dann ließ der Bär plötzlich von seinem Opfer ab und flüchtete zurück in den Wald. Leider war der Mann stark verletzt worden und musste viele Wochen lang im Krankenhaus bleiben. Aufgrund der Bisse im Gesicht waren plastische Operationen mit Hauttransplantationen notwendig, um es wiederherzustellen. Ein Auge jedoch konnte nicht mehr gerettet werden.

Beurteilung: Insbesondere die letzten beiden Fälle sind sehr ungewöhnlich und lassen sich nur schwer erklären. In beiden Fällen waren die Menschen laut und somit für den Bären zu orten. In beiden Fällen waren Forstarbeiter betroffen, die sich tief im Wald befanden, wo sich normalerweise nicht viele Menschen aufhalten. Leider wurden keine Untersuchungen an Ort und Stelle durchgeführt, um die eventuellen Gründe zu ermitteln. Eine solche Untersuchung muss immer sofort erfolgen und sollte eigentlich auch immer durchgeführt werden. Nur so können die Gründe für Übergriffe besser verstanden werden. Das gibt dem Menschen bessere Möglichkeiten in die Hand, das Risiko zu vermindern.

Auslöser Handy?

Datum:	Spätsommer 2007
Lokalität:	auf einer Forststraße im Wald
Zeit:	abends gegen 21 Uhr, bereits dunkel
Involvierte Person:	Jäger

Der Mann wollte an diesem Abend auf die Pirsch gehen und war alleine. Er stellte seinen Wagen am Rande der im Wald befindlichen Forststraße ab, stieg aus und wanderte einige Schritte. Plötzlich klingelte sein Telefon, da seine Frau anrief. Dennoch konnte er mit ihr nicht mehr sprechen, da wie auf den Klingelton ausgelöst, unvermittelt ein Bär aus dem Gebüsch auf ihn zusprang und ihn ohne Vorwarnung attackierte. Er verpasste dem Mann einen Prankenhieb, der ihn zu Boden schlug, aber verschwand umgehend wieder im Wald. Der Jäger musste im Krankenhaus behandelt werden, zog sich aber zum Glück keine dauerhaften Schäden zu.

Aus medizinischer Sicht

(Interview mit einem Arzt, der über 20 Jahre lang Leiter der Chirurgieabteilung eines slowakischen Krankenhauses war. Als leidenschaftlicher Arzt behandelte er auch nach seiner Pensionierung noch viele Menschen. Neben seinem Beruf war er passionierter Jäger.)

Während meiner 40-jährigen Zeit als Jäger habe ich oft Bären gesehen. Trotz einiger kritischer Situationen bin ich immer gut weggekommen. Ich kann sagen, dass Bärenübergriffe auf den Menschen nur unter seltenen Umständen passieren, dessen Bedingungen man zumindest im Ansatz wissen sollte, wenn man im Wald unterwegs ist. Allerdings ist das natürliche Verhalten oft unvorhersagbar. Als Chirurg habe ich es immer wieder mit Menschen zu tun gehabt, welche von Bären verletzt worden waren. Ich kann mich an viele der Fälle noch gut erinnern, da ich an solchen Begegnungen sehr interessiert war.

Die meisten Verletzungen waren oberflächlich, insgesamt 5-mal während dieser 20 Jahre hatte ich es mit schwerwiegenden Verletzungen zu tun, wobei die Betroffenen einige Zeit im Krankenhaus verbringen mussten. Brüche von Armen oder Beinen zogen sich die meisten Menschen eher bei ihrer überstürzten Flucht als durch die Attacke an sich zu. Die Verletzungen durch den Übergriff selbst waren meist Schnitt-, Kratz- und Biss- sowie Schlagwunden, die durch den Aufprall der Pfote zustande kamen. Die Wunden waren zwar oft nicht tief, aber die entsprechende Heilung war problematisch. Wundränder waren oft uneben und um sie herum bildete sich meist ein Bluterguss, wodurch sie nur langsam verheilten. Außerdem waren sie oft sehr schmutzig, weshalb es unerlässlich war, sie entsprechend und umgehend zu reinigen. Vor dem Vernähen mussten die Wundränder korrigiert und ausgeschnitten werden. Im Inneren verlegte ich dann eine Drainage, damit sämtliche Flüssigkeiten gut abfließen konnten. Des Weiteren durfte man niemals eine mehrmalige und umfassende Desinfektion unterschätzen. Es besteht immer eine hohe Infektionsgefahr, da Bären nicht nur im Maul, sondern auch an den Tatzen Essensreste haben, die sich mithilfe von Bakterien zersetzen. Außerdem findet sich dort häufig auch anderer Dreck sowie Holz und Schlamm. Alle Verwundeten wurden gegen Tetanus geimpft und einige zusätzlich gegen Tollwut. Manchmal konnten die entsprechenden Menschen ihrer Arbeit für eine gewisse Zeit nicht nachgehen, was aber oft durch ein Trauma begründet war. Die Schilderungen der Vorgänge waren immer sehr emotional, was uns einen Hinweis auf den Schock oder die starke nervliche Belastung während und nach der Attacke geben kann. Manchmal hinterlassen Bären richtige Fußabdrücke ihrer Tatzen, die entweder auf dem Gesicht oder auf dem Rücken platziert sind. Dennoch muss ich sagen, dass hierbei niemals ein Bär seine gesamte Kraft ausgenutzt haben kann, da es kaum Schwellungen gab. Einer meiner schlimmsten Fälle war, neben mehreren Löchern von Zähnen oder Krallen, die Muskulatur des Innenoberschenkels, welche vollständig zerrissen war.

Rückschluss auf die hier vorgestellten Fälle: Viele der hier vorgestellten Fälle geschahen unter ganz bestimmten Bedingungen. Oft handelte es sich um Jagdunfälle jeglicher Art, somit war die Gruppe der Jäger betroffen, was normale Bürger nicht direkt betrifft. In der Dämmerung im Wald herumzuschleichen oder leise zu wandern und zu warten, wird von Bären offenbar als bedrohlich empfunden, jedoch nicht von den klassichen Erhohlungssuchenden oder Freizeitsportlern im Wald betrieben. Ebenso sind die Wildschweinjagden ganz spezielle Fälle. Der Mensch ist jedoch bei sämtlichen Sammelaktivitäten mehr in der Verantwortung und kann bei Befolgung der gängigen Ratschläge sein eigenes Risiko bedeutend reduzieren. Die so genannten „Übergriffe ohne erkennbaren Grund“ zeigen die Notwendigkeit von mehr und umgehender Forschung. Bei zwei sehr schwerwiegenden Fällen waren Forstangestellte verletzt worden, die bei ihrer Arbeit Mittel zum Eigenschutz gestellt bekommen sollten (Pfefferspray etc). Die momentane Gesetzgebung in der Slowakei ist so paradox, dass Forstarbeiter bei einem Bärenübergriff nicht versichert sind, obwohl es sich hier um ein eindeutiges Berufsrisiko handelt. Gerade diese Menschen können den Wald „nicht umgehen“ und müssten besser geschützt werden.

Die Gesundheitskosten

Ohne den Posten der Gesundheitskosten zeigt es sich, dass sich der durch den Braunbären verursachte Schaden in relativ geringen Dimensionen bewegt. Seit einigen Jahren jedoch werden die verursachten Krankenkosten den Versicherungen von der Regierung zurückerstattet. Betrachtet man die Kosten, die für Versorgung und Heilung von verletzten Menschen anfallen, zeigen sich vor allen 2006 (und 2003) wesentlich höhere Zahlen.

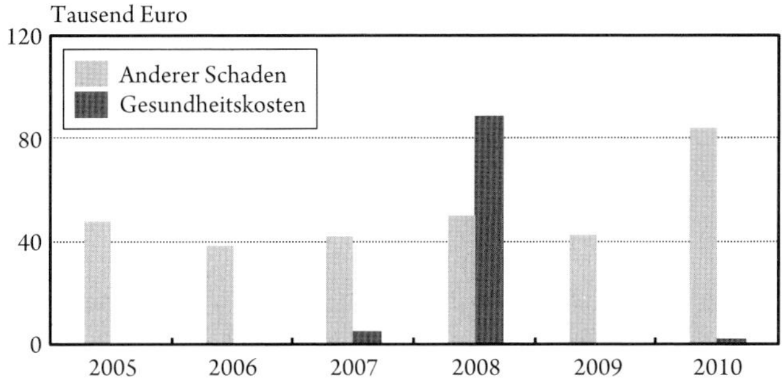

Sämtliche, von Bären verursachte Kosten. Anderer Schaden sind sämtliche Beschädigungen an menschlichen Besitztümern, das Zweite sind die Ausgaben für die Kompensation der den Krankenkassen entstehenden Kosten im Falle einer Attacke.

Jedoch können wir in vielen Fällen behaupten, dass die Bären bei einem Übergriff nicht ihre gesamte Kraft benutzen. Für dieses große Tier wäre es aufgrund seiner physischen Überlegenheit keine Schwierigkeit, einen Menschen wirklich zu töten. Die dramatischen Fälle aus den Vereinigten Staaten und leider auch vereinzelten Teilen Europas zeigen, dass es sich hierbei um Bären handelt, die sich zum einen von menschlichem Abfall ernährten oder zu sehr an den Menschen gewöhnt haben. Nach S. Herrero ändert sich in einem solchen Fall etwas Entscheidendes in dem Verhältnis Bär-Mensch, zumindest aus der Sichtweise des Tieres. In vielen sehr alten Dokumenten wird der Bär als ein friedfertiges Tier beschrieben, das sich offenbar durch die zunehmende menschliche Anwesenheit verändern kann oder aus der Defensive angreift.

Nochmal der Vergleich mit dem Wolf

Nimmt man den erst kürzlich in die Schadensstatistik mit einbezogenen Gesundheitsfaktor hinzu, überrundet der Bär das erste Mal im Jahre 2006 den Wolf. Obwohl der Wolf keine Gesundheitsschäden verursacht, wird er trotzdem mehr verfolgt als der Bär.

Die Fälle, in denen ein Wolf einen Menschen schwer verletzt hat, wurden gelegentlich untersucht und kamen ebenfalls unter bestimmten Bedingungen zustande. Oft sind es Kombinationen aus: keine Beute im Wald, Einzeltäter und Tollwutbefall. Wie sehr jedoch diese Fälle der Reputation des Wolfes selbst in der heutigen Zeit wirklich

Ein scheuer, stolzer Wolf aus dem Freiland, aufgenommen im Lauf in der Hohen Tatra. Viele Menschen könnten ihn sehr leicht mit einem Hund, dem besten Freund des Menschen, verwechseln. Foto: I. Godál

geschadet haben, lässt sich noch immer in der oft tief verwurzelten Antipathie erkennen, obwohl die Wälder heute überdurchschnittlich viele Beutetiere beheimaten, die Tollwut durch hinreichende Impfmaßnahmen fast vollständig verschwunden ist und diese Tiere durch den starken Bejagungsdruck sehr scheu geworden sind.

Eine Image-Frage: Ein weiterer Siegeszug des Bären ging mithilfe des Teddybären in den heimischen Kinder- und gelegentlich auch Wohnzimmern vonstatten. Der drollige Petz erfreut sich bei Jung und Alt gleichermaßen an Beliebtheit. Der Siegeszug des Wolfes in Form des besten Freundes des Menschen, des Hundes, blieb für diesen hingegen aus. Obwohl die soziale Lebensweise dem Menschen ähnlicher ist als die einzelgängerische des Bären, konnte er niemals einen solchen Beliebtheitsgrad erreichen. Später startete er in der unter Adolf Hitler eine ungewollt „politische Karriere", die dem Rudeltier erneut mehr geschadet als geholfen hat. Für beide Raubtierarten gilt, die wirklichen „Knackpunkte" der Koexistenz verstärkt und effektiver anzugehen, so dass beide Arten auch in Zukunft weiterleben können.

Weitere wichtige Beobachtungen in diesem Zusammenhang: Mithilfe der besenderten Bären konnte bereits jetzt gezeigt werden, dass Bären immer wieder die vom Menschen angebauten Feldfrüchte in Form von Mais, Hafer oder Weizen nutzen, was in vielen vergleichbaren Habitaten nicht anders ist. Des Weiteren war auffällig, dass die Bären sich

Exkurs: Ist die „überbevölkerte Bärenpopulation" der Auslöser für Angriffe?
Immer wieder wurde die Vermutung geäußert, dass der Grund für Übergriffe auf den Menschen eine Konsequenz der „hoffnungslos explodierten" Bärenzahl sei. Da bereits alle Plätze im Wald besetzt seien, hätten vor allen Dingen die neu dazukommenden Jungbären keinen Platz mehr und müssten ihr Leben am Waldrand fristen, wofür einige der dortigen negativen Begegnungen zwischen Mensch und Bär sprächen.

Das schwedische Wissenschaftsteam konnte in einer Studie zeigen, dass Jungbären abwandern, obwohl der entsprechende Wald beziehungsweise das Gebiet noch Platz böte, sozusagen noch nicht „mit Bären gesättigt" ist. Somit werden die halbstarken Bären, die noch auf der Suche nach ihrem eigenen Streifgebiet sind, nicht durch Platzmangel zum Abwandern veranlasst oder gezwungen. Irgendwer geht gelegentlich einfach weg, erkundet neues Gebiet und besetzt demzufolge an weit entfernter Stelle seinen Platz. Nur so konnte die schrittweise Zurückeroberung der Slowakei durch die wenigen Individuen nach 1932 vonstatten gehen, als noch keine „überpopulierende Bevölkerung" ansässig war.

Wichtig ist im Zusammenhang mit tätlichen Übergriffen auf den Menschen durch Bären nicht die absolute Bärenzahl, sondern ihr Verhalten. Fakt ist, dass viele Übergriffe vornehmlich in ausgesprochenen Pilzhabitaten sowie touristisch erschlossenen und bekannten Gebieten geschahen, die nicht nur deshalb von der einheimischen Bevölkerung, sondern darüber hinaus aufgrund ihrer Attraktivität von weit mehr Touristen aufgesucht werden. Somit herrscht ein hoher menschlicher Andrang im Wald, von dem wir nicht genau wissen, wie der Bär nun wirklich darauf reagiert. Sicherlich zieht er sich zurück, aber er könnte irgendwann in die Situation der „besetzten Fluchtmöglichkeiten" geraten. Leider treten außerdem in diesen Gebieten auch bärige Mülltonnenbesucher und habituierte Einzeltiere auf, die oft genug im Freiland verbleiben. In vielen Bergregionen, die nicht touristisch genutzt und demnach nur von einheimischen und zusätzlich nur wenigen auswertigen Besuchern aufgesucht werden, gab es vergleichsweise viel weniger bis gar keine Zwischenfälle.

nicht immer nach der Mahlzeit weit weg vom Feld und ganz tief im Wald verschanzen. Zumindest einige wandern nur einige wenige Kilometer weg ins nächstangrenzende Waldstück, um dort den Tag zu überdauern. Somit befinden sie sich gelegentlich an den Rändern der ausgedehnten Waldgebiete, was eher durch die Futterbeschaffung als durch Angst vor den zu vielen Artgenossen motiviert ist.

Die Grenzen des absoluten Schutzes: In vielen Teilen der Welt konnte bei absolut unter Schutz gestellten Raubtieren etwas ganz Unvorhersehbares beobachtet werden: Die Tiere verloren zu einem gewissen Grade die Scheu vor Menschen. Somit lernten sie, dass es nicht mehr nötig ist, sich vor dem Menschen zurückzuziehen, was gerade im Falle des Bären aber ein wichtiger Schlüsselfaktor einer erfolgreichen Koexistenz darstellt. Somit konnte behauptet werden, dass die nicht immer beliebte Jagd, falls es sich um eine stabile Population handelt, unerlässlich ist, um die beteiligten Tiere wild und scheu zu halten. Im Endeffekt könnten sich die Tiere zu sehr an den Menschen gewöhnen, würden alleine durch ihr Sichtbarsein Angst und Schrecken und zudem das Gefühl auslösen, dass es zu viele von ihnen geben würde. Als letzte Konsequenz steht an dieser Ereigniskette eine erhöhte Anzahl an negativen Zwischenfällen mit dem Menschen, vor dem man als Tier prinzipiell keine Angst mehr zu haben braucht. Schlussendlich wird die menschliche Bevölkerung übertriebene Abschusszahlen fordern.

Gerade die Bärenübergriffe stecken in ihrer Erforschung oft noch in den Kinderschuhen. Jeder Vorfall sollte umgehend analysiert werden. Nur so hat man auch eine reelle Chance, das schuldige Tier zu identifizieren.

Die Bärenjagd ist ein aktuelles Problem und wird von vielen Leuten nicht neutral betrachtet. Es wäre mehr Wissenschaft nötig, um einen guten Kompromiss zu finden. Eine derartig ungeklärte Situation führt zur Ausbildung extremer Fronten. Somit schwanken die „geforderten jährlichen Abschusszahlen“ je nach betrachteter Diskussionspartei zwischen den beiden absoluten Werten von 0 oder 200 bis 300 Bären. Eines ist jedoch sicher, Verhaltensstörungen auf Seiten der Bären kann man nicht durch einen generell erhöhten Abschuss regeln, der auf alle Tiere abzielt. Gezielte Entfernung habituierter oder problematischer Tiere sowie die Lösung des landesweiten Abfallproblems sind ein wichtiger Lösungsansatz.

Illegaler Abschuss ist kontraproduktiv und keine Lösung. Oft werden auch Tiere nur aufgrund ihrer Trophäe oder ihres Gewichtes geschossen. Es gibt bereits Überlegungen, dass auch unter den eigentlich solitären Bären eine Art von Hierarchie im Wald besteht, wenn auch sehr unterschwellig. Die so genannten starken Männchen (oft sehr schwere, alte und erfahrene Tiere) sollen demnach eine ansatzweise Stabilität im Wald erzeugen, die bei ihrem Entfernen zusammenbricht und Zu- sowie Abwanderungen zur Folge hat.

Ganzjährige Fütterungen für Fotografen ändern maßgeblich die Verhältnisse im Wald, da sie stärkere Tiere anlocken und die schwächeren Tiere darauf reagieren und gelegentlich in die Randgebiete mit mehr Menschen abwandern. Diese Praxis sollte absolut verboten werden.

Als letzter Punkt sei nur vermerkt, dass in anderen Ländern, wie der Schweiz oder der Tschechischen Republik, manchmal auch nur Einzeltiere ausgesprochen zerstörerisch und/oder gefährlich agierten, so dass man sie entfernen musste. Die Jagd an sich sollte in der Slowakei besser geregelt werden, wobei das Problem von Übergriffen oder Problembären einer anderen Lösung bedarf, wie etwa ein Notfallteam inklusive Forscher, Tierarzt und Jäger.

Die Rolle der Medien: Leider können wir behaupten, dass zumindest einige Medien an einer wirklichen Verbesserung der Situation oder Aufklärung der Bevölkerung nicht interessiert sind und jegliche Artikel diesbezüglich ablehnen. Somit liest man in verschiedenen Zeitungen auf tagelangen, mehrseitigen Artikeln über Übergriffe, jedoch kaum Konstruktives. Gerade zur Sammelzeit von Beeren und Pilzen sollte man den Leuten immer wieder vor Augen führen, wer noch im Wald lebt und mit wem man zusammenstoßen könnte. Manchmal vergessen Menschen diesen Umstand, sind allzu leise oder tappen unwirsch in kritische und oft auch geschützte Gebiete, die gar nicht erst betreten werden dürften.

Was kann der Mensch zur Vorsorge machen?

Viele Menschen fragen oft nach klaren Anweisungen, wie man sich im Falle einer Attacke richtig verhalten soll. Leider kann man derartig klare Verhaltenstipps und allgemeingültige Verhaltensregeln nicht geben, da der Ausgang einer Begegnung auch vom beteiligten Bären abhängt: Disposition des Charakters, langjährige Erfahrung sowie unmittelbare Vorgeschichte. Dennoch kann der Mensch in vielen Fällen kritische Situationen vermeiden, abmildern und somit den Ausgang einer eventuellen Bärenbegegnung positiv beeinflussen. An dieser Stelle werden Punkte aufgeführt, die oft in diesem Zusammenhang genannt werden:

Die kritische Fluchtdistanz

Diese Distanz könnte man auch als eine Persönlichkeitsdistanz umschreiben. Nachdem der Mensch in den „persönlichen Radius eines Bären" eingetreten ist, wird auf Seite des Tieres nicht die Flucht, sondern der klassische Angriff ausgelöst. Somit wäre man als Mensch auf der sicheren Seite, wenn man sich außerhalb dieses Radius aufhalten würde. In der Literatur findet man zwar unterschiedliche Angaben, jedoch wird meistens von 30 m gesprochen. Leider ist diese Zahl nicht ausnahmslos verlässlich, was sich deutlich in dem Angriff auf den Forstwissenschaftler Jozef B. zeigt. Der Bär war mindestens 150 m vom bedrohlichen Menschen entfernt. Auf der anderen Seite flüchten Bären beim Antreffen eines Menschen oft genug auch bei wesentlich kürzeren Begegnungsdistanzen, weshalb diese Fälle in keinen Statistiken verzeichnet sind. Der Rekord war hierbei ein etwa mittelgroßer Bär, der bei einer Treibjagd auf Wildschweine aus dem Gebüsch herauslief und somit einen Abstand vom stehenden Schützen von nur noch 30 cm hatte. Der Bär türmte daraufhin noch schneller, als er ohnehin schon vorher gelaufen war. Gelegentlich findet man Angaben von nur 7 bis 10 m, die als kritische Distanz bezeichnet werden. Solche Angaben muss man allerdings sicherlich als zu gering bewerten.

Ein Mensch sollte niemals versuchen, sich einem Bären zu nähern. Falls man den Bären im Wald trifft oder sieht, ist der wichtigste Grundsatz: Langsam weggehen.

Den Bären nicht reizen

In den meisten Fällen wurde es als hilfreich beschrieben, einen Bären in Aufregung nicht noch zusätzlich durch eigene Versuche, wie Schlagen oder Treten, weiter zu reizen. Dass Ausnahmen die Regel bestätigen, zeigt das Beispiel der Pilzattacke auf den Mann in der Hohen Tatra, der den Bären am Unterkiefer packte. In einem anderen Fall hatte Herr H. die Bärenmutter jedoch durch seinen selbst betitelten „Kampfschrei“ erst recht in ein erhöhtes Erregungslevel versetzt.

Generell kann man sagen, dass der Mensch bei einem tatsächlichen Zweikampf sämtlichen Bären unterlegen ist. Somit sind nur halbherzig ausgeführte Tritte kein wirksames Mittel und provozieren eine noch intensivere Herangehensweise des Bären. Die Fallbeschreibungen zeigen eines ganz klar: Menschen, die während eines Bärenübergriffs aufhören, sich zu bewegen, werden daraufhin für den Bären „ungefährlich“ und das Tier stellt seine aggressive Handlung ein.

Ein Mensch sollte NIEMALS eine führende Bärin reizen, was gerade dann passiert, wenn man sich irgendwie an den „ach so niedlichen Kleinen“ zu schaffen macht, wie z. B. auf die Jungtiere zugehen, die Hand nach ihnen ausstrecken oder gar die ohnehin schädlichen Fütterversuche, was von einer Bärin definitiv anders bewertet wird. Ein Waldbesucher von August 2003 kann das eindeutig bestätigen. Vor seinen Wagen sprang ein „niedliches“ Bärenjunge, wobei er anhielt, ausstieg und „liebevoll mit dem Kleinen“ zu sprechen begann. Nur im letzten Moment konnte er sich vor der furiosen Bärenmutter ins sichere Auto flüchten. Am Wagen zeigten sich jedoch die vehementen Abwehrversuche der Mutter in Form von Kratzern und einer eingedrückten Heckscheibe.

Die Flucht auf den Baum

Ist man in Bärenwäldern der Slowakei unterwegs, muss man leider bei genauerem Hinsehen feststellen, dass nicht allzu viele Bäume für einen Kletterfluchtversuch wirklich geeignet sind. Oft haben die Stämme erst ab einer Höhe von mehreren Metern über dem Boden die zum Aufsteigen nötigen Äste. Darunter wächst entweder gar nichts oder aber nur dünne Auswüchse. Oder aber die Bäume haben ein derartig dichtes und dünnes Astwerk, was ebenfalls ein erfolgreiches Hinaufklettern bedeutend erschwert, wenn nicht gar unmöglich macht. Einem wirklich für einen Angriff vorbereiteten Bären muss man sehr schnell „davonklettern“ und das auf eine Höhe von mindestens 5 m über dem Waldboden, ansonsten hat das aufgebrachte Tier immer noch gute Chancen, den Kletterer nicht nur zu erwischen, sondern gar gänzlich vom Baum herunterzuholen, wie es im Falle des Mannes, der Bären von einem Baum aus bei ihren Ausflügen auf ein Maisfeld beobachtete, anschaulich gezeigt wurde.

Umgebung beobachten und Ruhe bewahren

Ist man in einem Bärengebiet unterwegs, ist es oft schon vorbeugend, sich genau umzuschauen und gewisse Gebiete einfach nicht zu betreten. Falls man frische Bärenspuren (schlammiger Boden, Pfützen, auch Sand oder Schnee) findet, darf man nicht in dieselbe Richtung gehen. Trifft man denn nun trotz aller Vorsichtsmaßnahmen einen Bären, sollte

Wie kann man sich einen Bären noch vom Hals halten? Neben der wichtigen Habitat-Frage sollte der Mensch den im Wald befindlichen Bären eindeutige Zeichen seiner Präsenz im Wald geben. Kann der Bär uns Menschen früh genug orten, zieht er sich in sehr vielen Fällen zurück.

Dieser im Dickicht rastende Bär hat etwas gehört. Die Überprüfung wird ihm zeigen, ob er reagieren muss. Foto: V. Vician

Demzufolge sollte sich der Mensch auf verschiedene Weise akustisch bemerkbar machen, was der Bär dann hoffentlich auch hört. Hierzu sollte man im Wald nicht unnötig lärmen, da das einen geringen Prozentsatz der Bärenmütter unter Umständen auch provozieren kann. Jedoch helfen Sprechen, Reden, Singen, Husten, Pfeifen oder irgendwelches Klimpern. Das gilt insbesondere dann, wenn der Mensch alleine im Wald unterwegs ist. Somit ist der bisweilen belächelte Tipp, einen klirrenden Schlüsselbund oder ein Glöckchen mitzuführen, im Bärenwald von essentieller Bedeutung. Der Bärenbiologe S. Herrero, der in den Vereinigten Staaten eine umfassende Untersuchung von Bärenübergriffen durchführt hatte, beschrieb das sehr klar: „Singen Sie im Wald oder pfeifen Sie, auch wenn Sie alleine sind. Haben Sie keine Begleiter, dann halten Sie mit sich Selbstgespräche. Auch wenn ihre Freunde oder Bekannte Sie für verrückt halten, im Endeffekt hätten Sie das Nachsehen bei einem Übergriff. Ich verhalte mich immer so und komme auf diese Weise meist mit keinem Bären zusammen."

Gerade die schweigenden Sammler könnten sich selbst durch diese Vorsichtsmaßnahme besser schützen. Oft ist diese Gruppe besonders leise, da sie intensiv mit ihrer Tätigkeit beschäftigt ist und oft auch zum Genießen der Ruhe in den Wald kommt. Wie L. Kunc richtig bemerkte: „Man muss sich im Bärenwald bemerkbar machen. Auch wenn das für diese Leute, die gerade die Ruhe suchen, sehr schwer verständlich ist. Etwas anderes kann man ihnen aber nicht sagen."

Eine besondere Berufsgruppe: Sehr viele Menschen können einen Zusammenstoß mit einem Bären theoretisch vermeiden. Ihre Ausflüge in die Wälder haben Freizeitwert und werden zu Erholungszwecken durchgeführt. Anders sieht es jedoch für Waldarbeiter und Forstangestellte aus, die ihren eigentlichen Arbeitsplatz zumindest teilweise zwischen den Baumstämmen haben. Müssen Bäume markiert oder hinsichtlich Verbissschäden beurteilt werden, kommt man nicht umhin, in sehr kritische Gebiete vorzudringen. Alleine der Weg in oder aus dem Wald zu sehr frühen Morgenstunden, bei Dunkelheit oder bei Nebel und Regen birgt ein gewisses Risiko. Diese Menschen können den Bären oft nicht umgehen oder vermeiden. Gerade sie benötigen oft bessere Hilfestellungen oder Anweisungen, um ihr eigenes Risiko eines Zusammenstoßes verringern zu können. Das Mitführen eines starken Pfeffersprays zum Selbstschutz sollte zur Routineausstattung gehören.

Der Bär und die Frauen

Aus altem Wissen oder Glauben geht oft hervor, dass ein Bär keine oder nur in den seltensten Fällen Frauen angreift. Das gilt zum einen für schwangere Frauen, die vor dem Übergriff einer Bärin geschützt sind, wenn sie ihren Rock hochheben und der andersartigen Mutter ihren Zustand zeigen. Da die Bärenmutter diesen Zustand kennt und schätzt, zieht sie sich zurück. Zudem haben sämtliche Bären vor allen Dingen singende Frauenstimmen sehr gerne und würden aus diesem Grunde den Geschöpfen, die diese schönen Stimmen produzieren, niemals an den Kragen gehen.

Was uns im ersten Moment amüsiert, stellt sich beim zweiten Blick als nicht grundlos falsch heraus, wenn es auch andere Erklärungen geben könnte als die Vorliebe des Bären für Sopran und Alt und konsequenterweise die Antipathie gegen Tenor, Bariton und Bass. Viele Jahrhunderte gingen die Frauen nur selten und meist mit Angst in den Wald. Somit machten sie ihre Ausflüge, um Waldbeeren oder Pilze zu sammeln, oft in großen Gruppen, blieben in unmittelbarer Nähe zueinander und sangen verschiedene Lieder, um ihre Angst zu vertreiben.

Diese singenden Gruppen konnten vom Bären aus sehr weiter Distanz geortet und somit leicht umgangen werden. Die durch Frauenstimmen bemerkbaren Gruppen blieben oft auch am selben Ort und zeigten des Weiteren kein typisches Herumpirschen, was einen Bären erneut nervos macht. Als Letztes haben sich die Sopran- und Altstimmen niemals an einem Bären vergriffen, indem sie versuchten, ihn zu jagen. Dafür waren die lärmenden Männerstimmen verantwortlich. Es könnte also zumindest ein Stückchen Wahrheit dahinterstecken.

Alles eine Imagefrage? Obwohl in der heutiger Zeit tatsächlich immer wieder körperliche Zusammenstöße zwischen dem Braunbären und dem Menschen passieren, hat der Wolf noch immer ein viel schlechteres Image. Wölfe in Europa sind durch den starken Bejagungsdruck bereits so scheu geworden, dass wir sie nur noch in seltenen Ausnahmefällen zu Gesicht bekommen. Die einzigen Anzeichen ihrer Präsenz liefern uns Kotproben oder Spuren im Matsch oder Schnee. Dennoch finden wir bei vielen Menschen, meist aus der Gruppe der Jäger oder Viehzüchter, einen sehr ausgeprägten Hass auf diese beeindruckenden Tiere.

Selbst wirtschaftlich kostet der Slowakei der Braunbär mehr Geld als der zahlenmäßig geringere Wolf. Jedoch ist bezüglich der Nutztierbejagung der Wolf als reiner Fleischfresser um einiges erfolgreicher und somit teuerer als der Bär, obwohl beide Beutegreifer auf Nutztiere Jagd machen. Auch im Freiland finden wir bedeutend mehr getötete Huftiere (hauptsächlich Rothirsch und Wildschwein), die von Wölfen erlegt wurden als durch die solitär jagenden Bären. Somit wird der Wolf dem Menschen zum größten Konkurrenten hinsichtlich fleischlicher Nahrung, die im Nährwert um einiges höher ist als pflanzliche Nahrung. Vielleicht arbeitet diese uralte Futterkonkurrenz noch immer in uns, die sich oft in grenzenlosem Hass widerspiegelt. Selbst in der Literatur findet sich diese negative Einstellung wieder. Der Wolf tötet die sieben Geißlein und frisst sowohl Rotkäppchen als auch deren Großmutter. Sogar in der Erwachsenenliteratur und Filmografie ist der Wolf immer noch ein gernbenutzer Schockdarsteller in Form des Werwolfes etc.

Diese außergewöhnliche und überaus seltenene Aufnahme eines Wolfes in freier Natur, der einen Schafskopf nach einer erfolgreichen Jagd als Vorrat in den Wald trägt, gelang dem Wildtierfotograf Ivan Godál. Auch der Bauch dieses beeindruckenden Wolfes ist sehr gerundet und lässt vermuten, dass er bereits zuvor an dem Schafriss gefressen hat.

Eingesperrt oder Sicher? Der Bär in menschlicher Obhut

Warum hat dieses Thema hier einen so grossen Platz? Bären in menschlicher Obhut lösen bei jedem Menschen unterschiedliche Emotionen aus, wobei jede(r) seine oder ihre ganz persönliche Meinung dazu hat. Die nicht frei umherstreifenden Bären, die somit irgendwie vom Menschen abhängig sind, zeigen recht deutlich, wie der Mensch mit diesen Tieren umgeht. Es handelt sich um ein Tierschutzthema, was aber nicht vollständig von der Biologie abgegrenzt werden kann.

In diesem Kapitel wird zuerst eine ganz „bunte" Chronologie der Bärenhaltung durch Menschen gezeigt, wobei so mancher Punkt in der frühen Vergangenheit des Menschen möglicherweise nur Spekulation ist. Somit folgt eine Reise durch die Zeit der Bärenverwahrung inklusive der Gründe, warum man die Tiere beherbergt hat. Hier soll auch auf bedrückende Bärenhaltungsweisen aufmerksam gemacht werden, wobei der Bär zum Produkt und zur rein wirtschaftlich interessanten Materie wird. Viele Leute wissen von Gallenfarmen, einige Leute wissen von immer noch existierenden Bärenhatzen, dennoch werden diese Themen hier nochmals besprochen, weil sie nicht vergessen werden sollen. Ich persönlich bin mit dem Thema „Bären in Gefangenschaft" ganz zufällig in Berührung gekommen, über ein verwaistes Bärenjunges mit dem Namen Dežo, dessen anfängliches Schicksal ich begleitet habe. Diese Episode folgt später in diesem Kapitel.

Neben all den schwierigen Bärenverwahrungen und Bärenbenutzungen in der Vergangenheit und an einigen Stellen noch heute hat der moderne Zoo wichtige Aufgaben zu erfüllen. Gelegentlich spalten sich die Menschen auf in die „Zooliebhaber" und die „Zoogegner". Das Argument der verhaltensgestörten Tiere, die man nur bedauern kann, fällt oft auch in diesem Zusammenhang. Gegenargument ist die Möglichkeit des ungestörten Betrachtens der dortigen Lebewesen und somit eine Gelegenheit, etwas über bzw. von diesen Tieren lernen zu können.

Zoos waren und sind nicht immer im besten Zustand. Vielerorts könnte und müsste man sehr viel verbessern, mit Beachtung der Tierschutzrichtlinien und im Endeffekt auch aufgrund der Ästhetik, welche sich unter Umständen in höheren Besucherzahlen niederschlagen würden. Hierbei kommt auch die Freilanderforschung von Tieren wieder mit ins Spiel sowie diejenigen Menschen, die ein Wissen über die entsprechenden Tierarten haben. Es handelt sich um gerade diese Gruppe, die oft das oben zitierte Gegenargument hinsichtlich der Gehegehaltung äußert. Werden die nicht artgerechten oder gar tierschutzwidrigen Unterbringungen renoviert oder gänzlich erneuert, ist es wichtig zu wissen, wie und auf welche Weise.

Ästhetik ist hierbei ein sehr vager Begriff, wobei der Mensch Ästhetik definitiv anders definiert als das Tier. Unter „ästhetischer Tierhaltung" ist die artgerechte oder angemessene Haltung gemeint, die im Endeffekt auch für den menschlichen Besucher und Betrachter ästhetisch wird, da sich die Tiere natürlicher, somit schöner und demnach interessanter zeigen. Ein Bärengehege mit Gold, Prunk und Lichterspielen mag uns Menschen im ersten Moment als eine „schöne Vorstellung" erscheinen, sitzt aber in diesem schönen, goldenen Käfig der verängstigte oder gelangweilte Bär nur in einer der schillernden Ecken, ist das eigentliche Ziel von Erfreuen und Genießen auf Seiten der Besucher nicht befriedigend erfüllt, wodurch das Gehege zu guter Letzt als unästhetisch beurteilt wird.

Nochmals zurück zu dem verwaisten Bärenjungen: Ein Zoo oder Tiergarten, der neben all der Erziehungs- und Aufklärungsarbeit auch ein wirtschaftliches Unternehmen ist und meist nur beschränkte Platzverhältnisse hat, wo all die bis dahin untergebrachten Tiere so „artgerecht wie möglich" untergebracht werden sollen, kann nicht alleine mit der Aufgabe betreut werden, zusätzlich dazu ein Waisenhaus für Bärenkinder zu sein. In vielen Zoos herrscht aufgrund wirtschaftlicher Defizite konstanter Personalmangel und darüber hinaus auch Platzmangel, weshalb viele untergebrachte Tiere auf zu kleinem Raum leben müssen. Und für nötige Verbesserungen sei erneut auf die Wirtschaftlichkeit zurückverwiesen. Jedes zusätzlich ankommende „Waisenkind" aus dem Tierreich addiert durch sich selbst die Zahl „1 Individuum mehr", wodurch bereits schon sehr knappe Verhältnisse erneut dividiert werden müssen, um dem kleinen Neuankömmling einen kleinen Bereich zu schaffen. Vor allen Dingen im Fall der sehr platzbedürftigen Bären kann das zu schmerzhaften Einschnitten in den Persönlichkeitsbereich eines jeden Einzelnen führen.

Reine Kritik an mitunter artfremden oder gar tierschutzwidrigen Bedingungen ist kontraproduktiv und verbessert nicht die Bedingungen für die eventuell leidenden Tiere. Waghalsige oder spektakuläre Proteste sind oft eher medienwirksam und erzielen im Endeffekt nicht den gewünschten Effekt. Gelegentlich benötigt es eine große Menge an Diplomatie und Geduld, einen langen Atem und viele Gespräche. Anderenorts ist nur ein völliger Verzicht des Produktes „Tier", beispielsweise auf Tanzbären, Zirkusbären oder „medizinische Bärenprodukte", das wirksamste Mittel. An letzter Stelle kommt man ohne Polizei oder entsprechende Regierungen und gesetzliche Bestimmungen nicht zu des Rätsels Lösung.

Seit wann hält der Mensch Bären?

Gab es eine Gefangenhaltung von Höhlenbären? – Eine umstrittene Diskussion

Der Urgeschichtsforscher Zotz legte 1935 in einer altsteinzeitlichen Höhle am Kitzelsberg in Schlesien einen Bärenschädel frei, der ihn aufgrund einiger Merkmale zu der Vermutung veranlasste, dass in der letzten Zwischeneiszeit die damals lebenden Menschen gelegentlich Höhlenbären in ihren Wohnhöhlen „gehalten haben" könnten. Der Schädel wies künstlich abgeschliffene Schneide- und Eckzähne auf. Da die Zähne „alle in der Richtung von außen unten nach innen oben" abgeschliffen waren, mit nur schwach abgekauten Backenzähnen, die noch immer scharfkantige Höcker aufwiesen, schlussfolgerte Zotz, dass es sich um einen künstlichen, somit vom Menschen beigebrachten Zahnschliff handeln muss. Darüber hinaus ähnelte dieses Schliffmuster den Abschleifungen, die bis heute noch von einigen ethnischen Gruppen, wie den Ainu und den Giljaken, an gefangen gehaltenen Bären vollzogen werden (siehe „Jagd und Kunst", S. 283).

Aus dem jüngeren Paläolic (30.000 Jahre vor Christus) wurde in Polen ein anderer Bärenschädel gefunden, an dem die Zähne bis auf die Wurzeln vollständig abgeschliffen waren.

Diese schmerzhafte Prozedur musste während des Lebens des Tieres vollzogen worden sein, da die Wundränder mit Schmelz überzogen waren.

Wenig später analysierte Zotz zusammen mit seinem Kollegen Koppers einen weiteren Höhlenbärenschädel, der aus einer anderen schlesischen Höhle in Reyersdorf stammte. Diesem Schädel war offensichtlich von Menschenhand das Gehirn entfernt worden, worauf die fehlende, rechte Schädeldecke mit scharfkantigen Bruchstellen hinweist. Bei einer natürlichen Schädelverletzung bzw. Schädelspaltung sind die entsprechenden Bruchstellen häufig uneben, zackig und demzufolge niemals scharfkantig, worauf die Forscher auf menschlichen Hand- und Werkzeuggebrauch schlossen. Diese Gehirnverspeisung findet ebenfalls Übereinstimmungen in verschiedenen ethnischen Volksgruppen, die dadurch die Kraft, die Intelligenz und die Weisheit des Bären oder sogar das Wissen über den Aufenthaltsort der zukünftig bejagten Bären erhalten wollen.

1938 wurde dieser Gedanke hinsichtlich der Gefangenhaltung von Höhlenbären auch an anderer Stelle aufgeworfen. Der Schweizer Forscher H. Hediger bemerkte im Innenteil der Stallungen in den Sandsteinwänden im Berner Bärengraben seltsame Kratzspuren, die Bären offenbar bei ihren Befreiungsversuchen hinterlassen hatten. Vergleichbare Kratzspuren wurden in mehreren Höhlen an den Wänden auf einer Höhe von ca. 2 m gefunden. Somit schien die Vermutung erneut bekräftigt, dass der frühe Mensch bisweilen Höhlenbären gefangen gehalten hatte und die in die Enge getriebenen und/oder eventuell in Schlingen gehaltenen Tiere erfolglose Befreiungsversuche unternommen haben könnten. Diese Theorie sah man dadurch bekräftigt, dass die aufgefundenen Höhlenbären starke Degenerationserscheinungen und Wirbelsäulenverkrümmungen aufwiesen, die man noch heute bei Bären beobachten kann, die auf zu kleinem Raum leben. Durch den Bewegungsmangel und die unnatürliche Haltung auf beengtem Raum wächst ein junger Bär „falsch zusammen", was man „Gefängnis- oder Menageriekrankheit" nennt. Somit wurde der kuriose Gedanke geäußert, dass „der Höhlenbär die Kuh des Moustérien-Menschen gewesen sei; an seinem Pelz habe er sich gewärmt und seine Milch getrunken". Ob der frühe Mensch den damaligen Höhlenbären aufgrund religiöser Gründe oder aufgrund praktischer Überlegungen hinsichtlich Fleisch und Fell wirklich gefangen und gehalten hat, ist bis dato umstritten und es finden sich demzufolge zahlreiche, konträre Theorien. Falls er wirklich vom Mensch in den Wohnhöhlen „untergebracht" wurde, war diese Aufbewahrung für die betroffenen Tiere vermutlich nicht besonders angenehm.

Bereits im Mittleren Pleistozän hat der damalige Mensch mit der Bejagung des Höhlenbären begonnen. Im Fokus standen vermutlich der Pelz für wärmende Zwecke, die Zähne zur Herstellung von Werkzeugen bzw. Schmuck sowie das Fleisch und das Knochenmark zum Verzehr. Bären und Menschen teilen demnach eine gemeinsame Koevolution von sehr vielen Jahrhunderten, in denen sie zeitgleich auf der Erde existierten.

Seit dem Oberen Paleozän tauchen an verschiedenen Orten Höhlenmalereien auf. Die dargestellten Tiere, von denen man heute oft schwer sagen kann, ob es sich um Höhlen- oder frühe Braunbären gehandelt hat, werden entweder auf allen Vieren oder auf den Hinterbeinen gehend bzw. stehend dargestellt. Eine Höhlenmalerei in einer französischen Höhle (Péchialet in Dordogne) zeigt jedoch einen aggressiv aussehenden Bären auf den Hinterbeinen, der offensichtlich zwei menschenähnliche Gestalten bedroht. Anderenorts finden wir bereits jagdliche Szenen, die darauf schließen lassen, dass Braun- oder Höhlenbären von den Menschen bejagt worden sind (Le Trois Fréres, Arriege in Frankreich: gezeigt wird ein vermutlich zu Tode gesteinigter Bär).

EXKURS: DER HÖHLENBÄR (URSUS SPELAEUS) UND SEIN ANDAUERNDER DISPUT:
Fakten zum Höhlenbären, die ihn zum Mythos machen konnten:

- *Ursus spelaeus* hat definitiv in der Erdgeschichte existiert und kann momentan bis auf 300.000 Jahre zurückverfolgt werden.
- Es handelt sich (nach den heutigen Ergebnissen) um eine hauptsächlich europäische Art, deren Verbreitung von Südengland bis in das russische Kaukasusgebirge reichte.
- In seiner Größe überragte er den Braunbären um ca. ein Drittel, die Neugeborenen scheinen jedoch mit den Braunbärjungen in ihren Ausmaßen übereingestimmt zu haben.
- Der Höhlenbär ernährte sich überwiegend vegetarisch und verbrachte demzufolge den Winter schlafend in Unterschlüpfen, wie etwa in Höhlen.
- In zahlreichen Ausgrabungsstätten wurden auffallend viele (bis zu 30.000 Stück) verendete Höhlenbärindividuen aufgefunden.
- Höhlenbärknochen und -schädel zeigen hinsichtlich Größe und Form eine auffällige Variabilität, da sie sich individuell stark unterscheiden.
- Obwohl Höhlenbär und Braunbär zeitweise parallel existierten, wurden bedeutend mehr Höhlenbärknochen ausgegraben.

In der Slowakei gibt es zahlreiche Höhlen und somit auch viele Fundstätten der Höhlenbären. In der Höhle bei Važec „Važecká Jaskyňa" kann man dieses beieindruckende und komplette Skelett eines Höhlenbären bewundern. Die Tiere hatten meist ein Gewicht von 400 bis 600 kg, jedoch fand man Ausnahmen mit bis zu 1.000 kg (mit freundlicher Genehmigung der für die Höhle verantwortlichen Verwaltung).

AKTUELLE ERGEBNISSE EINES HÖHLENFORSCHERS (I. TURK): Neandertaler zeigten offensichtlich Ansätze eines sehr frühen Bärenkult. Da viele Daten noch immer fehlen oder vielleicht unwiederbringlich verloren sind, gibt es zu diesem Thema immer noch eine hohe Anzahl von Spekulationen. Das kommt insbesondere daher, da das wirkliche Verhalten der Neandertaler nur schwer erforscht werden kann und sich demnach das heutige Wissen oft nur auf verbliebene Überreste von künstlerischer Aktivität, wie Malerei und Schmuck, beschränkt. Mit dem Auftauchen des so genannten Modernen Menschen werden die Ergebnisse verlässlicher und beweiskräftiger. Dennoch kann man *Homo neanderthalensis* und den Modernen Menschen prinzipiell miteinander vergleichen. Beide zeigen seit dem Oberen Paleozän eine Beschäftigung mit den damals lebenden Raubtieren inklusive den Bären. Offensichtlich sind Bären gelegentlich bejagt worden, was mitunter eine schwierige und riskante Sache gewesen sein mag.

Mittlerweile kann man sicher sagen, dass der Höhlenbär bestimmte Zeiten pro Jahr in Höhlen verbracht hat. Er hat offensichtlich dort überwintert, Weibchen haben ihre Jungen dort geworfen und die Jungtiere blieben besonders in ihren ersten Lebensmonaten in bzw. um die Höhlen herum, was im Falle des Braunbären anders ist. Verlässt der Familienverband aus Mutter mit Kind(ern) die Höhle, ziehen sie weiter. Die fossilen Funde des Höhlenbären zeigten, dass die Mortalität von Jungbären (jünger als 1,5 Jahre) auffallend hoch war, was jedoch nicht auf das Konto der Neandertaler ging, da die Funde keine Anzeichen von menschlicher Einwirkung durch Jagd oder damit in Verbindung stehender Verarbeitung zeigten. Feuerstellen der Neandertaler lassen auf eine intensive Vorarbeit zur Erreichung derselben zurückschließen. Zuerst mussten große Steine entfernt und die entsprechende Stelle präpariert werden. Das Feuer wurde in einer leichten Vertiefung angelegt, jedoch war die Stelle nicht mit einem Kreis aus Steinen umsäumt. Bisweilen wurden Knochen von Höhlenbären im Feuer verbrannt, welche vorher durch Steinwerkzeuge aufgebrochen worden waren. Vermutlich wurden das Fett und das Knochenmark für die Ernährung genutzt.

Wissenschaftliche Rückschlüsse: Es steht außer Frage, dass der Neandertaler und der Höhlenbär in einer gewissen Beziehung zueinander standen, weshalb man konfliktreiche Begegnungen zwischen den beiden nicht ausschließen kann. Offensichtlich hatten die Neandertaler eine „leicht kulthafte Beziehung" zu den Bären, wie jedoch auch zu den anderen damals vorhandenen Raubtieren. Somit nahm der Bärenkult nicht so große Ausmaße an, als man mancherorts vermuten würde.

Sicher ist, dass die in die Höhlen eintretenden Menschen beim Fund eines (toten) Höhlenbären die Knochen für Ernährungszwecke verwendet haben, da vor allen Dingen Fett und Protein sehr schwer zu beschaffen gewesen waren. Einige Fundstücke zeigen, dass aus den knöchernen Überresten und/oder Zähnen bisweilen Werkzeuge, kulturelle Gegenstände oder eine Art Schmuck gefertigt wurden: beispielsweise ein Art Pfeife aus dem Beinknochen eines Höhlenbären, ein Schädelstück, was vermutlich als Gefäß oder Schöpflöffel gedient hatte, des Weiteren knöcherne Dolche, Bohrer, Schaber, Stichel und „Fellablöser" etc. Die Funde sind nicht so regelmäßig, dass man von einem fest verwurzelten Bärenkult ausgehen kann. Demnach ist die Beziehung zwischen den beiden fossilen „Arten" noch ungeklärt, mit vielen Mythen behaftet und noch immer Gegenstand aktueller Forschung.

Hat der frühe Mensch diese Bären stark bejagt? Aufgrund der eigenen menschlichen Unterlegenheit und eines Mangels an gut ausgereiften Waffen wurde der Bär mit einfacheren Mitteln gejagt oder schlichtweg überrumpelt. Die spekulative auflauernde Jagdmethode soll sich an schlafenden oder ruhenden Bären in ihrer Höhle selbst abgespielt haben. Bisweilen hatten diese Höhlen mehrere Ausgänge, wodurch theoretisch die Möglichkeit bestand, den innen befindlichen Bären einfach „herauszuräuchern", indem an einem Eingang Feuer gelegt wurde. Bei seiner Flucht aus dem Dunst in die frische Luft der Freiheit soll das ahnungslose Tier dann einer Horde schreiender und mit Keilen und Knüppeln bewaffneter Männer gegenübergestanden sein.

Auffällige Knochenansammlungen: In zahlreichen Höhlen findet sich eine überdurchschnittlich hohe Anzahl an Knochen des Höhlenbären. Da die Menschen dachten, diese riesigen Knochen würden von einem mystischen Wesen stammen, wurde die Höhle eines

Höhlenbären in Mixnitz in Österreich bei ihrer Entdeckung als „Drachenhöhle" betitelt. Die gigantisch großen Schädel und Langknochen wurden zuerst auch anderenorts nicht irgendeinem größeren und bereits ausgestorbenen Verwandten des heutigen Braunbären, sondern einem fabelhaften und wahrscheinlich hochgradig gefährlichen Lebewesen zugeordnet.

Warum so viele Tiere an ein und demselben Ort starben, ist immer noch ein Rätsel. Vielleicht hing dies mit ihrer speziellen Lebensweise zusammen, weil sie längere Zeit eine Individuenzahl von bis zu 30.000 Stück repräsentieren können, wie etwa im der österreichischen Steiermark. Kein Wunder also, dass pro Jahr in den Höhlen mehr Tiere den Winter verbrachten und demzufolge wahrscheinlicher dort auch verenden konnten. Eventuell handelte es sich um ihre (ganz natürlichen) Sterbeplätze, die sie nach Ablauf ihres Lebens, wenn sie sich alt und schwach fühlten, aufsuchten. Oder aber es handelt sich um genau diese Individuen, die im Winter nicht genügend Ressourcen in Form eines Fettspeichers zur Verfügung hatten und demzufolge in ihren Winterhöhlen nahezu verhungerten oder erfroren.

Nach Albert Treff könnte man es jedoch auch pragmatischer formulieren, da diese Knochenanhäufung an einem konservierenden Ort über sehr lange Zeiträume stattfand. Nach seinem Beispiel kommt man bereits auf 2.000 Skelette, wenn über den Zeitraum von 20.000 Jahren nur alle 10 Jahre ein Bär in einer bestimmten Höhle verenden würde.

„Das endgültige Auswerten von Ausgrabungen ist oft auch mit persönlicher Note eines oder einer jeden gefärbt" (Turk) – die Streitfrage um den Bärenkult: Der konstituierte Mythos um den Höhlenbären wird durch auffällige Fundstätten erhalten, wie etwa die in steinernen Trögen deponierten und unangetasteten Beinknochen oder Bärenschädel bzw. Ansammlungen einiger Bärenschädel auf einer relativ kleinen Fläche. In der Schweiz fand man in einer Höhle künstlich durchbohrte Höhlenbärenwirbel, die man als magische Jagdtrophäen oder Amulette interpretierte. Im Schweizer Wildenmannlisloch wurde eine Ansammlung von insgesamt 310 Höhlenbäreneckzähnen zusammengetragen, die auf einer Fläche von nur drei Quadratmetern zusammenlagen, was als rituelles Zahnopfer interpretiert wurde. Oft werden auch die so genannten „Bärenaltäre" als wichtiges Indiz für diesen Kult herangezogen. Auf Steinblöcken sind hierbei Bärenschädel platziert, teilweise wurde durch das Jochbein ein Oberschenkelknochen geschoben, was auf eine Aufbahrung oder ein rituelles Ausstellen hinweisen könnte, wobei man heute wesentlich vorsichtiger mit derartigen Spekulationen ist.

Die spektakuläre Höhle „Chauvet" in Frankreich: Erst vor wenigen Jahren und mehr aus Zufall wurde diese Höhle entdeckt, die sich insbesondere durch ihre Malereien

Spätere Gefangenhaltung und deren Gründe

Die Geschichte der Macht

Bekannt ist, dass der Bär bereits seit einigen Jahrtausenden gefangen gehalten wird, wobei er zu Beginn ein Tier der Herrscher und der Oberschicht war. Die Haltung und demzufolge „Zähmung" der wilden Tiere galt als Prestige der Macht. Man versuchte somit, seine Überlegenheit zu demonstrieren, indem man sich mit diesen wilden, großen und starken Tieren in Haus und Hof schmückte. Dieses „Beherrschen" der wilden Bestien sollte demzufolge auch Feinde und Widersacher einschüchtern und in die Flucht schlagen.

und den guten Erhaltungszustand auszeichnet. Die Kunstwerke an den Wänden wurden durch mehrere unabhängige Analysen auf ein Alter von 35.000 Jahren geschätzt. Man ist sich sehr sicher, dass diese Höhle zuallererst eine Höhlenbärenhöhle war und der moderne Mensch erst später dieselbe betreten hat. Auch hier wurden Kratzspuren an den Wänden gefunden, die von den dortigen Forschern als territoriale Kratzmerkmale der Tiere oder als Mittel zur Krallenschärfung interpretiert wurden. Man vermutet weiter, dass die Menschen von damals oft aus religiösen Gründen Höhlen betreten haben, da sie im Inneren eine andere Welt vermuteten. Des Weiteren war für die noch recht wehrlosen und wenig ausgestatteten Menschen das Betreten einer dunklen und tiefen Höhle immer mit einem sehr großen Risiko verbunden, was vermutlich ohne spirituellen Hintergrund nicht auf sich genommen wurde. In der Höhle wurden dann zahlreiche, mitunter beeindruckende Tierdarstellungen gefunden, darunter auch Höhlenbären. Insgesamt konnten die Schädel von 190 Individuen sichergestellt werden. Eine Kuriosität stellt eine Kammer im Inneren der Höhle dar, in der auf einem Steinblock ein unbeschädigter Bärenschädel liegt. Am Boden darum herum verteilt liegen insgesamt 52 weitere Schädel.

Trotz des Wissens um die religiöse Veranlagung der damaligen Menschen warnen die Forscher jedoch zur Vorsicht. Niemand kann sagen, ob die Schädel am Boden wirklich durch den Menschen in die entsprechende Höhle gekommen sind. Man weiß, dass im Inneren der Höhle oft sehr viel Wasser geflossen ist. Demzufolge könnten sich die Schädel aufgrund der Wasserbewegungen zufällig dort angehäuft haben. Falls denn nun wirklich der Mensch „dahintersteckt“, kann das auch viel später passiert sein.

Der sagenumwogene Niedergang: Ähnlich wie die Mythosfrage ist auch das Verschwinden des großen Höhlenbären nicht befriedigend geklärt. Wurde zu Beginn die Ausrottung durch den Menschen gänzlich ausgeschlossen, wird heute der anthropogene Einfluss des Menschen, also sein (Mit-)Verschulden an dem Verschwinden des größten Bären, nicht mehr abgewiesen, ungeachtet der Tatsache, ob man ihm wegen seines Fleisches, Felles oder eines Ritus nachstellte. Am Ende der Jagd steht immer ein toter Bär.

Die mitunter belegbaren Theorien der Vergangenheit werden heute aufgrund eines subjektiv beeinflussten Aufsammelns von Fossilmaterial kritisch beäugt und mit Fragezeichen belegt. Die Vermutung, der Bär wäre einer durch einen Strahlenpilz ausgelösten Infektionskrankheit mit keilförmigen Defekten an den Zähnen des Unterkiefers und krankhaften Veränderungen an den Unterkieferknochen zum Opfer gefallen, ist demnach genauso fraglich wie ein allgemeiner Gichtbefall oder die Kombination Klimaverschlechterung und degenerierte Nachkommen, wie zwerghafte schlecht genährte Kümmerformen.

Die damalige Gefangenhaltung war für die Tiere meist eher eine Tortur und sicherlich nicht mit Vorteilen verbunden. Nach Friedrich Naumann kam ihr Dasein einer Sklaverei gleich. Lebenslang eingesperrt und meist unter erbärmlichen Bedingungen lebend, vegetierten die Tiere bis zu ihrem Ende in einem hoffnungslosen Dasein. Das starke Tier, Sinnbild der Kraft, wurde teilweise in dunklen Kellern untergebracht oder an kurzen Ketten angebunden. Schon lange kannte man auch die Unterbringung in Bärengräben und -gruben. Der dänische König Christian IV. ließ zu seiner Machtdemonstration über sämtliche wilde Bestien die großen Braunen öffentlich mit auf den Rücken zurückgebundenen Vorderpfoten herumführen, auf zwei Beinen gehend und mit dem Rücken nach vorne gebeugt.

Man darf nicht glauben, dass die Thiere noch natürlichen Muth und Kraft ihrer Wildheit haben oder zeigen könnten. Es wäre wenigstens noch auf eine Art sehenswürdig, die wilde Kraft und Behendigkeit eines ungezähmten Thieres zu betrachten. Aber auch dieses sichert man nicht einmal. Die Thiere sind schon durch vorige Kämpfe abgemattet und furchtsam gemacht. Wenn die Fallthüre aufgezogen wird, so pflegen sie nicht immer herauszufahren, sondern ziehen sich in den hintersten Theil ihres Lochs zurück. Alsdann bringen drey oder vier Kerle einen großen Hebebaum und stoßen so lange auf das Thier zu, bis es aus Schmerz in den Hebebaum beißt, an welchem sie es dann aus dem Loche auf den Platz herausziehen. Sogleich werden zwey oder mehr große Hunde, welche bis dahin unter beständigen wütenden Bellen von den Hetzmeistern gehalten worden, losgelassen. Gemeiniglich suchen die Thiere zu fliehen, so lange sie können, aber sie werden bald von den Hunden gepackt, gezaust, in die Ohren gebissen, oder ihnen gar die Ohren abgerissen. Sonderlich wenn das geschiehet, läßt sich das viehische Gelächter nicht beschreiben, welches die Zuschauer ausstoßen, und das unmäßige Geklatsche mit den Händen, und das Getrampel mit den Füßen. Weil die Thiere zu weiteren Kämpfen sollen aufbewahrt werden, so fallen die Hetzmeister, sobald die Hunde gepackt haben, den Hunden in den Nacken, reißen ihnen das Gebiß auf, halten sie unter dem abscheulichsten Geheule und Gebelle fest, unterdessen das angefallene Thier ächzend, blutend, und vor Schmerz brüllend nach der geöffneten Fallthüre zueilet. Es ist ein unbeschreiblich ekelhafter und abscheulicher Anblick, die armen Thiere so quälen zu sehen. (aus A. Dee, *Bruder Bär*)

Gewalt als Abreaktion? Offensichtlich ist das Phänomen, dass der Mensch in Gewalt und dargestellter Aggression irgendeine Belustigung oder Befriedigung findet, etwas sehr Altes. Gelegentlich wird es als „Abreaktionsspiel“ bezeichnet. Im alten Rom „verwendete“ man für diesen Zweck noch Menschenleben, später war es dann mit verschiedenen Tieren in ganz Europa öffentlich üblich und wurde demzufolge regelmäßig praktiziert. Klassische Tierhatzen gibt es bis zum heutigen Zeitpunkt, in Europa offiziell in einziger Form jetzt noch in Spanien in Form des Stierkampfes, inoffiziell in variantenreichen Kombinationen, wobei oft auch Kampfhunde eingesetzt werden.

Der „trainierbare“ Bär – Tanz- und Zirkusbären

Tanz- und Zirkusbären haben eine sehr lange Tradition und lassen sich bis in die Antike zurückverfolgen. Geschmückte Bären, die sich zu Volksmusikklängen langsam auf- und abbewegten, hatten bis in das Europa des 20. Jahrhunderts hinein ihren angestammten Platz auf Jahrmärkten. In einigen Ländern wird dieses „Tanzvergnügen“ noch bis in die heutige Zeit weitergeführt. Ein junger Bär ist sehr gelehrig und schließt sich auffallend schnell an einen Menschen an. Auch Pfleger und Tierärzte in Zoos können diese Tatsache bestätigen. Das Stehen und kurzzeitige Wandeln auf den Hinterfüßen ist ihnen nach Bärenart nicht fremd, was eine gute Ausgangsbasis für ihr späteres Leben als Schausteller darstellt. Jedoch steht der Bär nicht immer und bei Bedarf. Leider sind die Techniken, um den Bären zu einem länger dauernden Stehen und Drehen zu veranlassen, für die betreffenden Tiere sehr schmerzhaft. Zuerst wird ihnen ein eiserner Ring durch die Nase gezogen, dessen Wunde zeitlebens nicht verheilt. Aus diesem Grunde erscheint der Bär später „leinenführiger“ als so mancher Haushund. Sehr früh wird der junge Bär auf erhitzte Metallplatten gestellt, wobei die Musik spielt. Der Bär hebt die Pfoten, um den Verbrennungen zu entgehen. Dieses Verhalten erlernt er so zielsicher, dass er auch in seinem späteren Leben beim Erklingen der Musik sicherheitshalber auf die Hinterbeine geht.

und den guten Erhaltungszustand auszeichnet. Die Kunstwerke an den Wänden wurden durch mehrere unabhängige Analysen auf ein Alter von 35.000 Jahren geschätzt. Man ist sich sehr sicher, dass diese Höhle zuallererst eine Höhlenbärenhöhle war und der moderne Mensch erst später dieselbe betreten hat. Auch hier wurden Kratzspuren an den Wänden gefunden, die von den dortigen Forschern als territoriale Kratzmerkmale der Tiere oder als Mittel zur Krallenschärfung interpretiert wurden. Man vermutet weiter, dass die Menschen von damals oft aus religiösen Gründen Höhlen betreten haben, da sie im Inneren eine andere Welt vermuteten. Des Weiteren war für die noch recht wehrlosen und wenig ausgestatteten Menschen das Betreten einer dunklen und tiefen Höhle immer mit einem sehr großen Risiko verbunden, was vermutlich ohne spirituellen Hintergrund nicht auf sich genommen wurde. In der Höhle wurden dann zahlreiche, mitunter beeindruckende Tierdarstellungen gefunden, darunter auch Höhlenbären. Insgesamt konnten die Schädel von 190 Individuen sichergestellt werden. Eine Kuriosität stellt eine Kammer im Inneren der Höhle dar, in der auf einem Steinblock ein unbeschädigter Bärenschädel liegt. Am Boden darum herum verteilt liegen insgesamt 52 weitere Schädel.

Trotz des Wissens um die religiöse Veranlagung der damaligen Menschen warnen die Forscher jedoch zur Vorsicht. Niemand kann sagen, ob die Schädel am Boden wirklich durch den Menschen in die entsprechende Höhle gekommen sind. Man weiß, dass im Inneren der Höhle oft sehr viel Wasser geflossen ist. Demzufolge könnten sich die Schädel aufgrund der Wasserbewegungen zufällig dort angehäuft haben. Falls denn nun wirklich der Mensch „dahintersteckt", kann das auch viel später passiert sein.

Der sagenumwogene Niedergang: Ähnlich wie die Mythosfrage ist auch das Verschwinden des großen Höhlenbären nicht befriedigend geklärt. Wurde zu Beginn die Ausrottung durch den Menschen gänzlich ausgeschlossen, wird heute der anthropogene Einfluss des Menschen, also sein (Mit-)Verschulden an dem Verschwinden des größten Bären, nicht mehr abgewiesen, ungeachtet der Tatsache, ob man ihm wegen seines Fleisches, Felles oder eines Ritus nachstellte. Am Ende der Jagd steht immer ein toter Bär.

Die mitunter belegbaren Theorien der Vergangenheit werden heute aufgrund eines subjektiv beeinflussten Aufsammelns von Fossilmaterial kritisch beäugt und mit Fragezeichen belegt. Die Vermutung, der Bär wäre einer durch einen Strahlenpilz ausgelösten Infektionskrankheit mit keilförmigen Defekten an den Zähnen des Unterkiefers und krankhaften Veränderungen an den Unterkieferknochen zum Opfer gefallen, ist demnach genauso fraglich wie ein allgemeiner Gichtbefall oder die Kombination Klimaverschlechterung und degenerierte Nachkommen, wie zwerghafte schlecht genährte Kümmerformen.

Die damalige Gefangenhaltung war für die Tiere meist eher eine Tortur und sicherlich nicht mit Vorteilen verbunden. Nach Friedrich Naumann kam ihr Dasein einer Sklaverei gleich. Lebenslang eingesperrt und meist unter erbärmlichen Bedingungen lebend, vegetierten die Tiere bis zu ihrem Ende in einem hoffnungslosen Dasein. Das starke Tier, Sinnbild der Kraft, wurde teilweise in dunklen Kellern untergebracht oder an kurzen Ketten angebunden. Schon lange kannte man auch die Unterbringung in Bärengräben und -gruben. Der dänische König Christian IV. ließ zu seiner Machtdemonstration über sämtliche wilde Bestien die großen Braunen öffentlich mit auf den Rücken zurückgebundenen Vorderpfoten herumführen, auf zwei Beinen gehend und mit dem Rücken nach vorne gebeugt.

An einigen Stellen ging diese Machtdemonstration mithilfe der Bären so weit, dass diese Tiere einen Henkersdienst zu verrichten hatten. Kaiser Valentinian besaß gleich zwei tierische Henker in seinen Räumlichkeiten, die er auf die Namen „Goldkrümchen" und „Unschuld" getauft hatte. Relativ jung ist ein Henkersbär aus dem Jahre 1589 in der Burg Reisenberg in Deutschland des Geschlechtes von Auersberg. Dort wurde ein erfolgloser Angreifer abschließend von den Bären mithilfe der Wildschweine zerfleischt.

Ob lebendig oder tot: Mithilfe des starken Bären zeigte der Adel gerne seine Übermacht. Diese Plastik zeigt den Erzherzog Joseph nach der Erlegung eines stattlichen Bären während eines Besuches des Grafen Andrássy auf dessen Jagdschloss in der Slowakei (Künstler M. Ligeti, mit freundlicher Genehmigung des Slovenské Národné Múzeum, Zámok Betliar).

Bärenspaß – Bärenspiele und Bärenhatz

Der Bär wurde nicht nur zur Machtdemonstration gehalten, sondern bereits sehr früh zu Schauzwecken und zweifelhaften Volksbelustigungen missbraucht. Bereits im alten Rom, im Zuge der Christenverfolgung und Volksbelustigung, hatte der Bär neben anderen „wilden" Tieren, wie Elefanten, Bullen, Stieren, Wölfen und Löwen, seinen festen Platz im Spielplan. Für „Brot und Spiele" wurden tausende Wildtiere gefangen genommen, nach Rom transportiert und abschließend in der Arena als Bestien vorgeführt. Gladiatoren versuchten sich an der „Bezwingung" der ausgehungerten, gereizten oder verwirrten Tiere. Christen und Gefangene wurden zur Unterhaltung öffentlich zerfleischt oder konnten sich durch die „Überwindung ihrer ungleichen Gegner" ihre Freiheit oder Begnadigung erwerben. Es gibt verschwommene Hinweise darauf, dass die britischen Braunbären aufgrund der Massenimporte von Bären in die römische Arena nahezu vollständig ausgerottet wurden.

An anderer Stelle jedoch finden wir auch nach Christus noch Aufzeichnungen hinsichtlich ihrer Präsenz. Diese als erheiternd geltende „Bärenhatz" wurde später variantenreich fortgeführt und findet selbst in unserer heutigen modernen Zeit in einigen Ländern immer noch Anklang. Vor allen Dingen an den westeuropäischen Fürstenhöfen und Königshäusern wurde zu Unterhaltungszwecken der Bär im Kampf mit ihm „gleichwertigen" Gegnern zur Schau gestellt. Somit gab es zahlreiche Konstellationen wie Bären gegen Wildschweine, Stiere, Bullen und so weiter.

Für die Bärenhatzen der Vergangenheit züchtete man in London sogar spezielle Hunderassen, welche sich mit den Bären auseinandersetzten. Offenbar gingen aus diesen Vorfahren einige der späteren Kampfhunderassen hervor. Diese blutigen Kämpfe zwischen einem mehrzähligen Hunderudel und einem wehrlosen Bären wird leider bis heute in Pakistan traditionell fortgeführt und immer noch von einigen Touristen aufgesucht. Bis 1992 waren die Bärenkämpfe offiziell erlaubt und wurden dann aufgrund der internationalen Proteste auf staatlicher Ebene verboten. Leider finden einige davon immer noch statt, wenn auch nicht mehr über 80 Bärenhatzen pro Jahr. Junge Kragen- oder Braunbären werden nach der Tötung des Muttertieres trainiert, indem man ihnen Seile durch die Lippen und die Nasenscheidewand zieht. Krallen und Reißzähne werden ihnen gezogen, damit sie ihre späteren Gegner, die Hunde, nicht ernsthaft verletzen können, obwohl auch diese von schweren Prellungen und Knochenbrüchen nicht verschont bleiben. Der Kampf zwischen Hunderudel und Bär dauert dreimal drei Minuten, wobei der Bär gefesselt wird und seiner wehrhaften Werkzeuge im Mund und an den Pfoten beraubt ist. Der Bär soll dabei nicht getötet werden, da er diese Tortur so oft wie möglich zu bestreiten hat. Die großen Tiere wissen bereits vorher, was ihnen passiert, wollen die Arena nicht betreten, weinen und urinieren. Werden die internationalen Proteste weitergeführt, erhoffen sich viele ein endgültiges Ende dieses schrecklichen Entertainments.

In Wien wurden Tierhatzen im 1755 erbauten Hetz-Theater vollzogen, welches im Jahre 1796 niederbrannte und damit das Ende dieser Hatzen besiegelte. Kaiser Joseph II. wollte dieses „grausame Schauspiel" nicht mehr fortführen, obwohl ein gewisser Teil der Einnahmen in die Armenkasse geflossen war. Der Berliner Schriftsteller Friedrich Nicolai schrieb hierzu 1781:

Es ist doch unbegreiflich, wie in Wien sogar Leute, die nicht zum Pöbel gehören, mit Wohlgefallen diese Grausamkeit ansehen können; (Die Eingangspreise bey der Hetze sind so theuer und theurer als auf dem Nationaltheater: Für eine Loge 4 Fl. 20Kr, die Entreé auf der Gallerie Noble – großer Gott! Bey einem solchen Schauspiele eine Gallerie Noble!- 1 Fl. 20 Kr etc. Die Herren Hetzliebhaber, die gute brauchbare Fanghunde mit sich bringen, genießen freyen Eintritt auf dem für die Hunde und ihre Mitführer angewiesenen Platz.)

Und ebenso unbegreiflich ist es, daß in Wien, wo bis noch vor kurzer Zeit ein so großer Schein von Andacht öffentlich zur Schau getragen ward, daß dieses unmenschliche Schauspiel von je her an Sonn- und Festtagen gegeben worden ist. In England hält man den Sonntag für so heilig, daß niemand sich trauet, ein Spiel Karten in die Hand zu nehmen oder ein musikalisches Instrument zu spielen. Und in Wien entheiligt man die Tage der Ruhe und des öffentlichen Gottesdienstes damit, daß man unter dem gräßlichsten Getümmel unschuldige Thiere martern läßt.

Schon gegen drey Uhr wird in der Gegend des Hetzhauses die Trommel gerührt, und die Hatz ausgerufen. Das Hetzhaus ist ein hölzernes, ziemlich hohes Gebäude, welches einen großen, mit Sand beworfenen Platz einschließt. Das Erdgeschoß enthält lauter Kammern, worin die wilden Thiere eingeschlossen sind, und vermittels einer aufgezogenen Fallthüre auf den Platz gelassen werden können. Und neben der Thüre, wo die Zuschauer hinein gehen, sind größere Behältnisse für die Hunde.

Ich habe dieses unmenschliche Schauspiel einmal gesehen. Ich wollte um vieles nicht missen, es gesehen zu haben; denn gewisse Abscheulichkeiten muss man mit Augen sehen, um sie sich vorzustellen. Ich möchte es um vieles nicht noch einmal sehen. Gleich beym Eintritte ins Haus schlägt ein widriger Gestank von Ausdünstungen der Thiere und dem Aase, womit sie gefüttert werden, nebst dem Bellen der Hunde, dem Brüllen der wilden Thiere und dem unbändigen Geschreye der Hatzmeister entgegen. Gleichwohl fand ich die drey Reihen übereinander gebauter Logen und Gallereien voll gepfropft von Zuschauern beiderlei Geschlechts. Nicht bloß vom Pöbel; man sah auch Herren wohl frisiert und gepudert in gestickten Kleidern. Ja was noch bedaurungswürdiger und beynahe unbegreiflich war, ich sah da Frauenzimmer mit allen Reizen der Natur, mit allem Aufputze der Kunst gezieret, und sah ihre schönen Hände sich wechselweise bewegen die Riechfläschen zu öffnen und unmäßig zu klatschen, wenn die Hunde einem Thiere nach den Ohren schnappten.

Man darf nicht glauben, dass die Thiere noch natürlichen Muth und Kraft ihrer Wildheit haben oder zeigen könnten. Es wäre wenigstens noch auf eine Art sehenswürdig, die wilde Kraft und Behendigkeit eines ungezähmten Thieres zu betrachten. Aber auch dieses sichert man nicht einmal. Die Thiere sind schon durch vorige Kämpfe abgemattet und furchtsam gemacht. Wenn die Fallthüre aufgezogen wird, so pflegen sie nicht immer herauszufahren, sondern ziehen sich in den hintersten Theil ihres Lochs zurück. Alsdann bringen drey oder vier Kerle einen großen Hebebaum und stoßen so lange auf das Thier zu, bis es aus Schmerz in den Hebebaum beißt, an welchem sie es dann aus dem Loche auf den Platz herausziehen. Sogleich werden zwey oder mehr große Hunde, welche bis dahin unter beständigen wütenden Bellen von den Hetzmeistern gehalten worden, losgelassen. Gemeiniglich suchen die Thiere zu fliehen, so lange sie können, aber sie werden bald von den Hunden gepackt, gezaust, in die Ohren gebissen, oder ihnen gar die Ohren abgerissen. Sonderlich wenn das geschiehet, läßt sich das viehische Gelächter nicht beschreiben, welches die Zuschauer ausstoßen, und das unmäßige Geklatsche mit den Händen, und das Getrampel mit den Füßen. Weil die Thiere zu weiteren Kämpfen sollen aufbewahrt werden, so fallen die Hetzmeister, sobald die Hunde gepackt haben, den Hunden in den Nacken, reißen ihnen das Gebiß auf, halten sie unter dem abscheulichsten Geheule und Gebelle fest, unterdessen das angefallene Thier ächzend, blutend, und vor Schmerz brüllend nach der geöffneten Fallthüre zueilet. Es ist ein unbeschreiblich ekelhafter und abscheulicher Anblick, die armen Thiere so quälen zu sehen. (aus A. Dee, *Bruder Bär*)

Gewalt als Abreaktion? Offensichtlich ist das Phänomen, dass der Mensch in Gewalt und dargestellter Aggression irgendeine Belustigung oder Befriedigung findet, etwas sehr Altes. Gelegentlich wird es als „Abreaktionsspiel" bezeichnet. Im alten Rom „verwendete" man für diesen Zweck noch Menschenleben, später war es dann mit verschiedenen Tieren in ganz Europa öffentlich üblich und wurde demzufolge regelmäßig praktiziert. Klassische Tierhatzen gibt es bis zum heutigen Zeitpunkt, in Europa offiziell in einziger Form jetzt noch in Spanien in Form des Stierkampfes, inoffiziell in variantenreichen Kombinationen, wobei oft auch Kampfhunde eingesetzt werden.

Der „trainierbare" Bär – Tanz- und Zirkusbären

Tanz- und Zirkusbären haben eine sehr lange Tradition und lassen sich bis in die Antike zurückverfolgen. Geschmückte Bären, die sich zu Volksmusikklängen langsam auf- und abbewegten, hatten bis in das Europa des 20. Jahrhunderts hinein ihren angestammten Platz auf Jahrmärkten. In einigen Ländern wird dieses „Tanzvergnügen" noch bis in die heutige Zeit weitergeführt. Ein junger Bär ist sehr gelehrig und schließt sich auffallend schnell an einen Menschen an. Auch Pfleger und Tierärzte in Zoos können diese Tatsache bestätigen. Das Stehen und kurzzeitige Wandeln auf den Hinterfüßen ist ihnen nach Bärenart nicht fremd, was eine gute Ausgangsbasis für ihr späteres Leben als Schausteller darstellt. Jedoch steht der Bär nicht immer und bei Bedarf. Leider sind die Techniken, um den Bären zu einem länger dauernden Stehen und Drehen zu veranlassen, für die betreffenden Tiere sehr schmerzhaft. Zuerst wird ihnen ein eiserner Ring durch die Nase gezogen, dessen Wunde zeitlebens nicht verheilt. Aus diesem Grunde erscheint der Bär später „leinenführiger" als so mancher Haushund. Sehr früh wird der junge Bär auf erhitzte Metallplatten gestellt, wobei die Musik spielt. Der Bär hebt die Pfoten, um den Verbrennungen zu entgehen. Dieses Verhalten erlernt er so zielsicher, dass er auch in seinem späteren Leben beim Erklingen der Musik sicherheitshalber auf die Hinterbeine geht.

Die „Ausbildung von Zirkusbären" ist ebenfalls oft für die betroffenen Tiere eher qualvoll und schmerzhaft, wenn auch das spätere Resultat dem Menschen lustig vorkommt. Oft sind die Trainingsmethoden der „Tanzbärenausbildung" ähnlich. Von Auftritt zu Auftritt werden die Tiere meist in zu kleinen Waggons durch die Lande gekarrt und verlassen ihre Bleibe nur zu Ausbildungs- und Aufführungszwecken. Die Geschichte dieses Haltens ist mindestens genauso alt, wie die der tanzenden Zeitgenossen.

Heute finden wir diese drastische Form der Tanz- und Zirkusbären noch in einigen osteuropäischen Ländern und in den orientalischen Staaten. In der Slowakei ist die Bärenhaltung zu derartigen Zwecken verboten und wird schwer geahndet. Diejenigen Zirkuse, die noch heute vereinzelt Zirkusbären halten, werden bezüglich der Bärenhaltung überprüft.

Als wirklich tierschutzwidrig können wir japanische „Bärenvergnügungsparks" einschätzen, mit welchen gerade heute das Geschäft blüht. Bärenjungtiere werden in Kinderkleidung gesteckt und mit den Vorderpfoten an Geländern festgebunden. Somit stehen die niedlich anzusehenden Bärchen den ganzen Tag. Was mit ihnen im Erwachsenenalter passiert, ist leider nicht bekannt.

Kompensation der eigenen Unterlegenheit? Es gibt Theorien darüber, dass der Mensch durch die Machtdemonstration an einem eigentlich gefährlichen oder ihm zumindest körperlich weit überlegenen Tier seine eigene Unterlegenheit kompensieren oder aufwerten möchte. Es wurde behauptet, dass vor allen Dingen unter solchen Bedingungen, in welchen das „kleine Volk" von der oberen und herrschenden Schicht ganz besonders unterdrückt wird, diese Art der Belustigung für die leidende Bevölkerung eine Art Ventil der Frustration darstellt.

Falls der Bär früher wirklich den niedergeschlagenen Menschen eine Art der Kompensation ermöglichen konnte, wird der heutige Bär zunehmend mehr zur Touristenattraktion der Leute. Nachfrage und Bedarf regeln das Angebot. Es wäre erstrebenswert, dass jeder Tourist auf dieses „einzige, kleine und kurze Foto mit dem süßen Bären" verzichten würde, nicht nur im Sinne des Tierschutzes, sondern auch der Arterhaltung. Fast jeder touristisch angestellte und arbeitende Bär wurde zuvor aus dem Freiland entfernt und ist aus der wilden Population unwiederbringlich verschwunden. In einigen südlichen Ländern ist die Populationszahl relativ niedrig und braucht jedes Einzelindividuum.

Weissagende Kraft des Bären

Der Bär hatte nach altem Glauben eine ganz wichtige weissagende Kraft und anhand seines spezifischen Verhaltens konnte er gewisse Dinge anzeigen. Somit war dies zumindest ein praktischer Nebeneffekt der Bärenhaltung. Nach altem osteuropäischen Glauben bekommt man viel Glück, wenn man einen Bären sieht. Somit könnte also das Besuchen von Jahrmärkten mit Bären auch zur Glücksfindung gedient haben. Erst im 18. Jahrhundert änderte sich bisweilen dieser glückverheißende Gedanke: Demnach hat man bei den Siebenbürgern in seinem Unternehmen harte Zeiten zu erwarten, wenn man einen Bären sieht.

Der Bär hatte jedoch auch moralische Unterteilungskraft, weshalb man im (slawischen) Hinterpommern Folgendes glaubte: Brummt der Bär beim Anblick eines Mädchens, ist es nicht mehr rein, sondern eine heimliche Hure.

Heute denken wir beim Thema Tanzbären an eine ganz bestimmte Bevölkerungsgruppe, die vornehmlich diese Tiere vorführt. Zu Anfang jedoch haben sämtliche Volksgruppen mit dieser Art der Bärenhaltung begonnen, selbst wenn sie heute oft in den Händen der Roma (ehemals Zigeuner) liegt. Jedoch galt der Bär den Roma nicht immer nur als Erwerbsmittel, oder zumindest nicht in der Form, wie wir es heute vorfinden:

Ein aufrecht gehender Bär galt den schwangeren Frauen als glücksverheißend.
Spielende Bärenjunge zeigen einem Brautpaar Treue und Glück.
Bärenspuren verheißen immer Glück.

Dem Bären unterstellt man auch die Fähigkeit, Dämonen und tote Geister aufzuspüren. Kein Wunder also, dass man Bärenkrallen eine schützende Wirkung vor dem „bösen Blick“ nachsagt:

Brummt ein Bär, hat ein „Zigeuner“ auszuspeien, denn dann sieht das Tier einen Toten.

Roma wurden inklusive ihrer kundigen Tiere zu einer Art Wünschelrute, mit deren Hilfe man den Behexungs- und Verhexungsgrad der Haustiere sowie deren Stallungen erkennen konnte. Des Weiteren hatten Bärenherr und Bär durch ihre Anwesenheit und die speziellen Zaubersprüche die Fähigkeit, Heim, Hof sowie Tier und Mensch zu enthexen und somit den Frieden wiederherzustellen. Aus dem Preußen des ausgehenden 19. Jahrhunderts liest man über die Hexerei Folgendes:

Es hält nicht schwer zu gewahren, ob wir selbst, unsere Kinder oder unser Vieh verhext, verrufen sind. Die frischesten Kinder fangen an zu quimen, das heißt dahinzuwelken, das gesundeste Vieh kränkelt, wenn es verrufen ist;

Durch Zauberspruch verrufene Menschen und Thiere bekommen ein Zittern in den Gliedern, so dass sie weder gehen noch stehen können, auch bricht ihnen heftiger Schweiß aus. Will man erfahren, ob ein ungetauftes Kind verrufen ist, so braucht die Mutter nur mit der Zunge über seine Stirn zu fahren; zeigt sich ein salziger Geschmack, so ist die Verrufung außer Zweifel. Verrufene Kinder weinen heftig.

Wenn die Milch, noch während sie süß ist, schon gerinnt und lang ist, so ist die Kuh verhext.
(aus *Hexenspruch und Zauberbann. Ein Beitrag zur Geschichte des Aberglaubens in der Provinz Preußen,* H. Frischbier, Berlin 1870)

Im slawischen Litauen konnte man die Verhexung des Viehs so erkennen:

Wenn eine sonst gute Kuh mit einem Male nur wenige oder rötliche Milch gibt, oder wenn diese, was übrigens oft genug vorkommt, nach Kuhdünger riecht, ist sie verhext. Das gilt auch bei einem plötzlichen Einsetzen von Krankheit.

An dieser beunruhigenden Stelle wurden oft Roma mit ihren Bären gerufen, um die Schwere des Verhexungsgrades festzustellen. Anschließend konnten sie den Bann aufheben. In der Provinz Preußen schenkte man dieser Art der Dämonenbezwingung und Enthexung nicht besonders großes Vertrauen, weshalb folgende aufrüttelnde Mahnung an die Bevölkerung durchgegeben wurde:

In letzter Zeit sind die Bewohner sehr häufig durch Bärenführer geprellt worden, welche vorgaben, ihre Thiere seien im Stande, die Hexerei zu wittern.

Ist der Stall verhext, so geht der Bär nur gezwungen hinein – welche Weigerung regelmäßig erfolgt.

Nun wird der Preis gemacht, um welchen der Bärenführer den Zauber entfernt. Es sind 1 bis 10 Thaler gezahlt worden. Die Bannung des Zaubers gelingt jedesmal; der Bär geht zum Beweise, daß der Stall nunmehr vom Zauber rein ist, ohne Zaudern in denselben.

Der Bär als Produkt in unserer Zeit

Leider blüht selbst in unserer aufgeklärten und nahezu übertechnisierten Welt immer noch das Geschäft mit dem Bären für medizinische Zwecke. Die Bilder aus den Bärengallenfarmen haben viele Menschen im Kopf. Das große Waldtier, entweder aus freier Wildbahn oder aus Nachzuchten, wird auf winzig-kleinem Raum gehalten, wobei man eine Drainage legt, mit deren Hilfe man zeitlebens den kostbaren Gallensaft abzapfen kann. Dieses teure Tröpfchen wird bei einer riesigen Palette von Krankheiten angewendet, inklusive gegen Krebs. Gelegentlich reicht man auch Bärengallenwein. Des Weiteren wird der frischen oder getrockneten Galle in Form von Salben, Pasten, Tabletten und diversen anderen Verarbeitungsmöglichkeiten inklusive dem Frischverzehr eine grenzenlose Heilwirkung nachgesagt. Tausende von Bären fristen aus diesem Grunde ein erbärmliches Dasein oder werden (il)legal getötet.

Chemie des „Wundermittels": Bärengalle bzw. ihr Saft enthält nachweislich eine Substanz, eine organische Säure, die sich aufgrund ihrer Wirkung zumindest für die Auflösung von Gallensteinen als hilfreich erweist. Jedoch kann man diese Säure auf synthetische Weise, also im pharmazeutischen Labor, effektiver, hochwertiger, hochkonzentrierter und reiner herstellen. In den Vereinigten Staaten wird dieser synthetische Stoff unter dem Namen „Actigall" vertrieben. Des Weiteren gibt es gleichwertige pflanzliche Alternativen. Für sämtliche andere oft aufgeführte Heilwirkungen konnte bis jetzt kein wissenschaftlicher Beweis erbracht werden.

Leider ist die Tradition, dass nur die aus einem Bärenorganismus gewonnene Substanz die erhoffte Wirkung erzielt, noch tief verwurzelt. Außerdem hängt an diesen Produkten ein ganzer wirtschaftlicher Sektor inklusive Restaurants und Gaststätten, da bereits das Verspeisen von Bärenfleisch eine heilende Wirkung haben soll. Im Jahre 1998 wurde eine Bärengallenblase, die etwa daumengroß ist, in China für eine Summe von 3.500 $ gehandelt.

Vor allen Dingen der Kragenbär oder asiatischer Schwarzbär (*Ursus thibetanus*), der Lippenbär (*Melursus ursinus*) und der asiatische Braunbär sind demzufolge stark davon betroffen. Oft genug werden Braunbärenexemplare aus der benachbarten Russischen Föderation importiert, wobei das Töten von ein oder zwei dieser Individuen das Jahresauskommen einer ganzen Familie bestreiten kann. Viele russische Bärenforscher bewerten diese Entwicklung als sehr bedenklich, da ganze Populationen örtlich verschwinden. Offensichtlich werden sogar amerikanische Schwarzbären für diese Art der Heilverwendung verwendet. Illegal geschossen, importiert der Ferne Osten Tausende dieser Tiere. Der interessierte Teil umfasst nahezu den gesamten asiatischen Bereich, China, Japan, Thailand, Taiwan, Singapur, Korea …

Tierschutzwidrige Medizin: Nicht viel besser ergeht es auch weiteren, teilweise stark gefährdeten Wildtierarten, wie Tiger und Schlangen, die für die Verwendung nahezu aller Körperteile stark dezimiert werden. Durch den Ausbau der Bärenfarmen hat der Druck auf die wildlebenden Bären auch keineswegs nachgelassen. Man kann eher das Gegenteil behaupten, da aufgrund der immens hohen und immer mehr steigenden Nachfrage die Produktivität der errichteten Farmen überfordert wird und demzufolge sehr oft auf die (illegal) bejagten Tiere zurückgegriffen werden muss.

Im Zuge des Asientrends werden auch immer mehr dieser Produkte in westliche Länder importiert. Alles das, was den Alterungsprozess aufhalten soll und die körperliche Fitness auf verschiedenen Gebieten erhöhen könnte oder, eingelegt in Alkohol, einer Geschmacksverbesserung dient, wird hierbei gerne und vielleicht oft unwissentlich eingeführt. Obwohl das Bild der „Bärengallenfarmen" recht gut bekannt ist, sollte es sich so mancher Tourist gelegentlich ins Gedächtnis rufen. Auch hierbei geht es nicht immer nur um Tierschutz, sondern, im Hinblick auf den bedrohten Status vieler verwendeter Tiere, insbesondere um Arterhaltung.

Tiergärten

Ganz pragmatisch kann man eine Liste darüber anfertigen, in welchen Punkten ein Bär vom Zooleben profitiert und was ihm dabei abgehen könnte:

Das Plus
- regelmäßiges Futter
- veterinärmedizinische Versorgung
- gefahrloses Leben: Kein Kampf ums Überleben

Das Minus, zumindest als bestehendes Risiko
- körperliche und geistige Mangelerscheinungen
- Depression aufgrund von Langweile
- Muskelabbau aufgrund beengter Platzverhältnisse

Die Geschichte der Zoos begann eigentlich mit den so genannten „Menagerien". Das waren Unterbringungen, meistens in Königs- und Fürstenhäusern situiert, die verschiedene Wildtiere mit dem Ziel der Aus- und Zur-Schau-Stellung für den Adel beherbergten. Später dann wurden Tiergärten und Zoologische Gärten auch für das normale Volk errichtet und zugänglich gemacht. Diese Orte dienten vor allen Dingen der Belustigung und Unterhaltung der Menschen. Viele dieser frühen Orte waren vom tierschützerischen Aspekt nicht richtig angelegt, die Gehege waren zu klein und zu eng.

Die heutige Aufgabe eines modernen Zoos wird vielfältiger definiert: Sie stellen Orte der Erholung und der Aufklärung dar. Menschen sollen die Tiere bei ihrem Besuch nicht nur sehen und kennenlernen, sondern dabei auch etwas über diese lernen können. Des Weiteren soll der Besucher sensibilisert werden, vor allen Dingen für den Arten- und Naturschutz. Viele Tierarten gelten in ihrem natürlichen Verbreitungsgebiet als gefährdet oder gar stark bedroht. Durch das Herzeigen dieser Arten erhofft man sich, dass zumindest einige der Betrachter ihre eigenen Gewohnheiten im Sinne des Natur- und Artenschutzes verändern, beispielsweise keine Möbel mehr aus Tropenholz ohne entsprechende Zertifikate, keine Raubtierfelle, keine (ohnehin illegalen) Souvenirs aus Elfenbein mehr kaufen usw. Die so definierte „Naturschutzerziehung" sollte demnach am Menschen selbst ansetzen. Fachliche Führungen, Informationstafeln und Infostände werden als Mittel genannt, um die offenen Fragen der Besucher beantworten zu können, wobei es per definitionem wichtig ist, „dass der Mensch auch ein Interesse mitbringt". Ansonsten haben dergleichen Versuche kaum Erfolgsaussichten. Attraktivität der Informationsgelegenheiten und knappe, aber umfassende Aufschriften werden demnach gefordert, weshalb dieser Sektor auch einen Anteil an Marketing beansprucht. Somit könnten eventuell gesammelte Spendengelder auch Freilandprojekte unterstützen, beispielsweise auch durch eine Patenschaft von einzelnen Zoobewohnern, mit dessen Geld ein Verwandter im Freiland gerettet werden kann usw. Außerdem kann im Zoo prinzipiell auch Forschung betrieben werden, da man einige der Fragen klären kann, die im Freiland nur sehr schwer zu untersuchen sind:

- Mithilfe von non-invasiven Methoden (wie etwa Ultraschall) erhält man Einblick ins Körperinnere
- systematische Datensammlung über Paarungszeit, Tragezeit und Körperparameter
- Welche Tissue-Proben kann man zur Identifizierung verwenden (illegaler Handel)?
- Vergleichende Verhaltensbeobachtungen
- Ernährungsstudien

In wieder anderen Fällen dient der Zoo als Grundstein für Rückzüchtungen bereits ausgestorbener Tierarten, wie dem Auerochsen, sowie als Zuchtstation für Auswilderungsprojekte von gefährdeten Tierarten (wie zum Beispiel dem Flusspferd oder den Przewalski-Pferden).

In der Praxis will der Besucher jedoch auch die Tiere sehen, und zwar möglichst nahe und lange. Demzufolge kann ein entsprechend großes Gehege, in welchem sich ein Tier auch richtig bewegen kann und dabei von mehreren Seiten betrachtet werden kann, den theoretischen Gedanken nur unterstützen: Was dem Menschen gefällt, was er interessant findet, das wird er eher schützen. Ein trauriger (Bären-)Zeitgenosse auf kleinem Grund löst maximal Mitleid aus und führt eher dazu, dass der tägliche Zustrom an Menschen abnehmen könnte.

Welche Rolle hat der Braunbär?

Der Braunbär, *Ursus arctos*, ist zahlenmäßig prinzipiell nicht gefährdet. Nachdem man sich darauf geeinigt hatte, dass es nur die eine Art „Braunbär" gibt und nicht, wie früher angenommen, Dutzende von Braunbärunterarten, gibt es noch keine offiziellen Warnungen hinsichtlich seines Verschwindens von der Erdoberfläche. Was jedoch auf lokaler Ebene in bestimmten Ländern passiert sowie mit den definitiv genetisch unterschiedlichen Subpopulationen, ist demnach in der Gesamtaufrechnung nicht verrechnet. Der Bär ist zweifelsohne ein attraktives Tier, sei es aufgrund seines Aussehens, seiner Größe oder eventuell wegen des Reizes seiner Gefährlichkeit. Seine Fähigkeit zur Zweibeinigkeit fasziniert den Menschen, aufgrund seines wolligen Felles guckt man ihn gerne an und oft genug wird er sogar als „sympathisch" in seinen Bewegungen bezeichnet, mal langsam und dann wieder schnell. Der Bär wird demnach zum Botschafter seines „Staates Wald".

In den Ländern, wo der Bär noch heute präsent ist, sind vor allen Dingen die zunehmende Schrumpfung der bewaldeten Flächen durch den Städteausbau und die Zerschneidung der Landschaft durch Schienen und Straßen die Faktoren, die nicht nur ihm selbst, sondern dem ganzen Ökosystem an sich gefährlich werden können. Zusätzlich beheimatet der Wald daneben auch andere teilweise großflächig lebende Tiere, welche ebenfalls auf ein unberührteres Gebiet angewiesen sind.

Gerade in den osteuropäischen Ländern ist der Status der Gehege in Zoos oft unbefriedigend. Bisweilen findet man in kleinen Betonabschnitten apathisch sitzende Tiere, welche ihrer so heroisch formulierten Aufgabe keinesfalls nachkommen können. Was in anderen Ländern kritisiert wird, findet auch hier oft Übereinstimmungen. Viele Zoos sind sich dennoch dieser Situation bewusst, wenn es auch an den entsprechenden Mitteln für eine Abschaffung dieser Bedingungen fehlt. Es wäre also zu einfach, eine simple Schuldzuweisung

an die Betreiber zu machen. Im Zoo von Bratislava fanden wir demnach einige Bären, die es offensichtlich nicht besonders gut getroffen hatten. Die Zoodirektion versprach in einem öffentlichen Brief Abhilfe und bat um Spenden. 2008 wurde das Gehege verbessert, bemalt und mit Bäumen und Autoreifen zum Spielen ausgestattet. Leider befinden sich die Bären noch immer auf sehr kleinem Raum. Der Zoo liegt mitten in der Stadt, was eine weitere Expansion unmöglich macht. Außerdem ist hier zusätzlich der Dinopark mit verschiedenen Plastiksauriern angesiedelt. Das Schicksal der Individuen dort bleibt somit zweifelhaft.

Ein trauriger Bär in Beton

Bärengehege im Zoo Košice. Erfreuliche Alternative dank Elektrozaun

In Košice zeigt sich ein anderes Bild. Die Gehege der Bären sind mit einem Elektrozaun umzäunt und umfassen eine sehr große Fläche inklusive Bäume und Wiese. Besucher bleiben lange stehen und beobachten die sich bewegenden Tiere. Durch natürliches Substrat können sie sich beschäftigen, wie buddeln und an den Bäumen reiben. Einige Pflanzen mussten demzufolge auch vor den „Verbiss- und Kratzschäden" am Stamm geschützt werden. Natürliches Substrat deckt darüber hinaus einen Teil der Ernährung, da Bären sich des Öfteren von Gras ernähren, ein zusätzliches wirtschaftliches Plus.

In einem anderen im Osten der Slowakei gelegenen Privatzoo finden sich zwei Tiere aus dem Freiland zusammen in einem sehr kleinen Käfig. Sie pendeln unentwegt auf und ab, vermeiden dabei aber jeglichen Blickkontakt. Ihre gegenseitige Anwesenheit scheint ihnen nicht gutzutun, sondern sie eher mehr zu stressen. Bären sind solitär lebende Tiere und vermeiden im Freiland meistens die Begegnung mit Artgenossen. Bei den beiden hier untergebrachten Tieren handelt es sich um in der freien Natur problematisch gewordene Individuen, die im Erwachsenenalter gefangen wurden und dann in diesen mehr als winzigen Käfig gesperrt worden sind. Es ist kaum möglich, mehr als fünf Schritte in eine Richtung zu gehen. Es ist verwunderlich, dass niemand diesen Zustand als grausam erkennt und somit etwas dagegen tut.

Die „privat" gehaltenen Bären: In Ausnahmefällen werden in der Slowakei Bären von Privatleuten gehalten, wobei der rechtliche Status in diesen Fällen nicht eindeutig geklärt ist. Somit befinden sich diese Bären inklusive der Besitzer in einer rechtlichen Grauzone.

Ein im Zoo Bojnice befindlicher Bär wurde mit nur wenigen Monaten konfisziert, da auch er für eine Privathaltung bestimmt war. Die Bedingungen der Tiere schwanken demnach je nach „Veranlagung, finanzieller Lage und Verständnis" der Besitzer.

Zoo Bojnice und die jährliche Frage: Was tun mit den (verwaisten) Bärenjungen

Der Zoo wurde in den 1950er-Jahren erbaut und sollte anfangs nur die Tierwelt der Slowakei beherbergen, um der Bevölkerung ihre eigenen tierischen „Schatze" zu zeigen, wozu auch der Braunbär zählt. Später wurden auch andere Tierarten aus entfernteren Teilen der Erde aufgenommen, inklusive verschiedener Bärenarten. Heute beherbergt der Zoo erneut wieder nur Europäische Braunbären, die in zwei nebeneinander angelegten Gehegen untergebracht sind. Wie in vielen anderen Tiergärten besteht das Gehege aus Beton, da man diesen als leicht zu reinigen und demnach als sehr hygienisch einstufte. Heute sind für die Bären zu Trainigzwecken und für die Abwechslung Baumstämme und Felsen in das Gehege eingebracht worden. In jedem Gehege ist ein kleiner Wassergraben, in welchem die Tiere vor allen Dingen im Sommer gerne zum Schwimmen gehen.

Slowakische „Bärenwaisen"

Das Betreuen und der Umgang mit jeglichen Wildtieren aus dem Freiland ist per Naturschutzgesetz in der Slowakei verboten. Auch eventuell verletzte oder kranke Tiere dürfen nicht von Privatleuten untergebracht werden. Demzufolge benötigt es vom Gesetzgeber aus-

Zwei Bären im Zoo Bojníce

gewiesene Institutionen, welche mit dieser verantwortungsvollen Aufgabe betreut werden. Diese verantwortungsvolle Aufgabe darf in der Slowakei nur vom Zoo Bojnice übernommen werden, der demzufolge die Ausnahmegenehmigung erhalten hat, sämtliche Wildtiere aufzunehmen. Daraus resultiert jedoch auch die bedingungslose Pflicht, jedes Wildtier aufzunehmen, somit auch erwachsene Bären und sämtliche im Freiland gefundene Bärenjungtiere. Hierbei ist nicht berücksichtigt, ob der Zoo überhaupt die Kapazität hat, sei es aus personeller, räumlicher oder finanzieller Sicht. Der Zoo muss, ob er kann oder nicht. Viele Angestellte des Zoos beurteilen diese Regelung als eher zweifelhaft. Was sagt nun der Zoo?

Nach Originalaussage sei alles für die Leute draußen in Ordnung, wenn sie einen Bären bei uns abgeliefert haben. Was wirklich mit diesem Tier passiert oder wie wir mit dieser schwierigen Situation umzugehen oder gar zu kämpfen haben, interessiert im Endeffekt keinen. Verwaiste Bären sind ein Problem, das uns jedoch nicht aufgebürdet werden kann. Mit vielen Bemühungen und Schwierigkeiten versuchen wir seit mehreren Jahren, unseren Tieren langsam und in kleinen Schritten die nicht immer optimalen Bedingungen zu verbessern. Auch sind wir stetig auf der Suche, in anderen Tiergärten, vornehmlich im Ausland, für unsere Tiere ein neues zu Hause zu finden. Somit schaffen wir wieder mehr Platz für die hier verbleibenden. Kommt jedoch mit gewisser Regelmäßigkeit immer wieder ein Bär aus dem Freiland hinzu, sei es ein so genanntes Waisenkind oder gar ein erwachsener und habituierter Bär, was noch viel schlimmer ist, stehen wir erneut vor dem Platzproblem. Gelegentlich und in Abhängigkeit der Zahl der plötzlich aufzunehmenden Bären spitzt sich die Situation für die Tiere dramatisch zu. Ohne das Personal, welches oft sehr viele unbezahlte Überstunden macht, wäre vieles nicht zu schaffen und wir sind somit schon oft an einer Katastrophe vorbeigeschrammt.

Momentan ist es so, dass jeder glücklich umgezogene Bär uns nur vorübergehend etwas Luft für die eigentlich sehr platzbedürftigen Bären schafft. Kaum haben wir etwas Spielraum, kommen schon die nächsten Bären. Niemand interessiert es, wo das Tier im Endeffekt hinkommt oder wie es verbleibt. Niemand macht sich Gedanken, wie wir eine solche Überbevölkerung an Bären überhaupt bewältigen können. Selbst nicht mal dann, wenn wir, überspitzt gesprochen, einen Neuzugang nur noch in einem Büro unterbringen würden. Wir haben 20 ha zusätzlich, welche dem Zoo gehören. Mit einem finanzierten Projekt könnte man demzufolge gerade für die Bären einiges verbessern.

Seit Jahren planen wir ein Forschungs- und Ausbildungszentrum. Neue, großflächig angelegte Gehege mit natürlichem Substrat sind nicht nur attraktiv, sondern würden unsere Bären endlich aus dem Beton herausholen. Forschung könnte betrieben werden usw. Bis dato haben wir keine Finanzierung erhalten. Was wir aber nicht mehr wollen, auch nicht bei einem ermöglichten Ausbau, ist, dass ohne unsere Zustimmung der Bärenbestand erhöht wird, sei es durch ein Waisenkind oder durch einen problematischen Bären, der ohnehin nicht in einen Tiergarten gehört, weil er zeitlebens leidet. Bis dato müssen wir noch immer aufnehmen und alle Anträge auf einen solchen Ausbau wurden zurückgewiesen.

Anmerkung: Aufgrund des Auftauchens von Dežo wurde eine umfangreiche Recherche in weiten Teilen Europas betrieben, um für den Bären ein neues Zuhause in einem anderen Land zu ermöglichen. Viele internationale Tierschutzorganisationen bestätigten, dass der „europäische Bärenmarkt" hoffnungslos überfüllt ist. In vielen Ländern sitzen sehr viele Tiere buchstäblich „auf der Straße" und ihre Zahl wird noch viel mehr steigen, da man so manchen Tiergarten aufgrund der unsachgemäßen Bedingungen zu schließen plant. Demzufolge heißt es selbst von einigen diesen Organisationen, junge Bären im Freiland zu belassen und problematische Tiere zu euthanasieren.

Eine Lösung bei der Auffindung von verwaisten Jungtieren ist, diese wieder ins Freiland zu entlassen und somit ihrem Schicksal zu überlassen. Die Überlebenschancen sind zwar gering, jedoch handelt es sich um einen natürlichen Prozess, der ohne Anwesenheit des Menschen nicht anders verlaufen wäre. Ist das Jungtier stark genug, hat es zumindest eine geringe Chance zu überleben. Ist es sehr schwach oder krank, erliegt es nach kurzer Zeit seinem Schicksal. Diese Meinung wird von vielen Wildbiologen in den Ländern vertreten, welche eine ansehnliche Population von Braunbären beheimaten und demzufolge keine Gefahr besteht, dass die Bären auf kurz oder lang verschwinden könnten. Oft ist die Population zahlenmäßig sogar groß genug, so dass einige Individuen pro Jahr geschossen werden können, ohne diese Anzahl zu verringern oder sogar in ihrem Anwachsen zu gefährden.

Gegenargument hierzu ist, dass ein gewisser Prozentsatz dieser Bärenwaisen erst durch die Schuld des Menschen entsteht. Teilweise könnte die Mutter gewildert oder unsachgemäß erschossen worden sein, ohne dass sich der Jäger zuvor vergewissert hat, ob das in der Schusslinie auftauchende Tier unter Umständen eine Mutter mit Anhang ist.

Weiterer Argumentationspunkt ist das stetig anwachsende Verkehrsaufkommen auf Schiene und Straße, welches immer wieder (weibliche) Bärenopfer fordert und demzufolge auch wartende Jungtiere in versteckten Bärenhöhlen zurücklässt. Demzufolge hat der Mensch nahezu eine Verantwortung, sich diesem Problem umsichtig anzunehmen und für die auftauchenden Bärenwaisen Sorge zu tragen – in welcher Form auch immer.

Der russische Biologe V. S. Pazhetnov entwickelte seine eigene Methode, um verwaiste Jungbären so aufzuziehen, dass sie sich nicht an den Menschen gewöhnen und darüber hinaus selbstständig genug werden, um sie wieder in die Wildnis entlassen zu können. Er fand heraus, dass dieser Zeitpunkt bereits bei einem Alter von 7 bis 8 Monaten erreicht ist. Kritiker bemerken, dass der Biologe keine Möglichkeit hatte, die Bären mithilfe der Radiotelemetrie nachhaltig zu verfolgen. Das einzige, was diese Tiere bekamen, war eine Ohrmarke. Das Team beobachtete die Schlafplätze der von ihnen ausgewilderten Jungbären und verzeichnete ihr erneutes Auftauchen im darauffolgenden Frühjahr. Somit gingen sie davon aus, dass der Bär nun alle erforderlichen Hürden bis zur Selbstständigkeit erfolgreich gemeistert hat. Auch wenn einige Menschen diese Möglichkeit bei der Auffindung von verwaisten Jungtieren bevorzugen, kann sie nicht überall greifen, da die dort ausgewilderten Tiere in ein Gebiet kamen, das absolut bären- und fast menschenfrei war.

Warum sammelt sie der Mensch überhaupt ein? Verwaiste oder einsame Bärenkinder üben eine ungeheuerliche Faszination auf die menschlichen Finder aus, was umgehend mit Mitleid oder einem Bedürfnis zu helfen beantwortet wird. Die drolligen kleinen Wesen erfüllen alle Kriterien des Kindchenschemas (siehe Kapitel Familienleben, S. 44) wozu ihr rundliches Gesicht, die untersetzten Körperproportionen und ihre an Krabbeln erinnernde Fortbewegung wesentlich beiträgen. Zusätzlich sind sie mit einem flaumigen weichen Fell behaart und ihr kleines Gesicht mit der leicht vorstehenden schwarzen und schwammigen Nase sowie den winzigen abstehenden Ohren wird einfach niedlich gefunden.

Viele Emotionen sind mit im Spiel, was diese Diskussion zu einem gefährlichen Pflaster macht und eigentlich einer schnellen und klaren Regelung bedarf. Das folgende Beispiel zeigt, dass ein nicht professionelles Aufziehen und die fehlende Regelung für die anfangs „ach so niedlichen" Bärenkinder sehr oft tragisch endet.

Dežo

Herkunft: Das Junge wurde am 26. Februar 2007 im Wald bei Banská Štiavnica gefunden, zusammen mit seinem toten Geschwisterchen. Zu diesem Zeitpunkt wog er ein Kilogramm und war etwa zwei Wochen alt. Was den Verbleib der Mutter betrifft, vermutet man einen illegalen Abschuss, jedoch fehlen jegliche Beweise.

Verbleib: Da sich niemand für das Kleine verantwortlich fühlte, kam es in die Obhut des für dieses Revier verantwortlichen Försters. Anfangs wurde der Kleine im Haus gehalten und alle zwei Stunden gefüttert, was auch für die nächtlichen Stunden galt. Als er an Gewicht zunahm und immer aktiver wur-

Dežo (sprich Descho) im Alter von zweieinhalb Monaten. Name der Roma, bedeutet soviel wie Nichtsnutz

de, wobei leider die Möblierung des Hauses stark in Mitleidenschaft gezogen wurde, siedelte man ihn in die hölzerne Garage um. Nach einiger Zeit verlängerte der Förster die Abstände zwischen den Fütterungen auf alle vier Stunden.

Von Anfang an war die gesamte Familie des Försters mit einbezogen, er selbst, seine Frau, die Schwiegermutter und gelegentlich auch die Tochter. Der junge Bär wurde ab und zu freigelassen, um sich im hauseigenen Garten „auszutoben". Die Futterkosten für Milchpulver und Babybrei wurden von der Staatlichen Naturschutzbehörde erstattet, was jedoch nicht genug war. Nicht nur die viele Arbeitszeit und der Schlafmangel konnten auf diese Weise zurückerstattet werden, sondern auch die „Zerstörungswut" des Kleinen, ausgelöst durch den unbegrenzten Spieltrieb, kostete der Familie einiges an Geld.

Bereits bei unserem ersten Besuch gibt der Förster zu, sehr müde zu sein, was sich beim zweiten Besuch noch verstärkt hat, und er meint, dass er das nicht mehr lange machen kann. Trotz Urlaub kommt er der Arbeit mit dem Bärenkind kaum hinterher und hat nur wenig Zeit, um sich zu erholen. Obwohl nachts nicht mehr gefüttert wird, ist Dežo mittlerweile sehr aktiv und verlangt eine Rundum-Betreuung von halb sechs Uhr morgens bis acht Uhr abends. In der Zwischenzeit klettert er auf die Apfelbäume und am Balkon hoch, rennt und stolpert durch den Garten, gräbt das kleine Feld um, rupft Gräser und andere leichtere Pflanzen aus und reißt Zweige von den Bäumen. Zudem ist Dežo mittlerweile so an seine menschliche Ziehfamilie gewöhnt, dass er jedesmal nach dem Aufwachen nach ihnen weint und schreit. Schwierig ist für ihn zudem die Tatsache, dass er aus Sicherheitsgründen das Haus nicht mehr betreten darf, so dass die schöne geschnitzte Haustüre zum Schutz gegen das einsetzende Zerkratzen mit einer anderen alten Türe abgedeckt worden ist.

Mittlerweile wiegt Dežo ein überdurchschnittliches Gewicht von dreizehn Kilo. Schon heute hat er zweieinhalb Liter an Griesbrei verspeist und fühlt sich augenscheinlich ziemlich wohl in seiner vorübergehenden Ersatzheimat. Sein Fell wirkt flaumig, er ist dunkelbraun und hat eine durchgehende weiße Halskrause sowie braune Augen. Er erklimmt alles, was nicht niet- und nagelfest ist. Auf die Bäume rauf und runter, durchs Gras, dann nimmt er sich einen Stecken und tollt mit diesem wild herum. Mit dem Stock im Maul rollt er auf dem Rücken herum, setzt sich immer wieder auf und verändert mit Hilfe seiner Pfoten die Bissstelle. Auch das kleine Feld scheint er mit Begeisterung umzugraben und er scharrt munter tiefe Löcher in die trockene Erde. Dennoch handelt es sich bei diesem „lustigen und niedlichen" kleinen Zeitgenossen um einen Bären, der das Repertoire sämtlicher natürlicher Verhaltensweisen beherrscht. Diese zeigt er auch deutlich gegen „fremde Besucher". Bei seinen mehr als wilden Spielen wurden aber sogar schon Mitglieder der jetzigen Pflegefamilie verletzt.

Wenige Tage später spitzt sich die Situation mit dem Jungbären mehr als zu. Aufgrund der übermäßigen Fütterung mit Griesbrei, Gemüse, Früchten, Brot und Pommes Frites wiegt er bereits 15 kg. Zudem terrorisiert das Jungtier die Familie, wie beispielsweise „beim Zu-Bett-Bringen". Somit „verlangt" er, dass jemand so lange anwesend ist, bis er eingeschlafen ist, andernfalls fängt er an zu schreien.

Wer trägt wirklich die Verantwortung? Jetzt kann man schnell und einfach sagen, dass der Förster alles falsch gemacht hat. Der Bär ist nicht nur an den Menschen habituiert, sondern komplett verzogen und erinnert in seinem Verhalten an eine traurige Karikatur eines sonst so starken Wildtieres. Leider hat keine der verantwortlichen Stellen der Familie geholfen oder irgendwelche Anweisungen gegeben. Somit ging aus lauter Mitleid mit dem Jungbären fast alles schief.

Dieser traurige Fall zeigt die ungeklärte slowakische Situation bezüglich solcher Jungbären und die Unzuverlässigkeit von behördlicher Seite, sich endlich diesem Thema anzunehmen und es nicht auf dem Rücken von Privatpersonen oder dem Zoo auszutragen. So ein Wildtier gehört maximal in ein groß angelegtes Gehege, gut und sicher abgesichert.

Als Letztes wendet sich der Mann an Biologen, die keine Verfügungsgewalt haben und deren Ratschläge leider ohne Erfolg bleiben. Die eigentlichen Verantwortlichen, die einen besseren Überblick über die gesamte Situation und die rechtliche Lage haben sollten, sind bis dato verschollen.

Dežos traurige Karriere als Nimmersatt: Vor dem Zaun hat sich mittlerweile eine riesige Traube Menschen gebildet, die alle fasziniert und begeistert den Kleinen anstarren und permanent und unentwegt seinen Namen rufen. Zusätzlich wird der Bär mit allen möglichen Sachen gefüttert, die niemals auf der Speisekarte eines wilden Bärens stehen würden: Süßigkeiten jeglicher Art, wie etwa mit Schokolade gefüllte Waffeln, pure Schokolade, Kekse, Bonbons und was sonst nicht noch alles. Die Leute strecken ihre „beköderten" Hände durch den Gartenzaun, rufen immer wieder und wieder den Namen und klopfen an den Zaun.

Klein-Dežo verhält sich wie ein gut erzogener Zirkusbär. Ohne Scheu kommt er langsam auf die Leute zu, die daraufhin kreischend das Futter fallen lassen. Er hebt die süßen Leckereien ganz ruhig und langsam auf, lässt sich daraufhin auf seinen Hintern fallen und frisst somit Süßigkeit um Süßigkeit. Zusätzlich liegt neben ihm eine riesige, frische Baguettestange und außerdem befindet sich in einer relativ nahen Distanz der übervolle Griesbreinapf. Kein Wunder also, dass er es mittlerweile auf ca. 18 kg bringt.

Der Bär hat sich in diesen 9 Tagen verändert. Als wir das letzte Mal hier waren, zeigte er noch das typische defensive Verhalten fremden Eindringlingen gegenüber inklusive ganz natürlicher Scheu. Aber von diesem natürlichen Verhaltensinventar scheint nicht mehr allzu viel übrig zu sein. Es ist sehr heiß und das Jungtier beginnt heftigst zu hecheln. Sein mehr als wohlgefüllter Bauch, der weit über seine Beine heraussteht, bewegt sich dabei unaufhörlich auf und ab. Er streckt seinen Kopf mit halbgeöffnetem Maul seitlich in die Luft und japst hilflos wie ein Ertrinkender nach Luft. Nur schwer erklimmt er mit seinen Vorderpfoten einen Blumentopf, da ihm der zum Bersten volle Bauch heftig in die Quere kommt. Und er schnappt und schnappt. Es ist schwül und heiß. Normale Bären ziehen sich bei solchen Temperaturen in schattige Rastplätze zurück und vermeiden jegliche Nahrungsaufnahme. Ihr dichtes, dunkles Fell bereitet ihnen schon genügend Schwierigkeiten.

Und noch immer schreien und rufen die Leute auf der anderen Seite des Zaunes und hören nicht auf, immer neue und andere Süßigkeiten durch den Maschendraht zu schieben. Jetzt gibt Dežo allerdings nicht mehr an, er japst und schnappt. Dann wird sein Publikum etwas eindeutiger und Dežo wird nahezu mit Leckereien beworfen. Es ist nicht mehr sicher, ob er sich in seinem jetzigen Schlaraffenland jetzt noch wirklich wohlfühlt. Außerdem ist es zweifelsfrei, dass dieses stattliche, jetzt zwar etwas überfüllte, aber eigentlich sehr schöne Tier niemals ein Leben in der Freiheit führen wird und kann. Er ist jetzt ca. drei Monate alt und sein weiterer Lebensweg ist schon völlig geplant, festgelegt und manifestiert. Leider wird auch sein Weg, bis er ein ganz normaler Zoomitbewohner wird, nach dieser Behandlung sehr schwierig und langwierig werden.

Warum hat der Zoo Bojnice den Bären nicht gleich aufgenommen? Im Jahre 2007 kamen bereits im April zwei andere verwaiste Bärenjunge in den Zoo. Zu diesem Zeitpunkt wusste niemand offiziell von der Existenz eines dritten Jungtieres, das irgendwo versteckt in einem Försterhaus lebte. Im Zoo spitzte sich schon durch die Ankunft der beiden anderen Tiere die Situation zu, da man bezüglich des Platzes improvisieren musste und zusätzlich Mehrarbeit anfiel. Nachdem eine weitere Anfrage hinsichtlich eines unerwarteten neuen Bewohners eintraf, war eine gewisse Zeit zur erneuten Platzbeschaffung nötig.

Der Transport nach Bojnice am 26. Mai 2007: Jetzt endlich sind drei Angestellte der staatlichen Behörde anwesend sowie ein Tierarzt, der dem Bären ein Beruhigungsmittel geben wird. Irgendwann ist der Kleine dann erfolgreich in einem Hundekäfig verstaut und wird in einen normalen PKW eingeladen. Dežo schläft nicht richtig, was in Anbetracht des langen Transportes von etwa 90 Minuten bei den sommerlich heißen Temperaturen für ihn ziemlich beschwerlich werden wird. Umso erstaunlicher ist, dass man ihn direkt unter der Heckscheibe unterbringt, ohne Abdeckung gegen die Sonnenstrahlen. Die Herren starten angesichts der empfindlichen Fracht in einem ungewöhnlich raschen Tempo los, dem man nur schwer folgen kann. Zwischenzeitlich wird nochmals im Büro angehalten, was sich mitten in der Stadt befindet, da wichtige Papiere für die Übergabe des Bären vergessen worden sind. Wenigstens bringt man zusätzlich ein weißes Leinentuch mit, was in etwas hilfloser Art und Weise, da eigentlich zu klein, notdürftig über den Käfig gelegt wird. Dann wieder zurück auf die Autobahn, auf welcher in einem wirklich hohen Tempo gekonnt an der entsprechenden Ausfahrt vorbeigerauscht wird. Eigentlich herrscht auf slowakischen Autobahnen ein Geschwindigkeitslimit von 130 km/h, aber das gilt nicht für Sanitäter und Bärentransporteure.

Nach einem Umweg und dem richtigen Verlassen der Autobahn geht es also über Landstraßen weiter in Richtung Zoo Bojnice. Die kurvenreiche Straße alleine ist eine Herausforderung, auch ohne „bärige Fracht". Falls man zusätzlich zu schnell fährt, ist es notwendig, vor den Kurven heftig abzubremsen, aber wahrscheinlich soll dem Bären die unangenehme Fahrt etwas verkürzt werden.

Endlich erreichen wir die Ortschaft Bojnice und wenig später das zukünftige Zuhause des Jungbären. Dežo wird ausgeladen und kommt dann in die Obhut des Tierarztes, der ihn leicht betäubt, um ihm eine Blutprobe zur genetischen Bestimmung entnehmen zu können und ihn bei dieser Gelegenheit auch gleich zu chippen. Mit diesem Mikrochip unter der Haut kann er dann auch in Zukunft eindeutig identifiziert werden, was unbedingt nötig ist, wenn er denn wirklich in ein anderes Land übersiedeln würde.

Der Jungbär Dežo kam am 26. Mai 2007 in den Zoo Bojnice, vorübergehend in die Quarantänestation, die nur wenige Quadratmeter groß ist und sich im Inneren eines Hauses befindet. Nach slowakischem Gesetz werden aufgefundene Bären wie aufgefundene Haustiere behandelt. Sie müssen drei Monate in der Obhut des Finders verbleiben, da sich in dieser Zeit auch der „wahre Besitzer" erneut melden kann, was im Falle von Bären aber eher unwahrscheinlich ist. Es sei denn, Mutter Bär klopft höchstpersönlich an die Pforte.

Zu diesem Zeitpunkt liefen alle Vorbereitungen, den jungen Bären in ein südliches europäisches Land in eine dortige Bärenauffangstation zu übersiedeln. Somit arbeiteten sämtliche Behörden sehr intensiv an den notwendigen Papieren. Es erschien sinnvoll, den Bären für diese Übergangszeit in der nicht ganz komfortablen Unterbringung zu belassen. Aufgrund der Unseriosität der ausländischen Station kam der ersehnte Transport allerdings nicht zustande. Zusätzlich wurde der Aufenthalt des Jungbären dadurch verlängert, dass die slowakische Seite nicht über die Unmöglichkeit der Aufnahme von Dežo informiert worden war und plötzlich jegliche Kommunikation gestoppt wurde. Durch diese Verzögerung saß Dežo mehrere Monate auf extrem kleinem Raum und wartete.

Exkurs: 23. Januar 2008

Es ist ein kühler, aber heller Morgen. Sanfte Sonnenstrahlen erhellen das Betongehege, das bald die Tribüne für eine ganz außergewöhnliche Begegnung wird. Es ist 9 Uhr morgens und es bleiben noch ca. 20 Minuten, bis Dežo zum ersten Mal seit Ende Mai des letzten Jahres wieder an die Luft kommt und mit den beiden anderen Bärenjungen vom letzten Jahr direkt in Kontakt treten kann.

Vor einigen Wochen schon hat er den ganz kleinen Käfig verlassen und wurde in einem etwas größeren Käfig direkt im Bärenhaus untergebracht. Somit hatte er etwas „Gesellschaft", wenn auch nur durch die Gitterstäbe. Er konnte andere Bären sehen, riechen und eventuell durch die Stäbe hindurch berühren. Auf der einen Seite sitzt in direkter Nachbarschaft das Bärenweibchen Miša (Mischa) und weiter neben ihr die beiden großen Männchen, auf der anderen Seite neben ihm die anderen beiden Jungen vom letzten Jahr, Julo und Eňo (Enjo), und im Anschluss daran die mittlerweile 2-jährigen Bären Edita und ihr Stiefbruder.

Nach etwa zwei Wochen im neuen Zuhause wurde die Gitterwand, die ihn zu seinen gleichaltrigen Nachbarn abgrenzt, für einige Zeit am Tag so hochgezogen, dass sich am Boden ein etwa 20 cm hoher Spalt auftat, durch den die Kontaktaufnahme mit den anderen beiden jungen Männchen erleichtert wurde. Er konnte, wenn er wollte, seine Nachbarn direkt beschnuppern oder sogar berühren. Julo und Eňo auf der anderen Seite der Abgrenzung erwiesen sich als freundlich und interessiert. Sie versuchten, ihre Pfoten durch den Spalt zu schieben, um damit Dežos Pelz betasten zu können.

Die Eisentüre der durch Beton abgegrenzten Bärenunterbringungen öffnet sich und Juhlo und Eňo rennen heraus . Aber nur auf eine kurze Distanz, dann drehen sie sich um und starren auf den dunklen Ausgang. Der kleinere Eňo erklimmt einen nahe liegenden Baumstamm und stiert angestrengt auf das, was sich plötzlich aus der Schwärze löst und den im hellen Sonnenlicht liegenden Asphaltboden betritt. Dežo wirkt unsicher, verängstigt und blinzelt ungläubig ins Licht. Wie ein wenig geblendet, wendet er seinen Blick in die linke Richtung ab, um dann blitzartig wieder umzudrehen und erneut in die Schwärze hineinzulaufen. Schnell ist er wieder da, macht auf dem kleinen Vorhof kehrt und rast erneut zurück. Er ist sehr nervös, nach fast 8 Monaten in konstanter enger und feuchter Dunkelheit erblickt er heute zum ersten Mal ganz normales Tageslicht.

Dežo steht sofort auf den Hinterbeinen, sich mit dem Rücken schützend an die Wand gedrückt. Dann rennt er wieder hastig hinein, zurück in die vermeintliche dunkle Sicherheit. Heute muss für ihn alles sehr neu, sehr ungewöhnlich und sehr aufregend sein. Das ruckartige Auf- und Abrennen, welches ihm kaum Zeit lässt, sich richtig zu orientieren, macht das deutlich. Aber Julo gibt noch nicht auf, er versucht, sich dem neuen Kameraden anzunähern. Langsam pirscht er sich an, den Kopf voraus gestreckt. Dežo fühlt sich offensichtlich bedroht, er hält seinen Körper leicht abgewandt und den Kopf seitlich an seine Schulter gepresst. Von unten herauf beobachtet er den anderen, den Blick zur Seite gewandt, und hechelt.

Dann stellt sich Dežo wieder auf die Hinterfüße, ein wenig weißer Schaum hat sich an seinen Mundwinkeln angesammelt, was zeigt, dass er gestresst ist. Dieses Mal reagiert Julo darauf, erhebt ebenfalls seinen Körper und versucht, den geduckten Dežo mit den Vorderpfoten zu berühren. Dežo richtet sich vollständig auf, hat dabei das Maul geöffnet, schlägt mit den Pfoten in der Luft in Richtung des vermeintlichen Gegners und rennt zum wiederholten Male in das Bärenhaus hinein. Obwohl Dežo sehr nervös hinein- und hinausgerannt ist, verbleibt er nun für einige Minuten im Innengehege. In der Zwischenzeit stehen die beiden Übriggebliebenen ungläubig vor der verschlossenen Türe und schnuppern nach dem Neuankömmling.

Es ist erstaunlich, wie beweglich Dežo ist. Niemand würde ohne das entsprechende Wissen hinsichtlich seiner Vergangenheit behaupten können, dass der Bär so lange kein wirkliches Training hatte und somit seinen knöchernen Bewegungsapparat, die Muskeln und die dazugehörigen Gehirnareale nicht benutzt hat. Sein Laufen und Rennen, das Springen über die plötzlich vor ihm auftauchenden Baumstümpfe wirkt weder holprig noch unkoordiniert. Kein einziges Mal ist er auf seiner rasanten Erkundung gestolpert oder gestürzt.

Vergleichbares hatte man auch in Asien in einer Auffangstation für Bären aus den Bärengallenfarmen an den Tieren beobachten können. Selbst nach jahrelanger Gefangenschaft auf winzig-kleinstem Raum, oft ohne Möglichkeit, überhaupt in dem engen Käfig aufstehen zu können, geschweige denn sich umzudrehen, sind diese Bären nach einer Zeit von ca. 3 Monaten in der Lage, nahezu vollständig zu rehabilitieren, wenn ihre Gliedmaßen nicht verletzt oder anderweitig irreversibel beschädigt sind. Es wird behauptet, dass Bären die einzigen Tiere sind, welche über derartige Fähigkeiten verfügen.

Die Türe geht ein zweites Mal auf und die beiden jungen Bären erwarten offensichtlich schon den Neuzugang. Dieser blickt nun etwas vorsichtiger aus der Öffnung, um sie kurz darauf rasch zu verlassen. Der aufgeregte Bär läuft mehrere Male auf und ab, wobei Julo bisweilen versucht, sich dem Neuling zu nähern. Als Dežo sich erneut in der Tür verschanzt und herausblinzelt, legt sich Julo auf einmal vor ihm auf den Rücken und wackelt mit den Hinterbeinen in der Luft. Dicht an ihn gelehnt ist Eňo und Dežo scheint überrascht, da ihm offensichtlich nichts passiert.

Dežo in der Türe, liegend Julo, an der Wand Eňo

Nach erneutem und nervösem Auf- und Abrennen versucht der Jungbär Julo nun die ersten Spielaufforderungen, die der neuangekommene Bär noch nicht wirklich verstehen kann. Somit reagiert Dežo auf die fortwährenden Annäherungsversuche so, dass er erneut auf den Hinterbeinen steht und sich mit einem Fuß auf dem daneben befindlichen Vorsprung abstützt. Julo ist hierbei sehr nahe und es gelingt ihm der erste Körperkontakt. Er kriecht mit

Dežo vorne mit dem Rücken zum Betrachter, Julo dahinter mit dem Gesicht nach vorn

dem Kopf voraus unter die Achseln des ängstlichen Bären und schmiegt gleichzeitig den Rest seines Körpers an Dežo, der wiederum das Maul geöffnet hat, den Blick von Julo abwendet und einen Schritt in aufrechter Position zurückweicht.

Nun ist auch Julo auf den Hinterbeinen und mit einer Vorderpfote aufgestützt. Dežo hält seinen Kopf nach vorne geneigt, lautlos mit geöffnetem Maul und Julo den Blick seitlich nach unten. Jetzt nähert sich Dežo mit dem Kopf an den anderen an und beschnuppert mit offenem Maul die Stirn und die Augenpartie des zweiten Bären.

Dežo hechelt, reißt das Maul weit auf, er speichelt und auf seinem Rücken sind helle, eingetrocknete Speisereste sichtbar, die davon kommen, dass er sich aus Langweile oft im Futter suhlte. Julo steht daneben mit geschlossenem Maul. Sie drehen sich für eine kurze Zeit im Kreis. Julo hebt seinen Kopf ein wenig aus der nach unten geneigten Position herauf, starrt dem verschreckten anderen Bären jedoch nicht direkt in die Augen. Das Tempo hat sich reduziert, die Stimmung ist entspannter und ruhiger, wenn auch erkennbar ist, dass der neue Bär immer noch Angst hat.

Dežo hält bereits einer weiteren Aufforderung zum Spiel stand, als Julo vor ihm am Boden scharrt.

Als Julo jedoch, wie sonst auch dem kleineren Eňo, die Vorderpfoten auf den Rücken des anderen legen will, duckt sich Dežo verängstigt und rennt fort. Kurze Zeit später wird er im Bärenhaus verbleiben, um sich dort von der neuen Situation erholen zu können.

Im Jahre 2008 wird ein weiteres Bärenjunges in den Zoo gebracht, das nach geraumer Zeit mit den mittlerweile zusammenlebenden drei männlichen Jungbären zusammenkommt. Im gleichen Jahr werden die beiden zweijährigen Bären Edita und ihr Stiefbruder in einem österreichischen Privatzoo untergebracht. 2009 können Dežo und Julo zusammen in einen deutschen Zoo umziehen, während Eňo zusammen mit dem anderen Jungtier im slowakischen Bojníce verbleibt. Unglücklicherweise erreichen bald danach erneut zwei neue, in diesem Jahr geborene Jungtier den Tiergarten, somit ist das ursprüngliche Platzproblem immer noch aktuell. Im Jahre 2011 waren es gleich zwei neugeborene Bären.

Dežo links, Julo rechts davor

Dežo rechts, Julo links

Dežo rechts, Julo links

Tollpatschdasein – der „dümmliche" oder „gemütliche" Bär?

Was man aus vielen anderen Zoos kennt, sieht man oft genug in Bojnice. Bären beginnen auf zahlreiche Art und Weise, die Besucher dazu zu animieren, ihnen irgendwelche Essensreste zuzuwerfen. Das Bild von auf den Hinterbeinen stehenden oder auf dem Hintern sitzenden Bären, die mit ihren Vorderpfoten begierige Bewegungen machen, interpretieren wir als Futterbetteln. Der Bär wirkt dabei gemütlich, sehr behäbig und man kann ihm Faulheit und Verfressenheit unterstellen. Er ist zwar ein gewaltiges Tier, groß und stark, zeigt sich jedoch in menschlicher Obhut sehr schnell an den Menschen gewöhnt und ihm sogar zugetan.

Vergleichen wir dieses außergewöhnliche Bärenverhalten im Gehege mit anderen Raubtieren, nimmt der Bär hierbei eine Sonderstellung ein. Katzenartige Raubtiere verstecken sich bisweilen oder zeigen sich nicht besonders interessiert am Besucher. Auch die hundeartigen Beutegreifer, wie etwa der Wolf, verhalten sich ähnlich. Gelegentlich ist es sogar schwierig, diese Zoobewohner überhaupt richtig zu Gesicht zu bekommen. Gerade bei hohen Besucherzahlen halten sie sich eher zurück oder verstecken sich sogar in irgendwelchen Ecken oder in bzw. hinter ihren Behausungen. Anders der Bär – hat er einmal gelernt, dass vom Menschen prinzipiell etwas abfällt, beginnt er recht schnell mit diesen bettelnden Verhaltensweisen. Der Mensch wiederum ist fasziniert davon und bezeichnet das Gesehene als „putzig, niedlich und süß".

Der Vielfrass als Sympathieträger: Vielleicht war das auch einer der Gründe, weshalb der Bär oft zum Sympathieträger wurde. Sein drolliges Aussehen, leicht untersetzt, demzufolge recht behäbig und untergebracht auf kleinem Raum, ohne die Möglichkeit, seine Bewegungsweisen zu entfalten, gepaart mit seiner Eigenart, sich mit dem Menschen am Rande des Geheges zu beschäftigen, machen ihn oft zu einem Publikumsmagneten, dem man gerne Futter hineinwirft. Somit konnten Menschen die falsche Meinung ausbilden, der Bär wäre ein gemütlicher und behäbiger Dickwanst. Genau diese Menschen würden niemals erwarten, dass ein wildlebender Verwandte es im Bedarfsfall auf mehr als 50 km/h bringen kann und bei seinen nächtlichen Ausflügen oft mehr als 20 km wandert.

Der Bär als Hausgenosse

Junge Bären erfüllen das Kindchenschema und lösen durch ihr niedliches Aussehen beim Menschen eine Art „Pflegeverhalten“ aus. Werden die als hilflos Bezeichneten mit nach Hause oder gar ins Haus genommen, ist der Ausgang der so begonnenen Beziehung Mensch und Bär meist nicht glücklich. Kein Bär sollte demnach aus dem Wald entfernt werden. Einen jungen Bären darf man unter keinen Umständen mit nach Hause nehmen. Der so aussehende „gemütliche Dickwanst“ ist trotz seines Übergewichts kein Dummkopf und bleibt immer noch ein wildes Tier, das sich im Notfall auf tierische Art verständigen wird.

Auch in der Slowakei finden wir ein erstaunliches Paradoxon: Obwohl von den Medien die negativen Zwischenfälle mit Bären, sei es Haustierbejagung oder Übergriffe auf den Menschen, sehr gerne blutig und nachhaltig mit bunten Bildern präsentiert werden, können

Ist es Unwissenheit oder Ignoranz? In diesem erschreckend kleinen „Gehege“ waren zwei Bären untergebracht, die aufgrund ihrer Dorfbesuche im Freiland nicht mehr akzeptiert werden konnten. Beide Tiere waren bei ihrer Gefangenschaft bereits mehrere Jahre alt und an ein Leben im Freiland gewöhnt. Dann wurden sie zusammengepfercht, was für sie eine lebenslange Tortur ist. Die ohnehin auf dem winzigen Platz gestressten Tiere müssen zeitlebens die extreme Nähe eines fremden Artgenossen erdulden, was für die solitär lebenden Bären eines der schlimmsten Dinge ist. Nun kann man sich die berechtigte Frage stellen, ob das „Leben zu retten“ in diesem Falle wirklich richtig war. Dieser in Spišská Nová Ves gelegene Zoo nahm die Tiere auf, obwohl er eindeutig keine Bedingungen für sie hatte. Vielleicht wollte er helfen, was leider nicht der Fall war.

in denselben Medien die Herz und Schmerz anrührenden Geschichten über im Haus lebende Bärchen gelesen werden, vorwiegend fotografiert im Arm von kleinen Mädchen. Was mit ihnen später wirklich passiert oder wie eine Wohngemeinschaft mit Bärenkind wirklich aussieht, wird allerdings nicht berichtet. Auch andere Menschen haben derartige Wohn-Erfahrungen gemacht, was bis zu einer Katastrophe führen kann.

Ist ein Bär in menschlicher Obhut, muss er unbedingt in einem Gehege untergebracht werden. Warum Jungbären so starke positive emotionale Gefühle bei Menschen auslösen, ist ein wirkliches Phänomen und kann anteilig durch ihre Menschenähnlichkeit begründet werden.

Schlussfolgerung: Die Literatur ist übersät mit diversen Beispielen von im Haus gehaltenen Bären. In niedlichen Beschreibungen werden die Erfahrungen festgehalten, die Herz und Seele der entsprechenden Leser rühren und bisweilen die vorübergehenden Pflegepersonen durch ihre beeindruckenden tierschützerischen Aktivitäten in ein überdurchschnittlich gutes Licht rücken sollen. Vielen der bisweilen im menschlichen Haushalt aufwachsenden Bären ergeht es in ihrem erwachsenen Leben nicht besonders gut, da sie etwaige Unterbringungen im Gehege nur mehr schwer akzeptieren können. Erschreckend ist eher, dass trotz des heutigen Wissens noch immer die selbsternannten „Bärenväter“ existieren, die zeitlebens einen intensiven Körperkontakt mit Bären bevorzugen, auch wenn es zu schwerwiegenden Zwischenfällen kommen kann, die dann meist das (verzogene) Tier mit dem Leben bezahlen muss.

In der ungarischen Stadt Veresegyház wurde in Zusammenarbeit einer sehr großen internationalen und einer lokalen Tierschutzorganisation eine eher traurige Bärenauffangstation erbaut. Auf einer Fläche von 3,1 ha leben über 40 verschiedene Bären mit unterschiedlicher Herkunft. Die Besucher werden aktiv dazu ermutigt, die Tiere mit Honig zu füttern, den man am Eingang kaufen kann. Die zur Fütterung notwendigen „Kochlöffel" erhält man gratis als Leihgabe dazu. Die Tiere sind sehr gestresst, überfüttert und ihre Krallen sind teilweise in die Pfoten eingewachsen. Durch das „Honigfüttern" kommt es zu heftigen Streitereien zwischen den Tieren. Einige Tiere sitzen nur da und wackeln apathisch mit dem Kopf. Obwohl wir die Bilder an verwantwortliche Stellen geschickt haben, wurde bisher nichts verbessert. Eventuell würden bereits Abtrennungen in einzelne Sektionen und das Einstellen des Honigfütterns eine große Hilfe sein.

In derselben Auffangstation leben 26 Wölfe auf einer Fläche von 1,6 ha. Einige Besucher versuchen, auch diese Tiere mit Honig zu füttern, obwohl der Wolf alles andere als ein „Schleckermäulchen" ist. Wölfe bilden in Gefangenschaft eine viel strengere Rudelordnung aus als im Freiland, die mit heftigeren Kämpfen erhalten wird. Auf der winzigen Fläche konnten wir sehr intensive Beißereien beobachten, wobei die unterlegenen Tiere teilweise sehr schwer verletzt werden. Es wäre dringend notwendig, diese Stationen zu verbessern, damit sie „Tierschutz" wirklich unterstützen.

Von (Bären-)Märchen und Menschen

Wir wissen es ganz genau, dass in unserem Dorf zu Anfang dieses Jahrhunderts eine junge Frau von einem Bären schwanger gewesen ist. Hundert Prozent sicher. Wahrscheinlich ist sie weggegangen. Niemand kann sagen, was mit ihr passiert ist. (Slowakisches Dorf, 1960)

„Das ist aber jetzt doch ein Märchen", könnte man sagen.

„Märchen sind für Kinder geschrieben. Also lesen nur Kinder oder infantile Menschen diese Geschichten."

„Ein Märchen fängt immer mit *Es war einmal* an und hört immer mit *sie lebten glücklich und zufrieden bis an ihr Lebensende* auf."

„Märchen spiegeln den Zeitgeist wider. Man kann sie psychologisch deuten. Oft haben sie einen erzieherischen oder moralisierenden Hintergrund. Gelegentlich drücken sie auch die gesellschaftlichen Zustände aus. All das, was das gemeine Volk nicht aussprechen durfte, finden wir in den Märchen und Sagen wieder."

„Tiere sind oft Synonyme für Menschen. Deshalb haben sie auch menschliche Eigenschaften."

„Die arme Frau war sicherlich in Bedrängnis und ungewollt schwanger geworden. Aus Angst vor Schande hat sie sich vermutlich den Bären ausgedacht."

„Menschen hatten schon immer den Hang zur Fantasie. Heute behaupten manche ja, dass sie von Ufos verschleppt worden wären."

Der Bauer und der Bär

Ein reicher Bauer fuhr eines Tages mit den Pferden in die Stadt. Auf dem Rückweg jedoch hatte er einen Unfall und der Schlitten steckte fest und ließ sich nicht mehr fortbewegen. Es war bereits dunkel, die Pferde begannen, in Panik zu geraten, und er war tief im Wald und ganz alleine. Es lag hoher Schnee und die Kufen seines Schlittens waren in einer Schneise festgefahren. Trotz seiner Bemühungen konnte er das Gefährt weder vor- noch zurückbewegen. Verzweiflung überkam ihn, Wut und Angst. Es war sehr kalt und er hatte weder für sich noch für die Pferde irgendetwas zum Essen dabei. Fast schon begann er zu weinen, setzte sich auf den Schlitten, umschlang seinen zitternden Körper und wusste weder ein noch aus.

Plötzlich hörte er hinter sich ein Geräusch. Jemand kam auf ihn zu, die Schneedecke auf der Erde knirschte und von den tiefhängenden Tannenästen fiel Schnee herunter auf die Erde. Als er sich umdrehte, durchfuhr ihn ein Schock, denn ein großer, dunkler und sehr stattlicher Bär stand hinter ihm und betrachtete die verzweifelte Gestalt.

Bär und Mensch schauten sich lange und tief in die Augen, der Bauer hatte aufgegeben. Was hätte er jetzt schon ausrichten können. Wenn das Tier ihm wirklich schaden wollte, hätte er ohnehin keine Chance gehabt, ohne Waffe, ohne Fackel, ohne Knüppel. Er kauerte sich noch mehr auf dem Bock zusammen und fixierte den Bären, der auf einmal zu sprechen begann:

„Ich kann Dir helfen. Aber ich will dafür eine Belohnung haben."

„Alles, was Du willst, sollst Du bekommen, wenn Du mir nur aus dieser misslichen Lage heraushelfen kannst."

„Gut, abgemacht. Wenn ich Dich befreie, dann will ich zur Belohnung Deine schönste Tochter zur Frau."

„Oh nein, das nicht. Alles gebe ich Dir, was Du auch willst, aber lass mir mein Kind. Ich habe Gold, Silber, viele Schafe. Auch alle Schweine packe ich Dir ein, dann hast Du etwas im Winter zu essen. Aber nimm mir meine schönste Tochter nicht weg. Sie ist mir das Liebste, was ich habe."

„Du hast keine Wahl. Entweder Du versprichst mir jetzt Deine Tochter oder ich gehe wieder meiner Wege und lasse Dich hier feststecken. Du kommst hier ohnehin nie wieder alleine heraus."

Das war richtig und aus der Verzweiflung heraus willigte der arme und durchgefrorene Bauer ein. Er hoffte, dass der Bär den Handel vergessen würde und nicht käme.

„Abgemacht. Bald besuche ich Dich in Deinem Haus und hole mir meine Braut."

Einige Tage zogen ins Land und der Mann hatte die Begegnung schon fast vergessen, als es unerwartet während des Abendessens an der Türe klopfte und der Bär in der Türe stand:

„Ich hoffe, Du hast nichts vergessen, Bauer. Ich bin gekommen, um mir meine Braut zu holen."

Der Bauer hatte insgesamt 3 Töchter, alle sehr schön und hübsch, aber die Jüngste und Liebste der Töchter war mit Abstand die schönste.

„Ich bitte dich nochmals, lass mir mein Kind."

Der Bär schüttelte den Kopf und wartete. Die beiden älteren Töchter fürchteten sich und versteckten sich hinter des Vaters Rücken, dann stand die Jüngste auf, die ihren Vater am meisten liebte, und sprach: „Wenn es so gewesen ist, dann soll es so sein. Ich werde mit dem Bären mitgehen, Vater, und Deine Schuld einlösen."

Der Bär trug die Jungfrau mit hinaus und in den Wald hinein. Nach langer Wanderung erreichten die beiden ein wunderschönes Schloss. Es war ein herrlicher Ort, der Garten blühte und viele Musikanten spielten. Der Bär behandelte das Mädchen sehr gut und las ihm jeden Wunsch von den Augen ab. Es trug herrliche Kleider und aß jeden Tag zusammen mit dem Bären an einem Tisch die prächtigsten Speisen. Oft wollte das Tier gar nicht essen, wenn nicht die schöne Tochter ihm das Essen auf den Teller schöpfte. Sie fühlte sich sehr wohl und begann, das große Tier zu mögen. Einmal aber überkam sie ein Gedanke, wie es denn zu Hause ihrer Familie ergehen könnte, und sie bat darum zu erfahren, ob denn auch alles in Ordnung sei.

Der Bär führte das Mädchen an einen großen Spiegel und in diesem konnte sie den Vater und die beiden Schwestern sehen. Der Vater war vor lauter Selbstvorwürfen ganz krank geworden. Sie sah ihre Stube und ihren Vater, der wirklich krank aus Herzeleid war. Er gab sich die Schuld, dass sein liebstes Kind von einem wilden Tier geraubt und vielleicht sogar aufgefressen worden sei. Er konnte ja nicht wissen, wie gut es seiner Tochter wirklich ging.

Die Jüngste wurde mit einem Male sehr traurig und hatte den dringenden Wunsch, noch einmal nach Hause zu gehen, um ihren Vater und die trauernden Schwestern sehen zu können. Der Bär zögerte und wollte seine liebe Braut nicht gehen lassen. Endlich willigte er schweren Herzens ein, aber nur unter der Bedingung, dass die Jungfrau nicht länger als 8 Tage fortbleiben würde. „Komm zurück, so schnell Du kannst. Und bleibe keinen Tag länger als 8-mal Sonnenauf- und Sonnenuntergang."

Als das Mädchen nach Hause kam, freuten sich alle sehr. Der Vater war sehr erleichtert, als er sah, dass sie so gut aussah und sogar noch schöner geworden war. Leider war sein Herz durch das lange Trauern und Verharren bereits stark beschädigt worden und konnte nicht mehr gesunden. Nach wenigen Tagen lag er tot in seinem Bett. Die Schwestern waren sehr verzweifelt und entsetzlich traurig. Die Jüngste blieb, bestattete den lieben Vater und trauerte viele Tage zusammen mit ihren beiden Schwestern. Beinahe vergaß sie, dass sie schon lange nicht mehr in diesem Hause lebte, als ihr eines Morgens auf einmal der Bär einfiel: „Bleib nicht länger aus als 8 Tage, ich bitte Dich. Komm zurück, so schnell es geht."

Ihr wurde ganz angst und bang und sie rannte, so schnell sie konnte die lange Strecke durch den dichten Wald zurück zum Schloss. Als sie ankam, war alles ruhig und still, totenstill. Der Garten war verblüht und eine leichte Schneedecke bedeckte die verwelkten Gewächse. Die Musikanten waren verstummt und saßen verteilt in irgendwelchen Ecken. Überall hing schwarzer Trauerflor. Sie begann den Bären zu suchen, in jedem Zimmer, in jedem Schrank und unter allen Tischen und Betten. Er blieb verschwunden, sie konnte ihn nirgends ausmachen. Verzweifelt ging sie in den kalten, ungemütlichen Garten. Dort lagen einige verfaulte Kohlköpfe durcheinander, die wollte sie wegbringen, da sie schrecklich rochen. Als sie einige davon zur Seite geschafft hatte, erblickte sie auf einmal den Bären, der tot und zusammengekauert zwischen den verdorbenen Köpfen lag.

Sie wollte es kaum glauben und gab sich die ganze Schuld an diesem Unglück. Obwohl es so kalt war, setzte sie sich in den Schnee und begann furchtbar zu weinen, da sie das Tier sehr lieb gehabt hatte. Sie streichelte ihm über sein dichtes kaltes Fell, als sich der Körper unerwartet zu bewegen begann. Der tote Bär verwandelte sich in einen hübschen, lebendigen Prinzen, der aufstand, sie bei der Hand nahm und fest in die Arme schloss. Dann wurde Hochzeit gehalten. Alle Musikanten spielten auf, der Garten begann wieder zu blühen und zu treiben. Glücklich und zufrieden lebte das Paar fortan in dem Waldschloss.

Analyse in der Märchenforschung: Ist der Bär hier wirklich im Fokus?

(Quelle: www.maerchenlexikon.de, Schweiz)

In der modernen Märchenforschung spricht man bei diesem Märchentyp von dem so genannten „(Amor und) Psyche-Motiv". Zahlreiche Varianten finden sich hierbei auf der ganzen Welt, weshalb man die Psyche-Märchen: „Die Schöne und das Tier, AT 425" in die Langform und die Kurzform unterteilen kann. Der Bär stellt hierbei ein austauschbares Element dar. Demnach wurde er hierfür nicht exklusiv verwendet, sondern gehört in die Gruppe der Tierbräutigame, bei denen es sich oft um „Ungeheuer" handelt. Wir finden demnach neben dem Bären auch Schlange, Drache, Esel, Wolf, Hund, Pferd, Rabe, Kröte, Igel, Krebs, Spinne, Lindwurm etc., mitunter von menschlichen Eltern geboren, die zum Gatten meistens der Jüngsten und Schönsten von drei Schwestern werden, entweder durch ihr eigenes Versprechen oder das des Vaters.

Langform: In der langen Version nimmt das Ungeheuer nachts menschliche Gestalt an und weckt somit die Neugierde der menschlichen Braut, die den Grund dafür erfahren will, was es mit dieser Begebenheit auf sich hat. Sie sucht nach Hilfe, befolgt den Rat ihrer Verwandten oder eines Unheilstifters und versucht, den Namen des Gatten zu erfahren oder ihn bei Licht zu sehen. Manchmal erhält sie die Anweisung, seine Tierhaut zu verbrennen, diese ihm wegzunehmen oder aber ihn zu beleuchten. Darauf verschwindet ihr freundlicher Gefährte und sie zieht z. B. in Eisenschuhen aus, um ihn zu suchen. Auf ihrem Weg erhält sie Hilfe und Zaubergaben, z. B. ein Kästchen oder eine Nussschale, von klugen alten Frauen, von verschiedenen Winden, Sternen, Sonne, Mond oder „den drei wegweisenden Instanzen" und kommt über oder durch den Glasberg endlich zum fernen Ort, wo sich ihr Gatte aufhält. Dieser hat jedoch eine andere (dämonische) Braut. Die Heldin bietet der zweiten Frau ihren Dienst an und erkauft mit ihren kostbaren, aus dem Kästchen oder der Nuss hervorkommenden Gaben (goldenes Spinngerät, silbernes, goldenes, sternenbestücktes Kleid etc.) drei Nächte im Schlafzimmer des Mannes, weil die zweite Braut diese Schätze unbedingt haben will und somit das seltsame Geschäft zustande kommt. Leider hat ihr Mann von der dämonischen Braut einen Schlaftrunk erhalten, so dass er die Erinnerungsversuche der ersten Frau nicht wahrnimmt. Erst als er in der dritten Nacht den Trunk verschüttet oder eine Maus ihn am Ohr beißt, bleibt er wach und hört die Geschichte seiner früheren Braut und das Märchen endet glücklich. Gelegentlich muss das Paar von diesem Ort flüchten, um wieder glücklich vereint zu sein. Der Tierbräutigam bleibt jedoch am Ende in menschlicher Gestalt.

Kurzform: Im Kurztyp gibt es keine Befreiung oder Suche nach dem Ehepartner. Nachdem die Tierhaut verbrannt wurde, er beleuchtet wurde oder wie in dem oben erzählten Märchen das Mädchen das Tier lieb gewinnt, es streichelt, beweint oder küsst, verwandelt sich das meist freundliche Ungeheuer in den attraktiven jungen Mann, mit dem sich die menschliche Frau nur allzu gerne nochmals verheiratet.

„So etwas gibt es doch nur im Märchen" sagt man zu diesen Dingen, welche sich der Mensch nicht als Teil der herrschenden Realität vorstellen kann. Das kann auf materieller Ebene oder auch im übertragenen Kontext sein. Der Begriff *Märchen* und zahlreiche Abwandlungen haben demnach in unserem heutigen Sprachgebrauch einen definierten Stellenwert und eine spezifische Aussage. Demnach ist ein *Märchen* eine Erzählung, die erfunden und demnach nicht real ist. Unter *märchenhaft* verstehen wir jedoch Dinge oder Sachen, die so unendlich schön sind, dass man dessen Existenz eher in einem irreallen Märchen als im Hier und Jetzt vermutet.

Der slowakische Begriff für Märchen „rozprávka" leitet sich von „rozprávat'" ab, was soviel bedeutet wie sagen oder erzählen. Auch im Deutschen soll sich Märchen von „Mär", also Neuigkeit oder Kunde, ableiten. Obwohl man „doch eigentlich weiß, dass die Inhalte nicht existent sind". Oder vielleicht früher von nicht aufgeklärten Menschen geglaubt wurden. Sehr viele Märchen spiegeln urtümlichen Glauben, urtümliches Denken und uralte Kulturzustände wieder, obwohl man heute dieser Erzählform eher Naivität unterstellt. Dem „Zaubermärchen" unterliegen gemäß vieler Märchenforscher im Prinzip schamanische Grundzüge. Die ältesten, schamanischen Vorkommnisse sind weiblich geprägt, d. h., bezeugen ein Primat der weiblichen Schamaninnen. Matriarchale Spuren im Zaubermärchen und matriarchale Erscheinungen im Schamanismus bezeugen eine prinzipiell matriarchale Mythologie und Gesellschaftsstruktur. Laut Kurt Dehrung erzählen sie von einem anderem Weltbild, in dem

Seelenverwandschaft und Seelenwanderung zwischen Mensch und Tier möglich sind. Teilweise sind Tiere Ahnen der Menschen oder umgekehrt. Obwohl die mittelalterlichen Hexen christlicher Natur sind, haben sie ihr tierisches Gegenstück oft in den Katzen. Die Überreste dieses heidnischen Glaubens zeigen sich dadurch, dass man glaubte, wenn man das „richtige Tier" erwischen würde und ihm eine Verletzung beibrächte, dann würde die als Frau zurückverwandelte Hexe die gleiche Verletzung haben. Derartige Fälle wurden auch in der Literatur vermerkt. Somit hatte diese Vorstellung auch das Schicksal der Katzen besiegelt, welche ebenfalls verbrannt wurden.

Die magische Flucht auf einem Bären als Helfertier in einer Reihe von variantenreichen Prinzessinnenmärchen. Der junge Held half oder schonte den Bären auf der Suche nach der eingesperrten Prinzessin und bekommt dafür von diesem auch Hilfe im richtigen Moment. M. Skuban

Der Bär als Helfertier: Oft wird der Bär zum Gehilfen des Menschen in einigen Prinzessinenmärchen. Ein junger Mann, oft aus ärmlichen Verhältnissen, versucht eine von Dämonen oder bösen Geistern eingesperrte Prinzessin zu befreien. Da er auf dem Weg zu dem verwunschenen Schloss, in dem sich die schöne Prinzessin befindet, verschiedenen Tieren hilft oder sie nicht erschießt, versprechen ihm diese Hilfe in einer ausweglosen Situation. In der magischen Flucht entkommen der Held und die Königstochter und werden später miteinander vermählt.

Hier ein beeindruckendes Foto eines stattlichen Männchens aus dem Freiland. Es ist leicht nachvollziehbar, dass man ihn als sehr klug und weise eingestuft hat. Hat ein Mensch einen solchen starken Partner als Helfer an seiner Seite, können viele Hindernisse überwunden werden. Foto: S. Findo

Ursprung des Bären oder Ursprung des Menschen?

Mit diesem theoretischen Hintergrund im Kopf kann man vorsichtig die Entwicklung und Veränderung dieser ganzheitlichen Auffassung der Schöpfung sowie der Gleichheit und Gleichgestelltheit aller Lebewesen am Beispiel der mystischen Entstehungsgeschichte vom Bär bzw. vom Menschen betrachten. Durch die Übertragung dieser Erkenntnisse der Märchenforschung kann man diese Veränderung über die Zeit hinweg besser verstehen und nachvollziehen.

Der Bär ist ein Nachkomme des Menschen, ein halber Mensch

Eine wunderschöne Erklärung für den Ursprung des Bären findet sich in einigen Geschichten der Ostjaken und Wogulen, die ethnische Gruppen in Großrussland sind.

Der Bär stammt vom Menschen ab. Entweder von einem menschlichen Helden, der sich in einen weiblichen Waldgeist verliebt hat oder aber von der Tochter eines menschlichen Helden, welche einen männlichen Geist geliebt hat. In beiden Fällen kommen die beiden ungleichen Partner zusammen und bekommen ein Bärenkind, welches noch heute in unseren Wäldern umherstreift.

Dieses Bild können wir als ursprünglich definieren. Der Bär ist ein Kind des Menschen, der Mensch ist demzufolge der Ahne (vgl. Zdeněk Váňa: Mythologie und Götterwelt der slawischen Völker). Der Bär im Walde wird dem Menschen so zu einem Halbbruder oder einer Halbschwester.

Ein gelenkiger, kleiner, „niedlicher" Bär im Freiland, aufgenommen von einer Fotofalle. Ist er wirklich das Kind einer schönen Waldfee mit einem menschlichen Helden? Rein „emotional" betrachtet lautet die Antwort sicher „Ja".

Bei der japanischen Volksgruppe der Ainu ist der Bär nicht nur Halbmensch, sondern zudem auch Halbgott.

Einst heiratete die Bärengöttin einen Menschen. Darum sind die Bären menschenähnlich.

Der Bär war ein ganzer Mensch

Interessant sind die Bilder, dass der Bär alleine aus dem Menschen entstanden ist, somit hat sich der Mensch aufgrund einer bestimmten Situation einfach in einen Bären verwandelt. Oft handelt es sich um einen Helden oder anderswie einen besonderen Menschen, was erneut die spezifische Stellung des Bären erklärt.

Der Bär ist ein menschlicher Held. Dieser hatte sich im Wald verirrt und kletterte bei seiner Suche nach dem Ausgang über moosbedeckte Baumstämme. Als er denn nun so kletterte, bedeckte sich sein eigener Körper ebenfalls mit Moos, welches sich langsam in einen Pelz umwandelte, und er im Wald als Bär verblieb. (Slawische Sage)

Der Bär war früher eine Menschenfrau. Das sieht man noch daran, dass er die Zitzen auf der Brust und nicht auf dem Bauch hat, so wie die anderen Tiere. (Russland)

In diesen Geschichten finden wir viele Kennzeichen des „Totemismus", da dort die Seelenwanderung von der menschlichen Hülle in die tierische Gestalt oder auch umgekehrt als ganz natürlicher Mechanismus angenommen wird. Diese Wanderschaft stellt eine Form der Wiedergeburt dar. Dem Glauben nach existieren auf der Welt freie Seelen, die sich nacheinander in die verschiedenen Hüllen festsetzen und dort manifestieren. Die Seelen leben somit in menschlicher oder tierischer Gestalt, was sich abwechselt und der Kreislauf des Lebens ist. In einigen Geschichten findet man weitere Ansätze eines Schamanentums. Hierbei geht man zum einen von der so genannten Tiermutter sowie auch der entsprechenden Tiergestalt eines jeden Menschen aus. Deshalb hat jeder Mensch zwei wertfreie Zustände, Tier- und Menschengestalt.

Anfangs gab es keine Bären, er ist aus einem Wotjaken entstanden.

Einstmals heiratete ein berühmter Zauberer eine Frau. In der Nacht, während des Schlafes, fing er plötzlich an, wie ein Bär zu stöhnen. – „Warum stöhnst Du?" fragte ihn seine Frau. „Das tut nichts", antwortete der Zauberer, „ich werde im Hof auf- und abgehen, dann wird alles aufhören." Er ging hinaus, legte seine Kleider ab und ließ sie an der Vorratskammer liegen. Leise schlich die Frau ihm nach, um zu sehen, was er tun würde. Und da sieht sie, dass ihr Mann nackt in den Wald geht, auf eine Eberesche steigt und von dort mit dem Kopf voraus herabklettert. In dieser Zeit war er zum Bären geworden. Dann kehrte er aus dem Walde zurück und ging in das Dorf, um zu zaubern.

Die Frau erriet, dass es mit ihrem Mann nicht geheuer sei, lief voller Schrecken nach Hause, packte ihres Mannes Kleider zusammen und verbarg sich in der Vorratskammer. Nach einiger Zeit kam der Bär zurück und fand sein Gewand nicht. Er klopfte an die Tür der Frau und bat mit Bärenstimme um seine Kleidung. Mehr denn je erschrak das Weib und sprach kein Wort. Da brüllte er auf, brüllte und ging zurück in den Wald. Und so blieb er für immer Bär. (Sage der Wotjaken)

Der Bär war ein Mensch (Held), der über einen Baumstamm im Walde klettern wollte, nachdem er seine Kleider abgelegt hatte. Diese wurden ihm gestohlen, statt dessen wuchs ihm ein Bärenfell. Er behielt alle menschlichen Eigenschaften und versteht die Sprache der Menschen. (Sage der Ostjaken)

Exkurs: Slawische Mythologie

Zum besseren Verständnis folgt ein kurzer Überblick über diese Mythologie, auch wenn keine Auflistung sämtlicher Gottheiten folgt. Selbst in der Literatur findet sich in verschiedenen Quellen eine unterschiedliche Zahl an Mitgliedern im „slawischen Olymp".

Die slawische Mythologie existierte noch lange Zeit parallel zum Christentum. Viele Slawen wanderten im 4./5. Jahrhundert nach Christi Geburt auch in heute deutsche Gebiete ein und waren dort sehr lange Zeit sesshaft. Sie lebten vor allen Dingen zwischen Oder und Elbe, vornehmlich von Ackerbau und Fischerei, weniger waren sie auf Viehzucht und Jagd verlegt. Aus diesem Grunde finden wir in diesen Gebiete viele slawisch klingende Ortsnamen, die mit -itz oder -ow enden (wie Rudow, Lützlow oder Lankwitz und Steglitz). Vermutlich wissen nur wenige Menschen, dass der Berliner Stadtteil Köpenick ein slawischer Ort oder die Insel Kölln ein ehemaliges slawisches Fischerdorf war. Mit der drastischen Christianisierung fiel der slawische Glauben in den heutigen deutschen Teilen schneller als in den östlichen Teilen und wich dem Christentum. Östlich der Elbe hielt sich die Religion wesentlich länger und es gab zahlreiche blutige Religionskämpfe, aus denen die Slawen immer wieder als Sieger hervorgingen. Erst im Jahre 1147 konnte der groß angelegte Slawenkreuzzug den beharrlichen Widerstand im Osten brechen und die östlichen, heidnischen Teile wurden endgültig christianisiert. An vielen Orten jedoch betreibt man bis heute einen Doppelglauben und feiert an den christlichen Feiertagen, die interessanterweise immer auch den slawischen Festtagen entsprechen, einfach beides.

In der slawischen Mythologie finden wir ganz deutlich die Dreistufigkeit der Welt, die auch noch in vielen altertümlichen Märchen zu erkennen ist. Oft behilft man sich mit dem Bild des Baumes. Demzufolge ist die Welt ein gigantisch großer Baum, die Lebenden befinden sich auf der Ebene des Stammes, in den Wipfeln sind die verschiedenen Götter zuhause und im warmen, geschützten Wurzelwerk trifft man auf das Reich der Toten mit ihren entsprechenden göttlichen Gestalten, die oft eher eine beschützende als eine dämonische Funktion ausüben. Noch im heutigen Sprachgebrauch in Russland spricht man bei einer Friedhofszeremonie nicht von „Beerdigen", sondern von „Beschützen". Er kommt ins wohltemperierte Wurzelreich, wo er sicher ist. Auch im Slowakischen verwendete man bis vor ca. 50 Jahren diesen Begriff, der heute aus der gesprochenen Sprache verschwunden ist.

An anderer Stelle finden wir oft das Bild der Scheibe. Die Erde mit den lebenden Wesen ist auf einer flachen Scheibe situiert, umgeben von einem Ringozean. Auf der anderen Seite dieses Ozeans liegt das Totenreich mit den entsprechenden Gestalten. Oft soll dieser ferne Ort sehr schön sein, glanzvoll und reich geschmückt.

Der Gedanke der Trennung von Diesseits und Jenseits durch Wasser wurde sogar noch stärker erweitert. Flüsse, die fließen, enden irgendwann in diesem Ringozean und übernehmen im Bedarfsfall den Seelentransport der Verstorbenen. Selbst heute finden wir gerade in den slowakischen Dörfern noch viele Friedhöfe an einem Fluss angelegt. Somit konnte der Tote, kaum aus der Hülle ausgestiegen, sich des praktischen Transportmittels Wassers bedienen, um leichter auf die „andere Seite" zu gelangen. Des Weiteren trennte der Fluss die Siedlung der Lebenden von dem Bestattungsort der Verstorbenen.

Das Wasser (slowakisch: tá voda; zu Deutsch: die Wasser) ist weiblich und wird „Mütterchen Wasser" genannt (Maminkina voda). Neben dem transzendenten Transportcharakter vom Diesseits ins Jensseits oder auch umgekehrt hat Wasser eine lebensspendende Funktion und wird ganz besonders stark geschätzt. Ein anderes Bild stammt nochmals aus Russland. Demnach liegt die Erdenscheibe auf dem Rücken eines riesigen Wales, der durch den Weltozean schwimmt. Sind seine Bewegungen langsam und gemächlich, geht es auch auf der

Erde in Ruhe zu. Schwimmt er jedoch Haken oder schlägt mit der großen Schwanzflosse aus, dann haben die Erdbewohner auf der Scheibe mit Erdbeben oder sonstigen Naturkatastrophen zu kämpfen.

Zwei Götter haben sehr tragende Rollen inne und belegen eine führende Position in ihrem entsprechenden Ressort. Bielybog, übersetzt der weiße Gott, ist der Gott des Tages und des Lichts und erscheint deshalb nur am Tage. Er ist besonders für Gerechtigkeit, Frieden und Glück zuständig. Čiernybog (sprich Tschjernybog) ist der Gott des Dunkels und der Nacht. Oft steht er für Unglück, Chaos und Krieg. Gelegentlich soll er auch das Reich der Toten bewachen. Er ist das Gegenstück seines Bruders, aber nicht im Sinne des Teufels zu betrachten. Vielmehr findet sich hierbei das alte Licht-Dunkel-Motiv wieder, somit die Einigkeit von Tag und Nacht. Die beiden Brüder teilen sich das Jahr und herrschen jeweils in den ihnen gehörenden 6 Monaten, Bielybog zwischen Wintersonnenwende (21. Dezember) und Sommersonnenwende (21. Juni) und sein Bruder Čiernybog in der zweiten Jahreshälfte. Unter dem christlichen Einfluss wurde der dunkle Gegenpart vom Weißen Gott zum Teufel erklärt und stand automatisch für das Böse, was ihm jedoch ursprünglich nicht entsprach.

Das Slawische hatte sehr viele Götter und gottähnliche Wesen, teilweise schwankte die Anzahl der Götter von Dorf zu Dorf. Im Prinzip kann man für alle Bereiche des Lebens, der Pflanzen, Tiere, Natur und Gegenstände Götter oder zumindest gottähnliche Wesen finden. In der Schadensstatistik hinsichtlich des Braunbären findet sich der Gott Veles, der Beschützer des Viehs und der Felder, der Bauerngott. Dieser wurde in sehr frühen Zeiten immer in Begleitung von Bären gesehen. Sein erbitterter Gegenspieler ist der Kriegs- und Donnergott Pierun, der die Ernte durch Hagel zerstören kann und gelegentlich auch in Bärengestalt auftaucht. Deshalb wird auch eine Handvoll Ähren als Ernteritual auf den Feldern stehen gelassen, was dem Gott Veles als Opfer galt, oder vielleicht auch dem in Bärengestalt auftretenden Pjerun?

Prinzipiell war der slawische Glaube ein sehr liebevoller und verspielter Glaube. Die Menschen haben somit „die Welt mit Kinderaugen gesehen". Alles hatte eine Seele, jedes Tier, jeder Baum, jeder Stein und sogar Gegenstände. Deshalb wird auch vieles noch in der Verkleinerungsform angesprochen: Kätzchen, Tellerchen, Löffelchen, Väterchen Frost usw.

Diese Besonderheit findet man noch heute in der slowakischen Sprache. Meistens werden Dinge verkleinert oder verniedlicht, auch der Bär, der erhält den Namen „Macko". Diese Verkleinerungsform ist jedoch nichts Besonderes, sondern gehört einfach zum Alltag.

Konsequenz dieses Denkens war, dass alles personifiziert wurde und so wertvoll war, dass man sich mit diesem Gegenüber unterhielt, sei es nun ein Tier, eine Pflanze oder auch die unbelebte Natur bis hin zu Gegenständen. Oft ging man von Verwandtschaftsbeziehungen mit verschiedenen Naturkräften, Tieren und Pflanzen aus, wie bereits das Väterchen Frost oder Onkelchen bzw. Großmütterchen Bär. Die so genannten Hausgeister bevölkerten jeden Winkel der Behausungen. Zudem wohnten oft irgendwelche Ahnen unter der Schwelle, die direkten Schutz gewährten. Der Brauch, die Braut über die Schwelle zu tragen, hat in diesen Überzeugungen seinen Ursprung.

Sehr stark wurden auch die Elemente Feuer, Wasser und Erde verehrt. Das als männlich geltende Feuer durfte nicht ausgehen, nur zur Sommersonnenwende wurde es gelöscht und ritual wieder entfacht. Auch wurden in dieser Zeremonie Feuer und Wasser zusammengebracht.

Die Erde, auch „Mutter Feuchte Erde" genannt, war ebenso wie Mütterchen Wasser weiblich und beide spielten bei dem vorherrschenden Ackerbau die entscheidende Rolle. Der Glaube war allgemein ein sehr freundlicher und liebevoller Glaube. Demzufolge war die allgemeine Wertschätzung der Natur inklusive der tierischen Bewohner wesentlich höher, als es heute der Fall ist.

Heute denken die meisten Menschen bei den Worten „Mutter Erde", „Bruder Bär" oder „Bruder Wolf" meist an ganz andere Volksgruppen und schauen auf den amerikanischen Kontinent. Eigentlich ist es schade, dass dieser verspielte und ehrfürchtige Glaube, vor allem dem Lebendigem gegenüber, in vielen Teilen der Alten Welt verschwunden ist. Mehr noch, dass man von diesem Glauben gar nicht mehr so viel weiß.

Auffällig ist auch, dass im slawischen Glauben weniger Angst herrschte, als es im späteren Christentum der Fall war. Die Slawen hatten gelegentlich Angst vor der Dunkelheit, da sie dort die so genannten Grenzgänger, Seelen auf der Wanderschaft, vermuteten. Vor diesen nahm man sich eher in Acht. Allerdings war diese allgemeine starke Angst vor Dämonen, den bösen Geistern, den Hexen oder den Teufeln nicht besonders stark ausgeprägt. Die Waldgeister entsprachen im Prinzip den späteren Kobolden, durchaus schadenfroh oder zu Schabernack aufgelegt. Jedoch hatte man im Slawischen für fast alles irgendein Gegenmittel, was oft über freundliches Sprechen, Behandeln oder (mit Essen) Beschenken einherging. Somit hatte jeder Mensch ein wirksames Gegenmittel in der Hand.

Eine wichtige Figur ist die Baba Jaga. Diese weise Frau, welche im Wald lebte und oft Bären als Wachhunde oder Reittiere in ihrer Nähe hatte, konnte das Schicksal von Menschen beeinflussen. Erneut wurden den wesentlich späteren, christlichen Hexen die Bären als Begleit- und Reittiere zugewiesen, der Ursprung liegt jedoch in älteren Mythologien. Hierbei war sie Leitfigur in einem Matriarchat und die kraftvollen Bären waren ihre Kameraden. Baba Jaga zeigte sich in verschiedenen Erscheinungen, als junges, hübsches Mädchen, als reife und elegante Frau oder als weißhaarige Greisin. Sie konnte Hilfe gewähren und Lebensverläufe verändern. Einfach war sie nie gewesen, da sie schlechte Eigenschaften hasste, wozu auch der Ungehorsam von Kindern gehörte. Als erzieherische Maßnahme konnte sie demnach gnadenlos sein und fraß bisweilen aufmüpfige Bengel einfach auf. Heute vermutet man, dass sie mit „Mutter Feuchte Erde" stark in Verbindung stand oder gar eine Art Erd- und Lebensgöttin gewesen sei. Auch sie lebte im Wald und oft in Verbindung mit den Braunbären. Später verwandelte sie sich in die „böse Hexe", wie man sie auch aus dem Grimm'schen Märchen „Hänsel und Gretel" kennt.

Dieser kleine, nass gewordene Jungbär erinnert uns stark an einen Troll aus einem Märchen. Langsam dahinwatschelnd, kann man ihn auch mit einem Waldschrat verwechseln und es ist leicht nachvollziehbar, dass sich ein so lustiges Geschöpf mühelos einen Platz im Olymp der Slawischen Mythologie ergattern konnte. Foto: M. Kalaš

Mutter Bär

Immer wieder findet sich das Bild von der Bärenmutter. Diese gebar in einigen Volksglauben die ersten Menschen, somit stammt der Mensch im Endeffekt vom Bären ab. Der Bär war also viel früher auf der Welt, als es der Mensch war. Der Mensch wird nicht als „Krone der Schöpfung“ bezeichnet, sondern verdankt seine Existenz eigentlich einem Tier, einer Bärin, die dem Menschen erst das Leben schenkt. Die Bärin bekommt somit einen außergewöhnlichen Stellenwert. Sie wird zur Lebensspenderin und Mutter. Konsequenterweise unterstellt man der Bärin etwas Göttliches. Sie wird zur Muttergöttin und erhält eine hohe Wertigkeit.

Somit erklärt sich auch, dass die Auffassung „Sieht der Mensch einen Bären, so verheißt das Glück“ von diesem Ursprungsglauben abstammt. Trifft der Mensch seine Vorfahren, kann das schließlich nichts Negatives bedeuten.

Der Bär, hier eine Bärin, steht imposant auf den Hinterbeinen. Irgendetwas hat sie verwirrt und sie dreht sich in eine andere Richtung um. Alle Fotos: V. Vician

So eine kraftvolle und umsichtige (Bären-)Mutter kann einen Menschen vor vielen Gefahren beschützen. Ihr elegantes Aussehen und die geschickten Bewegungen und Umdrehungen würden auch viele Menschen gerne vererbt bekommen.

Vermählung mit einem Bären: Eine etwas andere Variante finden wir in den Entstehungsgeschichten verschiedener Volksgruppen oder sogar (adliger) Geschlechter. Lange

⚜ *Helm eines Ritters. Mit dem Bären im Familienwappen glaubte man, nicht nur bei den Ritterturnieren Kraft und Stärke zu haben (mit freundlicher Genehmigung der Burg Krásna Hôrka, Slowakei).*

Zeit galt der Grundsatz, dass durch die Vermählung eines Menschen mit einem Bären die Nachkommen ein „bärenstarkes, mythologisches" Geschlecht formen würden, was auch noch in einigen Teilen Westeuropas galt.

Dieser Grundsatz wurde im Mittelalter aufgrund der Verteufelung des Bären durch das Christentum ausgemerzt und ad absurdum geführt. Der Zisterziensermönch Caesarius von Heisterbach (ca. 1180–1240) bezeichnete den Bären gar als den leibhaftigen Teufel selbst in einer abscheulichen Verwandlung. Mit einem solchen Dämonen wolle sich natürlich kein Mensch mehr vermählen. In den slawischen Gebieten hielt (oder hält) sich dieser Gedanke länger, eventuell ist das eine der Erklärungen, warum manche adlige Familien den Bären im Wappen tragen oder sich in anderer Form mit ihm identifizieren.

Verwandlung als Bestrafung

Diese Geschichten hinsichtlich der Entstehung des Menschen sind jünger einzustufen als die bereits genannten. Das Bärendasein stellt eine Bestrafung oder Verwünschung dar. Der Mensch muss demnach sein Fehlverhalten so bezahlen, dass er seiner menschlichen Hülle beraubt wird und zeitlebens nur noch als Tier weiterexistieren kann. Das Dasein in einer tierischen Gestalt ist somit minderwertiger als die menschliche Existenz.

Eine Variante zur „Verwandlung aus Habgier":
Ein armer Bauer fuhr in den Wald und dachte, eine Tanne, welche ihm zusagte, zu fällen; diese aber rief ihm mit menschlicher Stimme zu: „Fälle mich nicht, ich bringe Dir Nutzen." Er hörte darauf und schlug eine andere Tanne. Nach einiger Zeit aber fuhr er wieder in den Wald und fällte doch jene Tanne. Da donnerte es plötzlich, es zuckte der Blitz, der Mann stürzte zur Erde und wurde ein Bär. (Russland)

Manchmal ist jedoch auch die Frau die Schuldige:
Ein Gevatter erfüllt alle Wünsche. Als der Bauer auf Antreiben seiner Frau Gott werden will, werden beide zu Bären. (Ukraine)

Die Verwandlung aus Ungehorsam ist gelegentlich bereits mit christlichen Motiven vermischt und somit vermutlich jüngeren Datums.

Die Gotteslästerung, ein schweres Vergehen

Die ursprünglich slawische Mythologie wurde im Zuge der Christianisierung Stück für Stück in den christlichen Glauben überführt. Ab diesem Zeitpunkt findet man im osteuropäischen und russischen Raum wesentlich öfter die Verwandlung in ein Tier als eine Methode der Bestrafung wieder, falls jemand über Jesus oder Gottvater spottet. Somit wandelt sich das alte Bild der Gleichgestelltheit von menschlichem und tierischem Dasein in eine Zweiklassengesellschaft. Doch noch immer sind Mensch und Bär im Prinzip miteinander verwandt.

Dafür, dass Gott die Menschen aus dem Paradies vertrieben hat, wollte einst ein Weib den Herrn erschrecken, damit er nicht mehr auf Erden herumwandle. Gott erschrak aber nicht vor dem Gebrüll des Weibes, sondern verfluchte es: „Mögest Du für alle Ewigkeit eine Bärin bleiben!" Und so geschah es. Aber weil die Bärin von einer Frau abstammt, hat sie die Zitzen an der Brust und nicht am Bauch wie die anderen Tiere. (Smolensk, Europäischer Teil Russlands)

Als ein Müller den Herrn Jesus, der mit dem heiligen Petrus als alter Bettler verkleidet ging, sich der Mühle nähern sah, wendete er das Fell seines Pelzrockes nach außen, schlüpfte hinein, warf sich Jesus zu Füßen und wälzte sich auf der Erde herum. Dafür verwandelte ihn Jesus in einen Bären. Zum Zeichen, dass der Bär vom Menschen abstammt, muss er die ganze Adventszeit die Pfoten saugen, da er die vier Wochen lang nichts frisst. (Polnisch)

In diesen beiden beispielhaften Geschichten finden wir die interessanten Motive „Pelzrock umgekehrt tragen", was immer noch in einigen Dörfern praktiziert wird, sowie den Mythos des Pfotensaugens wieder. In einer anderen Variante wird als Zeichen der Verwandtschaft zwischen Mensch und Bär die Vorderpfote des Bären genannt, die einem Menschenfuß gleicht.

Verwandlung einer unsympathischen Person, die Gott herausforderte

Als letzte Steigerung können wir all die Geschichten klassifizieren, in denen bereits der verwandelte Mensch an sich nicht besonders beliebt oder geschätzt ist. Demzufolge transportieren derartige Erzählungen zweierlei Wertigkeiten: Nicht nur, dass die Verwandlung in ein Tier eine Strafe darstellt, da dieses Dasein minderwertiger ist, sondern auch, dass der Bär aus nicht gerade beliebten oder hochgeschätzten Menschen hervorgegangen ist. Örtlich waren es die „alten, oft bösen Jungfrauen" (beispielsweise in Lettland oder Estland) oder oft genug auch Tartaren, Weißrussen oder Russen, wie zum Beispiel in Litauen und Rumänien. Oft hatte man mit diesen Völkern Zwistigkeiten.

Einen sehr eindeutigen Zeitgeist spiegelt eine Sage aus Lettland wieder. Demzufolge wird (nicht nur) des Bären Intelligenz geschmälert:
Eine Frau wird für ihre Gotteslästerung von einem Zauberer in eine Bärin verwandelt, von der alle Bären abstammen. Verstand hat der Bär darum wenig, weil seine Abstammung eben auf eine Frau zurückgeht.

Der Bär ist auch ein unrein geil Thier, vorab das Weibchen. Dasselb reitzt stätigs tags und nachts das Männlein an zu der Miene. Und derweil kein Wild sein Foulein mehr besteygt, wenn es tragend wird, so befleyßt sich die Bärin, wenn sie vermerckt, daß sie geladen, die Frucht umzubringen im Leyb und von ihr zu werfen, damit sie wieder mit ihrem Männlein ihres Mutwillens pflegen möge. (Deutschland; Konrad Gessner, 1563)

Mit dieser einschneidenden Wandlung des Ansehens der Tierwelt und des Bären kann man die beginnende intensive Bejagung und Nachstellung besonders von Raubtieren besser verstehen. Wolf, Bär und der katzenhafte Luchs waren hierbei im Fokus. Diese starke Dämonisierung war zumindest anfangs mehr noch in den westlicheren Ländern Europas verbreitet. Offenbar hielt diese Abwertung mit der fortschreitenden Christianisierung auch in den östlichen Ländern Einzug.

In dieser Darstellung eines unbekannten Künstlers sieht man das teuflische Tier Bär als Träger der Sünden: Mord, sogar Kindsmord, und Selbstmord. Allegorische Darstellung (Molnár, Teren et al. 1984)

Wandlung des Bären und seine Beziehung zum Fuchs

Der viel kleinere rothaarige Freund spielt dem Bären mitunter übel mit. Manchmal erklärt man sich dieses ungleiche Paar, aus dem fast immer der Fuchs als Sieger hervorgeht, als eine literarische Rache an den Adligen oder Herrschern. Der eigentlich stärkere Partner wird von dem kleineren und schmächtigeren Gegenspieler erfolgreich überrumpelt. Jedoch benimmt sich der Bär dem Fuchs gegenüber immer sehr freundlich und vertrauensselig, was vermutlich weniger dem Gefälle Adel und gemeines Volk entsprochen hat. Das Verhältnis von Fuchs und Bär ist ein sehr zwiespältiges und endet zumindest für den Bären meist zum Nachteil. Zahlreiche Märchen- oder Sagensammlungen in vielen Ländern Europas erzählen in unterschiedlichen Ausführungen von diesem ungleichen Paar. Der Bär hat den Schaden, ob er nun einen Teil seines Körpers einbüßt, mit dem Wolf in starken Konflikt gerät oder am Ende von den Menschen „verdroschen“ oder gar getötet wird. Man kennt auch die Geschichte des gemeinsamen Maitanzes von Bär und Fuchs, der Bär bekommt die Hucke voll und trägt trotzdem aus lauter Gutmütigkeit den Fuchs auf seinem Rücken zurück (*und der Fuchs lacht; „Der Kranke trägt den Gesunden.“*). Diese Variante stammt überwiegend aus dem deutschsprachigem Raum.

Einmal gelingt es dem zumeist geschundenen Bären, seinem etwas zwiespältigen Freund auch ein Schnippchen zu schlagen:

Der Bär frisst genüsslich an einem Pferd, welches er zuvor für sich getötet hatte. Als der Fuchs kommt und das sieht, bekommt er auch Appetit auf Pferdefleisch und fragt den Bären, wie er an so eine schöne Beute wohl gekommen ist.

„Ich habe mich an ein sonnendes Pferd herangeschlichen und mich dann am Schwanz festgebissen. Das Pferd fing an zu laufen, aber ich ließ nicht los. Es lief und lief und am Ende ist es dann geplatzt.“

Der Fuchs will nun das gleiche Mittel versuchen. Das Pferd beginnt mit dem Fuchs am Schweif zu galoppieren und der Fuchs fliegt in der Luft. Er kommt an einem Hasen vorbei, der fragt: „Wo geht es denn hin, Michel?“– „So, Hans, betrügt man den Michel.“

Darauf lacht der Hase sich das Mäulchen entzwei. (Finnische Variante)

Man erkennt sehr leicht ein relativ durchgängiges System und eine sehr einheitliche Charakterisierung bestimmter Tierarten. Der Fuchs, Meister Reinecke in vielen deutschen Märchen, ist demnach ein sehr schlauer, jedoch auch verschlagener Zeitgenosse. Zwar gelingt es dem wesentlich kleineren Partner, den großen Bären zu überlisten, jedoch wäre dieser mitunter sogar tödliche Schabernack nicht nötig gewesen. Der Bär als gutmütiger und vertrauensseliger Freund des Fuchses verhält sich dem Fuchs gegenüber sehr freundlich, was eine derart gemeine Handlungsweise des Fuchses nicht rechtfertigt.

Somit bekommen Tiere ganz bestimmte Attribute zugewiesen, die immer wieder gleich und variantenreich erzählt werden. Der Fuchs ist hierbei zwar intelligent, gehört aber zu den unsympathischsten Vertretern des Tierreichs, mit dem man als Mensch nicht unbedingt befreundet sein möchte, kann man ihm doch nicht vertrauen. Seine Schlauheit an sich und die zahlreichen Ideen jedoch sind beeindruckend, wenn auch schädlich.

Ein geschickter und mäusefangender Fuchs im Freiland. Betrachtet man ihn genau, ist es wirklich kaum zu verstehen, wie er zu den vielen gehässigen Eigenschaften kommt. Foto: V. Vician

Der Bär ist definitiv ein freundlicher Zeitgenosse und nicht unbedingt zu großen Streitereien aufgelegt. Er ist gemütlich, bereits schon recht verfressen und dem Fuchs gegenüber absolut vertrauensselig, selbst wenn es ihm weh tut. Allerdings kommt der Bär nicht besonders intelligent davon. Er ist dümmlich, tollpatschig, oft zu langsam und definitiv naiv. Trotzdem kann man ihn wohl eher als den Sympathieträger definieren, da man beim Lesen mit dem gutmütigen Dummkopf bereitwilliger Mitleid empfindet als mit dem grundlos gehässigen Rotfuchs auf der anderen Seite. Bis zum heutigen Tage wird dem Fuchs interessanterweise noch immer sehr nachgestellt, in England bejagt man ihn noch immer ganz klassisch mit Hundemeuten und zu Pferde. Betrachtet man das kleine Tier genauer, ist das damalige Bild nicht wirklich nachzuvollziehen. Ob sich das gemeine Volk nun wirklich mit diesem „Ekel" der Waldtiere identifiziert hat, ist ungeklärt.

Parallel finden wir in vielen Märchen, dass es zu starken und unwiederbringlichen Zerwürfnissen der Tiere untereinander kommt. Regelrechte Kriege finden hierbei statt, entweder zwischen den Vögeln und den vierbeinigen Tieren oder aber zwischen den Wald- und den Haustieren.

Heute gilt vielerorts der Löwe als der König der Tiere. Früher jedoch war in Europa der König der Tiere definitiv der Braunbär, entweder der König der gesamten vierbeinigen Tiere oder aber der Waldtiere. Oft bricht der erbitterte Krieg mit den Vögeln aufgrund des Verschuldens des Bären aus, dieser beleidigt die „hässlichen Küken des Zaunkönigs" und will sich dafür nicht entschuldigen. Im Endeffekt geht das Reich der geflügelten Tiere als Sieger hervor und der vorlaute Bär ist der dumme Verlierer.

Kinderzeichnung: Der König des Waldes; Ausstellung zu den Jagdtagen in Levice, 2007 in der Slowakei.

Der Bär ist entgegen seiner sprichwörtlichen Tollpatschigkeit und Gemütlichkeit ein schneller und agiler Läufer, wenn auch nur auf Kurzstrecken. Bären im Freiland sind muskulös und ähneln normalerweise nur im Winter einem „Dickwanst". Foto: M. Kalaš

Hinsichtlich des Bären wird oft ein sehr ähnliches Bild erzählt: dumm, tollpatschig, verfressen, naiv und gutmütig. Eine ganz besondere Erklärung hinsichtlich des kurios kurzen Schwanzes und der kleinen Ohren stammt aus Rumänien. Der Nimmersatt Bär gerät auch hier wieder in Bedrangnis:

Der Herr und der hl. Petrus wanderten über die Erde hin, und wenn ihnen ein Tier begegnete, so fragten sie es, ob es sich über etwas zu beklagen hätte. Der Bär beklagte sich daruber, dass er immer nur im Walde leben müsse und dort keine geeignete Nahrung finde. Da sagte ihm der Herr, er solle doch Himbeeren und Brombeeren und andere süße Gewächse essen sowie auch Honig aus den hohlen Bäumen holen. Der törichte Bär war aber damit nicht zufrieden und brummte, das seien dumme Nahrungsmittel. Da führte ihn der Herr zu einem Baum voll Honig und ließ ihn den Kopf hineinstecken und kosten. Der Bär wollte nicht.

Aber Petrus nahm ihn bei den Ohren und zog ihn zum Honig hin. Leider riss er ihm dabei die Ohren ab. Der Bär fand nun, dass der Honig wirklich gut schmeckte, und wollte gar nicht mit dem Essen aufhören, als ihm der Herr befahl, die Himbeeren zu versuchen.

„Nein", sprach der Bär, „ich will nicht!"

Ärgerlich fasste Petrus den Schwanz des Tieres und versuchte, ihn vom Honig weg zu den Himbeeren zu ziehen. Der Bär tat aber nichts dergleichen und so riss auch noch der Schwanz ab. Trotzdem fraß der Bär weiter. Da ließ der Herr die Bienen über ihn herfallen, die ihn jämmerlich zerstachen und ihn in die Flucht trieben. So blieb der Bär ohne Ohren und ohne Schwanz und seit diesem Tage frisst er Honig, die Bienen aber verfolgen ihn noch immer.

Der Bär wandelte sich von seiner ursprünglichen Gleichwertigkeit mit dem Menschen über einen verwunschenen Menschen bis hin zu einem der dümmlichsten Mitglieder der Tiergesellschaft. Trotzdem kann man ihn in vielen Fällen nicht als unsympathisches Tier definieren, eher als gefräßig, faul und naiv.

Sonderstellung des Bären

Der Bär ist zweifelsohne sehr oft in verschiedenen Geschichten, Märchen und Sagen präsent. Offenbar machte er Eindruck auf die Menschen, ob in bewundernder oder auch spotthafter Weise. Obwohl die gesamte Tierwelt hoch eingeschätzt wurde, gab es einige Tiere, die öfter in den Erzählungen auftauchen.

Darstellung von zusammenarbeitenden Tieren aus dem 15. Jahrhundert, Kirche in Zvolen. In diesem Falle übernehmen Tiere die Rolle der Menschen und harmonieren miteinander. Die Hasen tragen die an einen Pfahl gebundene Beute heim, die in diesem Fall ein Mensch ist. Ob sie gedenken, diesen auch zu essen oder ihn nur einzusperren, um keine Angst mehr zu haben, ist ungeklärt (mit freundlicher Genehmigung des Schlosses in Zvolen).

Der Bär befindet sich in der Gesellschaft der Tiere in einer Sonderstellung. Heute kann man nicht mehr eindeutig sagen, was der auslösende Grund dafür gewesen sein könnte. Dennoch weist der Bär einige wichtige Besonderheiten in seinem Verhalten und Aussehen auf, die dem Menschen bereits früher aufgefallen sind, für die sie aber nicht immer die biologische Bedeutung wussten und demzufolge ihre eigene Erklärung finden mussten.

- Der große, braune Bär war nicht nur aufgrund seiner Größe ein sehr sichtbarer Zeitgenosse, sondern auch ein Tier, mit welchem man sich auseinandersetzen musste. Sicherlich gab es schon damals bereits körperliche Begegnungen mit dem Menschen. Man kannte den Braunbären im Wald und versuchte ihm meistens aus dem Weg zu gehen.
- Große, braune Bären bzw. einige Mitglieder dieser Tiere haben gelegentlich schon sehr lange menschliches Vieh bejagt, vermutlich seitdem es die Nutztierhaltung gibt. Demnach war ein Wissen über Bären, auch hinsichtlich ihrer Verhaltensweisen, durchaus erforderlich. Die Bezeichnung des *Nicht-Vieh-jagenden* Bären als „Ameisenbär“ oder die Betitelung eines *Viehjägers* als „Kuhburschen“ sind bereits sehr alt. Außerdem trafen Mensch und Bär erneut direkt aufeinander.
- Der große, braune Bär hat immer wieder dem Menschen etwas weggefressen, sei es Getreide, Obst oder Honig plus Honigmacher, die Bienen, in den Bienenstöcken. Der Mensch konnte sich demnach oft genug über den Bären ärgern, jedoch war es zeitgleich auch möglich, das Tier zu beobachten. Somit bewertet man ihn zwar auf der einen Seite als Nimmersatt, auf der anderen Seite sehen die zahlreichen Plünderungsversuche ei-

nes Braunbären auch lustig aus: Bären schmatzen, ähnlich wie ein Mensch. Bären liegen oft beim Getreidefressen auf dem Bauch und schieben die Ähren in der Mund. Immer wieder stürzen Bären bei ihren abenteuerlichen Besteigungen von allzu dünnen Fruchtbäumen ab oder brechen zusammen mit dem durch sie selbst überladenen Stamm ein. Als letztes kann man, neben all der Wut, einen mit Honig verschmierten und von Bienen umschwärmten Braunbären auf den Hinterfüßen stehend und sich an der Holzbude abstützend sicherlich auch als belustigend empfinden, wobei das „heimliche Naschen oder verstohlene Stibitzen von süßen Leckereien" den meisten Menschen nicht ganz unbekannt ist.

- Der große, braune Bär ist ein starkes und stattliches Tier, was man sicherlich als schön bezeichnen kann. Seine Kraft ist bewundernswert, sei es, ob er einen Baum zu Markierungszwecken ankratzt und gelegentlich dabei wie ein Streichholz umschubst oder aber riesige Felsblöcke bei der Ameisensuche umdreht.
- Der Bär war den Menschen bekannt, sowohl positiv und bewundernswert als auch als Störenfried und Ungetüm. Demnach war es sicherlich auffällig und allzu verwunderlich, dass dieser riesige Waldbewohner zur Winterszeit vom Erd- und Waldboden verschwunden war. Wie weggeweht, einfach nicht mehr da. Weggeblasen oder aber wie vom Erdboden verschluckt, was prinzipiell der Wahrheit entspricht. Der Bär schläft tief und fest in der kalten Jahreszeit, meist unter Tage. Im Frühjahr ist er plötzlich wieder da, wie „auferstanden", wie wiedergeboren. Dieses Bild von Verschwinden und Abtauchen, eventuell in eine andere Welt, also in das Jenseits, und nach bestimmter Zeit ein Wiedererscheinen und Auftauchen, also eine Reinkarnation zurück ins Diesseits, passt sehr gut ins Bild des damaligen Verständnisses vom Leben. Somit fügt sich der Bär aufgrund seines natürlichen biologischen Verhaltens nahtlos in die Grundprinzipien der damaligen sakralen Auffassungsweise des Lebenskreislaufes ein. Seine eigene und artspezifische Vermeidungsstrategie gegen die harschen und beschwerlichen Bedingungen des Winters ermöglichte ihm ganz automatisch einen symbolträchtigen Charakter, mit welchem der Mensch sich intensiv auseinandersetzte.
- Das verschwundene, behaarte große Tier erscheint nicht nur unverletzt wieder im Frühjahr auf Wald und Flur, sondern befindet sich bisweilen in Gesellschaft von kleinen Nachkommen, falls es sich um eine Bärin handelt. Der solitär lebende Bär, den man meistens nur alleine antrifft und somit nicht als Rudeltier wie einen Wolf einstuft, verschwindet nicht nur kurzzeitig und erscheint wieder in der Welt der Lebenden, sondern kann sich in dieser Zeit vervielfältigen, und das ohne „Bärenmann". Die Bärin kann also Leben schenken und wird damit automatisch ein Sinnbild von Fruchtbarkeit. Vielleicht war das ein weiterer und sehr wichtiger Grund für die mystische Verehrung der Bären.

Wolf und Bär im Vergleich

Die Stellung des Bären in den Erzählungen veränderte sich, jedoch machte er keine so dramatische Wandlung mit wie beispielsweise der Wolf. Der Wolf galt am Anfang als Inbegriff der Familie, dem man in verschiedenen Teilen der Welt Kinder anvertraute, und war ein Mitglied der Helfertiere sowie ein Reittier für die oben erwähnte Magische Flucht. Später mutierte er in einen gemeingefährlichen und gefräßigen Widersacher des Menschen, ob er nun die „Sieben Geißlein" fraß oder aber als Kinderlüstling das unschuldige Rotkäppchen verschlang.

Das dumme und verfressene Bild, das wir vom Bären finden, existiert greifbar auch in der realen Welt, nämlich dann, wenn man sich in manchen Zoos den Bären betrachtet. Der gemütliche, dickliche Bär, der auf dem zu großen Hintern sitzt oder auf den stämmigen Hinterbeinen steht und nach Leckereien bettelt. Etwas dusselig und recht gefräßig wandelt sich das starke, stolze Tier in der Obhut des Menschen. Somit kann man sich fragen, ob diese Betrachtungsweise und Darstellung der großen Braunen zum Teil von diesem sehr alten Bild in Tiergärten oder Menagerien motiviert war. Wölfe schließen sich wesentlich schwerer an den Menschen an und betteln nicht, wie von unsichtbarer Hand dressiert, um alles Fressbare, was auch immer vom Menschen abfallen könnte.

Vielleicht ist der Bär auch deshalb noch immer ein Sympathieträger, der zu Anfang des 20. Jahrhunderts eine weitere Karriere als Mitbewohner der Kinderzimmer in Form eines Teddybären begann. Unter Umständen missverstehen auch heute noch viele Menschen den wahren Charakter des Raubtieres Bär, verniedlichen ihn und behandeln ihn noch immer wie ein Kuscheltier, mit gelegentlich schweren Konsequenzen für den Zweibeiner.

Anekdote des Teddybären und Werbepotential des Bären

Der Name geht wirklich auf den US-Präsidenten Theodore Roosevelt zurück, der ein begeisterter Jäger war. Aus politischen Gründen hielt er sich im November 1902 im Grenzgebiet zwischen den Staaten Mississippi und Louisiana auf und verband die Arbeit mit einer Bärenhatz. Da ihm kein Jagderfolg vergönnt war, wollten die Jagdkollegen ihm dennoch einen „Abschuss“ ermöglichen und baten ihm einen angeleinten, kleinen, tagelang gehetzten Schwarzbären zum Erschießen an, der für ihn an einen Baum gebunden worden war. Theodore Roosevelt jedoch lehnte dieses Angebot ab, da er es für den Bären als unfair betrachtete. Da diese Geschichte so beliebt war und tagelang in den Zeitungen stand, reagierte der Spielzeugbastler Morris Michtom auf diesen Boom und präsentierte wenige Tage später den ersten klassischen „Teddy“-Bären.

Die allerersten Plüschbären (Fertigungsnummer 55 PB) in unbeweglicher Form existierten bereits seit 1903 und waren von der Firma Steiff hergestellt worden. Deren erster beweglicher Teddybär erschien 1947. Seitdem erklimmen unzählbahre Teddy- und Plüschbären diverse Kinderbetten und Vitrinen sowie Schränke von begeisterten Sammlern. Was jedoch nur wenige wissen ist, dass die traurige Wahrheit der Roosevelt-Begegnung damit endete, dass der hilflose Bär nämlich doch erschossen wurde, eben von einem anderen Schützen.

Der kleine, niedliche und gefräßige Bär wird zum Sinnbild der Kinderzimmer und startet eine weitere Karriere vor allen Dingen in der Nahrungs- und Genussmittelindustrie. Er prangt in der Slowakei und vielen anderen (östlichen) Ländern auf Deckeln für Schokoladendessert und -puddings, auf Honigbeschriftungen und Babynahrung, beispielsweise Ersatzmilch, verschiedenen Breizubereitungen und pürierten Mahlzeiten. Selbstverständlich ist er der Frühstückskeksbote, der Müslibär, zaubert kleine, verpackte Minikuchen und wirbt für feine Fleischpasteten. Sein großer, kraftvoller Bruder wiegt Menschen auf „Bärenmatratzen“ in den Schlaf, bietet schwerbelastbare Paletten an und wirkt sogar beim Gerüst- und Schwimmbadbau mit.

Wo begegnen wir dem Bären noch mit seiner ursprünglichen Funktion?

Eine ethnografische Studie von Olejník in der Tatra konnte zeigen, dass der Bär auch dort einst Mittelpunkt eines Kultes war, welcher mit der Zeit abnahm. Der Tierkult der Altslawen ist nur wenig bekannt und wurde durch die Christianisierung stark deformiert. Dennoch finden sich gerade in der slawischen Folklore und in Riten bei bestimmten Feierlichkeiten oder Zeremonien noch aussagekräftige Überreste dieses vorchristlichen Kultes.

Auch die vielerorts vorkommenden „Bärendörfer“ können dies bestätigen. Hierbei wurde der Name nicht nur wegen des Bärenvorkommens an sich, sondern auch als Ehrbezeichnung für die großen Tiere gegeben. Bärenverehrung war jedoch nicht nur auf das Slawische beschränkt. In vielen anderen heidnischen Kulturkreisen nimmt der Bär eine sehr tragende Rolle ein. Das gilt neben den slawischen Kulturen in Russland auch für Gruppen in Finnland, Rumänien, Bulgarien und besonders für die Altgermanen.

Die slawische Hochzeit

In vielen slowakischen Dörfern hat der Bär seinen angestammten und symbolträchtigen Platz in der Hochzeitsgesellschaft, obwohl dieser Brauch immer mehr verloren geht. Kommt das frischvermählte Paar nach der Zeremonie aus der Kirche, trifft es unverhofft auf einen als Bären verkleideten Dorfbewohner. Oft handelt es sich dabei um einen (jungen) Mann, der einen umgedrehten Pelzmantel trägt. Dieser Bär tanzt entweder den ersten Tanz oder zumindest später ganz ausgelassen mit der frischvermählten Braut. Dieser Tanz gilt gemeinhin als Fruchtbarkeitsritual und soll demnach der neugeschlossenen Ehe reichen Kindersegen verheißen. Des Weiteren dreht sich der Maskierte auch mit den zahlreich vorhandenen Brautjungfern im Kreise.

Im ersten Moment liegt die Vermutung nahe, dass der verkleidete Bär ein Bärenmännchen darstellt, der sich einfach der jungen, jungfräulichen Braut bemächtigt und als Nimmersatt auch vor den Brautjungfern nicht Halt macht. In Wahrheit handelt es sich vermutlich bei dem rabiaten Tanzpartner um eine Bärin, die mit ihrer Geschlechtsgenossin tanzt. Somit erscheint das Fruchtbarkeitsritual in einem anderen Licht. Tanzt eine Bärin mit der vermählten Frau, schließt sich der Kreis des alten Mutterglaubens. Die Bärin verheißt als Lebensspenderin und Fruchtbarkeitsgöttin oder -halbgöttin durch ihre Anwesenheit dem Brautpaar Glück. Unvermählten Frauen galt sie für die Zukunft als gutes Omen. In Russland begrüßt der maskierte Bär nur das Brautpaar auf der Türschwelle. In den Händen hält er einen geflochtenen Strick aus Haferstroh.

In der Slowakei begleiteten die Leute den Tanz des Bären mit diesen Liedern:

Lieber Bär, gib mir Deine Pfote, denn wir gehen zur Hochzeit. Die Bärin wurde betrunken und sie erstickte alle Junge, Lieber Bär, gib mir Deine Pfote. (Dorf Važec)

Lieber Bär, gib mir Deine Pfote, wir gehen zur Oma. Die Oma wurde betrunken und sie rief die Jungen. Lieber Bär, gib mir Deine Pfote. (Dorf Tatranská Javorina)

An dieser Stelle kommt sogar die Baba Jaga wieder mit ins Spiel. In einigen dieser von Dorf zu Dorf ein wenig unterschiedlichen Gesänge wird die Baba nicht nur namentlich erwähnt, sondern tanzt auch als weibliche Bärin aktiv mit. Die bedeutende und mächtige Frau, die Schicksale von Menschen sehr nachhaltig beeinflussen konnte, sollte man aus Sicherheitsgründen hinsichtlich des Eheverlaufes, der Anzahl des Kindersegens sowie der Lebenswege der Kinder vorsorglich einladen und an Leckereien der Brauttafel Teil haben lassen. Eine rückhaltlose Kinderfresserin und böse Hexe hätte man vermutlich nicht sehr gerne am Hochzeitstisch neben der frischgebackenen Gattin und hoffentlich zukünftigen Mutter sitzen gehabt. Auch an dieser Stelle findet man bestätigt, dass die Baba Jaga zu Beginn ein anderes Image hatte. Offenbar konnte sie sich sogar gelegentlich in Bärenform zeigen.

Die falsche Anschauung des Tanzes in Form eines männlichen Bären mit der Jungfrau führte zu einem verfälschten Verhältnis zwischen Bär und Mensch. Somit wandelte sich dieses Bild, dass eine Bärin in Form einer Lebensbotin als gutes Omen an der Hochzeitsgesellschaft teilnimmt, in die etwas frivole Vorstellung, dass ein männlicher Bär die unschuldige Braut entführt. Auf dieser Basis konnten diverse Geschichten entstehen, dass der Bär vor allem unberührte, junge Frauen raubt, diese in seiner Höhle gefangen hält und sich mit ihnen vermählt. So entstehen erneut Bärenkinder oder Helden, allerdings versucht in diesem Falle die menschliche Frau durch verschiedene Listen und Tücken aus der Gewalt ihres bärischen Ehemanns zu fliehen.

Diese Änderung des Bären von einer Muttergöttin in einen recht groben und fordernden Tierehemann zeigt sich erneut in vielen Kulturkreisen um den Bären herum. Der Bär nahm bisweilen die Rolle eines Vergewaltigers ein, die ihm ursprünglich gar nicht zugedacht war. Somit erklärt sich auch die Aussage eines Dorfes zu Beginn dieses Kapitel, in der ein Bär beschuldigt wird, sich an einer jungen Frau vergriffen zu haben.

Den alten mütterlichen Charakter finden wir in vielen sehr alten Sprichwörtern von verschiedenen slawischen Gebieten. Dort weiß man auf der einen Seite, dass eine Bärin niemals eine schwangere Frau angreifen würde. Demzufolge weiß das weibliche Tier um den Zustand der Menschenfrau, der ihr selbst auch bekannt und wichtig ist, weshalb sie diese Menschen immer umgeht und verschont. Deshalb sagte man schwangeren Frauen, sie sollten beim Antreffen eines Bären immer ihren Rock oder die Bluse hochheben, dass der Bär ihren Zustand sehen könnte. Daraufhin würde er sich zurückziehen.

Auf der anderen Seite sollten sich Frauen bei nächtlichen Ausflügen in den Wald in Acht nehmen, um nicht vom Bärenmännchen geraubt und missbraucht zu werden. Dieses umgewandelte Verständnis findet sich sogar in Indien in Bezug auf die dort lebenden Bären. Frauen dürfen auf keinen Fall nachts alleine in den Wald gehen, denn auch dort sucht der Bär nach einer menschlichen Gemahlin.

Die Bärin und Waisenkinder

Wie im ersten Kapitel bereits gezeigt (siehe S. 61), gab es bis zu Beginn des 20. Jahrhunderts „Fälle", in denen beschrieben wurde, dass eine Bärin menschliche Waisenkinder aufzog.

Die Beziehung zwischen dem Bärenweibchen und ihrem Nachwuchs zeichnet sich durch häufige körperliche Kontakte aus. Auf diese Weise werden die Familienbande gestärkt. Vielleicht haben die verschiedenen Gesten der Zuwendung die Menschen veranlasst zu glauben, dass eine Bärin sich genauso „liebevoll" einem Menschenkind gegenüber benehmen würde. Foto: V. Vician

Die Bärin und Mutter Erde

Der Fruchtbarkeitsgedanke in den verschiedensten Ernteritualen wurde bereits erwähnt. Oft findet man eine Bärengestalt als Mitglied des Faschings, bei einem ursprünglichen Frühlingsfest, bei den Wintersonnenwenden und sogar bei den Sommersonnenwenden. Mit dem ursprünglichen Glauben an die Funktion der Bärin fügt sich ein sehr nachvollziehbares Bild zusammen: Der Bär oder die Bärin als mütterliche Göttin oder Halbgöttin, die in der „Mutter Feuchte Erde" überwintert und aus ihr mit Nachkommen wieder aufersteht, soll somit eine reiche und gute Ernte bescheren.

Etwas auf den Menschen zugeschnitten ist der Brauch, der noch in einigen Dörfern der Slowakei zwischen Weihnachten und Silvester praktiziert wurde. Hierbei gehen junge Männer als Bären verkleidet auf die Straße und versuchen, Mädchen und junge Frauen mit Birkenzweigen zu schlagen. Dieser Brauch gilt auch als Fruchtbarkeitsritual. Mit den ursprünglichen Vorstellungen im Kopf erklärt sich der Brauch vermutlich als eine Bärin, die den unverheirateten Frauen nicht nur einen Mann, sondern vor allem auch Kindersegen bescheren soll, und weniger als ein überaus potenter Bärenmann.

Der sechste Sinn des Bären

Als Letztes hatten die Sternbilder Kleiner Bär und Großer Bär am Himmel auch einen Orakelcharakter hinsichtlich des zukünftigen Bräutigams. In einigen Dörfern der Spišregion in der Slowakei gingen die jungen Mädchen, welche sich bereits einen Bräutigam ausgewählt hatten, vor dem Abend des Martinstag, also am 10. November vor Mitternacht, nackt hinaus und begannen im Sternbild des Kleinen Bären, dem Sohn der großen Bärin, an den Spitzen der Holzzäune über ihren Zukünftigen wahrzusagen.

Der Bär als Helfer des Menschen

Noch immer sind einige Menschen davon überzeugt, dass ein Tier, das menschliche Hilfe erfährt, diese Helfer nicht nur bei der nächsten Begegnung schont, sondern sich eventuell sogar revanchieren kann. In Interviews mit Bewohnern aus dem slowakischen Dorf Ždiar fand man diese authentisch erzählte Geschichte:

Einmal kam ein Bär zu einigen Waldarbeitern, die Holz schlugen. Die Menschen hatten Angst, als das Tier näherkam. Es hatte in einer Vorderpfote einen Holzsplitter und zeigte den Männern immer wieder die verwundete Pfote. Die Männer hatten das Gefühl, dass der Bär sie um Hilfe anrufen würde, weshalb der Mutigste seine Angst überwand und dem Bären den schmerzhaften Splitter aus der Tatze herauszog. Darauf verschwand der Bär mit einem zufriedenen Brummen. Am nächsten Tag kam der gleiche Bär wieder und besuchte erneut die Männer. Aus dem Dickicht jedoch zog er ein etwa einjähriges Kalb hinter sich her. Er legte es den erstaunten Arbeitern vor die Füße und trollte sich hinweg, offensichtlich sehr zufrieden.

Jagd, Kunst und Schutz

Pasovací list

Tento pasovací list
je trvalou spomienkou a dokladom, že

dňa ulovil v poľovnom revíri

svojho prvého
medveďa
a bol na počesť toho slávnostne pasovaný
na lovca medveďov.

V mene patrónov poľovníctva,
svätého Huberta a bohyne lovu Diany

Lesy SR š.p., Banská Bystrica

Jagdurkunde mit gemaltem Bär. Diese Urkunde erhält ein slowakischer Jäger nur bei seinem ersten erlegten Bären.

Der Bär wurde seit Urzeiten von den Menschen bejagt und wird bis in die heutige Zeit hinein gejagt, angefangen beim Höhlenbären bis zum heutigen modernen Braunbären. Die Gründe hierfür waren und sind genauso vielfältig, wie die verwendeten Methoden. Ursprünglich erlegte man den Bären hauptsächlich aufgrund seines Fleisches, Felles und des Fettes. Später kam als weiterer Grund der Herdenschutz von domestizierten Nutztieren hinzu. Gelegentlich wurden die Tiere nachhaltig mit dem Ziel verfolgt, sie gänzlich auszurotten. Heute findet man meist als Beweggründe sportliche bzw. trophäenorientierte Unterhaltungszwecke, für welche entsprechende Abschussgelder bezahlt werden. An letzter Stelle steht der Regulationsabschuss, um „überschüssige" Individuen zu entfernen, oder die Erlegung von für den Menschen gefährlichen Individuen.

Der Kult um den Bären

Um die Bärenjagd herum ranken sich zahlreiche, teilweise uralte Riten und Bräuche, welche bei einigen Volksgruppen dieser Welt selbst heute noch praktiziert werden. Man kann somit behaupten, dass sämtlicher Kult um den Bären eigentlich in der Jagd seinen Ursprung hatte oder ursprünglich dabei abgehalten wurde. Die ersten künstlerischen Auseinandersetzungen mit dem Tier findet man in Form von Höhlenmalereien, Schnitzereien oder bei als Talisman oder als Schmuck benutzten Knochen oder Zähnen, was ebenfalls in der Jagd wurzelt. Obwohl man heutzutage vorsichtiger geworden ist, allerorts sofort einen Kult zu unterstellen.

Der Wissenschaftler A. Irving Hallowell führte 1926 in „Bear ceremonials in the northern hemisphere" eine umfangreiche Studie durch und kam zu einem sehr interessanten Ergebnis: Der Kult um den Bären, der sich in den jagdlichen Gebräuchen und Riten sehr stark widerspiegelt, ist ein weltweites Phänomen der gesamten nördlichen Hemisphere. Somit zeigen nicht nur die Ureinwohner Kanadas bzw. Amerikas diesen Kult, sondern auch die sibirischen Völker, die Finnen, Lappen, Samojeden und einige slawische Volksgruppen.

Das Tier im Weltbild

Der Mensch kann prinzipiell sämtliche Tiere in zwei große Gruppen aufteilen: wertvolle und nutzbare bzw. benutzbare Tiere sowie unnütze oder gar schadhafte Tiere. In Abhängigkeit des geltenden Weltbildes können somit zwei grundsätzlich verschiedene Einstellungen in Bezug auf die Tierwelt aufgebaut werden:

Der Nutzaspekt: Der Mensch benutzt die Tierwelt oder beutet sie im extremen Falle aus. Tiere werden für ihr Fleisch, ihr Fell oder andere Substanzen geschlachtet und für Ernährungs-, andere Nutz- oder Unterhaltungszwecke domestiziert. Somit hat der Mensch für jede Tierart eine Kosten-Nutzen-Gleichung, die über den entsprechenden Wert entscheidet. Seitdem der Mensch anfing, sich von Fleisch zu ernähren sowie sesshaft zu werden und mit der Domestikation zu beginnen, entwickelte sich immer stärker diese Wertigkeit. Im Endzustand hat nur noch das, was dem Menschen effektiv nutzt, einen Wert. Diese Einstellung ist heute vielerorts präsent. Aspekte der Ernährung, Verwendung, Ästhetik und Unterhaltung entscheiden über den Sinn und Unsinn des Daseins einer Tierart.

Der transzendente Ansatz: Hierbei handelt es sich um den Aufbau eines spezifischen Weltbildes, in welchem Mensch, Tier und Natur zusammenwirken und zusammenspielen. Das Interesse an Tieren ist weitreichender als der Nutzaspekt, auch wenn es genutzt wird. Um verschiedene Tierarten herum beginnen sich entsprechende Volksglauben und Mythologien aufzubauen, welche sich in entsprechenden Riten und Bräuchen widerspiegeln. Somit konnten auch nicht-nutzbare oder gefährliche Tiere, einen sehr hohen Stellenwert erreichen. Oder aber die nützlichen Tiere erhalten neben ihrem Gebrauch zusätzliche Werte. Die gesamte Schöpfung, inklusive der Tiere, fügt sich in das entsprechend geltende Weltgefüge ein, in welchem sich auch der Mensch wiederfindet. Diese Einstellung existierte anfangs parallel mit dem Nutzaspekt, welcher auch hier nicht gänzlich ausgeschlossen ist. Unter dem reinen Nutzaspekt wurden jedoch viele Tierarten Schritt für Schritt abgestoßen, wie etwa die Predatoren, die dem menschlichen Besitz oder gar dem Menschen selbst gefährlich werden konnten. Heute kann man dieses Weltbild noch vereinzelt bei den so genannten „primitiven Volksgruppen" finden, wenn auch der Begriff an sich eine unangebrachte Wertigkeit trägt. Das gesamte Weltbild unterscheidet sich nachhaltig auf verschiedensten Ebenen, was wesentlich mehr bedeutet als nur die Einstellung zu den Predatoren. Des Weiteren schließt dieses Weltbild nicht aus, Tiere für bestimmte Zwecke zu benutzen oder sich auch vor wirklich gefährlichen Tieren im Bedarfsfalle zu verteidigen und sich ihrer zu entledigen.

Die Sonderstellung des Bären – mögliche Gründe

Obwohl man Malereien und künstlerische Produkte vielerorts auch von anderen Tierarten finden kann, die dem Menschen wichtig waren, denen er Respekt zollte bzw. die er auch jagen oder benutzen konnte, hat dennoch kein anderes Tier in der nördlichen Hemisphere eine derartig hohe Prominenz erreicht wie der Bär. In Nordamerika und Eurasien wurde er zu einem Tier mit einem außergewöhnlich hohen Stellenwert, wobei man sich berechtigterweise fragen kann, warum das so ist. In anderen Teilen der Welt, in welchen ebenfalls Bären präsent sind, gelang ihm eine solche Sonderstellung nicht.

Vom psychologischen Standpunkt: Gerade in den erwähnten nördlichen Gebieten kann der Bär als der „am menschenähnlichste" charakterisiert werden, da sämtliche Affen bzw. Menschenaffen fehlen. Bären sitzen „wie Menschen" auf dem Hinterteil und lassen dabei die Vorderpfoten herabhängen. Sie haben die Fähigkeit, auf ihren Hinterfüßen zu stehen und sogar einige Schritt zu gehen. Weibchen säugen ihre Nachkommen oft sitzend oder liegend, was „an eine Menschenfrau" erinnert. Die im Sand oder Schnee hinterlassenen Pfotenabdrücke erinnern an übergroße, menschliche Füße. Nicht zuletzt ist die allesfressende Ernährung dem Menschen sehr ähnlich, inklusive ihrer Hinterlassenschaften.

Auch auf emotionaler Ebene werden dem Bären menschliche Attribute unterstellt. Junge, alleingelassene oder verletzte Bären können nicht nur „menschenähnlich" weinen, sondern haben bisweilen „Tränen" in ihren Augen. Nicht zuletzt das innige Verhältnis zwischen Bärin und Nachwuchs veranlasst oft zum Vergleich mit einer menschlichen Mutter. Des Weiteren vollzieht der Bär, Ausnahme ist der Eisbär, in diesen Gebieten den typischen Winterschlaf, was ihm zusätzlich einen mystischen und *reinkarnativen* Charakter verlieh.

(Reinkarnation bedeutet „Wiedergeburt". Wenn der Bär den Winterschlaf vollzieht, ist er unsichtbar und die Menschen glaubten oft, dass er tot wäre. Im Frühjahr ist er wieder zu sehen – sozusagen wie „wiedergeboren".)

Im Gegenzug kann man behaupten, dass, in Abhängigkeit der betrachteten Volksgruppen, anderen Tierarten, wie Robben, Rentiere, Walen etc., ein außergewöhnlich hohes Interesse entgegengebracht wird. Jedoch hat nur der Bär diese Prominenz bei allen Volksgruppen erreichen können.

Vom ökonomischen Standpunkt: Einige Religionswissenschaftler behaupten, dass sich die Wertigkeit eines Tieres aufgrund der ökonomischen Wichtigkeit entwickelt haben könnte, was auch urzeitliche Höhlenmalereien bezeugen. Somit wurde durch die anfängliche Jagd eine mystisch-religiöse Ordnung für die entsprechenden Tierarten aufgestellt. Zweifelsohne ist der Bär ein interessantes Jagdobjekt: Das Fleisch kann der Ernährung dienen, mit dem Fell kann man sich wärmen, Knochen und Zähne liefern die Basis für Schmuck und Gebrauchsgegenstände und das Bärenfett hat ebenso zahlreiche Anwendungen.

Konträr dazu werden nicht alle ökonomisch wichtigen Tierarten so stark verehrt wie es demzufolge angebracht wäre. Lachse sichern örtlich den größten Anteil des menschlichen Eiweißbedarfes, werden allerdings nur mit geringer Ehre belegt.

Vom historisch-geografischen Standpunkt: Entgegen örtlicher Unterschiede in Intensität und Ausdehnung der kulturellen Riten um den Bären herum finden wir in den folgenden Punkten Übereinstimmungen:

- Zeremonien nach dem Tod des Tieres inklusive Bestattung
- ehrenhafte oder liebevolle Bezeichnungen sowie Nichtnennen des wirklichen Namens des Bären aus Angst und Respekt
- Entschuldigungen beim Bär für das Töten
- der Glaube vom „Ernähren durch Pfotensaugen während des Winterschlafes"

- der Glaube, der Bär wäre unter der Kontrolle göttlicher oder höherer Macht oder gar ein Gott oder Halbgott

Obwohl man keine allgemeingültige Erklärung für den Bärenkult festlegen kann, stellt sich die folgende Vermutung als sehr wahrscheinlich heraus. Somit hätten die über Skandinavien wandernden, die Beringstraße passierenden Karibujäger nicht nur Hunde, sondern auch die kulturelle Auseinandersetzung mit dem Bären in die neu besiedelte Alte und Neue Welt mitgebracht. Diese These wird zusätzlich auf anderen Ebenen untermauert, wie beispielsweise das in Asien und Nordamerika verbreitete Schamanentum. Durch fortschreitende Vermischungen dieser zugewanderten Völker mit anderen neu ankommenden Gruppen und das Mithineinspielen der beiden zuerst genannten Punkte könnten sich die Unterschiedlichkeiten in den Riten entwickelt haben.

Vom biologischen Standpunkt: Naturvölker sehen in ihrer Umwelt weit mehr als der moderne Stadtmensch es heutzutage tut, somit versuch(t)en sie, unerklärliche Umstände des Lebens und insbesondere des Sterbens durch sichtbare Vorgänge in ihrer belebten Umwelt zu erklären. Definitiv war gerade der Winterschlaf des Bären für den Menschen eine im Zeitraffer stattfindende Abfolge von Leben, Sterben und dem Wiederauferstehen, was den folgenden Zeitspannen entspricht: Sommer/Herbst – Herbst/Winter – Winter/Frühling

Die Wiederauferstehung im Frühling können wir auch als eine zweite Geburt durch die Mutter Erde selbst interpretieren.

Warum gerade der Bär als Erklärungsprototyp genommen wurde, entspricht offensichtlich seiner „menschenähnlichen" Lebensweise oder seines Aussehens. Nicht zuletzt sein bisweilen zweibeiniger Stand und seine ähnlichen Fressgewohnheiten konnten diese Beziehung verstärken. Diese „Ähnlichkeit" inspirierte des Weiteren zahlreiche Abstammungsgeschichten von Mensch und Bär, die teilweise mit dem Tod des Vaters „Bär" endeten, der eine menschliche Frau geheiratet hatte. So soll der Bär sogar dem Menschen nicht nur den Weg gewiesen haben, ihn selbst zu töten, sondern sogar auf welche Weise (meist in der Höhle). Abschließend konnte der Bär benutzt und gegessen werden. Dieser „Bärengebrauch" intensivierte erneut die Beziehung und brachte den Bären bei jedem „Gebrauch" mehr in die Köpfe der Menschen. Gerade Naturvölker sprechen davon, dass ihnen ein bestimmtes Tier „etwas gelehrt" hat. Dieses „Lehren" können wir jedoch auch als jahrelange Beobachtung des Tieres durch den Menschen interpretieren.

Bärenriten von Völkergruppen der ehemaligen UDSSR

Besitztum: Viele Völker glauben, dass die mit ihnen lebenden Tiere einen spirituellen Besitzer oder Meister im Götterhimmel haben, dem sie es zu verdanken haben, dass sie das entsprechende Tier benutzen und erlegen konnten. Deshalb ist die Behandlung des erlegten und verwendeten Tieres nach dem Tod von entscheidender Bedeutung, da es seinem Herrn und Meister von diesem Umgang berichten wird. Wurde es gut behandelt, kann es aus Dankbarkeit immer wieder erlegt werden, da es zurückkommt. Wurde es schlecht behandelt, führt das zu schlechtem Jagderfolg in der Zukunft.

Bezeichnungen für den Bären in Eurasia: Alternative und respektvolle Bezeichnungen sind Großvater bzw. Großmutter, Alter Mann, Er, Besitzer der Erde, Großer Mann, Mafa, Mapa, geliebter Onkel, wertvoller alter Mann. In Estland findet man noch Breitfuß. Man glaubt, dass der Bär die menschliche Sprache versteht. Die liebevollen oder ehrenhaften Bezeichnungen sollen den Bären beruhigen und vermeiden, dass irgendein Konflikt mit dem mächtigen Waldbewohner entstehen könnte. Interessanterweise finden sich alternative Bezeichnungen örtlich auch für den Wolf.

Jagd speziell: Oft werden die Bären in ihren Winterhöhlen gejagt, in dem sich mehrere Jäger rundherum versammeln. Der Bär wird mit freundlichen Worten angeredet und gebeten, dass er herauskommen soll, da „ihm auch nichts passieren kann“. Gelegentlich singt man ihm auch etwas vor oder lockt ihn mit freundlichen Versprechungen. Des Weiteren finden sich entsprechende Jagdvorschriften. Somit soll ein Bär nicht „einfach“ mit Pfeil und Bogen erlegt werden, sondern nur im „fairen Zweikampf“ mit dem Messer oder dem Speer. Aus diesem Grunde konnte die Bärenjagd zum Beweis der Manneskraft werden.

Die Entschuldigung: Viele Völker entschuldigen sich entweder vor der Jagd oder nach dem Erlegen beim Bären für diese Tat. Obwohl der Bär zum Nutzen getötet werden soll, empfinden die Menschen neben Angst auch Mitleid mit dem verehrten Tier. Sie versuchen ihm deshalb zu erklären, dass alles nicht so schlimm wird oder war und man „das Töten tun musste“. Des Weiteren soll örtlich erreicht werden, dass der übernatürliche Besitzer nicht verärgert wird, da man seinen Besitz getötet hat. Oft muss der Bär mit allen Knochen bestattet werden, damit er im Ganzen wiederkommen kann.

Das Verschleiern: Viele Völker versuchen, die Schuld am Tod des Tieres von sich abzulenken. Oft fragen sie den Bären nach dem Tod: „Großmütterchen/Großväterchen, wer hat dich denn so schrecklich behandelt?“ Weit verbreitet ist auch die List, sich nur noch auf Russisch zu unterhalten. Somit müsste also der Bär glauben, dass er von den Russen und nicht den im ehemaligen Großrussland lebenden Volksgruppen erlegt wurde. Andere unterhalten sich in der Sprache des Nachbarvolkes, um ebenfalls ihre eigene Schuld zu vertuschen. Der Grund ist, dass man sehr große Angst vor der Rache des erlegten Bären hat. Außerdem möchte man, dass der Bär auch wirklich wiederkommt, um sich erneut erlegen zu lassen. Um beides zu erreichen, lenken sie das Verschulden auf andere Gruppen um, damit sie nicht von der Rache des Bären getroffen werden und ihn auch später erneut jagen können. Die Verspeisung des Bären ist oft ein rituell festgelegtes Fest, dass die sozialen Beziehungen zu den Nachbarvölkern stärken soll. Örtlich schwankend haben die Völker zu unterschiedlichen Tieren Zugang, somit finden wir zusätzliche Verehrungen von großen Rentiermännchen, Walrossen, Walen und Robben.

Bärenfest der Giljaken und Ainu

Zwei Volksgruppen, die an der japanischen Grenze oder schon in Japan leben, haben neben den „üblichen rituellen Riten und Gebräuchen“ um die Bärenjagd herum, die den oben beschriebenen sehr ähneln, ein spezielles Bärenfest entwickelt, das weltweit einzigartig ist. Hierbei wird ein handaufgezogener, junger Bär getötet, der als Jungtier aus der Höhle (meist nach der Jagd des Muttertieres) entwendet wurde. Diese Bärenfeste scheinen wesentlich jünger zu sein als die Zeremonien um die auf der Jagd erlegten Bären.

Giljaken

Der Bär an sich hat einen sehr hohen Stellenwert in der komplizierten göttlichen Hierarchie, da er über die untergeordnete, kleinere Gottheit „Herr der Bären" in direkter Verbindung mit den obersten Mächten „Herr der Berge oder des Waldes" steht. Zudem glauben sie, dass einige Verstorbene manchmal in Bärenform auf die Erde zurückkehren.

Das gefangene Jungtier wird zwei bis drei Jahre im Dorf, anfangs noch frei, später in einem Käfig, gehalten. Während dieser Zeit wird es gut gefüttert und umsorgt, auf Spaziergänge mitgenommen und regelmäßig gebadet, was für alle Leute des Dorfes, vor allen Dingen für Frauen und Kinder, immer eine Freude ist. Das eigentliche Fest findet immer im Winter statt und der menschliche Besitzer des Bären schafft riesige Mengen Essen und Trinken für die Gäste herbei. Für den Bären wird eine spezifische Arena errichtet, wo er den Tod treffen wird. Der Bär wird zuvor aus seinem Käfig herausgeholt und zu jedem Haus geführt, wobei die Leute anfangen, den Bären zu necken. Oft führt man ihn noch an den Fluss, um somit reichhaltigen Fischsegen zu erwerben. Abschließend wird er dreimal um das Haus seines Besitzers geführt und dann hinein, wo er erneut mit speziellen Stecken provoziert wird. Dann wird er in der Arena an einen Stock angebunden. Danach werden Pfeil und Bogen präpariert und das Tier zum letzten Mal gefüttert. In freundlichen Worten wird dem Bären erklärt, dass man ihn die ganze Zeit über gut behandelt hat und dass er dies dem übernatürlichen Herrn berichten soll. Jetzt sei jedoch die Zeit gekommen, in welcher man sich diese Versorgung nicht mehr leisten kann und sich der Bär durch seinen Tod dem Dorf erkenntlich zeigen soll.

Mit einem Pfeil, der den Bären direkt ins Herz treffen soll, wird der Bär getötet. Falls der Schuss nicht tödlich war, fallen die beteiligten Männer auf das Tier, um es so schnell wie möglich zu töten, da man nicht will, dass der Bär schreien könnte und somit der hohe Herr verärgert werden würde, wie man seinen erdlichen Botschafter behandelt. Rituell wird der Bär enthäutet und geteilt. Der Kopf, der am Fell verbleibt, wird zurück in das Haus des Besitzers getragen, jedoch niemals durch die Türe, sondern immer durch die Öffnung für den Rauch. Während des dreitägigen Festes verbleibt der Bär im Freien in einer speziellen Unterbringung aufgebahrt und wird mit Tabak und Essbarem versorgt.

Der erste Tag nennt sich „Füttern des Bärenkopfes". Der Bärenkopf wird hierbei mit verschiedenen Köstlichkeiten versorgt und gleichzeitig beginnt das Kochen seines Fleisches. Der zweite Tag nennt sich „Bewirtung der Gäste". Zuerst wird dem Bären erneut kundgetan, dass eine böse Macht und nicht die Giljaken ihn getötet haben. An diesem Tag dürfen nur die Gäste das pure Fleisch essen, während der Gastgeber und seine eigene Sippe nur die aus dem Fleisch gekochte, dicke Reissuppe essen dürfen. Die Gäste werden immer weiter zum Essen aufgefordert, was vom Ethnografen Sternberg persönlich beobachtet wurde:

Ja, die Liebenswürdigkeit des Wirtes wird so weit getrieben, dass er, wenn der Gast sich an der fetten Suppe übergessen hat und sie von sich zu geben beginnt, ehrerbietig seinen Mund darunterhält und das Vomierte schluckt. (zitiert in A. Irving Hallowell, Bear ceremonials in the northern hemisphere)

Kein Stückchen Fleisch darf übrigbleiben oder gar verschwendet werden, da es eine Ehrverletzung hinsichtlich des kleinen Bären wäre. Am „Tag der Abreise" wird den Gästen sämtliche, übrig gebliebene Nahrung mitgegeben, inklusive dem Bärenfleisch. Der Bär wird abschließend erneut beschenkt, beweint und rituell beigesetzt.

Bärenfest der Ainu

Obwohl auf den ersten Blick das abgehaltene Bärenfest dem der Giljaken ähnlich ist, hat es bei den japanischen Ainu einen anderen spirituellen Hintergrund. Alle Bären sind direkte Nachkommen eines übernatürlichen Wesens und müssen mit allergrößtem Respekt behandelt werden. Beim Töten eines Bären, welcher eine wichtige Bedeutung in der Ernährung hat, wird parallel die Seele des Tieres nach Hause geschickt. Hauptsächlich war es auf den Yezo- und Saghalin-Inseln und kaum auf den Kurilen praktiziert. Ob die Ainu die Feierlichkeiten wirklich nur von den russischen Giljaken auf dem Festland übernommen haben, kann nur schwer geklärt werden.

Bärenkultstätte auf den Saghalin-Inseln. (Vaisfeld, Chestin 1993)

Einige Augenzeugen, die an einem solchem Fest teilnahmen, beschreiben jedoch, dass die Zeremonie für den unwissenden Bären keine wirkliche Ehre war. Somit hatte das Tier oft große Angst und weinte viel. Bereits in den 30er- Jahren des 20. Jahrhunderts wurden diese Feste bei vielen Ainu-Familien nur noch als Touristenattraktion durchgeführt. An anderen Stellen blieb ein Bär für ähnliche Zwecke lebenslang in einem kleinen Käfig sitzen. Heutzutage ist dieser Kult weitgehend ausgestorben.

Die winzigen Überreste in der Slowakei

Es gibt keine Aufzeichnungen, dass der Bär jemals in der Slowakei in einem rituellen Fest getötet worden ist. Jedoch wurde der Bär ebenfalls zu anfangs für Fleisch, Fett und Fell gejagt. Aus den wenigen, erhaltenen Aufzeichnungen zeichnen sich Parallelen mit den etwas weiter entfernt lebenden sibirischen, russischen und auch den finno-ugurischen Volksgruppen.

Bezeichnung des Bären: Der heute in der Slowakei (und auch in den GUS-Staaten, Kroatien, Slowenien) gebräuchliche Name *Medveď* ist an sich bereits eine Substituierung, die deswegen entstand, weil man den Bären aus Angst und Respekt nicht beim richtigen Namen nennen wollte. Dieser Brauch basiert auf dem weitverbreiteten Glauben urtümlicher Menschheit, dass Name und Person in der engsten und innersten Verbindung miteinander stehen. Sprachwissenschaftler fanden heraus, dass ausgehend von den indogermanischen Wurzeln des Slawischen der Name des Bären eigentlich mit *ŕksha-* oder *areša-* beginnen müsste. Dieses Wort ist jedoch verloren worden und durch *Medveď* ersetzt worden,

Med = Honig
veď = stammt von vediet' und bedeutet „wissen, kennen"

Übersetzt bedeutet also *Medved'*: der, der den Honig kennt, der „Honigkenner".

Später wurde es zu *Medveď hnedý*, der Braune, der den Honig kennt, der „braune Honigkenner".

[In vielen Büchern liest man, dass *Medveď* der „Honigesser" bedeuten soll. Offensichtlich passierte in der Vergangenheit einmal ein Übersetzungsfehler der zweiten Silbe *veď*, was sich konsequent bis heute erhält. Wäre es der „Honigesser" würde die Bezeichnung *Medjesť* lauten (*jesť* bedeutet essen). „Honigfresser" wäre dann *Medžrať* (*žrať* bedeutet fressen).]

Offenbar entstand der Name *Medved'* im europäischen Teil des slawischen Volkes, der im späteren Verlauf von den östlicheren Teilen, wie auf dem Gebiet der früheren UDSSR, und von anderen Teilen übernommen worden sein soll. Zusätzlich breitete er sich sogar nach Ungarn aus, wo der Bär *Medve* genannt wird.

Weitere, gelegentlich heute noch verwendete Bezeichnungen sind:

On = Er
Starý = der Alte
Staruško = Großväterchen
Staruška =Großmütterchen
Kráľ Tatier = König der Tatra
Kráľ lesa = König des Waldes,
Dzedo = Opa
sowie die liebevollen Bezeichnungen
Maco, Macko und für Weibchen *Macinka.*

Behandlung des Bären nach seiner Erlegung: Aus historischen Dokumenten geht hervor, dass der getötete Bärenkörper auf eine genau festgelegte Weise aus dem Wald abtransportiert wurde, was ein traditioneller Brauch war. Vorsichtig wurden zuerst die Vorder- und Hinterfüße zusammengebunden. Durch sie hindurch wurde ein dicker Stamm und in 90° Grad dazu ein weiterer, dünnerer Stamm gelegt. Kleine und mittlere Bären wurden nur mit einem Stock transportiert oder auch auf einer Bahre, die man bereits vor der Jagd hergestellt hatte. Hierbei handelte es sich um zwei lange Stöcke, auf welchen Bretter genagelt worden waren. Die Bahren bezeichnete man als „Srogy".

Der Bär wurde entweder im Wald an Ort und Stelle oder aber im Dorf enthäutet, was man mit maximalem Ernst und größter Ehre tun musste. Kein Stück davon sollte irgendwelchen Hunden zukommen. Oft warteten alle Bewohner des Dorfes auf die Ankunft des erlegten Bären. Das Fleisch kam immer der ganzen Dorfbevölkerung zugute. Die Pfoten, der

Kopf und das Fell sowie das Fett bekam der Jäger, was sein Recht war. Die Klauen und Zähne wurden als Talisman verwendet.

Von Jozef Čajka wurde des Weiteren beschrieben, dass die slowakischen Bärenfallensteller selbst im ausgehenden 19. Jahrhundert das erhaltene Fleisch niemals selber gegessen haben, sondern es immer an die Nachbarschaft abgegeben haben. Gründe dafür waren eventuell Angst vor Misserfolg in der Jagd oder der Rache des Bären. Vor der Jagd wurde der Bär oft begrüßt, was man auch dann tat, wenn man den Bären bei anderen Gelegenheiten im Wald traf. So hoffte man, den Bären freundlich zu stimmen und beruhigen zu können. *Ahoj Maco! (auf Deutsch: Hallo Bärchen)*

Behandlung durch Wilderer: Bärenjagende Wilderer hatten nicht nur Angst vor der offiziellen Bestrafung, sondern zudem große Furcht vor der Rache des erlegten Bären oder gar seiner ganzen Bärenverwandten. Hatten sie erfolgreich einen Bären erlegt, mussten sie ihn aufgrund der drohenden Bestrafung durch die Staatsmacht an Ort und Stelle verarbeiten, was sehr zeitaufwändig war. Dabei waren sie alleine im dunklen Wald. Zuerst wurde das Tier vom Wilderer enthäutet, dem sich das menschenähnliche Körperinnere entblößte. Das Bärenfell wurde zur Sicherheit in abgelegenen Gebieten verkauft. Das Fleisch schnitt man dafür in kleinere Teile, was dann roh in die Dörfer gebracht wurde. Ein weiterer Teil wurde gesalzen oder auch in Essig eingelegt und daraufhin in Fässern verpackt. Entweder wurden die Fässer anschließend abtransportiert oder aber erst einmal im Boden eingegraben. Das Fett wurde ebenfalls im Wald geschmolzen und konnte später als Medizin weiterverwendet werden. Die Wilderer verbrachten sowohl für die Jagd und als auch die Verarbeitung mehrere Tage alleine im Wald.

Der traditionelle Glaube an übernatürliche Kreaturen und mystische Gegebenheiten beinhaltete, dass der Bär eine Seele habe. Diese konnte sich nach dem Tod am Jäger rächen. Diese Angst wurde örtlich durch den Glauben verstärkt, dass Vampire existierten, die eine Bärin ritten. Die biografische Geschichte des Wilderers aus der Region Podhalanska in Polen, der einen Bären im Tichá-Tal in der Hohen Tatra tötete, verdeutlicht die Wertschätzung und auch Panik sehr deutlich.

Der Mann spielte neben dem sterbenden Bären eine Violine, wie man es oft neben einem sterbenden Menschen tat. So wollte er seine Ehre bezeugen und die eventuelle Rache abmildern. Beim Geigenspiel jedoch begann er auf einmal nachzudenken und es erschien ihm, als ob der tote Bär die Seelen von allen bereits toten Bären rief, um am Begräbnis des Königs der Tatra teilzunehmen.

Bärentänze

Es wird vermutet, dass es sich bei den in der Slowakei existierenden Bärentänzen, Bärenschritten oder Bärentanzspielen um einen transformierten Bärenkult handeln könnte, der bei der Wanderung der Slawen aus dem Osten in die heutigen slowakischen Gebiete mitgenommen wurde (700–800 n. Chr.). Dafür sprechen die bärenpantomimischen Elemente der Bärentänze, die in ethnografischen Dokumenten von verschiedenen Volksgruppen aus Russland beschrieben werden. Auch in ukrainischen, polnischen und finnischen Volksgruppen werden ähnliche Tanzweisen erwähnt. Diese Tanzelemente imitieren die Bewegungen des Bären und haben ihre Wurzeln in den Zeremonien um einen getöteten Bären herum oder auf den danach abgehaltenen Bärenfesten.

In der Slowakei wurden diese besonderen Tänze jedoch zu ganz anderen Gelegenheiten als bei oder nach einer Jagd getanzt. Sie fanden Verwendung in der Sonnenwend-Zeremonie, in den Faschingsritualen, bei Hochzeiten und bei anderen sehr außergewöhnlichen Festlichkeiten. Sie haben einen mystischen Charakter und sollen oft als Fruchtbarkeitskult dienen, wie für die Ernte oder auch für die Ehe. Die Tänze werden immer von einem jungen Mann, dann meist als Bär verkleidet, oder von mehreren jungen Männern getanzt.

Der Ablauf zweier Bärentänze mit mehreren Männern: Die Tanzgruppe beginnt sich zu drehen, dann wandern sie im Kreis und simulieren dabei einen aufrecht gehenden Bären mit den Armen nach oben. In der zweite Figur bilden sie einen kleineren Kreis, in dem die Mitglieder in der Hocke auf und ab hüpfen und dabei ihre Gesichter nach innen gerichtet haben. In der dritten Figur springen alle auf Kommando in die Mitte und in den Liegestütz und stemmen die Handflächen fest auf den Boden. Mit den Beinen springen sie dann mehrere Male seitlich nach links und rechts. Alle Figuren müssen bärenähnlich ausgeführt werden.

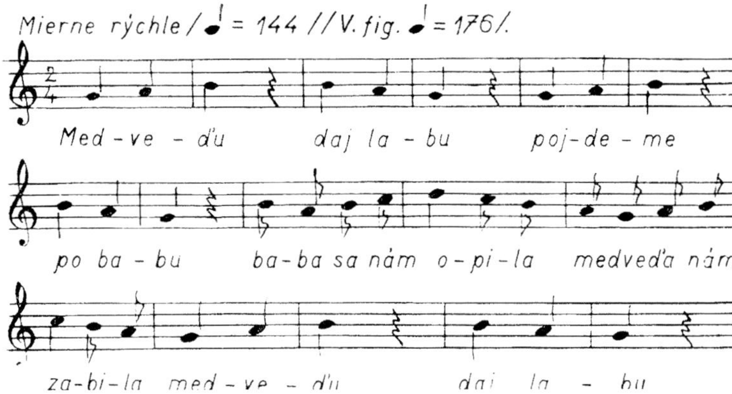

Lieber Bär, gib mir Deine Pfote, denn wir gehen zur Baba.
Die Baba wurde betrunken und tötete einen Bären,
Lieber Bär, gib mir Deine Pfote.

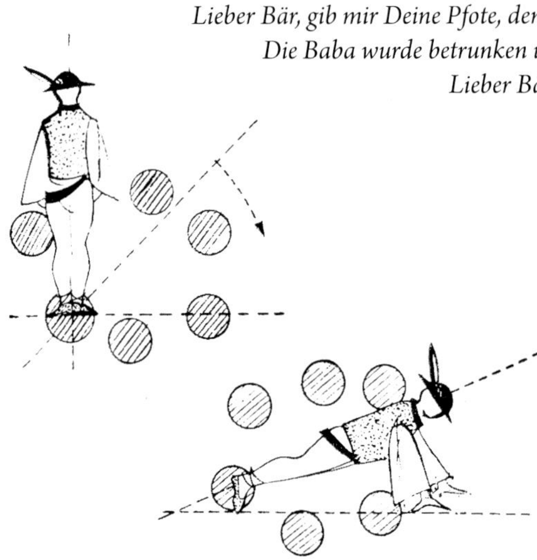

Bärentanz 1 (aus Olejník, J.)

In Liptovská Teplička gibt es eine Variation bei der Bildung des kleinen Kreises. Die Tänzer gehen dabei hintereinander in einer Schlange, was sie breitbeinig tun, sich mit dem ganzen Körper hin- und herwiegen und dabei nach links und rechts tapsen, um langsam den Kreis zu schließen.

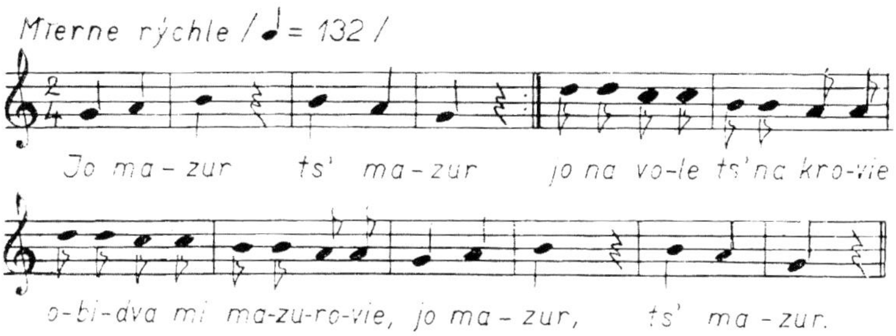

Ich bin Mazur (Kosename des Bären), Du bist Mazur.
Ich bin auf dem Ochs, Du bist auf der Kuh.
Beide sind wir Mazuri.
Ich bin Mazur, Du bist Mazur.

Bärentanz 2 (aus Olejník, J.)

Der Bärenschritt: Die imitierenden Bärenschritte werden in andere Tanzweisen eingebaut oder finden sich auf verschiedenen Umzügen, wie im (heutigen) Weihnachtszug, im Faschingszug oder bei der Erreichung der „Männlichkeit".

Bärentanzspiele: Im Tanzspiel *„na medzvecka"*, was man als Spiel am Bär übersetzen kann, spielen drei Jungen miteinander. Die beiden außeren versuchen, dem in der Mitte stehenden fortwährend die Kappe herunterzuschlagen, was sehr rhythmisch ausgeführt wird. Das Spiel wird auch *„Medzvecko"* oder „Brechen des Bärentanzes" genannt.

Die Jagd konkret in Zahlen und Gründen

Die Jagd auf Bären durchlief in der Slowakei verschiedene Stadien, welche nicht ohne einen historischen Überblick wirklich richtig verstanden werden können. In einem kurzen Überblick werden wichtige Eckdaten und Besonderheiten genannt. Die Tatsache, dass die slowakische Bevölkerung die Bärenjagd selbst regelt, ist relativ jung. Fast 1.000 Jahre standen sie unter der Besetzung durch Ungarn und später durch Österreich, welche früher sämtliche jagdliche Aktivitäten regelten.

Historischer Rückblick – Slowakei & Jagd im Zeitraffer

In der Slowakei gibt es einige Fundstätten, die auf die Besiedelung durch Neandertaler hinweisen. Viele der Ausgrabungen stammen aus der Zeit der Riss-Würm-Eiszeit und den Zwischenperioden, eine davon ist eine Speerspitze, die aus den gespaltenen Zähnen der Höhlenbären gefertigt war.

Bei den Orten handelt es sich um heute noch sehr berühmte Gegenden mit Thermalquellen, in welchen verschiedenste Krankheiten behandelt werden, oder um sehr warme Orte. Höhlenmalereien wurden vor allem in Domica und in Pekárna in Morava gefunden. Einige stellten kämpfende Bisons dar.

So stellte sich Zdeněk Burian (1905–1981) die damalige Jagd auf Bären vor: Jägersiedlung aus der Bronzezeit.

Die Jagd ist so alt wie der Mensch und die ersten künstlerischen Aktivitäten wurden ausschließlich in Verbindung mit der Jagd gesetzt. Der Mensch stellte das dar, was für ihn jagbar und somit wichtig war und wovor er Angst hatte.

Zwischen 1000 und 500 v. Chr. wurden die Menschen langsam sesshaft und entwickelten Land- und Viehwirtschaft. Das Land war dicht mit Fichte, Tanne, Kiefer, Buche und Hainbuche bewaldet. Im Zuge der neuen Erwerbstätigkeiten begannen die ersten Rohdungen. In den Jahren 400 bis 300 v. Chr wanderten keltische Volksgruppen ein, die sich hauptsächlich in den niederen, für Landwirtschaft interessanteren Lagen ansiedelten. Sie wurden auch hier als Gallier bezeichnet und brachten ihre Kultur mit, die Bärenzeremonien mit einschlossen.

Etwa 100 v. Chr erreichten rumänische Volksgruppen (Daci) das Gebiet nahe der Donau, zeitgleich zogen sich die Kelten mehr in den Westen zurück, da sie mit germanischen Völkern und mit Gaius Julius Ceasar aus dem Römischen Reich in Konflikt gerieten. Somit besiedelten auch germanische Volksgruppen das Gebiet der heutigen Slowakei, die den Bären ebenfalls kulturell hochschätzten und zelebrierten.

In den ersten 10 Jahren n. Chr. gelang es den römischen Truppen aufgrund ihres Disputes mit dem germanischen König Marubut, ebenfalls kurzzeitig das Land zu besetzen. Im Römischen Recht bezeichnete man sämtliches Wild als „RES NULLIUS", keinermanns Sache, weshalb eigentlich jeder jagen durfte. Nach keltisch-germanischem Recht allerdings gehörte das Wild dem Landbesitzer. Der Bär wurde zu diesem Zeitpunkt aufgrund seines Fleisches und Felles gelegentlich gejagt.

Im 2. Jahrhundert n. Chr. wanderten die ersten Urslawen aus dem heutigen Russland ein, was durch die antiken Autoren Plinius, Tacitus und Claudius Ptolemaius verzeichnet wurde. Man nannte sie Venet, die Germanen bezeichneten sie auch als Wenden oder Winden. Sie siedelten sich anfangs zwischen den Flüssen Ondra und Dnepr an.

Zwischen dem 3. und 6. Jahrhundert kam es zur großen Völkerwanderung auf dem ganzen europäischen Kontinent, weshalb die Slawen auch weit westlichere Gebiete, wie z. B. im heutigen Deutschland, besiedelten.

658 v. Chr. kämpften sie in der heutigen Slowakei an der Donau zusammen mit den Samo-Volksgruppen erfolgreich gegen Avar-Gruppen. Daraus ging der erste slawische König Svätopluk hervor. Slawische Volksgruppen zelebrierten ihren eigenen speziellen Bärenkult. Somit gehörte der Bär entweder als Mitglied oder als Gefährte einiger Gottheiten in die mythologische Götterordnung; des Weiteren existierten spezifische Bräuche. Bären waren Symbole der Gerechtigkeit, weshalb man auf sie gerne Verträge oder Übereinkünfte abschloss. Offenbar verehrten einige slawische Gruppen auch den Wolf ähnlich stark. Aus diesem Grund findet man Aufzeichnungen, dass nach Abschluss wichtiger Verhandlungen die endgultige Vereinbahrung über (vier-)geteilten Wölfen und/oder Bären abgeschlossen wurden. Dieser Brauch wurde bis zur Christianisierung des Landes (umfasst insgesamt die Zeitspanne zwischen 1000 und 1200 n. Chr.) örtlich noch durchgeführt.

Aufgrund des andauernden Disputes mit den Germanen wurde im 8. Jahrhundert eine Grenze entlang der Donau errichtet. Im 9. Jahrhundert kreierten die moravischen Fürsten Pribina und Mojmír den ersten Staat Veľká Morava (Großmorava). Das System der Jagd, das zum damaligen Zeitpunkt eine Mischung aus römischen, slawischen und keltischen/germanischen Ansätzen war, änderte sich, als im 10. Jahrhundert langsam die Ungarn versuchten, das Land zu besetzen. Offensichtlich hatte auch Karl der Große, nach dessen Meinung alles Land dem König gehörte, am späteren Verlauf einen entscheidenden Einfluss.

Im 11. Jahrhundert war die Slowakei bereits von den Ungarn besetzt und alle nicht besiedelten Gebiete gehörten automatisch dem König. Zeitgleich wurde die Christianisierung ausgeweitet.

1157 wurde von dem ungarischen König Gejza II. das erste Jagdgesetz verfasst, welches Lateinisch auf Leder geschrieben wurde. Demzufolge ist die Jagd an Sonn- und Fei-

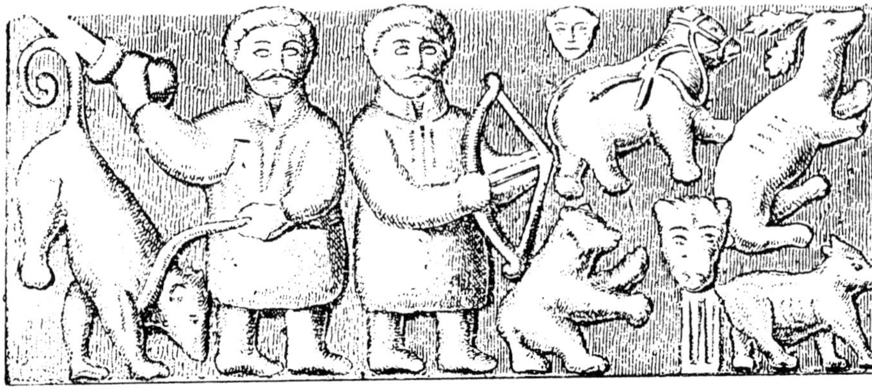

Szene mit Bären, unbekannter Künstler, Romanische Kirche in Bíňa, 12. Jahrhundert. Gezeigt werden zwei Jäger, welche Jagd auf Bären und ein Wildtier mit Geweihen (oder Hörnern) machen. Der linke Jäger hat einen Hund an der Leine. Außerdem sieht man ein Bärenjunges mit einer Art von Fessel. Der Bär wird als ein Symbol des Teufels und des Lasters dargestellt, gegen das man kämpfen muss. Der gefesselte Bär symbolisiert den Sieg des Glaubens über die Erbsünde. Der unbekannte Künstler stellte in einer Jagdszene den wichtigen Kampf zwischen der Wahrheit und der Sünde dar, der als ein zentraler Begriff der christlichen Glaubenslehre gilt (Interpretation in „Jagd und Wild in der bildenden Kunst" Teren, Rusina, Molnár 1988).

ertagen verboten. Des Weiteren sollte Salz gesammelt und dem König abgegeben werden, um die Salzstellen für Rothirsche im Wald regelmäßig aufzufüllen. Somit findet man die ersten Aufzeichnungen hinsichtlich Wildfütterung bzw. -zufütterung bereits im 12. Jahrhundert.

1279 folgte von dem ungarischen König Ladislav IV. eine weitere Jagdregelung, die den Mönchen das Jagen untersagte. Zur gleichen Zeit begann der Feudalismus und das Lehensweisen mit Leibeigenen. Leider ist aus dieser Zeit über das Jagdwesen nur sehr wenig dokumentiert. Die Bärenjagd war offiziell vielerorts nur dem Adel vorbehalten. Dennoch jagte auch das gemeine Volk, meist wegen des Fleisches, Fettes und Felles, jedoch auch schon zum Schutz der Viehherden. Es entwickelten sich unter der ansässigen Bevölkerung verschiedene „Berufe" rund um die Bärenjagd. Des Weiteren finden sich bereits unter den damals gegründeten menschlichen Siedlungen viele Namen, die auf Bärenvorkommen schließen lassen. Aus Aufzeichnungen aus Cisterciati in Banská Štiavnica geht hervor, dass die Bewohner nach ihren eigenen Jagden das verarbeitete Bärenfell den Adligen abzugeben hatten.

Aufzeichnungen aus dem Jahre 1263 (Spišregion, im Dorf „Villa Ursi" = zu Deutsch Bärendorf, jetzt Iliašovce genannt) bestätigen, dass die Jagdvorbereitungen sogar angewiesen waren. Die Dorfbewohner hatten die ausdrückliche Pflicht, für den Adel entsprechende Bärenjagden vorzubereiten, Netze und Fallen bereitzustellen, Fanglöcher im Boden auszugraben, Schlingfallen zu legen usw. Einige Jäger hatten offensichtlich die Fähigkeit, den Bären „suggestiv" und teilweise auch lebend zu fangen. Diese Menschen genossen hohes Ansehen. Im Nachruf von Dionys, Sohn des Grafen von Liptov Bogomír, wurde eine spezielle Bärengeschichte aufgezeichnet:

Bevor er in den Stand des Grafen berufen wurde, musste er verschiedene Aufgaben erfüllen, was unter anderem verschiedene Vorbereitungen umfasste, bei den Kartusischen Mönchen aufgenommen zu werden. Deswegen arbeitete er als Schäfer in der Gebirgsregion Slovenský Raj, wo er auf einen

Bären traf. Er selbst hatte keine Angst vor dem Tier, sondern überzeugte ihn davon, an seinem jetzigen Platz anzuhalten, damit er mit seiner Herde unbeschadet vorbeiziehen könne. „Der Bär stand nach meiner Aufforderung wie versteinert und konnte sich nicht mehr bewegen." Dionys band daraufhin einen Gürtel um den Hals des Bären und zog das gezähmte Tier wie ein Schaf zum Kloster. Dort ließ er den Bären frei und erklärte ihm, nie wieder zurückzukehren (etwa 1320).

1504 wurde vom ungarischen König Vladislav Jagelovský ein Gesetz erlassen, aus dem im Artikel 18 hervorgeht, dass die Lehensleute nicht mehr jagen durften: weder Rothirsch, Reh, Wildschwein, Hase, Fasane noch Haselhühner. Es durfte auch kein einziger anderer Vogel mehr gefangen werden. Das Argument war, „dass die Lehensleute so gerne jagen und somit ihrer Arbeit auf dem Felde nicht mehr nachkommen. Da sie auch sonntags jagen, versündigen sie sich auch an den göttlichen Geboten. Des Weiteren reduzieren sie das Einkommen des Landbesitzers und zerstören sich selbst, da sie auch stehlen, für was sie gehängt werden sollen. Bei anderen Verstößen müssen 3 Floren gezahlt werden".

(Bei Floren handelt es sich um eine ungarische Münze, von denen jede 3,52 g Gold beinhaltete. Sie wurde durch Robert Anjou (1307–1342) eingeführt und bis Ende des 17. Jahrhunderts benutzt.)

Dieses Gesetz war für die Leibeigenen sehr schwierig, da sie ihre Felder nicht mehr gegen zerstörerische Tiere schützen konnten. Neben dem Verbot der Jagd durften sie die Tiere weder verscheuchen noch Zäune zum Schutz gegen sie bauen. Sämtliche jagdliche Aktivitäten, inklusive an Bären, waren den Landbesitzern vorbehalten.

1514 wurde das Aufbegehren der Leibeigenen gegen das Lehenssystem von den ausländischen Besetzern heftigst niedergeschlagen und mit schweren Verordnungen hinsichtlich sämtlicher Verstöße geahndet:

- Aufhängen
- Abschneiden der Hände
- Kastrierung
- Gefängnis
- Zerstörung des Hauses
- Konfiszierung des Besitzes

Fresko: „Bärenjagd mit einem Speer", Kasettenmalerei an der Decke der gotischen Kirche in Smrečany, Anfang des 16. Jahrhunderts. Gezeigt wird ein adliger Jäger, sichtbar am Helm.

Hass auf die Raubtiere und erhöhte somit als Konsequenz den Jagddruck auf die ohnehin schon genug verfolgten Tiere. Die Adeligen gingen außerdem in ihren Gebieten auch selbst vermehrt auf Bärenjagd, was vornehmlich der Unterhaltung diente. Die entsprechenden Zahlen wurden in ungarischen Jagdmagazinen in einer Art Jagdstatistik veröffentlicht.

- Phillip Coburg schoss zwischen 1889 und 1898 insgesamt 14 Bären
- Graf Andrássy schoss von 1898 bis 1900 insgesamt 6 Bären
- Bela S. schoss von 1892 bis 1900 mindestens 17 Bären
- Bela Radvanszky in Zvolen (Bürgermeister) schoss im Jahr 1891 alleine 9 Bären

Exkurs: Jagdschlösser der Slowakei

Die Slowakei wurde fast 1.000 Jahre von anderen Ländern regiert, zuerst von Ungarn alleine und später vom Österreich-ungarischen Reich. Somit hatte sie keinen eigenen König. Jedoch erbauten die oft ausländischen Landbesitzer herrliche Schlösser und Burgen, welche oft speziell der Jagd dienten. Gerade dort finden sich kleine oder größere künstlerische Kostbarkeiten, die den Bären darstellen oder mit Bärenmotiven verziert sind. An dieser Stelle soll davon eine kleine Auswahl gezeigt werden:

So verziert ein Bär im Wald eine silberne Schatulle im Jagdschloss Betliar. Dieses hübsche Kästchen war im Besitz des Hausherrn und wurde im Salon aufbewahrt. Leider weiß man nicht mehr, welche Utensilien er in dem Kästchen untergebracht hatte.

Zwei detailgetreue Bärenfiguren im gleichen Schloss. Sie verschönerten eine Vitrine im Wohnzimmer der Schlossherren.

Silberne Schatulle aus dem Schloss Betliar. Sie befand sich im Rauchersalon, somit beinhaltete sie eventuell Tabak (mit freundlicher Genehmigung von Slovenské Narodné Múzeum, Zámok Betliar).

Ein sitzender Eisbär aus Porzellan in Betliar aus dem Graf Andrássy Fond. Nymphenburg-Porzellan, zwischen 1880 und 1900 in Deutschland entstanden (mit freundlicher Genehmigung von Slovenské Národné Múzeum, Zámok Betliar).

Seitlich stehender Bär in Betliar, ebenfalls aus weißem Porzellan gefertigt, aus dem Graf Andrássy Fond. Nymphenburg-Porzellan, zwischen 1800 und 1850 in Deutschland entstanden (mit freundlicher Genehmigung von Slovenské Národné Múzeum, Zámok Betliar).

Dennoch wurden in der Slowakei fast keine Parforcejagden durchgeführt, welche heute als sehr grausam bezeichnet werden. Es finden sich keinerlei Aufzeichnungen über blutige Schauspiele mit Bären, wie etwa die in Wien beliebten Tierhatzen oder die aus London bekannten Kämpfe zwischen Bären und Hunden.

Aufgrund der Intensivierung der jagdlichen Aktivitäten wurden Bären in vielen Teilen des Landes erfolgreich eliminiert und ihre Zahlen gingen steil bergab. Durch den verstärkten Gebrauch der Feuerwaffen konnte dem großen Braunen wesentlich erfolgreicher nachgestellt werden. Die Entwicklung war so beunruhigend, dass sich einige Jäger zusammentaten, um dem absoluten Verschwinden des Braunbären entgegenzuwirken.

Große Bronzestatue von Alojz Štróbl, 1856–1926 (genehmigt von Schloss Topoľčianky [sprich Topoltschianki])

Die lebensgroße Figur eines Bären, der erfolgreich ein Muffelwild reißt, steht im Garten des Schlosses von Topoľčianky. Der Künstler und Bildhauer Alojz Štrobl fing in seiner Plastik die bewundernswerte Kraft des großen Tieres ein. Trotz vieler negativer Attribute waren die Menschen von der Körperlichkeit der Bären fasziniert.

Das letzte Dokument einer phantastischen Bärenskizze: Zeichnung eines Bären von dem Maler Sovánka. Die Geschichte über dieses Bild ist sehr dubios. Im März 2007 hing bei unserem ersten Besuch des Schlosses Topolčianky diese Arbeit im Foyer des kleinen Jagdschlosses und vervollständigte somit eine ganze Reihe von ähnlich gefertigten Tierdarstellungen. Bei unserem zweiten Besuch im September 2009 fehlte es kurioserweise und niemand des Personals wusste über seinen Verbleib Bescheid, geschweige denn über seinen Verlust. In dem Schloss werden heutzutage verschiedene Feierlichkeiten, wie etwa Hochzeiten, abgehalten, offenbar gefiel es irgendeinem Besucher. Vielleicht eventuell zu sehr? Der Direktor war über den Verlust sehr betroffen und es tauchte bis heute nicht mehr auf (genehmigt von Schloss Topoľčianky).

Motivation und Methoden der Bärenjagd

Eine bedeutende Motivation für das Jagen bzw. Erlegen des Bären war der Schutz des Viehs vor den Verlusten durch das potentiell gefährliche Raubtier Braunbär. Diese Situation wurde umso stärker, als die Entschädigungszahlungen durch die Landbesitzer von offizieller Seite wegfielen und jeder Leibeigene für den Schutz seiner Herden und Felder selbst Sorge zu tragen hatte. Gerade in den Chroniken der Bergdörfer, die sich im Habitat der Großen Braunen befinden, finden sich zahlreiche Einträge hinsichtlich stattgefundener Bärenjagden oder erfolgreicher Erlegungen von einzelnen Tieren. Zum damaligen Zeitpunkt war das sommerliche Weiden verschiedener Nutztiere in den Bergen wesentlich intensiver, als es heute aufgrund naturschützerischer Überlegungen der Fall ist. Man führte in den Sommermonaten Ochsen, Kälber, Pferde, Schafe und Ziegen auf die alpinen Wiesen und Lichtungen in den Bergwäldern. In den Vorgebirgen waren vor allen Dingen Lämmer und Schweine situiert. Aus diesem Grunde wurden verstärkt Waldflächen gerodet, um mehr Weideland zu erhalten. Mithilfe von dem stetigen Abschlagen der Latschenkiefern oder auch mithilfe der Verbrennung gesamter Latschenfelder versuchte man, die alpinen Wiesenfelder fortwährend zu vergrößern, um dort die verschiedenen Tiere den gesamten Sommer hindurch grasen lassen zu können. Viehwirtschaft war eine der wenigen Möglichkeiten, im kargen Bergland sein Auskommen zu bestreiten, weshalb man als einziges Ziel hatte, die Herden so effektiv wie möglich zu beschützen. Viele Nutztierhalter hatten nur sehr kleine Herden, im Extremfall nur ein einzelnes Tier, wie etwa eine einzige milchgebende Kuh für den Eigengebrauch. Die von Predatoren verursachten Schäden hatten für die Bevölkerung bisweilen dramatische Auswirkungen. Viehbesitzer waren überzeugt, dass die Bären eine negative ökonomische Rolle spielten, weshalb der Leitsatz galt: Je weniger Bären, je weniger Schaden.

Durch das Abholzen und Kahlschlagen ausgedehnter Flächen wurde allerdings das Bärenhabitat schrittweise verkleinert. Auf der anderen Seite stand, direkt am Waldrand gelegen, den Bären eine potentiell leicht zu beschaffene Beute zur Verfügung. Somit kann man heute nicht ausschließen, dass die Bejagung durch Bären stärker war, als es heute der Fall ist. Demzufolge genossen Bärenjäger bei den Viehbesitzern ein hohes Ansehen, da sie in vielen Fällen den Familien das Überleben sicherten. Bärenjäger wurden durch ihre Tätigkeit zum Helden, da die Jagd auf Bären Geschick und Kenntnis der Bären erforderte und darüber hinaus nicht ungefährlich war. Somit zeigten sich die Dorfbewohner, vor allem die Nutztierbesitzer, bereits vor dem Aussetzen der offiziellen Prämien den erfolgreichen Jägern sehr erkenntlich und entlohnten sie. Die Bärenhaut galt als Beweis der erfolgreichen Erlegung. Beim Vorlegen des Felles während des Hausierens durch das Dorf erhielt der Waidmann als dankbare Geschenke gelegentlich Geld oder häufiger diverse Naturalien, wie Schnaps, Fleisch, Wurst, Speck, Käse usw.

Mit der Einführung der Kopfgelder im Jahre 1780 wurde die Bärenjagd vom ökonomischen Standpunkt aus noch interessanter. In einigen Gebieten wurde doppelt ausgezahlt, das offizielle Geld durch die Gemeinden und ein zweites Mal durch die neu gegründeten Urbaren. Dieses Geld motivierte zusammen mit den Geschenken die Jagd weit mehr als das heldenhafte Ansehen des erfolgreichen Bärenjägers. Das Kopfgeld (Taglia) betrug in den 70er- bis 90er-Jahren des 19. Jahrhunderts 10 Zlatky. Zum Vergleich sei angegeben, dass 100 kg Weizen von hoher Qualität damals 7,5 Zlatky kosteten. Zusätzlich erhielt man die oft wertvolleren Gaben und Naturalien. Wenn der Bär am Ende des Herbstes gejagt wurde, konnte man mindestens 30 kg Fett gewinnen, was zusätzlich gut verkauft werden konnte.

Jede der Jägersfamilien hatte ihre eigene Familientradition hinsichtlich gewisser Listen und Erfahrungen im Bejagen verschiedener Wildtiere, die als Familiengeheimnis streng gehütet und von einer Generation an die nächste weitergegeben wurden. Zusätzlich besaßen sie neben ihren eigenen Tricks eigens entwickelte, selbstgebaute Fallen. Sie kannten sich in ihren Jagdgebieten sehr gut aus und wussten über die dort ansässigen Bären und insbesondere über die „Bären"-traditionsreichen Wanderwege ausgezeichnet Bescheid. An gut recherchierten Stellen setzte man die Fallen, oft jahrelang am selben Platz. Diese wurden je nach Wetterverhältnissen zwischen Ende März und Anfang April ausgebracht und spätestens Ende Mai bis Anfang Juni wieder eingeholt, was dem Zeitpunkt entspricht, wenn das Vieh auf die Weiden getrieben wird. Somit waren neben den überbevölkerten Viehherden auch viel mehr Menschen selbst in Wald und Flur unterwegs, was ein Aussetzen der gefährlichen Fallen sehr riskant machte.

Risiko der Fallenstellerei: Mit dem Gesetz zur Raubtierzerstörung kam es nicht nur örtlich zu intensivierter Fallenstellerei, sondern auch im 19. Jahrhundert zu Anweisungen durch das Österreich-ungarische Reich, die eine Warntafel neben der Falle vorschrieben. Zuvor verfingen sich neben anderen Tieren auch Menschen in den schweren Gebilden, was keine seltene Begebenheit war. Dennoch konnten selbst die aufgestellten Warntafeln das ungewollte Verfangen von Menschen nicht gänzlich verhindern, was eine weitere Regel zur Folge hatte. Für den versehentlich erwischten Menschen wurde in direktem und somit wahrnehmbarem Sichtkontakt eine weitere Tafel angebracht, auf welcher geschrieben stand, wo der entsprechende Schlüssel, der in greifbarer Nähe versteckt war, zu finden sei. Auf diese Weise konnte man sich auch alleine aus der Zwangslage befreien.

Als weitere Sicherheitsmaßnahme wurde angewiesen, dass in unmittelbarer Nähe ein Draht gespannt werden soll, in den der nicht im Fokus stehende, unschuldige Mensch hineinlaufen würde, wobei er gleichzeitig bemerken könnte, dass sich in unmittelbarer Nähe zu ihm eine bedenkliche Falle befand. Die Situation des Verfangens unerwünschter, menschlicher Insassen wurde so bedenklich, dass weit später in den Jahren 1888, 1911 und 1929 detaillierte Literatur über die für den Menschen gefährlichen Bärenfangeisen erschien, um die Bevölkerung umfassend aufzuklären.

Technische Lösung und das Aussetzen der eisernen Fallen: Die Fangeisen hatten verschiedene Ausmaße und jede Jagdfamilie hatte ein Set aus unterschiedlich großen Fallen, meist klein – mittel – groß. Hier wird die größte Falle aus dem Fundus der Familie Čajka vorgestellt:

Länge: 186 cm
Rahmen: 71 cm
Gesamtweite: 65 cm
Der darauf situierte eigentliche Fangpart: 72 cm
Fangpart war mit ineinandergreifenden Keilen besetzt, die jeweils einen Abstand von 8 cm aufwiesen (8 und 9 Stück)
Höhe des Eisens, falls es zugeschnappt war : 34 cm
Zwei Seitenfedern mit der Länge von 61 und 54 cm

Die Falle war aus Eisen gefertigt und demzufolge ein sehr schweres Gebilde. Mehrere Männer waren nötig, um sie aufzustellen und zu aktivieren.

Prinzipiell sollte der Bär zwischen dem auseinandergeklappten Fangpart auf eine dort angebrachte Metallplatte steigen, somit einen Trigger auslösen, der bewirkte, dass der Fangpart zuschnappte. Meist wurde auf diese Weise die Pfote(n) eingeklemmt, jedoch kamen auch Bären direkt in der Falle zu Tode. Die eigentliche Falle wurde mit sehr massiven Eisenketten an umstehenden Bäumen oder umgefallenen Baumstümpfen mit weitausladenden Ästen befestigt. In einem Baumstumpf ohne Astwerk dagegen konnte die Kette nicht richtig gut verankert werden. Das Aussetzen war körperlich sehr anstrengend und zum Auseinanderklappen des Fangparts benötigte man Holzpfähle.

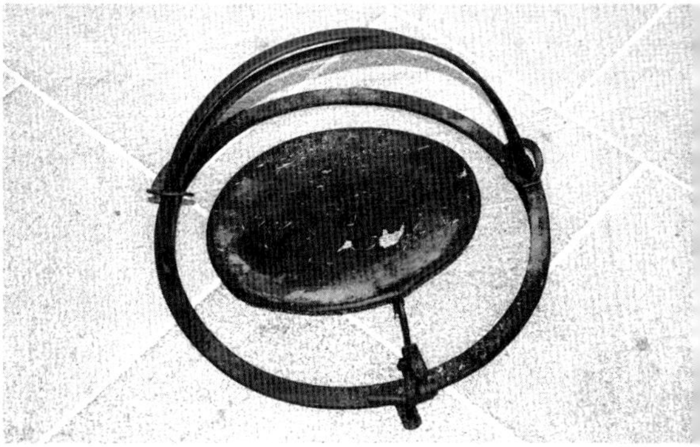

Fotografien des Fangpartes zweier unterschiedlicher Schnappfallen für Bären aus dem Jagdschloss Antol in Banská Stiavnica (mit freundlicher Genehmigung des Staatlichen Jagdmuseums Schloss Antol)

Alle drei Tage wurde die Falle kontrolliert, teilweise wechselten sich die Familienmitglieder ab. Falls sich ungewollt ein Mensch in der Falle verfangen hatte, konnte das Ausharren auf Hilfe sehr lange dauern. Bei der Fixierung an einem umgefallenen Baumstumpf konnte der Bär „wegwandern", wobei er den Stamm dann hinter sich herzog. Anhand der gezogenen Spur wurde er anschließend gefunden. Jedoch reduzierte sich durch das Wandern die Wahrscheinlichkeit, dass sich das hilflos eingeklemmte Tier mittels Abbeißen einer Extremität aus einer festsitzenden Falle zu befreien versuchte. Die gesetzte Falle war mit Nadeln, Erde und Gras bedeckt. Sie war oft auf den altbekannten Wanderwegen situiert, wobei auf beiden Seiten des Pfades umgefallene Bäume aufgeschichtet wurden, um somit den Bären auf dem schmalen Weg direkt in die Falle zu locken.

Selbstauslösende Armbrust oder Gewehre: Die Technik der selbstauslösenden „Fallen" ist relativ einfach und wurde vielfach in Wald und Flur durchgeführt. Meist verwendete man eine Armbrust, die auf einen Baum gehängt und deren Mechanismus mit einem Draht gespannt wurde. Der Draht wurde über den Boden entlanggeführt und an einem zweiten Baum befestigt. Durchbrach ein Tier den Draht, ging das Geschoss los und traf den Körper.

Immer wieder kamen die Bären direkt an die Schafweiden heran und versuchten, in die Umzäunungen einzudringen, in welchen die ansonsten frei umherlaufende Herde des Nachts untergebracht war. Mit der Zeit kannte man die entsprechenden „Eingänge", die der Bär bei seinen Beutezügen benutzte. An dieser Stelle wurde entweder ein entsichertes Gewehr oder zwei aufeinanderzielende Gewehre justiert. Der Gewehrlauf zielte immer auf die vorher ausgemachte Stelle. Am Abzug des einen bzw. der beiden Gewehre war ein Draht fixiert, der an der Eingangsstelle des Bären gespannt wurde. Lief der Bär in den gezogenen Draht, löste er den Schuss entweder eines oder zweier Gewehre aus. Oft wurde der Bär nur verwundet, weshalb eine entsprechende „Nachsuche" erforderlich war. Diese Art des Nutztierschutzes war für viele Seiten mit einem hohen Risiko verbunden, weshalb es entsprechende Sicherheitsbestimmungen für Schäfer und Jäger gab.

Fallen mit Baumstämmen: Für diese Methode wurden mehrere schwere Baumstämme oder ein massiver Stamm mithilfe eines Drahtes so fixiert, dass sie bei Berührung des Metalldrahtes herunter- oder umfielen. Das Tier, welches den Mechanismus ausgelöst hatte, wurde unter dem schweren Gewicht begraben. Die Fallen waren meist auf altbekannten Bärenwanderwegen aufgebaut. Zudem lotste man das Tier mithilfe von winzigen Korridoren direkt in die tötliche Konstruktion.

Boden- und Schlingfallen: Bodenfallen waren im Boden ausgegrabene Löcher, welche mit Astwerk bedeckt und anschließend beködert wurden. Betrat der Bär die aufgelegten Äste, fiel er in den ausgegrabenen Schacht.

Die damals eingesetzen Schlingfallen funktionierten ähnlich wie heutzutage: Der Fuß des beköderten Tieres wird beim Betreten einer Platte durch einen hervorschnellenden Draht oder ein Netz festgehalten.

Die Drückjagd: Häufig jagte man den Bären auch mit mehreren Jägern frei im Wald. Der Zeitpunkt wurde mit der Schneebedeckung abgeglichen, da mithilfe der Spuren der genaue Aufenthaltsort des Tieres bestimmt werden konnte. Die so genannten Treiber scheuchten das Tier an seinem Rastplatz auf und trieben es durch viel Lärm und mit Hunden vor sich her. Somit passierten die Bären die Linie der eigentlichen Schützen.

Die Jagd war in vielen Fällen eine große soziale Veranstaltung, da mehrere Dörfer zusammenarbeiteten. Teilweise fanden sich mehrere hundert Männer ein, die an einer solchen Jagd teilnahmen. Oft gab es nach oder während der Jagd, teilweise sogar noch im Wald große Ess- und Trinkgelage, welche die Beziehungen der Dörfer untereinander festigten und stärkten.

Ende des 19. Jahrhunderts finden wir bei der Heimbringung des erlegten Bären ins Dorf einige Aufzeichnungen, dass erstmals Frauen den toten Bären betrauerten und großes Mitleid mit ihm hatten:

„Die Frauen beweinten den König des Waldes mit den Worten: Großmütterchen, warum hast Du Dich nicht vor den Jägern besser in Acht genommen?" (Zechenter-Laskomerský 1870)

Individuelle Jagd: Die individuelle Jagd ist die einzige Methode, die in der Slowakei auch heute noch erlaubt ist, wobei meist das Ansitzen gewählt wird. An gut bekannten Bärenplätzen werden Köder ausgelegt, wobei der Jäger in unmittelbarer Nähe daneben entweder in einer Kuhle versteckt ist oder auf einem Hochsitz sitzt. Er muss so lange warten, bis ein Bär auftaucht, der dann geschossen werden kann. Gelegentlich wird auch das Anpirschen eingesetzt, was jedoch wesentlich gefährlicher ist, da man dem Bären direkt gegenübersteht. Kein Wunder, dass diese Jagd gelegentlich als Mannesritual gilt.

Jagd in der Höhle: Als Letztes wurde der Bär in der Höhle gejagt, da das hilflose Tier auf dem begrenzten Raum keine Möglichkeit hatte zu flüchten. Glücklicherweise ist diese Methode in der Slowakei als tierschutzwidrig eingestuft worden und heutzutage verboten.

Die handgeschnitze Garderobe zeigt das Motiv einer individuellen Jagd auf einen Bären durch einen einzelnen Schützen, Schloss Antol (mit freundlicher Genehmigung des Staatlichen Jagdmuseums Schloss Antol)

Wofür man den Bären nutzen kann

Neben dem Fleisch zu reinen Ernährungszwecken und dem Fell als Kleidung galt der Bär lange Zeit als wandelnde Apotheke. Sämtliche Körperteile hatten einen Heileffekt, besonders interessant war zudem das Bärenfett.

Die Bäuerinnen im Ural legen der Klaue, die Ostjaken dem Reißzahne geheimnisvolle Kräfte bei. Ein Bärenjäger im Ural muß die Decke eines von ihm erlegten Bären wohl in Acht nehmen, will er nicht erleben, daß die jungen Mädchen alle an ihr haftenden Klauen stehlen. Denn solche Klaue, insbesondere die vierte der rechten Vorderbrante, zwingt jeden Jüngling, das Mädchen, welches ihn heimlich mit ihr kratzte, inbrünstig zu lieben, ist deshalb auch wohl einen bis drei Rubel werth. Der Bärenzahn aber wird dem rechtlichen Ostjaken zu einem Talisman, welcher vor Krankheit und Gefahr schützt und Falschheit und Lüge an das Licht bringt. Kein Wunder daher, daß der Ostjake, welcher einen Bären erlegte, das glückliche Ereignis durch einen absonderlichen Tanz verherrlicht. (aus Brehms Thierleben)

Körperteil	Verwendung
Bärenfell	Wer das Fell eines lebenden Bären streichelt, kann somit schweißige Hände heilen (Schlesien/Thüringen). Wenn jemand von einem tollwütigen Hund gebissen wurde, soll man diesem ein Bärenfelllager bereiten.
Bärenklauen	Diese wurden oft getragen, um sich vor schwarzer Magie oder dem bösen Blick zu schützen. Im Mittelalter behängte man schwangere Frauen des Öfteren mit den Klauen, um die Frucht zu schützen. Frauen der Roma (Zigeunerinnen) tragen sie oft heute noch, weil die Kinder davon stark werden. Man gab die Krallen auch den Toten mit, damit sie den Jenseitsberg leichter besteigen können (Preußen).

Körperteil	Verwendung
Zahn	Der Bärenzahn wurde oft als Amulett getragen und sollte Stärke verleihen und Stärke zeigen.
Bärenblut	Das Blut galt im Dänischen als Stärkungsmittel und sogar als Hautverschönerung. Im Mittelalter versuchte man damit, Warzen zu heilen. Einige sibirische und asiatische Jagdvölker reiben damit den Körper ein, um „bärenstark" und unverwundbar zu werden.
Herz	Nach dem Verzehr des Herzens bekommt man Heldenmut.
Bärengehirn	Aus Aufzeichnungen geht hervor, dass es für medizinische Zwecke verwendet worden ist, wobei allerdings der genaue Zweck unbekannt ist. Weiterhin glaubte man, dass man nach dem Verzehr des Gehirnes in einen tranceähnlichen oder euphorischen Zustand geraten kann, der so weit reicht, dass man glaubt, man sei ein Bär.
Bärenfett	Bärenfett galt als vielfältiges Heilmittel und wurde weitreichend verwendet. Offenbar war der Bedarf selbst im 19. Jahrhundert so stark, dass es in Neumarkt (Deutschland) zu einem regelrechten Skandal kam: Ein Neumärkter Apotheker verkaufte jährlich zwischen 15 und 20 Zentner „Bärenfett" an Frauen und „Bärinnenfett" an Männer. In Wahrheit verdiente er aber mit amerikanischem Schweinefett, Hundeschmalz und Fuchslungenfett. Bärenfett galt als Heilmittel gegen schwarze Magie und wurde sogar als Waffensalbe verwendet. Es war Bestandteil des „Herzog Hans Friedrichs"-Stichpflaster und sollte in 24 Stunden eine Wunde heilen können. Zur Wundheilung war es ebenfalls in „Meister Jakobs"-Wasserpflaster vorhanden. Bärenfett galt als Haarwuchsmittel, auch wenn an anderer Stelle von Zedler behauptet wird, dass es die Haare weiß färbte. Es sollte pur aufgetragen werden, besonders gut aufgeschundene Hände und Füße sowie Geschwüre hinter den Ohren, auf den Schienbeinen oder den Schenkeln heilen können. Man kurierte damit „Bützel" und andere Drüsen. Es ist gut zu „verstrupften und verriegelten" Gliedern sowie gegen den Brand und zu den Nieren, geschädigt durch Feuerwasser. Weitere Salben wurden gegen Lendenweh, Genickweh und Lähmungen daraus zubereitet. Aufzeichnungen beschreiben die heilende Wirkung bei verkrüppelten Händen und Füßen (Schlesien). Auch Knochenbrüche wurden mit einer Salbe aus Bärenfett kuriert sowie der Bruch des Gemächtes. Reines Fett wurde für Frauen bei einem Gebärmuttervorfall angewendet und, zusammengemischt mit der Blase, war es hilfreich gegen den Grind.
Bärengalle	Sie war genauso wie das Fett von sehr großer Bedeutung. Ihr Verzehr galt als schweißtreibend. Erfrorene wurden in ein Bad getaucht, in welchem die Galle aufgelöst war. Bärengalle war gut gegen Gliederschmerzen, das stumpfe Gesicht, gegen Zahnweh und, mit Honig vermischt, gegen Husten, wobei asthmatische Leute sie aufgelöst in Wasser tranken. Roma (Zigeuner) setzten sie gegen die Schneeblindheit ein. Die Galle sollte fallende Siechtage sowie Schlaganfall und andere Lähmungen vertreiben. Man verwendete sie auch gegen Ohrenausfluss und Hautleiden. Heilende Wirkung wurde ihr auch bei Gelbsucht, Krebs und anderen Krankheiten zugeschrieben. Zusätzlich konnte man mit ihr durch das Aufstreichen giftige Tierbisse jeglicher Art bekämpfen. Auch auf sexueller Ebene wurden ihr kuriose Dinge zugeschrieben: Vor dem Geschlechtsakt als Zäpfchen eingeführt, ist sie empfängnisverhütend und der Mann, „welcher sie sich über die rechte Hüfte bindet, ist Mann sooft er will". Chemische Analysen zeigen, dass Bärengalle und ihr Saft eine organische Säure enthalten, die das Auflösen von Gallensteinen unterstützen kann. Diese Säure ist jedoch reiner, konzentrierter, in unbegrenzten Mengen und definitiv „bärenfreundlicher" auf synthetische Weise herstellbar.
Bärenhoden	Aufzeichnungen aus dem Jahre 1684 aus Preußen belegen, dass jungen Brautpaaren bisweilen Hoden gebraten wurden, die sie verspeisten. Dadurch sollte die junge Braut fruchtbar gemacht werden. Andernorts verwendete man Bärenhoden gegen die Fallsucht.
Bärenauge	Das Auge hilft eingenommen gegen das 4-tägige Fieber. Das rechte, ausgegrabene Auge, das man trocknet und den Kindern übers Bettchen hängt, erleichtert ihr Durchschlafen und ist gegen Schrecken und Auffahren im Schlaf.

Geschichte des Bärenschutzes in der Slowakei

Die Geschichte des Bärenschutzes in der Slowakei begann in der Region Orava und ging parallel einher mit der bedenklichen Vernichtung des Bären im ausgehenden 19. Jahrhundert. Es ist bemerkenswert, dass die erste Initiative zum Schutz der Bären von der Jägerschaft ausging, die den Niedergang der Population verhindern wollte und eine wichtige Rolle bis zur endgültigen Regelung innehatte. Der in Orava etablierte, aus ansässigen Jägern bestehende „Jagdschutzverband" (LOS; Lovecký ochranný spolok) debattierte bereits im Jahre 1882 über die kritische Situation der Bärenbevölkerung. Sie stellten somit das Jagdgesetz Nr. 20 aus dem Jahre 1780 des österreichischen Kaisers Joseph II. in Frage, wonach der Bär auf alle Arten zerstört werden sollte. Nur ein Jahr später nach den ersten offiziellen Versammlungen zum Schutz des Bären wurde im Jahre 1883 ein weiteres Gesetz erlassen, das noch vehementer die Vernichtung sämtlicher Raubtiere inklusive des Bären anwies.

Am 14. April 1885 wurde auf der Hauptversammlung dieses „Jagdschutzverbandes" in Dolný Kubín der bis dato einzigartige Beschluss gefasst, dass sämtliche Bären und Bärenjunge geschützt werden sollen. Die Jäger setzten einen offiziellen Antrag auf, in welchem sie zusätzlich forderten, keine Kopfgelder für die Bären mehr auszuzahlen. Dieses Schriftstück wurde an die Behörden geschickt und sollte landesweite Gültigkeit haben, da die Individuenzahl der Bären als sehr bedenklich eingestuft wurde. Leider konnte der Antrag nicht durchgesetzt werden. Der Jagdschutzverband hatte nicht genügend Kraft, das 1883 erlassene Jagdgesetz zu ändern. Die offizielle Statistik belegt, dass der Bär auch weiterhin erbittert verfolgt wurde:

Bärenabschuss zwischen den Jahren 1892 und 1909 (Jamnický 1993)

Župa	1892	1894	1895	1896	1897	1898	1899	1900	1901	1902	1903	1904	1905	1907	1909	Gesamt
Nitrianska	1	—	1	—	—	—	—	1	1	2	—	—	—	—	1	7
Trenčianska	4	3	2	1	2	2	1	2	1	2	—	2	1	—	2	25
Tekovská	—	—	—	—	—	1	—	—	—	—	—	—	—	—	—	1
Hontianska	—	—	—	—	—	—	—	—	—	—	—	—	—	1	—	1
Oravská	—	—	—	1	—	4	2	—	—	—	1	—	—	4	7	19
Zvolenská	9	8	4	5	4	1	2	2	6	10	7	5	5	7	8	83
Turčianska	1	3	1	—	2	3	1	3	4	2	2	1	3	4	9	39
Liptovská	6	7	6	6	7	7	16	9	4	10	7	7	3	15	13	123
Spišská	2	3	2	3	—	2	2	3	1	—	1	—	2	3	8	32
Novohradská	—	—	—	—	—	—	—	—	—	—	—	—	—	2	—	2
Gemersko-Malohontská	3	5	5	8	4	8	4	8	6	1	4	—	5	4	14	79
Abovsko-Turnianska	2	—	3	—	5	1	1	2	1	1	—	1	—	7	1	25
Šarišská	—	9	1	—	1	—	—	—	—	—	—	—	—	4	—	15
Zemplínska	—	4	2	1	—	—	1	1	3	1	—	—	—	1	—	14
Užská	—	1	—	—	1	—	—	—	—	—	—	1	—	—	—	3
Gesamt	28	43	27	25	26	29	30	31	27	29	22	17	19	52	63	468

Župa: Die historischen „Bundesländer" der Slowakei 1867–1922.

Trotzdem arbeitete man in Orava weiter am geplanten Bärenschutz und das dortige Kompossesorat erreichte im Jahre 1921 einen großen Erfolg. Sie konnten in den Jagdrevieren, die in ihrem Besitz waren, die Anweisung durchsetzen, dass Bären strengstens geschützt werden sollten. Wenige Jahre später, 1926, wurde dieser Schutz auf das ganze Gebiet von Orava (in der Tabelle Oravská Župa) ausgedehnt, wodurch Bären dort absoluten Schutz genossen. Somit konnte man in Orava im Jahre 1929 insgesamt 12 Bären dokumentieren.

(Ein Kompossesorat hatten adlige Familien mit sehr viel Landbesitz. Oft ist es so, dass durch Erbe und Vererbung große Landbesitztümer über die Zeit hinweg buchstäblich „zerfielen". Bildet eine adlige Familie von ihrem Großgrund ein Kompossesorat ist es nicht erlaubt, diese Länder zu zerteilen. Der Grund muss sozusagen zusammenbleiben, wobei die einzelnen Familienmitglieder es benutzen dürfen, aber nicht Einzelteile vollständig für sich beanspruchen können. In Orava lebte eine solche Familie, die große Ländereien dort besaß. Somit war die dortige Familie dort „der Landherr" und konnte somit bestimmen, dass in diesem recht großen Gebiet keine Bären mehr geschossen werden durften).

Im restlichen Land wurden zwischen 1926 und 1929 immer noch 180 Bären geschossen und die Population war fast vollständig verschwunden. Somit kam die Unterschutzstellung des Bären in letzter Minute. Das im Jahre 1932 erlassene und ab dem 1. September 1932 gültige Gesetz 127203/14-1932 ordnete den totalen Schutz der Bären an. Zu diesem Zeitpunkt schätzte man die Bärenzahl offiziell nur noch auf 20 oder 30 Tiere. Dieses Schutzgesetz wurde nach dem Zweiten Weltkrieg durch das Gesetz 225/1947 erneut bestätigt, wodurch sich die Bärenbevölkerung langsam erholen konnte.

Heutige Wissenschaftler sind unsicher, ob 1932 wirklich nur eine so geringe Anzahl von maximal 30 Tieren in der Slowakei existiert hat. Spätere genetische Untersuchungen zeigten, dass die Bärenpopulation sich hinsichtlich ihrer genetischen Vielfalt in einem sehr guten Zustand befindet, obwohl sie durch diesen „Bottleneck" gegangen war. (Bottleneck = Flaschenhalseffekt; hiervon spricht man in der Populationsgenetik, wenn nur wenige Individuen an der Fortpflanzung beteiligt sind. Bei den wenigen Mitgliedern der so genannten „Gründerpopulation" besteht die Gefahr, dass es zu einer verringerten genetischen Variabilität [Vielfalt] und somit zu Inzuchteffekten kommt.)

Die Unterschutzstellung war dringend notwendig. Der Bär war aus vielen Teilen seines ehemals besiedelten Habitates oder gar aus ganzen Gebirgsregionen ausgerottet. Nur in einige tief versteckte Bereiche, hauptsächlich in der Mitte des Landes, konnten sich die wenigen überlebenden Individuen verschanzen, um somit der gänzlichen Ausrottung zu entgehen. Hauptsächlich waren es die Župa Zvolenská, Liptovská, Spišská und Oravská, in der Tabelle grau unterlegt.

Die Anfänge der modernen Jagden bis zum heutigen Konflikt

Aufgrund der stetigen Erholung und des Anwachsens der Bärenbevölkerung durfte im Jahre 1968 der Bär das erste Mal wieder gejagt werden. Bereits zum damaligen Zeitpunkt war der Bär nicht mehr aufgrund seines Fleisches, sondern aufgrund der Regulierung und für Unterhaltungszwecke im Fokus. Der Bär gilt bis heute als jagdbares Wild mit ganzjähriger Schonzeit. Somit sind sämtliche Abschussgenehmigungen vorab zu beantragen. Eine Kommission überprüft diese Anträge und entscheidet über die erlaubte Zahl.

Anfangs durfte der Bär noch im Frühjahr gejagt werden. Kurz nach dem Auftauchen aus der Höhle ist es sehr leicht, die Tiere zu ködern. Diese Frühjahrsjagden wurden später untersagt, da sie gegenüber dem Bären als „unfair“ gewertet wurden. Des Weiteren besteht die Gefahr, dass man auch eine führende Bärin schießen könnte, deren Nachwuchs der Schütze im Moment des Abdrückens nicht sehen konnte. Außerdem durfte man anfangs neben Getreide und Obst auch mit Fleisch und Fisch beködern, was ebenfalls heute nicht erlaubt ist.

Viele Jahre waren es vor allem westeuropäische Jagdgäste, die die slowakischen Bären schossen. Sie waren hauptsächlich an einer großen Trophäe interessiert. Slowakische Förster hatten die Aufgabe, die Köderplätze zu präparieren und den Gast bei der Jagd zu begleiten. In vielen internen Jagdchroniken ist verzeichnet, dass die ausländischen Jäger aufgrund ihrer Nervosität und eines Tremolos in den Armen oft nicht schießen konnten. Um die Trophäe nicht zu verlieren, waren die Begleiter aufgefordert, ebenfalls ihr Gewehr zu präparieren, damit das bevorzugte Tier auf alle Fälle erlegt werden kann.

Des Weiteren passierte es sehr häufig, dass Bären nur angeschossen wurden, weshalb sie später nachgesucht und erst dann erlegt wurden. Einige slowakische Förster beschreiben sehr dramatisch die aufgefundenen Tiere in ihrem „fürchterlichen Zustand“. Ihrer Meinung nach sollte nur von erfahrenen und nervenstarken Jägern gejagt werden, um das Tier nicht so leiden zu lassen.

Es kam überwiegend zum Abschuss von schweren, meist männlichen Tieren. Diese Tiere besitzen die prinzipiellen Voraussetzungen, ein so genanntes dominantes Männchen zu sein, das an der „Stabilität“ im Wald maßgeblich beteiligt ist. Des Weiteren sind für ein Anwachsen der Bevölkerung gerade die Weibchen von Bedeutung, da nur sie den Nachwuchs austragen können.

Unter diesem Umstand leiden die slowakischen Bären bis heute. Die Altersstruktur gilt bereits viele Jahre als verjüngt und das Geschlechterverhältnis hinsichtlich der Weibchen als gekippt. In der Grafik ist ersichtlich, dass in vielen Jahren wesentlich mehr Männchen als Weibchen geschossen wurden.

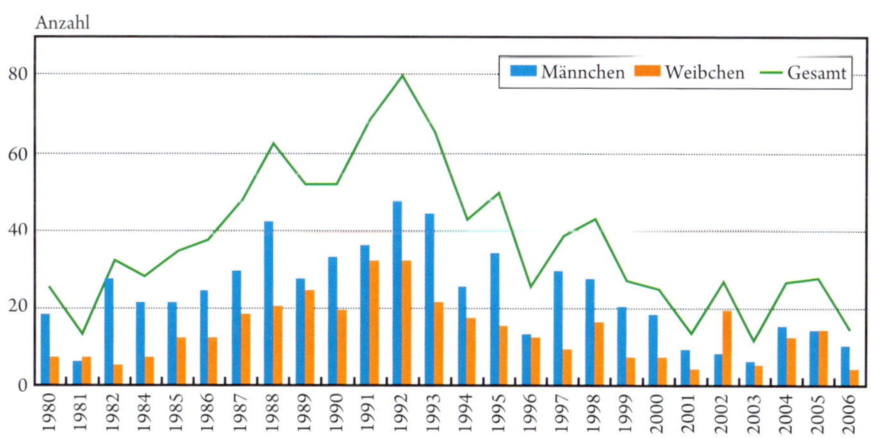

Die Geschlechterverteilung der geschossenen Bären

Ab dem Jahre 2000 wurden dementsprechende Regelungen eingeführt, die das Gewicht eines zu schießenden Bärens auf 100 kg minimieren. Eine andere Richtlinie ist die Breite des Vorderfußes, die 13 cm nicht überschreiten darf. Werden beide Richtlinien missachtet, muss der entsprechende Schütze für jedes Kilogramm mehr an „Bärenkörpergewicht“ eine entsprechende Strafe bezahlen. Leider hindert das eine gewisse Anzahl an zahlungskräftigen Jägern nicht am Abschuss schwererer Tiere, da sie einfach die Summe entrichten, um nicht auf die Trophäe verzichten zu müssen. Im Jahre 2002 kam es das erste Mal zu einem Übergewicht an weiblichen Tieren. Vor allen Dingen Ende der 80er- bis zum Beginn der 90er-Jahre wurden relativ viele Bären geschossen. Zu dieser Zeit war das Beködern mit Fleisch bzw. Fisch erlaubt, was ein Anlocken der Tiere sehr leicht machte.

Gerade in den 80er-Jahren des 20. Jahrhunderts kam es zu einem bevorzugten Abschuss der höheren Gewichtsklassen. Im späteren Verlauf nahmen vor allen Dingen die ganz schweren Gewichtsklassen ab und bei den in den letzten Jahren erlegten Tieren handelt es sich maximal um mittelgroße Tiere. Leider weiß man, dass in der offiziellen Statistik nicht alles mit rechten Dingen zugeht, obwohl immer ein Mitglied der staatlichen Naturschutzbehörde zugegen ist. Somit wird aus sehr schweren Tieren mit mehr als 150 kg offiziell ein mittelgroßer Bär mit exakt 99 kg. Konsequenterweise müssen wir bedauerlicherweise diese Statistik als bisweilen unzuverlässig einschätzen.

Neben dieser offiziellen Statistik, welche ganz klar belegt, dass die erlegten Tiere zahlenmäßig abnehmen, nimmt leider der illegale Abschuss wieder stark zu. Hierbei ist der einzige Fokus die Trophäe, somit das Gewicht, was erneut meist die männlichen Bären betrifft. Somit wird das bereits herrschende Ungleichgewicht der Geschlechter und die ungünstige Altersstruktur erneut verstärkt. Die Aufsplitterung der großen Reviere in immer mehr kleinere Jagdgründe, welche oft in privater Hand und meist ohne ansässigen Förster sind, hat für das gesamte Jagdwesen und den illegalen Bärenabschuss sehr negative Auswirkungen.

Der Druck auf die Bären heute

Die ungelösten Situationen des Abschusses beim Auftauchen von problematischen oder habituierten Bären schürt verständlicherweise die negative Stimmung bezüglich Bären. Bereits im Kapitel „Wenn Man(n) oder Frau einen Bären trifft" (S. 179) wird auf wichtige Dinge in diesem Zusammenhang hingewiesen.

Die Bärenpopulation wird offiziell als eindeutig zu hoch eingeschätzt, da sich offensichtlich bereits 2.000 Tiere auf den wenigen Gebieten von geeignetem Habitat befinden sollen. Maßgeblich beteiligt an dieser Fehleinschätzung ist die Unterschätzung des benötigten Streifgebietes eines einzelnen Tieres. Somit trampelt der slowakische Bär auf sehr kleinem Grund, der zwischen etwa 1.000 und maximal 3.000 ha beträgt. Diese Größe wird entgegen vieler Ergebnisse sowohl im In- als auch im Ausland nicht revidiert. Des Weiteren gibt es waghalsige Aufrechnungen: Wald- oder Gebirgsflächen werden durch diese offizielle Territoriumsgröße dividiert, um die Populationszahl rechnerisch zu ermitteln.

Andere rechnerische „Irrungen und Wirrungen" unterstellen dem Bären ein potentielles Anwachsen und negieren sämtliche interne Regelungen der Populationsgröße, wie Krankheiten, Parasiten, Infantizid und natürliche Todesfolge. Bis auf wenige Ausnahmen findet man keinen toten Bären, somit wissen wir nicht, wo und wie alt sie sterben.

Obwohl die Jägerschaft mehr „schießen dürfte", tut sie es nicht, sondern versorgt die Bevölkerung mit alarmierenden Zahlen und aufwühlenden Prognosen. Teilweise bekommen sie einen positiven Bescheid bezüglich der Jagd eines Bären zu spät, etwa im November eines Jahres, somit ist kaum Zeit mehr oder die Tiere schlafen bereits. Möglicherweise ist die Fehlinformation auch durch die Tatsache motiviert, dass oft dieselben (kleinen) Reviere Abschüsse bekommen und andere (größere) nicht. Hierbei hat oft der Staatswald das Nachsehen und private Reviere werden aufgrund welcher Mechanismen auch immer bevorzugt. Natürlich kommt es dann zu Spekulation und Misstrauen gegenüber der offiziellen „Auslosung".

Jahr	Anzahl der Bären	Genehmigungn laut Jagdstatistik	Gejagte Tiere	Andere Mortalität	Genehmigungen laut Staatl. Naturschutzbehörde	Gejagte Tiere
1	2	3	4	5	6	7
2000	1.475	68	31	6	80	30
2001	1.350	68	25	10	72	25
2002	1.211	76	39	14	76	39
2003	1.318	71	13	7	79	13
2004	1.419	67	34	11	76	33
2005	1.483	66	35	3	77	35
2006	1.481	63	16	13	77	16
2007	1.739	68	25	7	83	25
2008	1.939	42	34	9	59	31
2009	1.940	26	27	10	42	25

In dieser Tabelle wird das offizielle Chaos in Bezug auf die Anzahl der Bären in der Slowakei (Spalte 2; um ein Vielfaches hoffnungslos überschätzt) sowie die unterschiedlichen Angaben der beiden großen Institute Staatliches Forstwirtschaftliches Institut (Spalte 3 und 4) und der Staatlichen Naturschutzbehörde deutlich (Spalte 6 und 7). Beide Institute verzeichnen jeweils die zur Jagd genehmigten Tiere sowie die Anzahl der wirklich erlegten Individuen. Vor allen im Jahr 2000 sowie in den Jahren 2006–2009 können wir bezüglich der Anzahl an Genehmigungen große Unterschiede feststellen, im Extremfall bis zu 17 Tiere. Nur im Jahre 2002 stimmen die Zahlen überein. Ein solches Chaos trägt zur allgemeinen Verwirrtheit bei, da sich jede der beiden Seiten auf ihre Zahlen festlegt. Jäger beklagen, dass ihnen immer weniger Genehmigungen ausgestellt werden, was insbesondere 2006 und 2007 nicht der Wahrheit entsprach. Auffällig ist auch, dass die Jägerschaft selbst nur eine geringe Bärenanzahl jagt. Nicht immer ist der zu späte Zeitpunkt des Eintreffens der Genehmigung der Grund. Teilweise unternehmen extreme Mitglieder hier den Vorstoß, auch wieder sehr schwere Tiere schießen zu dürfen, und berufen sich somit darauf, dass es keine Tiere bis 100 kg mehr gäbe. Die Bevölkerung wird mit den niedrigen Abschusszahlen manipuliert, indem man ihr mitteilt, dass nur so wenige Tiere genehmigt waren. Die Regelungen bezüglich der Bärenjagd müssten sehr schnell reformiert werden. Es wäre zudem essentiell wichtig, dass hier endlich Ordnung in den offiziellen Behörden einkehrt und zumindest die Zahlen übereinstimmen.

Die Slowakei ist in mehr als 1.900 kleine Reviere zerfallen, die alle einmal jährlich die Aufgabe haben, ihren Wildbestand zu zählen. Leider kann ein einmal gezählter Bär aufgrund der ausgedehnten Streifgebiete in vielen Gebieten auftauchen, wo er jedoch immer als einzelnes Tier gezählt wird. Zudem wird übersehen, dass sich Streifgebiete überlappen. Als Letztes beruft man sich auf die so genannte „optimale Bärenanzahl" aus den 1970er-Jahren, die ohne Daten oder Wissen aufgestellt wurde.

Genehmigungsverfahren für einen zu schießenden Bären werden oft abgelehnt. Die zumindest theoretisch bestehende Möglichkeit, einen Bären im eigenen Jagdgebiet schießen zu können, erhöht seinen Wert. Somit wird man ihn auch besser schützen, da er so wertvoll ist. Weiter wird man verhindern, dass ein so wertvolles Tier von irgendwelchen Wilderern geschossen wird. Dieser Zusammenhang lässt sich bei den als wertvoll eingeschätzten

Hirschen beobachten. Gerade zur Brunftzeit kann eigentlich kein fremdes Auto ungesehen in einen Wald hineinfahren, ohne daraufhin von ansässigen Jägern und Förstern gestoppt zu werden. Beim Auftreten von Wilderei schaltet man sogar die Polizei ein.

Diesen hohen Wert hat der Bär oft genug verloren. Mittlerweile betrachtet man ihn eher als Übel oder unabwendbare Krankheit, die im Wald nur Schaden anrichtet. Somit sind dem Missachten der offiziellen Gewichtsregelung und der illegalen Jagd Tür und Tor geöffnet. Wird dies zusätzlich durch korrupte Mitglieder des staatlichen Naturschutzes gedeckt, kann kein Mensch diesen Missstand jemals aufdecken.

Auf der anderen Seite belässt man potentiell gefährliche Tiere im Freiland, was die Bärenakzeptanz erneut erschwert. Bei dieser herrschenden Meinung ist sicherlich kein Platz für das Argument, dass die offiziellen Zahlen als viel zu hoch einzuschätzen sind. Nur mit Schwierigkeiten kann man Forschungsvorhaben, zu welchen Zwecken Bären gefangen und besendert werden, durchsetzen, da hierfür oft kaum Mittel zur Verfügung gestellt werden.

Die Zukunft und Akzeptanz des Bären könnte durch einen ordentlichen Aktions- und Managementplan gefestigt werden. In diesem Plan würden sämtliche um den Bären herum involvierte Parteien mit ihren Meinungen, Forderungen und Ängsten einen Platz haben müssen, wie etwa Nutztierbesitzer, Schäfer, Bauern, Jäger, Förster, Naturschützer und die ansässige Bevölkerung selbst. Ausgebildete Wissenschaftler, die des Englischen mächtig sind oder ihren eigenen Übersetzer haben, müssen die Bärenbevölkerung erforschen und überwachen. Die Zukunft wird zeigen, ob die Erfolgsgeschichte der Bären, die im Jahre 1932 so vielversprechend angefangen hat, weitergeht oder ob sich die behaarten, ehemaligen Könige des Waldes in menschlichen Spekulationen und fanatischen Forderungen verlieren.

Quo Vadis, Bär?

Das „königliche Wild“ aus den goldenen Zeiten des edlen Weidwerkes wird wahrscheinlich in kürzester Zeit auch aus der hohen Tatra verschwunden sein und nur mehr der Sagenwelt angehören, da die zu seiner Beherbung und Ernährung nötigen geschlossenen Waldungen von der rastlos fortschreitenden Kultur nicht mehr geduldet werden, und der letzte Heger dieses herrlichen Wildes, der letzte Schirmherr der Javorina, aber auf ewig seine Augen geschlossen hat.

Es gibt kaum eine zweite Wildart auf Erden, die den Jägern so viel Freude und Aufregung, der Gebirgsbevölkerung so viel Angst und Schrecken, den Naturforschern aber so viel Kopfzerbrechen verursacht hätte als der Bär.

Die naturgeschichtliche Fachliteratur strotzt von widersinnigen Behauptungen, falschen Aufzeichnungen und in das Reich der Fabeln gehörenden Geschichten bezüglich Fortpflanzung, Nahrung, Art und Lebensweise. (Bethlenfalvy 1937)

Wegspringender Albin nach der Befreiung. Die Telemetrie ist eine der verlässlichsten Messinstrumente, um festzustellen, wohin „der Bär geht“.

Trotz einiger hier und bereits in den vorherigen Teilen beschriebenen Probleme existierte der Bär fortwährend in der Slowakei und ist heute in sehr stabilen Zahlen vorhanden. Das Land krankt an einem essentiellen Mangel an Forschung und Daten. Es wäre somit sehr wichtig, viel mehr Grundlagenforschung zu betreiben, nicht nur, um alte Aber- und Irrglauben endgültig aus offiziellen Dokumenten zu verbannen, sondern auch, um mit Hilfe derartiger Ergebnisse die oben erwähnten Aktion- und Managementpläne aufzustellen. Leider muss an dieser Stelle bemerkt werden, dass sämtliche, an derartigen Projekten arbeitende Personen des Englischen mächtig sein sollten, um endlich neueste Ergebnisse aus dem Ausland in ihre Überlegungen und Methodenpläne mit einzubeziehen. An dieser Stelle möchte ich sicherlich niemanden diskriminieren, aber von den von Steuerzahlern finanzierten Wissenschaftlern darf man derartige Anforderungen erwarten. Es ist bisweilen sehr abenteuerlich, welche „Geschichten" über den Bären bisweilen erzählt werden. Somit bezeichnete ein Professor, der den Infantizid nicht kannte, auf einer offiziellen Sitzung den Bären an sich als Kannibalen, von dessen Verhalten es nur ein kleiner Schritt wäre, auch Menschen zu fressen.

Die allgemeine, leider durch einige wenige Mitglieder der Jägerschaft geschürte, gängige Meinung, in der Slowakei wären die Tiere „überzählig", hat sich in den Köpfen der Bevölkerung nahezu eingebrannt. Dieselben Mitglieder der Jägerschaft lassen die Bevölkerung selbstverständlich nicht wissen, dass die offiziell erlaubte Abschusszahl von ihnen nicht erfüllt wird, da die Statistik nur Zahlen um etwa 30 Tiere vermerkt. Zudem herrscht ein offizielles Chaos, dass sogar offizielle Jagdstatistiken nicht überein stimmen. Aufgrund tiefverwurzelter Konflikte finden sich bei der staatlichen Naturschutzbehörde andere Zahlen als in der offiziellen Jagdstatistik.

Die meisten Bären verhalten sich dem Menschen gegenüber „mehr als vorbildlich". Bei der hohen Anzahl der menschlichen Besucher könnte man bei Weitem mehr körperliche Kontakte zwischen Mensch und Tier erwarten. Viele Tiere ziehen sich sehr effektiv und umsichtig zurück. Das kleine Land kann allerdings sicherlich keine 2.000 Tiere beherbergen.

Eine zweite wichtige Sache wäre für die Slowakei, und an dieser Stelle spreche ich ganz konkret die Medien an, viel mehr in die Vorsorge und weniger in die aufwühlende und blutige Aufbereitung der Bärenbegegnungen zu investieren. Somit wäre es wichtig, den Tausenden von Geweih-, Pilz- und Beerensammlern immer wieder zu erklären, dass sie sich im Wald, trotz allen Ruhebedürfnisses, immer und überall bemerkbar zu machen haben, und sei es nur durch das obligatorisch mitgeführte Glöckchen. Die vielen Naturverbände könnten neben sämtlichen Protesten auch ganz einfache Hilfe leisten, beispielsweise durch das Aufstellen von Warntafeln etc.

Als Letztes muss sich endlich und endgültig die Naturschutzbehörde dem Abfallproblem annehmen. Die überall überfüllten Abfalltonnen sind nur die Spitze des Eisberges. Tausende Slowaken karren ihren Müll ganz konkret in die Wälder, sei es nun Bauschutt, Glas, Metall, Plastik, Papier, irgendwelcher Hausmüll, riesige Mengen an Fruchtüberresten etc. Diese nicht-offiziellen Stellen sind wirklich als unglaublich umweltschädlich und im wahrsten Sinne des Wortes als ekelhaft zu bezeichnen.

Außerdem wäre es von großer Wichtigkeit, dass die Slowakei, trotz ihrer geringen Landesfläche, endlich mehr internationale Wahrnehmung und Unterstützung bekommt. Selbst aktive Anschreiben und öffentlich gemachte Missstände und korrupte Verhältnisse bleiben unbeantwortet, was sehr frustierend ist. Wir wenigen Wissenschaftler können nicht mit all den zu erfüllenden Aufgaben alleine gelassen werden, entgegen der Tatsache, dass uns oft genug die Bevölkerung plötzlich sämtliche Verantwortung unterstellt. Darüber hinaus haben wir als kleines Team sicherlich nicht genügend Druck, um auf höchster politischer Ebene mitspielen zu können.

Briefe und Bitten um Unterstützung blieben bislang auf internationaler Ebene unbeantwortet. Wirtschaftliche Interessen (Straßenausbau) jedoch werden überregional gefördert. Somit blieben wir bis jetzt alleine.

Leider müssen wir als letzen, sehr aufrüttelnden Punkt bemerken, dass die Slowakei, durch EU-Gelder gefördert, im Jahre 2009 endlich ein „Bärenprojekt" bekommen hat, was sich jedoch theoretisch besser anhört, als es in der traurigen Realität ist. Einige Aufgabenbereiche dieses Projektes werden somit von unsachgemäßen Stellen bearbeitet oder wurden viel zu hoch datiert. Viele Bereiche des täglichen Lebens sowie andere Sektoren sind immer noch korrupt, womit die Slowakei bedauerlicherweise in Osteuropa in „sehr guter Gesellschaft" ist. Man bedenke Ungarn, Tschechien, Rumänien etc., nicht zu sprechen über außereuropäische Oststaaten wie beispielsweise die Ukraine. Somit landen viele Gelder an zweifelhaften Adressen. Heutzutage kann vieles in der Slowakei immer noch über das „kleine, berühmte und gefüllte Aktenköfferchen" geregelt werden. So wird bei Bedarf und Lust auf große Männchen irgendein Bär als Schädling deklariert und bei guten Kontakten kann eine solche Genehmigung bereits am nächsten Tage gültig sein. Für diese letzten erwähnten Punkte habe ich sowohl in der Jägerschaft, in

⸙ *Die Wirtin einer kleinen Gaststätte in der Gebirgsregion Poľana bemalte diese leere Flasche auf liebenswerte Weise mit einem Bären. Auf die Frage „Warum" meinte sie, „weil er eben schön ist".*

der Bevölkerung als auch bei vielen „nicht-korrupten" Mitgliedern der staatlichen Naturschutzbehörde volle Unterstützung, die sich ihrerseits jedoch oft nicht trauen, die wahren Umstände so klar zu benennen.

Die positive Seite: Trotz vieler negativer Stimmen findet man gerade in slowakischen Dörfern im Bärengebiet oft die Aussage: „Er war eben schon immer da", was seine Existenz nicht in Frage stellt. Obwohl der Bär mittlerweile ein Politikum ist, was ihm nicht gut tut, wollen die Menschen in gerade diesen Gebieten den Bären an sich nicht völlig verschwinden lassen, obwohl sie sich gerade im Falle der problematischen Bären und der durch den Bären verursachten Schäden mehr Hilfe erwarten.

⸙ *Neben „all dem Schrecken" dient der Bär auch oft genug der Unterhaltung. Auch die Jägerschaft hat oft mit den großen Pelzbewohnern nach kuriosen Begegnungen oder Beobachtungen am Stammtisch genug zu erzählen.*
Hier im Bild eine übermannsgroße Bärengartenfigur, die einladend die Vorderpfote hebt. Oder sie verabschiedet sich freundlich von seinen Besuchern. Aufgrund des hohen Preises sicherlich nur für absolute Bären-Fanatiker?!

Literaturverzeichnis

Adamová, K., Šouša, J. (1989). Zur Straftat der Wilderei im böhmischen Recht im Verlauf des 14.–19. Jahrhunderts. Folia Venatoria 19, S. 297–315 (in Tschechisch).

Bächtold-Stäubli, H. (Nachdruck 1987). Handwörterbuch zum deutschen Volksglauben. Band 1, Aberglaube. Walter de Gruyer Verlag, Berlin.

Bellemain, E., Zedrosser, A., Manel, S., Waits, L. P., Taberlet, P., Swenson, J. E. (2006). The dilemma of female mate selection in the brown bear, a species with sexually selected infanticide. Proceedings of the Royal Sociobiology 273, S. 283–291.

Bellemain, E., Swenson, J. E., Taberlet, P. (2006). Mating strategies in relation to sexually selected infanticide in a non-social carnivore: the brown bear. Ethology 112, S. 1–9.

Bethlenfalvy, E. (1937). Die Tierwelt der Hohen Tatra. Tierbiologische Studien aus freier Wildbahn. Druck von Edmund Schustek, Spišské Podhradie.

Bevilaqua, F. (1995). Aug in Aug mit dem Bären. Vydavateľstvo PaPRESS, Bratislava.

Bobyr, G. J. (1991). Verhaltensbesonderheiten des Braunbären in Bezug auf die Nutzung von tierischer Nahrung. In: Bären in der UDSSR – Status der Populationen (V. S. Pazhetnov ed.), S. 25–33. Verlegt im Namen des für alle sowjetischen Staaten überregionalen Wissenschaftsinstituts für Naturschutz und Management von Naturschutzgebieten, Rzhev (in Russisch).

Bobyr, G. J. (1991). Die Rolle des Braunbären bei der Verwendung von Grünfutterressourcen im Norden des Kaukasus. In: Bären in der UDSSR (B. P. Zavatzkiy, U. G. Shvetzov eds.), S. 95–111, Nauka, Novosibirsk (in Russisch).

Brander, M. (1972). Die Jagd von der Urzeit bis heute. BLV Verlagsgesellschaft mbH, München.

Brehm, A. E. (verfasst 1876–1879). Tierleben. Säugethiere. Zweite Reihe: Krallenthiere. Kolorierte Originalausgabe. [http://www.digitale-bibliothek.de/band76.htm]

Brunner-Ungricht, G. (1998). Die Mensch-Tier-Verwandlung. Peter Lang Verlag, Bern, Berlin, Frankfurt a. M., New York, Paris, Wien.

Cicnjak, L., Ruff, R. L. (1990). Human-bear conflicts in Yugoslavia. In: Transactions Volume 2 of the 14th IUBG Congress (S. Myrberget ed.), S. 573–580, Norwegian Institute for Nature Research, Trondheim, Norway.

Čajka, J. (1986). Aus der Geschichte der Bärenjagd mit Fangeisen und selbstauslösender Armbrust. Folia Venatoria 16, S. 321–330 (in Slowakisch).

Čech, C., Vodička, F., Záborský, V. (1935) Unser Wild, Vydavateľstvo Academia, Bratislava (in Slowakisch).

Dänhardt, O. (1983). Natursagen. Eine Sammlung naturdeutender Sagen, Märchen, Fabeln und Legenden. Tiersagen Teil 1 und Teil 2. Olms Verlag, Hildesheim.

Dahle, B., Swenson, J. E. (2003). Family breakup in brown bear: Are young forced to leave? Journal of Mammalogy 84(2), S. 536–540.

Dahle, B., Swenon, J. E. (2003). Seasonal range size in relation to reproductive strategies in brown bear *Ursus arctos*. Journal of Animal Ecology 72, S. 660–667.

Danilov, P. I. (1991). Bärenhöhlen in der früheren Sowjetunion. In: Bären in der UDSSR –

Status der Populationen (V. S. Pazhetnov ed.), S. 56–70. Verlegt im Namen des für alle sowjetischen Staaten überregionalen Wissenschaftsinstitutes für Naturschutz und Management von Naturschutzgebieten, Rzhev (in Russisch).

Danilov, P. I. (1990). The brown bear in Soviet Karelia. In: Transactions Volume 2 of the 14th IUBG Congress (S. Myrberget ed.), S. 566–572, Norwegian Institute for Nature Research, Trondheim, Norway.

Danilov, P. I., Tumanov, I. L. (1991). Wachstum, Entwicklung und Besonderheiten des Reproduktionsverhaltens bei Braunbären. In: Bären in der UDSSR – Status der Populationen (V. S. Pazhetnov ed.), S. 71–77. Verlegt im Namen des für alle sowjetischen Staaten überregionalen Wissenschaftsinstitutes für Naturschutz und Management von Naturschutzgebieten, Rzhev (in Russisch).

Danilov, P. I., Tumanov, I. L., Rusakov, O. S. (1993): The North-West of European Russia. In: Bears. Distribution, ecology, management and conservation. (M. A. Vaisfeld, I. E. Chestin eds.), S. 21–37, Nauka, Moskau (in Russisch mit englischen Zusammenfassungen).

Dee, A. (1996). Bruder Bär. Mythos und Wirklichkeit. Ibera & Molden Verlag/European University Press, Wien.

Derungs, K. (1994). Struktur des Zaubermärchens I. Haupt Verlag, Bern.

Derungs, K. (1998). Märchen und Totemismus. In: Tier und Totem. Naturverbundenheit in archaischen Kulturen. edition amalia, Bern.

Dijk van, J. J. (2005). Consideration for the rehabilitation and release of bears. In: Rehabilitation and release of bears (L. Kolter, J. van Dijk eds.), S. 7–16. Zoo Köln, Köln, Germany.

Eliade, M. (1993). Geschichte der religiösen Ideen. Herder Verlag, Freiburg, Basel, Wien.

Finďo, S., Hood, A. (2001). Interaktionen zwischen großen Raubtieren und Schafen auf ausgewählten Schafbetrieben in der Mitte der Slowakei. Folia Venatoria 30–31, S. 199–206 (in Slowakisch).

Finďo, S., Skuban, M., Koreň, M. (2007). Brown bear corridors in Slovakia. Carpathian Wildlife Society, Zvolen.

Finďo, S. (2003). Livestock guarding dogs and carnivore conservation in Slovakia. Carpathian Wildlife Society, Zvolen (unplublizierter Report).

Fleig, D. (2000). Kampfhunde. Timy, spol. s r. o., Bratislava (in Slowakisch).

Formosov, A. N. (1976). Tiere und Vögel und ihre Beziehungen mit der Umwelt. Kapitel Mangel an prinzipiellen Futterressourcen für den Braunbären in der Taiga und sein Verhalten in den Hungerjahren, S. 146–163. Nauka, Moskau (in Russisch).

Hála, J. (2001). Epos des pastoralen Lebens. Vydavateľstvo Q-EX, a. s., Trenčín (in Slowakisch).

Hallowell, A. I. (1926). Bear ceremonials in the northern hemisphere. American Anthropologist 28 (1), S. 1–175.

Hell, P., Sládek, J. (1974). Trophäenraubtiere der Slowakei. Príroda, Bratislava (in Slowakisch).

Hell, P., Sládek, J. (1994). Körpermasse des Braunbären in den westlichen Karpaten, Folia Venatoria 24, S. 111–122 (in Slowakisch).

Heráň, I. (1978). Bären und Pandas. Buchserie: Die Tiere der gesamten Welt, Band 4. Státní zemědělské nakladatelství, Prag (in Tschechisch).

Herrero, S. (1992). Bären – Jäger und Gejagte in Amerikas Wildnis. Müller Rüschlikon Verlags AG, Cham.

Hofmann, H. (2008). Das Bärenproblem ist menschengemacht. Terra Grischuna 4, S. 60–63. Schweiz.

Huber, D. (2005). Why not to re-introduce „Rehabilitated" brown bears to the wild? In:

Rehabilitation and release of bears (L. Kolter, J. van Dijk eds.), S. 28–34. Zoo Köln, Köln, Germany.

Jahrbuch der Jagdstatistik des Braunbären 1968–2008. Erarbeitet vom Nationalen Forstwirtschaftlichen Institut Zvolen für das Landwirtschaftsministerium der Slowakischen Republik, Bratislava.

Jakšić, Z. (Editor) (2008). Brown bear management plan for the Republic of Croatia. Ministry of regional development, forestry and water management, Ministry of culture, Zagreb.

Jamnický, J. (1987). Arten der Kommunikation des Braunbären (*Ursus arctos* L.). Folia venatoria 17, S. 151–168 (in Slowakisch).

Jamnický, J. (1988). Die Nahrung des Braunbären (*Ursus arctos* L.) im Tatra-Gebiet. Folia venatoria 18, S. 197–214 (in Slowakisch).

Jamnický, J. (1993). Die Jagd auf Bären und Wölfe vor hundert Jahren. Folia venatoria 23, S. 221–230 (in Slowakisch).

Janík, M. (1983). Contribution to the ecology of the brown bear (*Ursus arctos*) and protection of its Western Carpathian population. In: Proceedings from the 14th IUGB Congress (M. Špeník et al. eds.), S. 509–516. Vysoké Tatry, Štrbské Pleso, ČSSR.

Janík, M., Voskár, J., Buday, M. (1986). Gegenwärtige Verbreitung des Braunbären (*Ursus arctos* L.) in der Tschechoslowakei. Folia Venatoria 16, S. 331–352 (in Slowakisch).

Jerina, K., Debeljak, M., Džeroski, S., Kobler, A., Adamič, M. (2003). Modeling the brown bear population in Slovenia. A tool in the conservation management of a threatened species. Ecological Modelling 170, S. 453–469

Johnson, B. (1990). Die große Mutter in ihren Tieren. Göttinnen alter Kulturen. Teil Gevatter Bär, S. 352–359, Walter-Verlag, Olten und Freiburg.

Kaczensky, P., Huber, D., Knauer, F., Roth, H., Wagner, A., Kusak, J. (2006). Activity patterns of brown bear (*Ursus arctos*) in Slovenia and Croatia. Journal of Zoology 269, S. 474–485.

Kalb, R. (2008). Bär, Wolf, Luchs. Verfolgt, ausgerottet, zurückgekehrt. Stocker Verlag, Graz.

Kolter, L. (2005). Potential contribution of zoos to bear conservation. In: Rehabilitation and release of bears (L. Kolter, J. van Dijk eds.), S. 70–82. Zoo Köln, Köln, Germany.

Kruuk, H. (2002). Hunter and Hunted. Relationships between carnivores and people. Cambridge University Press, Cambridge.

Kryštufek, B., Flajšman, B., Griffiths, H. I. (eds.) (2003). Living with bears. LDS Ekološki Forum, Ljubljana, Slovenia.

Kudaktin, A. N. (1991). Ernährungsverhalten des Braunbären im Kaukasus. In: Bären in der UDSSR (B. P. Zavatzkiy, Yu. G. Shvetzov eds.), S. 88–95, Nauka, Novosibirsk (in Russisch).

Kudaktin, A. N., Chestin, I. E. (1993). The Caucasus. In: Bears. Distribution, ecology, management and conservation. (M. A. Vaisfeld, I. E. Chestin eds.), S. 136–170, Nauka, Moskau (in Russisch mit englischen Zusammenfassungen).

Kühne, A. (2004). Die unbekannte Tradition. Slawisches Heidentum. Auf: www.rabenclan.de, Verein zur Weiterentwicklung heidnischer Tradition.

Kunc, L. (1996). Aus Bären- und Wolfshöhlen. Český svaz ochránců přírody, Valašské Meziřící (in Tschechisch).

Lavov, M. A. (1993). Belarus. In: Bears. Distribution, ecology, management and conservation. (M. A. Vaisfeld, I. E. Chestin eds.), S. 60–67, Nauka, Moskau (in Russisch mit englischen Zusammenfassungen).

Lüthi, M. (1996). Märchen. 9. durchgesehene und ergänzte Auflage. Verlag J. B. Metzler,

Stuttgart, Weimar.
Mackensen, L. (1940). Handwörterbuch des deutschen Märchen. Band 1 und 2. Walter de Gruyter Verlag, Berlin.
McLoughlin, P. D., Ferguson, S. H., Messier, F. (2000). Intraspecific variation in home range overlap with habitat quality: a comparison among brown bear populations. Evolutionary Ecology 14, S. 39–60.
Märchenlexikon, edition amalia. [www.maerchenlexikon.de]. Theoretische Abhandlungen zu: Der goldene Bock, Der Riese ohne Herz, Die dankbaren Tiere, Die Prinzessin auf dem Glasberg, Die Schöne und das Tier, Die Zwillingsbrüder, Gehäutete Geis und Igel, Im Haushalt der Hexe.
Mičura, M. (2003). Jagd in Orava. Ing. František Teťák, Štúdio F, Námestovo (in Slowakisch).
Molnár, L., Teren, Š. et al. (1984). Unsere Jagd. Vydavateľstvo Obzor, Bratislava (in Slowakisch).
Olejník, J. (1965). Überreste des Bärenkultes in der Hohen Tatra. Sborník Prác o Tatranskom Národnom Parku 8, S. 255–277 (in Slowakisch).
Payton, B. (2007). In bear country. A global journey in vanishing wilderness. Old Street Publishing Ltd., London.
Pazhetnov, V. S. (1987). Verteidigungsverhalten beim Braunbären. In: Ökologie der Bären (B. S. Yudin ed.), S. 119–126. Nauka, Novosibirsk (in Russisch).
Pazhetnov, V. S, Pazhetnova, S. I. (1987). Geschwindigkeit des Futters beim Passieren des digestiven Systemes einer bestimmten Futtermenge. In: Ökologie der Bären (B. S. Yudin ed.), S. 108–112. Nauka, Novosibirsk (in Russisch).
Pazhetnov, V. S. (1991). Interspezifische Wechselbeziehungen beim Braunbären. In: Bären in der UDSSR – Status der Populationen (V. S. Pazhetnov ed.), S. 190–199. Verlegt im Namen des für alle sowjetischen Staaten überregionalen Wissenschaftsinstitutes für Naturschutz und Management von Naturschutzgebieten, Rzhev (in Russisch).
Pazhetnov, V. S. (1991a). Langzeitgedächtnis und Verhaltensnormen beim Verhalten des Braunbären. In: Bären in der UDSSR (B. P. Zavatzkiy, Yu. G. Shvetzov eds.), S. 24–32, Nauka, Novosibirsk (in Russisch).
Pazhetnov, V. S., Pazhetnov, S. V., Pazhetnova, S. I. (1999). Methode für die Aufzucht verwaister Bärenjungen zur Auswilderung in die freie Natur. Vydavateľstvo Aleksej Všakov, Tver (in Russisch).
Pazhetnov, V. S., Pazhetnov, S. V. (2005). Re-introduction of orphan brown bear cubs. In: Rehabilitation and release of bears (L. Kolter, J. van Dijk eds.), S. 53–61. Zoo Köln, Köln, Germany.
Podolák, J. (1982). Die traditionelle Schafszucht in der Slowakei. Veda, Bratislava (in Slowakisch).
Pöge-Alder, K. (2007). Märchenforschung. Theorien, Methoden, Interpretationen. Gunter Narr Verlag, Tübingen.
Ponická, H. (1955). Ein Bärenjahr. Slovenské nakladateľstvo detskej knihy, Bratislava (in Slowakisch).
Rakyta, E. (2001). Modelle der Dynamik vom Wachstum und der Jagd des Bären in der Slowakei. Folia Venatoria 30–31, S. 267–272 (in Slowakisch).
Randík, A. (1976). Schutz der seltenen und geschützten Wildarten in Verhältnissen intensiver Ausnutzung der natürlichen Umwelt in der Slowakei. Folia Venatoria 5–6, S. 305–316 (in Slowakisch).
Revenko, I. A. (1993). Kamchatka. In: Bears. Distribution, ecology, management and con-

servation. (M. A. Vaisfeld, I. E. Chestin eds.), S. 380-403, Nauka, Moskau (in Russisch mit englischen Zusammenfassungen).
Röhrich, L. (2002). ... wenn sie nicht gestorben sind. Anthropologie, Kulturgeschichte und Deutung des Märchens. Böhlau Verlag, Köln.
Sabadoš, K., Šimiak, M. (1981). Verbreitung und Jagdbewirtschaftung des Braunbären (*Ursus arctos*) in der Slowakei. Folia Venatoria 10–11, S. 15–34 (in Slowakisch).
Saniga, M. (2007). Träumereien mit den Bären. Ökologische Erinnerungen. Veda, Vydateľstvo Slovenskej akadémie vied, Bratislava (in Slowakisch).
Schenda, R. (1995). Das ABC der Tiere. C. H. Beck Verlag, München.
Scherf, W. (2007, 2. Auflage). Das Märchenlexikon. Band 1 und 2. C. H. Beck Verlag, München.
Schuhmacher, Y. (2001). Tiermythen und Fabeltiere. Mythologische Streifzüge durch die Tierwelt der Schweiz. Edition amalia, Bern.
Schwartz, C. C., Swenson, J. E., Miller, S. D. (2003). Large carnivores, moose and humans – A paradigm of predator management in the 21st century. Alces 39, S. 41–63.
Shepard, P. (2007). The biological bases of bear mythology and ceremonialism. The Trumpeter 23 (2), S. 74–80.
Siekkinen, J., Hohtola, E., Hissa, R. (1991). Body temperature, activity and blood chemistry of brown bear (*Ursus arctos* L.) during winter sleep. In: Transactions Part 2 of the 20th Congress of the IUGB (S. Csányi, J. Ernhaft eds.), S. 617. University of Agricultural Sciences, Gödöllö, Hungary.
Sládek, J. (1991). Altersbestimmung erlegter Braunbären mit Hilfe der histologischen Struktur der Zähne. Folia Venatoria 21, S. 211–220 (in Slowakisch).
Sládek, J. (1983). Die Strategie und Taktik der Bewirtschaftung der isolierten Braunbärenpopulation (*Ursus arctos*) in der Tschechoslowakei. In: Proceedings from the 14th IUGB Congress (M. Špeník et al. eds.), S. 517–521. Vysoké Tatry, Štrbské Pleso, ČSSR.
Sládek, J. (1992). Möglichkeiten der Unterscheidung des Geschlechtes und Alters des Braunbären aufgrund von Merkmalen des Schädels und der Zähne. Folia Venatoria 22, S. 175–190 (in Slowakisch).
Slobodyan, A. A. (1993): Ukraine. In: Bears. Distribution, ecology, management and conservation. (M. A. Vaisfeld, I. E. Chestin eds.), S. 67–91, Nauka, Moskau (in Russisch mit englischen Zusammenfassungen).
Sobanskiy, G. G., Zavatzkiy, B. P. (1993): The Altai and Sayans. In: Bears. Distribution, ecology, management and conservation. (M. A. Vaisfeld, I. E. Chestin eds.), S. 214–249, Nauka, Moskau (in Russisch mit englischen Zusammenfassungen).
Solberg, K. H., Bellemain, E., Dageset, O.-M., Taberlet, P., Swenson, J. E. (2006). An evaluation of field and non-invasive genetic methods to estimate brown bear (*Ursus arctos*) population size. Biological Conservation 128, S. 158–168.
Somora, J. (1965). Über den Braunbären (*Ursus arctos* L.) aus den südlichen Gebieten des Tatra-Nationalparks. Sborník prác o Tatranskom národnom parku 8, S. 97–123.
Soorae, P. S. (2005). Placement options for confiscated bears. In Rehabilitation and release of bears (L. Kolter, J. van Dijk eds.), S. 17–27. Zoo Köln, Köln, Germany.
Sorger, H.-P. (1995). Der Bär ist wieder da! Konflikte und Chancen. Leopold Stocker Verlag, Graz.
Storl, W.-D. (2006). Der Bär. Krafttier der Schamanen und Heiler. AT Verlag, Baden und München.
Støen, O.-G, Bellemain, E., Sæbø, S., Swenson, J. E.,(2005). Kin-related spatial structure in

brown bears *Ursus arctos*. Behav. Ecol. Sociobiology 59, S. 191–197.

Støen, O.-G., Zedrosser, A., Sæbø, S., Swenson, J. E. (2006). Inversely density-dependent natal dispersal in brown bears *Ursus arctos*. Oecologia, S. 356–364.

Swenson, J. E., Jansson, A., Riig, R., Sandegren, F. (1999). Bears and ants: myrmecophagy by brown bears in central Scandinavia. Can. J. Zool. 77, S. 551–561.

Tallmon, D. A., Bellemain, E., Swenson, J., Taberlet, P. (2004). Genetic monitoring of Scandinavian brown bear. Effective population size and immigration. Journal of Wildlife Manegement 68 (4), S. 960–965.

Teren, Š., Rusina, I., Molnár, L. (1988). Jagd und Wild in der Bildenden Kunst. Príroda, Bratislava (in Slowakisch).

Teren, Š. (1981). Entwicklung und Zustand der slowakischen Jagdliteratur. Folia Venatoria 10–11, S. 285–302 (in Slowakisch).

Treff, H.-A. (1995). Bärenstark – Natur-und Kulturgeschichte der Bären. Museum Mensch und Natur. Pfeil Verlag, München.

Trpák, P. (1983). Problems of protection of endangered animal species. In Proceedings from the 14th IUGB Congress (M. Špeník et al. eds.), S. 988–993. Vysoké Tatry, Štrbské Pleso, ČSSR.

Uther, H.-J. (2004). The types of international folktales. A Classification. No. 1–3. Academia Scientiarum Fennici, Helsinki.

Vaisfeld, M. A., Chestin, I. E. (eds.)(1993). Bears. Distribution, ecology, management and conservation. Nauka, Moskau (in Russisch mit englischen Zusammenfassungen).

Váňa, Z. (1999). Mythologie und Götterwelt slawischer Völker. Verlag Urachhaus, Geistesleben.

Viteková, L., Antal, V. (2011). Schaden der geschützten Tierarten in der Viehzucht, im Jagdwesen und Konflikt mit Menschen. In: Schaden des Wildes und Schaden an Tieren sowie Möglichkeiten ihrer Vermeidung. (J. Slamečka ed.), S. 39–62 (in Slowakisch).

Volmar, F. A. (1940). Das Bärenbuch. Verlag Paul Haupt, Bern.

Wünsche, A. (1997). Lebensbaum und Lebenswasser. In: Uno Holmberg, Das Wasser des Lebens. Bern, S. 168 f.

www.sagen.at, Sagen und Datenbank zur Europäischen Ethnologie.

Yudin V. G. (1991). Aggressives Verhalten von Braun- und dem asiatischen Schwarzbären in der Küstenregion. In: Bären in der UDSSR – Status der Populationen (V. S. Pazhetnov ed.), S. 253–259. Verlegt im Namen des für alle sowjetischen Staaten überregionalen Wissenschaftsinstitutes für Naturschutz und Management von Naturschutzgebieten, Rzhev (in Russisch).

Yudin, V. G. (1993). The South and Far East. In: Bears. Distribution, ecology, management and conservation. (M. A. Vaisfeld, I. E. Chestin eds.), S. 348-380, Nauka, Moskau (in Russisch mit englischen Zusammenfassungen).

Zechenter-Laskomerský, G. K. (1870, Nachdruck 1958). Die Jagd auf Bären. Lipovianska Maša. Im Buch Spisy II – Über das Leben lächeln. S. 443–489 (in Slowakisch). [Erstes geschriebenes Dokument über Abläufe bei der Bärenjagd in der Slowakei, 1900 in deutscher Sprache in Leipzig publiziert.]

Zedrosser, A., Støen, O.-G., Sæbo, S., Swenson, J. E. (2007). Should I stay or should I go? Natal dispersal in the brown bear. Animal Behaviour 74 (3), S. 369–376.

Zhiryakov, V. A., Yu. A. Grachev (1993): Central Asia and Kazakhstan. In: Distribution, ecology, management and conservation. (M. A. Vaisfeld, I. E. Chestin eds.), S. 170–206, Nauka, Moskau (in Russisch mit englischen Zusammenfassungen).